Elektrische Messung mechanischer Größen

Von

Dr.-Ing. Paul M. Pflier
Nürnberg

Vierte neubearbeitete Auflage

Mit 349 Abbildungen

Springer-Verlag
Berlin/Göttingen/Heidelberg
1956

ISBN 978-3-642-53130-9 ISBN 978-3-642-53129-3 (eBook)
DOI 10.1007/978-3-642-53129-3

Softcover reprint of the hardcover 4th edition 1956

Vorwort zur vierten Auflage

Die vierte Auflage wurde völlig neu bearbeitet, dabei wurde versucht, das Grundsätzliche stärker als bisher zu betonen und Spezielles und damit Zeitbedingtes durch allgemein Gültiges zu ersetzen, um einem raschen Veralten vorzubeugen. Die Abschnitte über Dehnungsmeßstreifen und Strahlungsmeßtechnik wurden stark erweitert, weil diese Verfahren größere Bedeutung annahmen, dafür wurde weniger Wichtiges gekürzt. Die im Vorwort zur dritten Auflage ausgesprochene Befürchtung, es sei uns während der Zeit unserer Isolierung möglicherweise vieles über die Entwicklung in den angelsächsischen Ländern entgangen, erwies sich als unbegründet. In den Literaturhinweisen wurden ältere Arbeiten, soweit sie nicht grundlegender Natur sind, gestrichen und dafür Neuveröffentlichungen aufgenommen.

Zahlreiche Firmen haben mir in liebenswürdigster Weise technische Unterlagen und neue Abbildungen zur Verfügung gestellt, und ich spreche ihnen hiermit meinen ergebensten Dank für ihre freundliche Hilfe aus; es sind dies die Firmen:

AEG, Berlin und Heiligenhaus;
American Time Products incorp., New York;
Askania Werke Berlin;
Baldwin, Lima, Hamilton Corp. Philadelphia;
Erich Brosa, Meßgeräte, Freiburg (Breisgau);
Brush Electronics Company, Cleveland 14, Ohio;
Cerberus, GmbH., Bad Ragaz, (Elektronentechnik);
Deutsche Glimmlampen Gesellschaft, Vakuumtechnik GmbH., Erlangen;
Drello, Bau elektr. Spezialgeräte, Lübeck-Schlutup;
Elektro-Spezial GmbH., Hamburg; (Philips, Eindhoven);
Favag, Fabrique d'appareils électriques S. A., Neuchâtel;
Frieseke & Höpfner GmbH., Erlangen-Bruck;
Institut Dr. Förster, Reutlingen;
Funke und Huster, Elektrizitäts GmbH., Kettwig (Ruhr);
Hagenuk, vormals Neufeldt und Kuhnke GmbH., Kiel;
Hahn und Kolb, Werkzeugmaschinen, Stuttgart;
Hartmann & Braun, Frankfurt (Main);
Gebr. Hofmann K.G., Darmstadt;
Kemmler & Co., Universelle Elektronik, Stuttgart-Cannstatt;
Gustav Klein, Elektro-Geräte, Schongau (Lech);
Paul E. Klein, Stuttgart-Fellbach;
Ernst Leitz GmbH., Wetzlar;

Metrohm A.G., Elektronische Meßgeräte, Herisau (Schweiz);
Omnia, K.G. Kraus, Weiß & Co, München (Vertreter von Baldwin-Lima-Hamilton Corp. Philadelphia);
Philips, Eindhoven;
G. Rau, Doubléfabrik, Pforzheim;
Refac, Resources and facilities Corp., New York;
Reishauer Werkzeuge A.G., Zürich;
Reno S. A., La Chaux de Fonds;
Rohde & Schwarz, München;
Dr. H. Rumpff, Bonn;
Siemens & Halske-AG., Karlsruhe und München;
Siemens Schuckertwerke-AG., Erlangen;
Southern-Instruments-Ltd., Fernhill, England; (W. Brückel, Überlingen, Bodensee);
Sperry products, Hoboken;
Stabilovolt GmbH., Berlin;
Dr. Staiger und Mohilo, Stuttgart-Cannstatt;
Süddeutsche Apparatefabrik GmbH., Nürnberg;
Dr. Steeg und Reuter, München 2;
Steinlein, Regler und Verstärker, Düsseldorf.

Nürnberg, im Juli 1956

P. M. Pflier

Aus dem Vorwort zur ersten Auflage

Die elektrischen Meßgeräte und Meßverfahren dienen nur in beschränktem Umfang der Messung elektrischer Größen als Selbstzweck, weitaus häufiger ist die elektrische Größe nur ein Maßstab für andere, nichtelektrische Werte. Die ungeheure Ausdehnung dieses Gebietes und die großen Vorzüge elektrischer Messung haben mich ermutigt, in einer besonderen Arbeit die Möglichkeiten der Umwandlung mechanischer Größen in elektrische und der mechanischen Beeinflussung elektrischer Stromkreise erschöpfend zu behandeln. Dabei habe ich mich bewußt auf die mechanischen Grundgrößen Weg, Kraft und Zeit sowie ihre Differentialquotienten Geschwindigkeit und Beschleunigung beschränkt und die Sondergebiete der akustischen, hydraulischen, pneumatischen und wärmetechnischen Messungen, der Meteorologie, Ballistik, See- und Luftfahrt außer Betracht gelassen, da die Meßgrößen dieser Sondergebiete auf die fünf mechanischen Grundgrößen zurückgeführt werden können und die Anpassung der Meßwertgeber an besondere Anforderungen im allgemeinen wenig Schwierigkeiten macht.

Berlin, im Januar 1940 **P. M. Pflier**

Inhaltsverzeichnis

A. Grundlagen der elektrischen Messung

I. Vorzüge elektrischer Meßverfahren

Die mechanischen Größen: Masse, Kraft, Beschleunigung, Geschwindigkeit, Zeit und Weg sind mit den menschlichen Sinnen schätzbar und lassen sich mit Erfahrungswerten der Umwelt vergleichen, wovon zahlreiche Redewendungen, wie „riesengroß, bärenstark, haardünn, ellenlang, pfeilgeschwind, fällt wie ein Stein oder zittert wie Espenlaub", und urtümliche Maßeinheiten, wie Fuß, Elle, Katzensprung, Morgen, Tagewerk, Scheffel, Fuder, Kamellast, Pferdestärke, Hahnenschrei, anschaulich zeugen. Nicht alle mechanischen Größen sind gleich häufig und lassen sich gleich gut schätzen; beispielsweise kann man Längen und Mengen verhältnismäßig leicht beurteilen, und unsere Sprache kennt für diese häufig vorkommenden und leicht schätzbaren Größen viel mehr ursprüngliche Einheiten als für die selteneren und schwieriger zu beurteilenden Begriffe der Beschleunigung, Zeit und Geschwindigkeit. Bei der Bewertung der elektrischen Größen versagen nun Sinne und Erfahrung vollkommen, weshalb die Elektrotechnik von Anfang an auf Meßgeräte angewiesen war und sich zugleich mit der Anwendung der Elektrizität die elektrische Meßtechnik als besonderer Zweig der Elektrotechnik entwickelte.

Die elektrischen Meßgeräte und Meßverfahren erwiesen sich schon sehr bald allen anderen Meßgeräten überlegen, und es entstand der Wunsch, diese hochentwickelte elektrische Meßtechnik auch auf nichtelektrische Größen anzuwenden. Das war ohne weiteres möglich, weil die elektrischen Maßeinheiten an das mechanische Maßsystem mit seinen drei Grundgrößen Länge, Masse und Zeit mit den Einheiten cm, g, s angeschlossen waren und somit elektrische und mechanische Größen beliebig ineinander umgerechnet werden konnten. Als erstes artfremdes Arbeitsgebiet eroberte sich die elektrische Meßtechnik das Gebiet der Wärme- und Mengenmessungen, danach wurde das Gebiet der mechanischen Größen Kraft, Beschleunigung, Geschwindigkeit, Zeit und Weg gewissermaßen elektrisch erschlossen, und damit wurden bis dahin unmögliche Messungen durchführbar.

Diese fünf mechanischen Grundgrößen sind durch einfache Beziehungen miteinander verknüpft, denn es ist die Beschleunigung gleich der Kraft dividiert durch die Masse, die Geschwindigkeit das Zeitintegral der Beschleunigung und der Weg das Zeitintegral der Geschwindigkeit.

Die doppelte Umformung der mechanischen Größe in eine elektrische und die Rückwandlung der elektrischen Größe in eine mechanische, nämlich in einen Zeigerausschlag, also in eine Länge, mag auf den ersten Blick verwunderlich erscheinen, und man möchte glauben, es sei einfacher, die mechanische Größe direkt in eine Länge zu übersetzen, ohne den Umweg über die Elektrizität zu machen, dennoch hat sich das Verfahren der doppelten mechanisch-elektrisch-mechanischen Umformung allen anderen Verfahren überlegen erwiesen.

Die elektrischen Meßgeräte und Meßverfahren sind bequem zu handhaben, reagieren schnell auf Änderungen der Meßgröße, passen sich auch ungewöhnlichen Betriebsverhältnissen an und vermögen jede Entfernung zu überbrücken; sie bieten so fast überall Vorteile, sei es geringerer Material- und Zeitaufwand, sei es größere Empfindlichkeit, höhere Genauigkeit oder leichtere Bedienung. Die leichte Fernübertragung der elektrischen Größen ist besonders schätzenswert, einmal, weil man die Meßgeräte nicht an schlecht zugänglichen oder für den Aufenthalt von Menschen wenig geeigneten Stellen anzubringen braucht, anderseits, weil man die an verschiedenen Stellen aufgenommenen Meßwerte nach einer Meßzentrale übermitteln und dort gemeinsam aufzeichnen oder miteinander in Beziehung bringen kann. Dies ist dann wesentlich, wenn das Meßergebnis aus mehreren Einzelwerten rechnerisch gebildet werden muß, weil man Additionen, Subtraktionen, Multiplikationen, Divisionen oder Integrationen und Differentiationen ebenfalls elektrisch ausführen kann. Ein wesentliches Kennzeichen elektrischer Verfahren ist ferner die Möglichkeit, maßstäblich und verzögerungsfrei zu verstärken, womit man sowohl in der Lage ist in energiearmen Kreisen zu messen, ohne das Meßergebnis durch die Entnahme zu großer Leistung aus dem Meßkreis zu fälschen, wie auch robuste und betriebssichere Anzeige- und Registriergeräte einzusetzen. Die elektrischen Meßgeräte selbst passen sich allen Betriebserfordernissen an, sie können hoch überlastbar, erschütterungs-, explosions- und schlagwettersicher, wasserdicht, tropen-, wärme-, kälte-, feuchte- und seewasserbeständig ausgeführt werden. Der Meßbereich elektrischer Meßgeräte ist leicht veränderbar und überstreicht ohne Verstärker etwa 12 Dekaden; Skalenlänge und Gehäuseabmessungen gehen von einigen Millimetern bis zu einigen Metern, Beruhigungszeit, Eigenfrequenz und Dämpfung sind den Betriebserfordernissen entsprechend in weiten Grenzen wählbar. Im allgemeinen sind zwischen Meßstelle und Anzeigeort nur wenige dünne Leitungen erforderlich, und bei den wirklichen Fernmeßverfahren beeinflussen die Eigenschaften dieser Leitungen das Meßergebnis nicht.

So vermag die elektrische Meßtechnik für jeden Betrieb hinreichend sichere, langlebige Meßgeräte zur Verfügung zu stellen.

II. Die Eigenschaften der elektrischen Meßgeräte

1. Allgemeines

Infolge der vielfältigen, sich teilweise widersprechenden Eigenschaften elektrischer Meßinstrumente wäre es umständlich, bei jeder Bestellung in einem Lastenheft die geforderten Eigenschaften genau festzulegen, eine unvollständige Festlegung könnte aber zu unliebsamen Erörterungen führen; deshalb hat man in den hochindustrialisierten Ländern die allgemeinen Grundbegriffe der Meßtechnik definiert und darüber hinaus für die gängigen Typen elektrischer Meßinstrumente besondere Vorschriften herausgegeben, in denen die Meßgeräte nach der Art des Meßwerks und ihrer Genauigkeit klassifiziert werden. In ähnlicher Weise wurden von der Internationalen elektrotechnischen Kommission (IEC) allgemeingültige Empfehlungen in Form der Règles pour les appareils de mesure électriques herausgegeben. Nach den IEC-Vorschriften oder Ländervorschriften gebaute Meßgeräte erfüllen gewisse Mindestbedingungen an Sicherheit und Zuverlässigkeit, und durch die Klassenzugehörigkeit sind die Genauigkeit sowie die wesentlichen Eigenschaften eindeutig gekennzeichnet. Selbstverständlich können nicht alle Spezialmeßgeräte und Sonderausführungen erfaßt werden, und so bleibt immer noch ein weiter Spielraum für besondere Vereinbarungen.

2. Grundbegriffe der Meßtechnik

Im DIN-Blatt 1319 sind die Grundbegriffe der Meßtechnik festgelegt, das sind die Begriffe: Meßgröße, Meßgegenstand, Meßwert, Anzeige, Meßergebnis, Umkehrspanne, Anlaufwert, Empfindlichkeit, Skalenwert, Fehler, Berichtigung, Streuung, Unsicherheit, Fehlergrenzen, Anzeige- und Meßbereich.

3. VDE-Vorschriften

In Deutschland gelten die „Regeln für elektrische Meßgeräte VDE 0410“; sie enthalten allgemeine Bedingungen, Begriffserklärungen, Bau- und Sicherheitsbestimmungen, Genauigkeitsforderungen und Aufschriften und sind in diesem Zusammenhang nur insoweit interessant, als sie sich mit Geltungsbereich, Sicherheits- und Genauigkeitsforderungen befassen.

a) Geltungsbereich

Die Regeln gelten für alle zeigenden, schreibenden und kontaktgebenden Meßgeräte, die elektrische Größen oder nichtelektrische Größen messen, sofern bei den letzteren die Skalenangaben eindeutig auf elektrische Größen zurückgeführt werden können. Die Regeln gelten nicht für elektronische Meßgeräte, das sind Meßgeräte, bei denen die Messung durch Elektronenleitung im Vakuum oder im gasgefüllten Raum beeinflußt wird. Das ist etwas kompliziert; denn nach dieser Definition gilt dasselbe Meßgerät als elektrisch, wenn es direkt oder über einen Verstärker betrieben wird, dessen Eigenschaften das Meßergebnis nicht beeinflussen, als elektronisch, wenn es über einen Verstärker betrieben wird, dessen Eigenschaften das Meßergebnis beeinflussen. In den beiden ersten Fällen fällt es unter die Regeln für Meßgeräte, im dritten Fall dagegen nicht.

Nun scheint mir die Unterscheidung zwischen elektrischen und elektronischen Meßgeräten an sich nicht sehr wichtig, wenn sie aber schon gemacht werden soll, möchte ich doch lieber unter elektronischen Meßgeräten nur solche verstehen, bei denen die Meßwirkung unmittelbar auf Elektronenleitung im Vakuum oder in Gasen beruht; dagegen möchte ich die Meßgeräte, die lediglich über einen Meßverstärker betrieben werden, weiterhin als elektrische Meßgeräte bezeichnen, weil die Elektronenleitung im Vakuum oder im gasgefüllten Raum in diesen Fällen lediglich die Empfindlichkeit steigert.

b) Sicherheitsbestimmungen

Die Sicherheitsbestimmungen verlangen Mindestkriech- und Luftstrecken und eine Prüfung des Meßgeräts zwischen den spannungführenden Teilen und dem Gehäuse sowie zwischen getrennten elektrischen Kreisen mit einer Prüfspannung, die weit über der Betriebsspannung liegt. Sie verlangen ferner angemessene Überlastungsfähigkeit, Schüttelfestigkeit und eine gewisse Unempfindlichkeit gegen Temperaturschwankungen.

c) Genauigkeitsanforderungen

Die VDE 0410 kennen sieben Genauigkeitsklassen mit zulässigen Anzeigefehlern von 0,1—0,2—0,5—1—1,5—2,5—5%. Für nichtelektrische Größen werden vorzugsweise Instrumente der Klassen 1 und 1,5 verwendet. Der Anzeigefehler bezieht sich bei Instrumenten für nichtelektrische Größen stets auf die Skalenlänge, während er bei Instrumenten für elektrische Größen auch auf den Meßbereichendwert bezogen sein kann. Die Fehlergrenzen gelten bei einem definierten Zustand des Instruments und der Umwelt und erhöhen sich durch mancherlei Einflüsse.

d) Einflüsse

α) Lage- und Einbaueinfluß. Die Instrumente zeigen je nach der Gebrauchslage etwas verschieden, weil die Schwerkraft auf die beweglichen Teile je nach der Lage verschieden wirkt. Ebenso kann ein Instrument verschieden zeigen, je nachdem es in oder auf einer Eisentafel oder Nichteisentafel eingebaut oder aufgestellt wird. Die zulässige Größe des Lage- und Einbaueinflusses ist in VDE 0410 festgelegt.

β) **Temperatur- und Anwärmeinfluß.** Mit der Temperatur ändern sich die Widerstände der Instrumentenwicklungen sowie die elastischen und magnetischen Eigenschaften der Instrumentenbaustoffe, die Instrumente zeigen also je nach ihrem Anwärmzustand und der Raumtemperatur etwas verschieden. Auch die zulässige Größe dieser Einflüsse hat der VDE festgelegt.

γ) **Fremdfeldeinfluß.** Äußere Magnetfelder überlagern sich den von den Instrumentenmagneten oder -wicklungen erzeugten Meßfeldern und fälschen die Anzeige. Der Fremdfeldeinfluß darf bestimmte Grenzen nicht übersteigen.

δ) **Spannungs-, Frequenz- und Leistungsfaktoreinfluß.** Werden bestimmte Arten von Meßinstrumenten mit anderer Spannung oder Frequenz oder in einem anderen Bereich des Leistungsfaktors betrieben, als sie vorgesehen sind, so treten zusätzliche Fehler auf, deren zulässiges Maß die VDE 0410 ebenfalls angeben.

4. Symbole und Schaltzeichen

Wie die sprachlichen Grundbegriffe der Meßtechnik in DIN 1319 und VDE 0410 festgelegt wurden, um durch eine einheitliche Bezeichnung Sprachverwirrungen zu vermeiden, so müssen auch die zeichnerischen Symbole der Schaltbilder vereinheitlicht werden, um Bildverwirrungen zu unterbinden und jedermann in die Lage zu setzen, die Hieroglyphen im Schaltbild eines anderen zu enträtseln, deshalb haben sowohl die IEC wie auch die Länderkommissionen Schaltzeichen und Symbole festgelegt.

In Deutschland gelten die Schaltzeichen der Fernmelde- und Starkstromtechnik DIN 40700 . . . 40716.

Für das vorliegende Buch ist nur ein kleiner Teil dieser Schaltzeichen erforderlich, sie sind in Abb. 1 zusammengestellt.

5. Meßfehler

Ein Meßergebnis ist nie völlig genau, sondern infolge der Fehler des verwendeten Meßinstruments oder Meßverfahrens und der Unzulänglichkeit des Beobachters mehr oder weniger fehlerhaft.

Die Genauigkeit des Instruments ist gekennzeichnet durch die Größe des Unterschiedes zwischen dem angezeigten und dem wahren Wert der Meßgröße. Es ist der

$$\text{Fehler} = \text{falscher Wert} - \text{wahrer Wert} = \text{Istwert} - \text{Sollwert}.$$

Bei Instrumenten für mechanisch-elektrische Messungen wird der Fehler in % der Skalenlänge angegeben, es sind also auch Ist- und Sollwert in Längeneinheiten auszudrücken, etwa in mm.

Der relative prozentische Fehler wird

$$f_{\%} = \frac{\text{Istwert} - \text{Sollwert}}{\text{Skalenlänge}} \cdot 100. \tag{1}$$

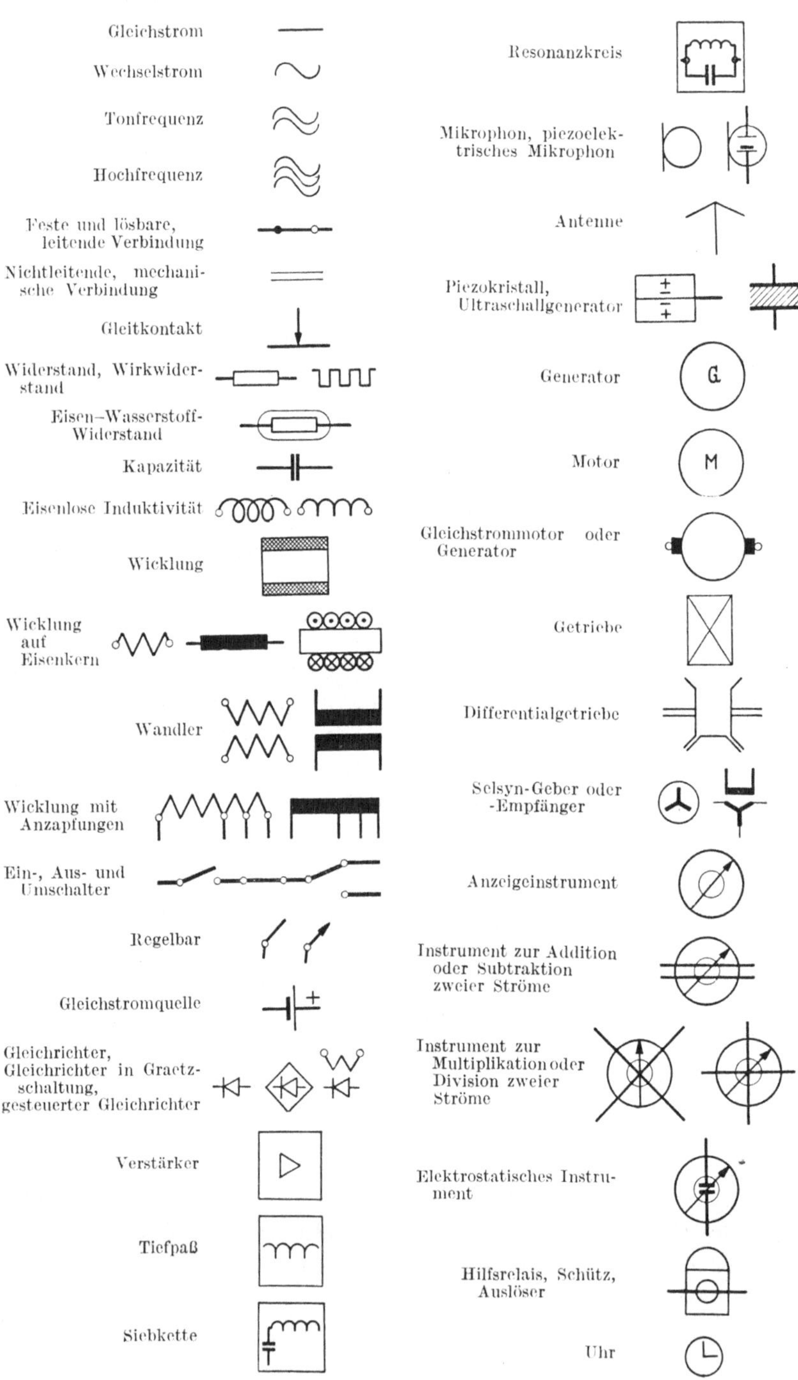

Abb. 1. Symbole und Schaltzeichen

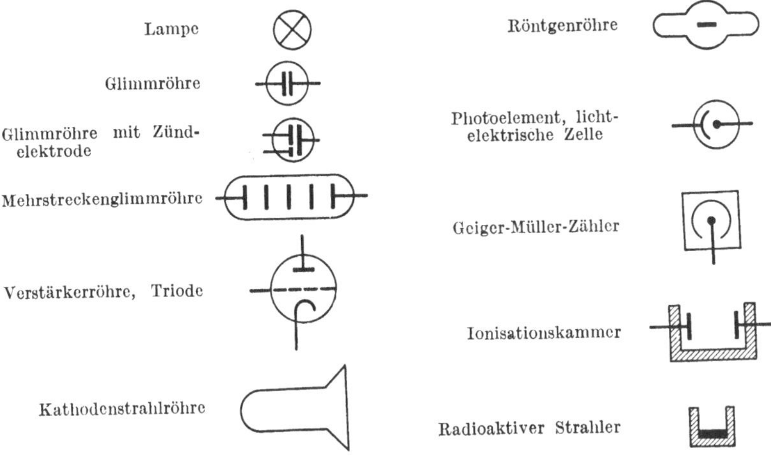

Abb. 1. Symbole und Schaltzeichen (Fortsetzung)

Die an dem Meßergebnis anzubringende Berichtigung ist das Umgekehrte des Fehlers, also:

$$\text{Sollwert} = \text{Istwert} - \text{Fehler} = \text{Istwert} + \text{Berichtigung.}$$

Die Genauigkeit eines Meßinstruments ist durch das verwendete Meßprinzip, die Güte der Ausführung und die Sorgfalt der Eichung bestimmt. Die Fehler des Meßergebnisses hängen aber auch von der Eignung des angewendeten Meßverfahrens ab, so kann man beispielsweise eine Entfernung von 10 km mit einem 100 mm langen Maßstab auch bei hervorragender Güte des Maßstabes und sorgsamster Handhabung nicht exakt ermitteln, weil das Meßverfahren ungeeignet ist.

Zuweilen kann man die Genauigkeit elektrischer Messungen steigern, indem man den Meßbereich unterteilt, die Empfindlichkeit des Instrumentes erhöht oder an Stelle direkter Messung ein Brücken- bzw. Kompensationsverfahren anwendet. Selbstverständlich muß man sich vor Beginn einer Messung über die zu erwartenden Toleranzen des Meßergebnisses klarwerden und darf dabei neben den Fehlern des Verfahrens und der verwendeten Geräte mögliche Außeneinflüsse sowie persönliche Fehler des Beobachters nicht vergessen.

6. Empfindlichkeit

Die Empfindlichkeit ε eines Zeigermeßinstrumentes ist das Verhältnis der Änderung der Anzeige dl zur Änderung der Meßgröße dM;

$$\varepsilon = dl/dM\,. \tag{2}$$

Sie hat also die Dimension einer Länge je Einheit der Meßgröße — etwa die Stromempfindlichkeit mm/A. Bei konstantem Meßbereich wächst die Empfindlichkeit eines Instrumentes mit der Skalenlänge.

Weder bei mechanischen noch bei elektrischen Meßgeräten läßt sich die Empfindlichkeit beliebig steigern, sie wird durch die Störeinflüsse praktisch begrenzt, und bereits in der Nähe dieser Grenze wird die Messung störanfällig und ungenau. Man kann also keineswegs beliebig verstärken, weil alle Fehler und Störeinflüsse im gleichen Maß mit verstärkt werden.

Zuweilen werden die Begriffe Genauigkeit und Empfindlichkeit nicht sauber auseinandergehalten in der irrtümlichen Meinung, eine Empfindlichkeitssteigerung erhöhe gleichzeitig die Genauigkeit, was jedoch keineswegs immer zutrifft; vielmehr kann ein empfindliches Meßgerät unter Umständen ungenauer sein als ein unempfindlicheres. Bei einem Lichtzeigerdrehspulinstrument kann man z. B. die Empfindlichkeit durch Verlängern des Lichtzeigers erhöhen, die Genauigkeit bleibt unverändert, weil auch die Fehler proportional mit vergrößert werden. Macht man ein solches Instrument durch ein stärkeres Magnetfeld empfindlicher, so wird die Genauigkeit ebenfalls unverändert bleiben, erhöht man aber die Empfindlichkeit durch Einsetzen schwächerer Federn, verringert also das Einstellmoment, so kann die Genauigkeit sogar kleiner werden.

7. Spannungseinfluß

Bei der elektrischen Abbildung mechanischer Größen kommen den Bauteilen und den elektrischen Größen des Meßkreises die Eigenschaften eines Maßstabes zu, sie müssen also absolut konstant sein, während Abweichungen von den Sollwerten keine Rolle spielen, solange sie konstant oder berechenbar sind.

Beispielsweise kann man mit einem falschen Maßstab, etwa einem Meterstab, der anstatt 100 cm nur 98 cm lang ist, einwandfrei arbeiten, wenn man den Fehler kennt, denn man kann das Meßergebnis leicht um + 2% berichtigen, der Maßstab darf sich jedoch während der Messung nicht ändern oder seine Änderungen — etwa die Temperaturdehnung — müssen berechenbar sein.

Die Teile des elektrischen Meßkreises, Instrumente, Widerstände, Kondensatoren usw. müssen also absolut konstant und möglichst unabhängig von Einflüssen der Umwelt sein, sofern die Größe dieser Einflüsse nicht bequem berechenbar ist.

Ebensowenig dürfen sich die elektrischen Größen des Meßkreises, Strom, Spannung, Frequenz, Leistungsfaktor, willkürlich ändern; die wichtigste und am sorgfältigsten konstant zu haltende Größe ist bei allen Ausschlag- und Kompensationsverfahren die Spannung am Meßkreis.

Die Stellung des Abgriffs an einem regelbaren Widerstand kann man auf dreierlei Weise ermitteln:

a) Nach einem Ausschlagverfahren

Man legt den Widerstand nach Abb. 2 in Reihe mit einem Strommesser in einen Meßkreis mit konstanter Spannung und erhält

$$R_x = U/J. \tag{3}$$

Das Meßergebnis hängt von der Höhe der Meßspannung U ab und muß korrigiert werden, wenn sie von ihrem Sollwert abweicht.

b) Nach einem Nullverfahren in Kompensationsschaltung

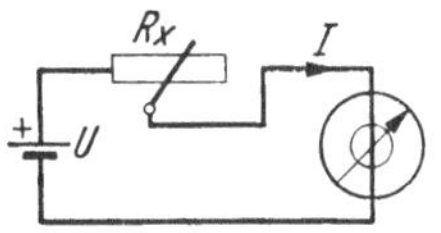

Abb. 2. Bestimmung eines Widerstandes durch Strom- und Spannungsmessung. U Meßspannung; — J Stromaufnahme; — R_x unbekannter Widerstand

Man schaltet den unbekannten Widerstand R_x nach Abb. 3 in Reihe mit einem Normalwiderstand R_N und kompensiert mit dem Galvanometer G_2 die Spannungsabfälle an den Widerständen gegen die Spannung eines Normalelements nach folgendem Schema:

1. Kompensation der Spannung U_H der Hilfsstromquelle gegen die Spannung E_N des Normalelements mit dem Galvanometer G_1

$$J_1 \cdot R_1 = E_N. \tag{4}$$

2. Kompensation des Spannungsabfalles an R_N gegen die Spannung U_H der Hilfsstromquelle mit dem Galvanometer G_2

$$J \cdot R_2 = J_x \cdot R_N. \tag{5}$$

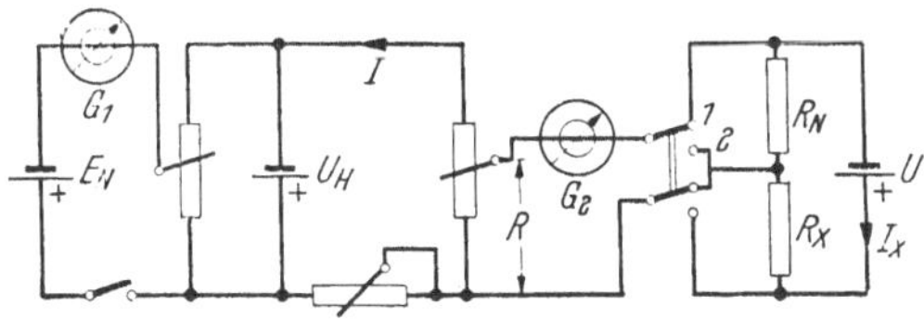

Abb. 3. Bestimmung eines Widerstandes durch Kompensation mit einem Normalwiderstand. E_N Normalelement; — U_H Hilfsspannung; — U Meßspannung; — R Kompensationswiderstand; — R_N Normalwiderstand; — R_x unbekannter Widerstand; — G_1, G_2 Galvanometer

3. Kompensation des Spannungsabfalles an R_x gegen die Spannung U_H der Hilfsquelle mit dem Galvanometer G_2

$$J \cdot R_3 = J_x \cdot R_x, \tag{6}$$

daraus folgt

$$R_x = \frac{R_3}{R_2} \cdot R_N. \tag{7}$$

Die Hilfsspannung U_H und die Meßspannung U dürfen sich während der Messung nicht ändern. Die Hilfsspannung U_H ist durch wiederholten Vergleich mit der konstanten Spannung E_N des Normalelements zu kontrollieren. Die Meßspannung U kann für die Dauer der rasch aufeinanderfolgenden Messungen *2* und *3* als konstant angesehen werden. Bei allen mit einer Hilfsspannung arbeitenden Ausschlag- oder Kompensationsverfahren muß also die Spannung konstant gehalten werden oder man muß die Wirkung von Spannungsänderungen auf das Meßergebnis verhindern.

c) Nach einem Nullverfahren in einer Brückenschaltung

Man verwendet den Widerstand R_x nach Abb. 4 als einen Zweig einer Wheatstonebrücke und erhält für den Diagonalstrom $J_5 = 0$

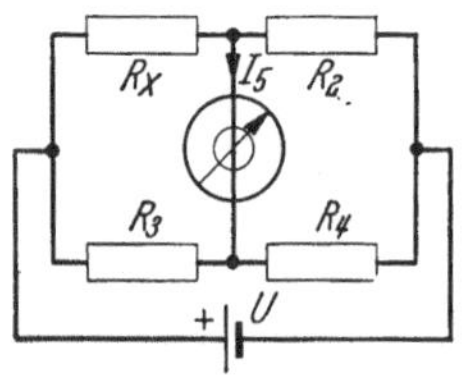

Abb. 4. Bestimmung eines Widerstandes in Brückenschaltung.
U Meßspannung; — J_5 Diagonalstrom; — $R_2 \ldots R_4$ Brückenwiderstände; — R_x unbekannter Widerstand

$$R_x = R_2 \cdot R_3 / R_4. \tag{8}$$

Bei diesem Verfahren ist man unabhängig von der Größe der Meßspannung, mit deren Höhe sich lediglich die Empfindlichkeit ändert.

8. Spannungskonstanthalter

Es sind zwei Gruppen von Spannungskonstanthaltern zu unterscheiden, bei der ersten Art wird die Betriebsspannung dauernd nach der Spannung einer Normalspannungsquelle geregelt, bei der zweiten Art wird die einmal eingestellte Spannung konstant gehalten, es ist jedoch keine Normalspannungsquelle vorhanden.

Als Normalspannungsquelle kommt in erster Linie das unbelastete Normalelement in Frage, dessen EMK von etwa 1,0185 V bei 20° über sehr lange Zeit konstant bleibt und das die einzige als unveränderlich anzusehende Spannungsquelle ist. Da man das Normalelement nicht belasten darf, kann man es nur in Kompensationsschaltungen zum Einregeln einer Hilfs- oder Betriebsspannungsquelle verwenden. Für weniger genaue Messungen, bei denen nicht die absolute Höhe der Spannung, sondern nur ihre Konstanz wichtig ist, kann man das Normalelement durch eine unbelastete Anodenbatterie ersetzen.

Für Wechselspannungen gibt es kein dem Normalelement ebenbürtiges jederzeit reproduzierbares Normal, obwohl es nicht an Versuchen in dieser Richtung fehlte.

a) Röhrenregler [*1*]

Die Röhrenregler beruhen auf der Änderung des inneren Widerstandes und damit des Anodenstromes einer Verstärkerröhre mit der Gittervorspannung. Je größer die negative Gittervorspannung wird, um so größer wird der innere Widerstand und um so kleiner der Anodenstrom, wie die Röhrencharakteristik Abb. 5 zeigt. Schaltet man der zu regelnden Spannung eines Generators eine konstante Spannung entgegen und legt die negative Differenz beider Spannungen an das Gitter einer Röhre, so wird der Anodenstrom der Röhre mit steigender Generatorspannung kleiner. Mit dem Anodenstrom erregt man den Generator, dessen Erregerstrom nunmehr mit steigender Generatorspannung abnimmt, wodurch die Spannung auf annähernd ihren alten Wert sinkt.

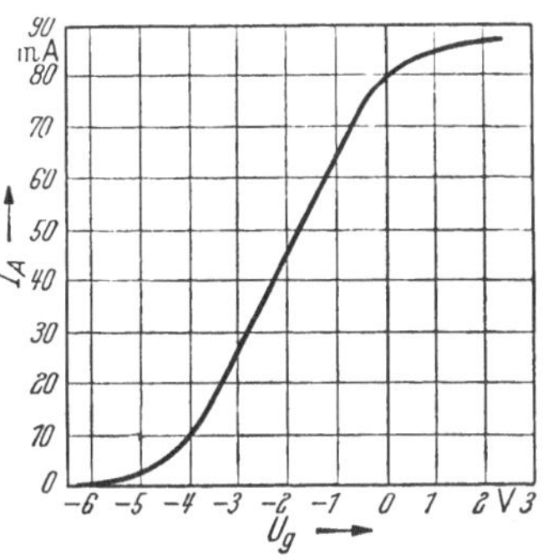

Abb. 5. Kennlinie einer Verstärkerröhre bei konstanter Anodenspannung. J_A Anodenstrom; — U_g Gitterspannung

Abb. 6 zeigt die grundsätzliche Schaltung für die Regelung eines Wechselstromgenerators. Ein Teil der konstant zu haltenden Spannung U_G wird von Oberwellen gereinigt, gleichgerichtet, geglättet und einer Normalspannung U_N entgegengeschaltet; die Spannungsdifferenz wird verstärkt und als Gittervorspannung U_g auf die Verstärkerröhre gegeben, die als Vorwiderstand vor der Generatorerregung liegt und deren Anodenspannung von der Erregermaschine geliefert wird. Selbstverständlich muß der Regler eine Rückführung erhalten, damit die Spannung nicht anfängt zu pendeln, und diese Rückführung muß richtig justiert werden, weil davon die Regelgeschwindigkeit abhängt, wie Abb. 7 zeigt. Die Regelgeschwindigkeit wird ferner sehr

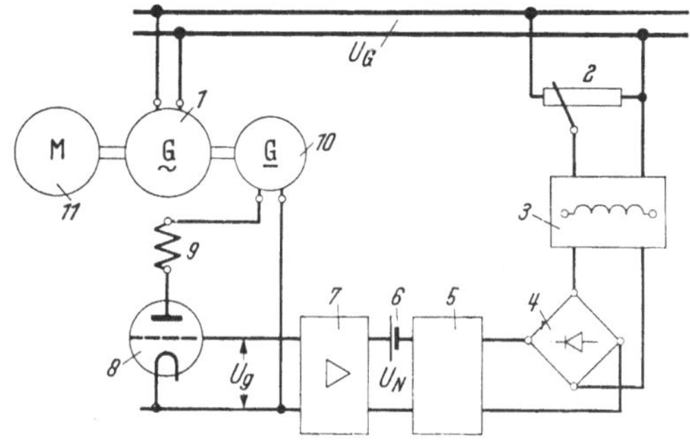

Abb. 6. Röhrenregelung eines Wechselspannungsgenerators.
U_G konstant zu haltende Generatorspannung; — U_N Normalspannung; — U_g Gitterspannung; — *1* Wechselstromgenerator; — *2* Spannungsteiler; — *3* Oberwellensieb; — *4* Gleichrichter; — *5* Glättungskreis; — *6* Normalspannungsquelle (Anodenbatterie); — *7* Verstärker; — *8* Verstärkerröhre; — *9* Erregerwicklung des Generators; — *10* Erregermaschine; — *11* Antriebsmotor

weitgehend durch die Eigenschaften der geregelten Maschine beeinflußt. Größere Erregerströme erhält man durch Parallelschalten mehrerer Röhren. Selbstverständlich braucht man nicht den Gesamterregerstrom über die Röhren zu geben, sondern nur einen Teil, der dem Regelbereich entspricht. Zur weiteren Verbesserung der Konstanz kann man den Antriebsmotor M und das Feld der Erregermaschine mit einer bereits geregelten Gleichspannung speisen. Die Röhrenregler können für beliebige Leistung ausgeführt werden und halten die Spannung bestenfalls

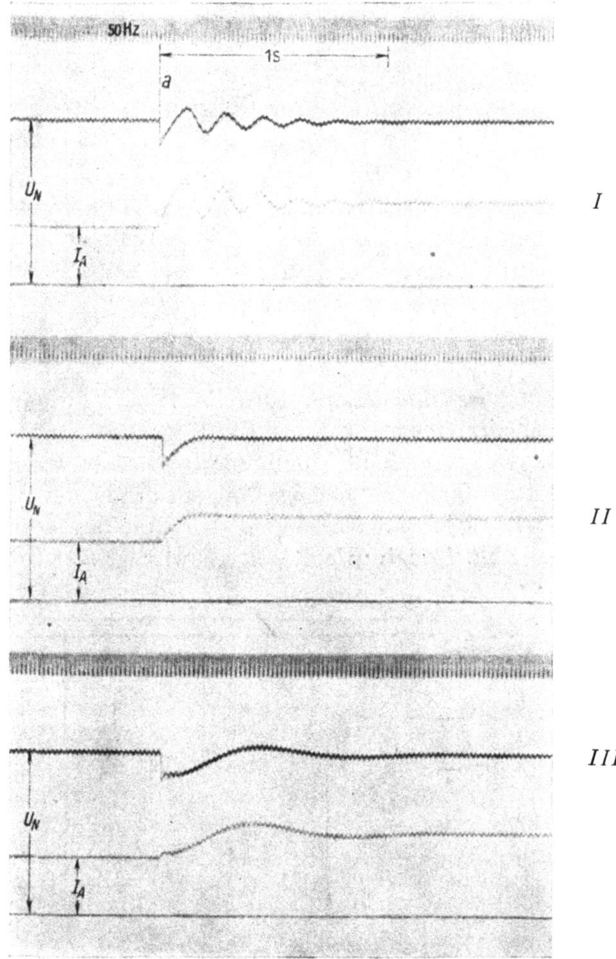

Abb. 7. Oszillogramm eines Regelvorganges mit Siemens-Röhrenfeinregler bei stoßweiser Belastung einer Gleichstrommaschine und verschiedenen Einstellungen der Rückführung. [Aus LUDWIG: Die neuen Einheits-Röhrenfeinregler mit Elektronenröhren-Endstufe. Siemens-Z. Bd. 21 (1941) S. 65.] *I* Rückführung wirkt zu schwach; — *II* Rückführung ist richtig eingestellt; — *III* Wirkung der Rückführung zu stark; — U_N geregelte Gleichspannung; — J_A Endröhrenstrom; — *a* Einschaltzeitpunkt der Belastung

auf 0,25$^0/_{00}$ konstant, sie benötigen Regelzeiten in der Größenordnung von 0,2 sek. Als Spannungsnormal verwendet man meist eine Anodenbatterie, deren Spannungsänderungen im unbelasteten Zustand sehr klein sind und mit dem Spannungsteiler *2* ausgeglichen werden können.

Man rechnet mit einer Spannungssenkung von 0,3 ‰/Monat. Der Temperaturkoeffizient der Trockenbatterie ist etwa $\pm 0{,}1\%/10°$.

Röhrengeregelte Maschinensätze eignen sich besonders für die Stromversorgung größerer Meßanlagen mit Leistungsaufnahmen bis zu 100 kW.

b) Glimmstabilisatoren [2]

α) Prinzip. Die Spannung an einer Glimmentladungsstrecke ist in weiten Grenzen unabhängig von der Stromstärke, nämlich von der Zündstromstärke bis zum Sättigungsstrom, bei dem die ganze Kathodenoberfläche von der Entladung bedeckt ist; innerhalb dieser Grenzen kann man die Glimmspannungsröhre als Spannungskonstanthalter benutzen. Die Höhe der Spannung ist durch den Kathodenwerkstoff, die Gasfüllung und den Gasdruck bestimmt, sie beträgt mindestens 70 V. Die

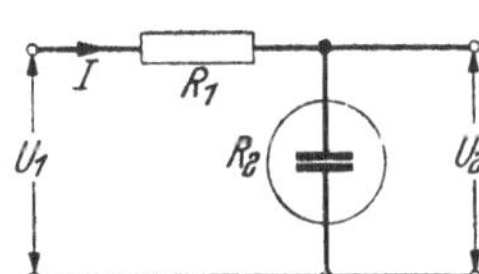

Abb. 8. Prinzip des Glimmstabilisators. U_1 Primärspannung; — U_2 stabilisierte Spannung; — R_1 Vorwiderstand; — R_2 Wechselstromwiderstand der Glimmröhre; — J Gesamtstrom

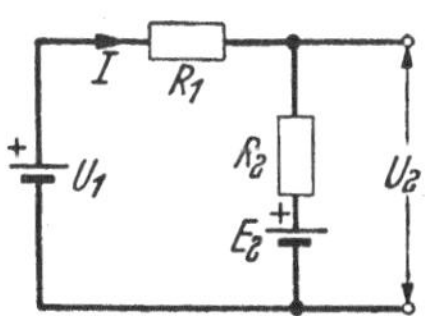

Abb. 9. Ersatzschaltung des Glimmstabilisators. U_1 Primärspannung; — U_2 Sekundärspannung; — R_1 Vorwiderstand; — R_2 Wechselstromwiderstand der Glimmröhre; — E_2 Gegen-EMK der Glimmröhre; — J Gesamtstrom

Glimmentladungsröhren haben einen kleinen inneren Widerstand, sie würden bei direktem Anschluß an eine Spannungsquelle eine weit über dem Sättigungsstrom liegende Stromstärke aufnehmen und zerstört werden, weshalb sie stets über einen Vorwiderstand betrieben werden müssen, dessen Größe sich aus der Formel

$$R_1 = \frac{U_1 - U_2}{J} \tag{9}$$

berechnet.

Darin bedeuten (Abb. 8):

U_1	Spannung der Stromquelle,	J	gesamter Speisestrom,
U_2	Spannung der Glimmspannungsröhre,	R_1	Vorwiderstand.

Der innere Widerstand der Röhre ist undefiniert, da die Spannung in weiten Grenzen stromunabhängig ist und der Ausdruck U_2/J für jede Stromstärke einen anderen Wert annehmen würde; dennoch kann man einen charakteristischen inneren Widerstand R_2 definieren als Differentialquotienten einer überlagerten Wechselspannung U_W nach dem überlagerten Wechselstrom J_W

$$R_2 = dU_W/dJ_W. \tag{10}$$

Man kann sich demnach gemäß dem Ersatzschaltbild Abb. 9 die Glimmröhre vorstellen als Reihenschaltung einer Gegen-EMK $-E_2$ mit einem Widerstand R_2 und erhält

$$U_1 - J(R_1 + R_2) - E_2 = 0. \tag{11}$$

$J \cdot R_1$ ist die Spannung am Vorwiderstand,
$J \cdot R_2 + E_2$ ist die Brennspannung der Glimmröhre.

β) Spannungsänderungen. Eine Änderung der Primärspannung um ΔU_1 ändert den Strom um ΔJ, und es wird

$$\pm \Delta U_1 \pm \Delta J(R_1 + R_2) = 0. \tag{12}$$

$\Delta J \cdot R_1$ ist die Spannungsänderung am Vorwiderstand,
$\Delta J \cdot R_2 = \Delta U_2$ ist die Spannungsänderung an der Glimmröhre.

Das Verhältnis der prozentualen Spannungsänderungen ist

$$\frac{\Delta U_1}{\Delta U_2} = \frac{U_2}{U_1}\left(\frac{R_1 + R_2}{R_2}\right). \tag{13}$$

Änderungen der Primärspannung werden also an der Glimmröhre im Verhältnis des inneren Widerstandes R_2 zum Gesamtwiderstand $(R_1 + R_2)$ reduziert, und die Spannungskonstanz ist um so besser, je höher der Vorwiderstand ist; sie läßt sich noch weiter verbessern, wenn man als Vorwiderstand einen Eisenwasserstoffwiderstand verwendet. Dann wird

$$\frac{\Delta U_1}{\Delta U_2} = \frac{U_2}{U_1}\left(\frac{R_1 + R_2}{R_2} + \frac{J \cdot \Delta R_1}{R_2 \cdot \Delta J}\right). \tag{14}$$

Plötzliche Schwankungen der Primärspannung können durch eine vorgeschaltete Siebkette geglättet werden.

Beispiel. Eine Glimmröhre für $U_2 = 100\,\text{V}$, $J = 60\,\text{mA}$ und $R_2 = 150\,\Omega$ wird an eine Primärspannung von 220 V angeschlossen, dann ist

$$R_1 = \frac{220 - 100}{60 \cdot 10^{-3}} = 2000\,\Omega,$$

$$\Delta U_2 = \Delta U_1 \cdot \frac{U_1}{U_2} \cdot \frac{R_2}{R_1 + R_2} = \Delta U_1 \cdot \frac{220}{100} \cdot \frac{150}{2150} = \Delta U_1 \cdot 0{,}1535.$$

Das heißt, eine Änderung der Primärspannung um $\pm 10\%$ ändert die Brennspannung der Glimmröhre um $\pm 1{,}5\%$.

Die Glimmröhren arbeiten praktisch trägheitslos, brauchen jedoch eine gewisse Anwärmzeit, während der die Spannung bis zu 2% fällt, und erreichen erst nach einigen Tagen Einbrenndauer völlige Konstanz. Die absolute Spannungshöhe ändert sich fast nach jeder Einschaltung um Beträge bis zu einigen Prozent. Die Glimmentladung ist temperaturabhängig, und Änderungen der Raumtemperatur um $\pm 10°$ ergeben infolgedessen Spannungsänderungen bis zu $\mp 0{,}5\%$.

Glimmröhren werden bis zu Leistungen von etwa 150 W hergestellt, sie sind nur für Gleichstromstabilisierung geeignet. Die Konstanz läßt sich durch Kaskadenschaltung zweier Glimmröhren nach Abb. 10 noch weiter verbessern.

Beispiel. Die Daten der beiden Röhren seien

$$\text{G 1:} \quad U_2 = 150\,\text{V}; \quad J = 65\,\text{mA}; \quad R_2 = 150\,\Omega,$$
$$\text{G 2:} \quad U_3 = 100\,\text{V}; \quad J = 25\,\text{mA}; \quad R_2 = 500\,\Omega,$$
$$U_1 = 220\,\text{V},$$
$$R_4 = \frac{150 - 100}{25 \cdot 10^{-3}} = 2000\,\Omega,$$
$$\Delta U_3 = \Delta U_2 \cdot \frac{150}{100} \cdot \frac{500}{2500} = \Delta U_2 \cdot 0{,}3,$$
$$R_1 = \frac{220 - 150}{65 \cdot 10^{-3}} = \frac{70 \cdot 10^3}{65} = 1078\,\Omega,$$
$$\Delta U_2 = \Delta U_1 \cdot \frac{220}{150} \cdot \frac{150}{1228} = 0{,}18.$$

Eine Änderung der Primärspannung U_1 um 10% ändert die Spannung an der ersten Röhre um 1,80% und an der zweiten Röhre um 0,54%

$$\Delta U_3 = \Delta U_1 \cdot 0{,}18 \cdot 0{,}3 = \Delta U_1 \cdot 0{,}054.$$

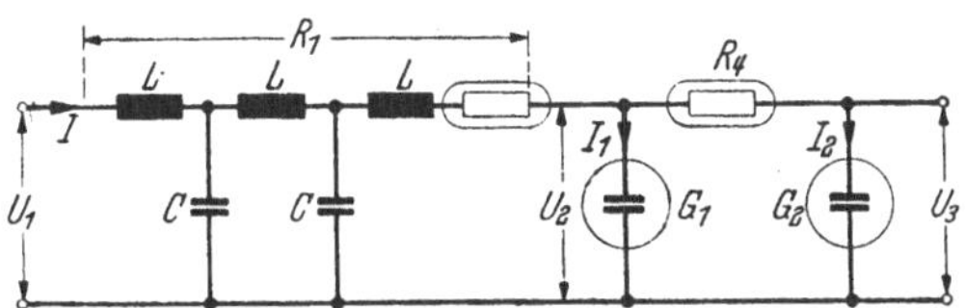

Abb. 10. Kaskadenschaltung zweier Glimmstabilisatoren.
U_1 Primärspannung; — U_2 Spannung an der ersten Glimmröhre; — U_3 Spannung an der zweiten Glimmröhre; — J Gesamtstrom; — J_1 Querstrom der ersten Glimmröhre; — J_2 Querstrom der zweiten Glimmröhre; — G Glimmröhre; — L Glättungsdrossel; — C Glättungskondensator; — R_1 Vorwiderstand der Röhre *1*; — R_4 Vorwiderstand der Röhre *2*

γ) Belastungsänderungen. Wird die Glimmröhre belastet, so vermindert sich der Anodenstrom um den Belastungsstrom, ein Mindeströhrenstrom $J_{2\,\min}$ muß jedoch aufrechterhalten bleiben (Abb. 11).

Die Leerlaufspannung ist $U_{2_0} = J \cdot R_2 + E_2$, (15)

die Betriebsspannung ist $U_2 = (J - J_3) \cdot R_2 + E_2$, (16)

die Spannungsminderung ΔU_2 bei Belastung demnach

$$\Delta U_2 = U_{2_0} - U_2 = J_3 \cdot R_2. \qquad (17)$$

Die Spannung ändert sich also mit der Bürde. Die Glimmstabilisatoren arbeiten am besten, wenn der Röhrenstrom J_2 etwa 30% des höchstzulässigen Stromes $J_{2\,\max}$ beträgt, sie sind am stärksten im Leerlauf beansprucht.

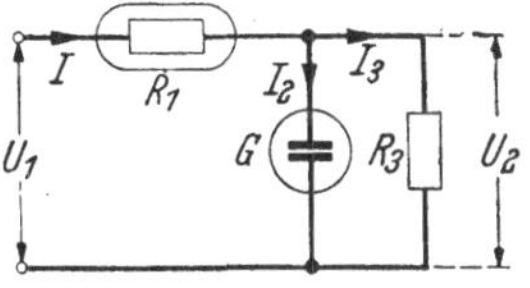

Abb. 11. Belasteter Glimmstabilisator.
U_1 Primärspannung; — U_2 stabilisierte Spannung; — J Gesamtstrom; — J_2 Querstrom der Glimmröhre; — J_3 Bürdenstrom; — G Glimmröhre; — R_1 Eisen-Wasserstoff-Widerstand; — R_3 Bürde

Beispiel.

$U_2 = 150\,\text{V}$; $J = 65\,\text{mA}$; $R_2 = 150\,\Omega$; $J_{2\min} = 5\,\text{mA}$.
Spannungsänderung ΔU_2 zwischen Leerlauf und Vollast

$$\Delta U_2 = 60 \cdot 150 \cdot 10^{-3} = 9\,\text{V}.$$

δ) Zündspannung. Die Gasentladung in einer Glimmröhre setzt bei einer Zündspannung ein, die wesentlich über der zur Aufrechterhaltung der Entladung erforderlichen Brennspannung U_2 liegt; da die Röhre stets über einen Vorwiderstand betrieben werden muß, ist die Zündspannung ohne weiteres gesichert, wenn die Röhre unbelastet eingeschaltet wird. Sollen Röhren unter Belastung eingeschaltet werden, so bringt man eine besondere Zündelektrode an, die vom Verbraucherkreis völlig getrennt ist und die erforderliche Zündüberspannung auf einen sehr kleinen Wert herabdrückt, oder man sieht besondere Zündwiderstände vor, die einer Elektrode die volle Spannung zuführen.

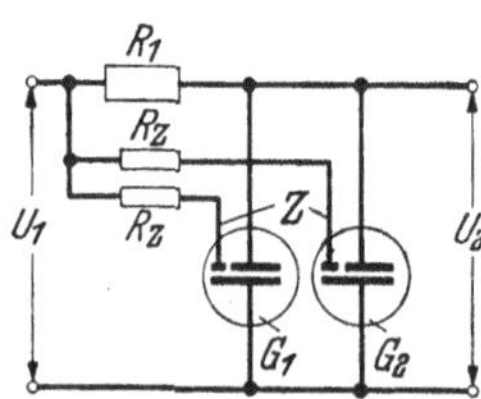

Abb. 12. Parallelschaltung zweier Glimmstabilisatoren.
U_1 Primärspannung; — U_2 stabilisierte Spannung; — R_1 Vorwiderstand; — R_Z Zündwiderstand; — G Glimmstabilisator; — Z Zündelektrode

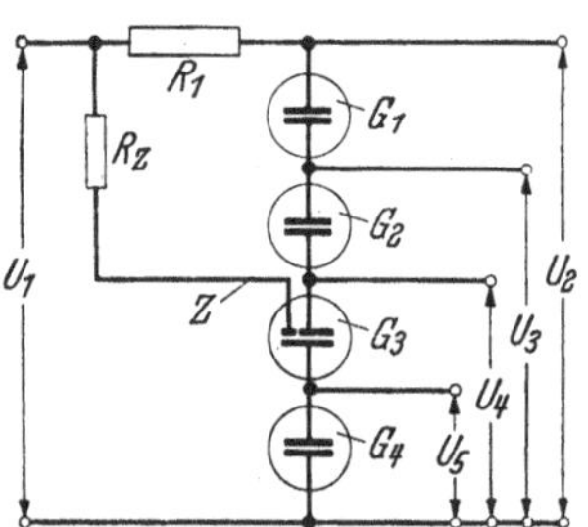

Abb. 13. Reihenschaltung mehrerer Glimmstabilisatoren.
U_1 Primärspannung; — $U_2 \ldots U_5$ stabilisierte Spannungen; — R_1 Vorwiderstand; — R_Z Zündwiderstand; — $G_1 \ldots G_4$ Glimmröhre; — Z Zündelektrode

ε) Parallel- und Reihenschaltung. Für größere Stromstärken können mehrere Glimmröhren nach Abb. 12 parallel geschaltet werden, für höhere Betriebsspannungen schaltet man mehrere Glimmröhren nach Abb. 13 in Reihe. Um die Zündspannung nicht zu hoch zu treiben, versieht man eine der Röhren mit einer Zündelektrode oder man führt die

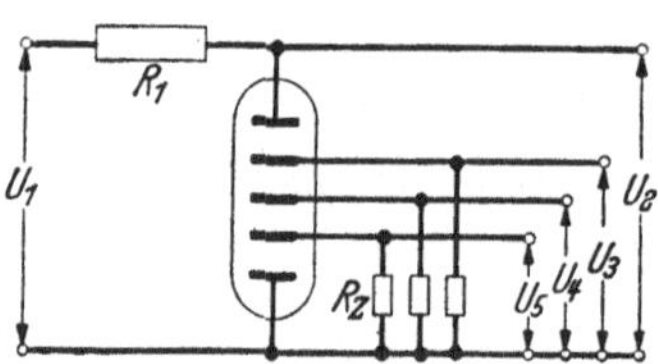

Abb. 14. Mehrstrecken-Glimmstabilisator.
U_1 Primärspannung; — $U_2 \ldots U_5$ stabilisierte Spannungen; — R_1 Vorwiderstand; — R_Z Zündwiderstand

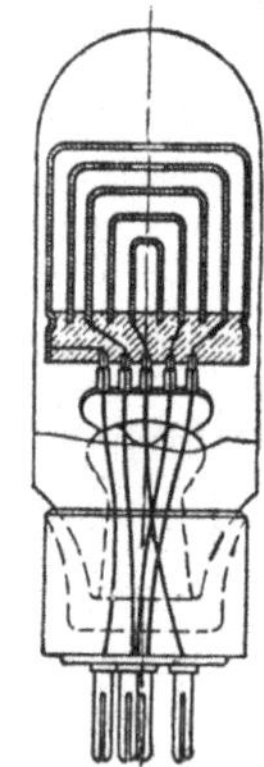

Abb. 15. Schnitt durch einen Glimmspannungsstabilisator mit vier Glimmstrecken der Stabilovolt GmbH. (Aus: Glimmteilerröhre „Stabilisator“ für selbsttätige Spannungsregelung. Arch. techn. Messen J 062–9.)

Gesamtspannung den einzelnen Röhren über Zündwiderstände zu. Anstatt mehrere getrennte Glimmröhren zu verwenden, kann man einen Glimmspannungsteiler auch aus mehreren in Reihe liegenden Gasentladungsstrecken in einem gemeinsamen Rohr aufbauen, wie es bei den Mehrstrecken-Stabilovoltröhren geschehen ist (Abb. 14). Die einzelnen Elektroden sind dabei wie ein Satz Töpfe verschiedener Größe übereinandergestülpt. Einer solchen Röhre kann man neben der Gesamtspannung praktisch voneinander unabhängige Teilspannungen entnehmen. Abb. 15 zeigt einen Schnitt durch einen Glimmspannungsteiler.

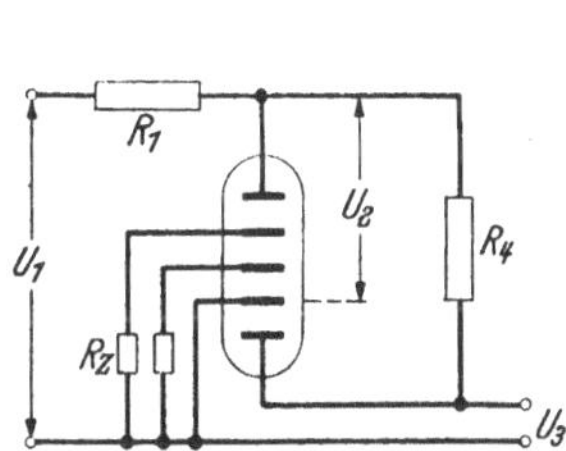

Abb. 16. **Kaskadenschaltung mit einem Mehrstreckenstabilisator.**

U_1 Primärspannung; — U_2 Spannung an der ersten Kaskade; — U_3 Verbraucherspannung; — R_1 Vorwiderstand der ersten Kaskade; — R_4 Vorwiderstand der zweiten Kaskade; — R_Z Zündwiderstand

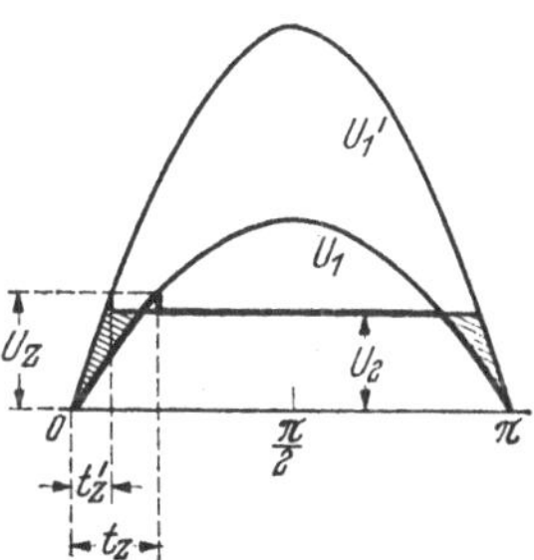

Abb. 17. **Wechselspannungsregelung mit Glimmstabilisator.**

U_1, U_1' Primärspannung; — U_2 Verbraucherspannung; — U_Z Zündspannung; — t_Z, t_Z' Zündzeitpunkt

Mehrelektrodenröhren kann man nach Abb. 16 auch in Kaskadenschaltung betreiben, wobei die drei ersten Glimmstrecken die 1., die 4. Glimmstrecke die 2. Kaskade darstellen.

Glimmstabilisatoren eignen sich in erster Linie für die Konstanthaltung von Gleichspannungen, bei Wechselspannung arbeiten sie wesentlich ungünstiger, da sie das obere Stück der Sinuskurve abschneiden und somit auf konstanten Scheitelwert regeln, während sich der Effektivwert mit der Höhe der Sinuskurve ändert, wie Abb. 17 zeigt. Die Konstanthaltung wird um so besser, je mehr man von der Sinuskurve abschneidet, d. h. je größer der Vorwiderstand ist. Eine weitere Verbesserung läßt sich natürlich auch hier durch Kaskadenschaltung erreichen. Die trapezförmige Ausgangsspannung muß durch eine Siebkette annähernd sinusförmig gemacht werden.

c) Stabilisierte Gleichrichter

An die Stelle von Batterien können röhrenstabilisierte Gleichrichter als konstante Gleichspannungsquellen für Meßzwecke treten.

Die stabilisierten Gleichrichter beruhen ebenso wie die Röhrenregler auf der Änderung des inneren Widerstandes einer Verstärkerröhre mit der Gitterspannung, wobei die Gitterspannung durch Vergleich der Ausgangsspannung mit der konstanten Spannung einer Batterie oder einer Stabilisatorröhre gewonnen wird. Abb. 18 zeigt als Beispiel das Blockschaltbild des Gleichspannungskonstanthalters von Siemens & Halske-AG. Ein magnetischer Konstanthalter *1* speist den Anodenspannungsgleichrichter *3* für die Endröhre *5*, die als steuerbarer Widerstand zwischen der Anodenspannungsquelle und dem Verbraucher liegt.

In Kaskade zu dem ersten magnetischen Konstanthalter *1* liegt ein zweiter magnetischer Konstanthalter *2* und speist einerseits die Steuerröhre *6* über den Gleichrichter *4*, anderseits einen Glimmstabilisator *8*, dessen Ausgangsspannung am Widerstand *9* mit der am Spannungsteiler *7* abgegriffenen Ausgangsspannung des Gerätes verglichen wird. Die Spannungsdifferenz liegt am Gitter der Steuerröhre *6*. Ähnlich sind die Hochkonstantnetzgeräte von Steinlein, Düsseldorf, und die stabilisierten Gleichrichter der Metrohm AG., Herisau und der AEG, geschaltet. Die Ausgangsspannung dieser Geräte ist so gut konstant, daß sie für Präzisionsmessungen mit dem Gleichstromkompensator verwendet werden kann, bei dem Gerät ME 121 der Metrohm AG., Herisau, ergeben Schwankungen der Eingangsspannung um $\pm 10\%$ eine Änderung der Ausgangsspannung um $\pm 0{,}0002 \ldots \pm 0{,}0005\%$. Der Innenwiderstand liegt je nach dem Betriebspunkt zwischen 0,1 und 0,5 Ω, so daß auch Belastungsschwankungen die Ausgangsspannung nur wenig beeinflussen.

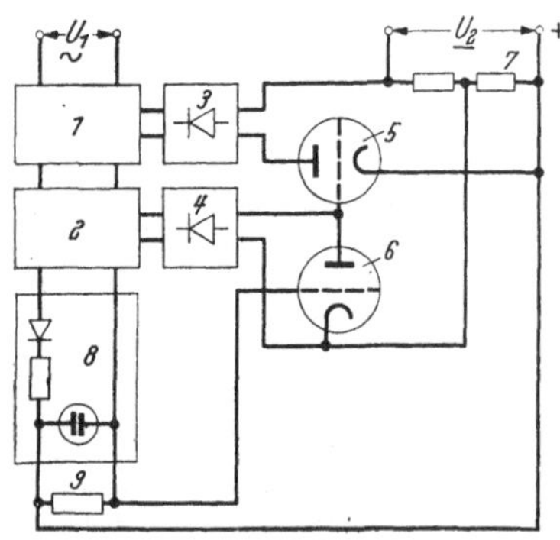

Abb. 18. Gleichspannungskonstanthalter von Siemens & Halske-AG.
1, *2* magnetischer Konstanthalter; — *3*, *4* Gleichrichter; — *5* Endverstärkerröhre; — *6* Steuerröhre; — *7* Ausgangsspannungsteiler; — *8* Glimmstabilisator; — *9* Belastungswiderstand des Glimmstabilisators; U_1 Eingangswechselspannung; U_2 Ausgangsgleichspannung

d) Thermische Gleichhalter [3]

Durch einfache Reihenschaltung eines temperaturabhängigen Widerstandes mit einem Verbraucher kann man die Verbraucherspannung nicht konstant halten, weil der Strom bereits gestiegen sein muß, bevor die Temperatur des Vorwiderstandes zunimmt und der Regeleffekt einsetzen kann, eine Milderung der primären Spannungsschwankungen läßt sich jedoch erzielen. Es ist nämlich nach Abb. 19

$$\frac{\Delta U_1}{\Delta U_2} = \frac{U_2}{U_1}\left[\frac{R_1 + R_2}{R_2} + \frac{J \cdot \Delta R_1}{R_2 \cdot \Delta J}\right], \tag{18}$$

wenn ΔU_1 und ΔU_2 die prozentualen Änderungen der Spannungen U_1 und U_2 bedeuten. Da

$$\frac{R_1 + R_2}{R_2} = \frac{U_1}{U_2}, \tag{19}$$

erhält man

$$\frac{\Delta U_1}{\Delta U_2} = 1 + \frac{U_2}{U_1} \cdot \frac{J \cdot \Delta R_1}{R_2 \cdot \Delta J}. \tag{20}$$

Das besagt, die Glättung wird um so besser, je größer die Änderung des Vorwiderstandes bei einer kleinen Stromänderung ist.

Die einfache Reihenschaltung vermag keine konstante Verbraucherspannung zu liefern, wohl aber eine Brückenschaltung nach Abb. 20.

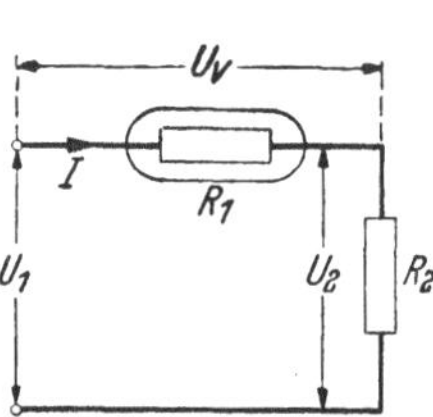

Abb. 19. Spannungsstabilisierung mit temperaturabhängigem Vorwiderstand.
U_1 Primärspannung; — U_2 Verbraucherspannung; — U_v Spannungsabfall am Vorwiderstand; — R_1 temperaturabhängiger Vorwiderstand; — R_2 Verbraucherwiderstand

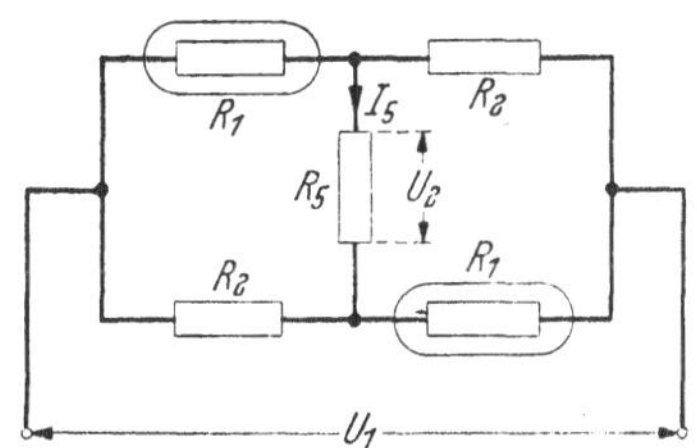

Abb. 20. Spannungsstabilisierung mit Lampenbrücke.
U_1 Primärspannung; — U_2 Verbraucherspannung; — R_1 temperaturabhängiger Widerstand; — R_2 konstanter Widerstand; R_5 Verbraucherwiderstand

Bei Nennspannung sind die temperaturabhängigen Widerstände R_1 kleiner als die konstanten Widerstände R_2. Der Diagonalstrom ist J_5, die Diagonalspannung $U_2 = J_5 \cdot R_5$. Steigt die Brückenspannung U_1 so würde der Diagonalstrom J_5 proportional mit U_1 anwachsen, gleichzeitig wachsen aber auch die Widerstände R_1, wodurch sich der Diagonalstrom wieder vermindert. Es ist

$$J_5 = U_1 \cdot \frac{R_2 - R_1}{R_5 (R_1 + R_2) + 2 R_1 \cdot R_2}. \tag{21}$$

Für $R_1 = R_2$ würde der Diagonalstrom J_5 unabhängig von der Spannung gleich Null sein.

Bei nicht allzu großen Änderungen der Versorgungsspannung U_1 kann man durch passende Wahl des Temperaturganges der Widerstände R_1 und des Verhältnisses R_1/R_2 annähernde Konstanz des Diagonalstromes erzielen. Als temperaturabhängige Widerstände kommen Eisenwasserstoffwiderstände oder Metallfadenlampen in Frage. Zum Ausgleich von Raumtemperaturschwankungen müssen auch die Widerstände R_2 einen positiven Temperaturkoeffizienten erhalten.

Das Regelverfahren eignet sich nur für kleine und konstante Belastungen und wirkt wie alle thermischen Verfahren nicht augenblicklich.

Beispiel.

$U_1 = 220$ V; $R_1 = 200\ \Omega$; $R_2 = 300\ \Omega$; $R_5 = 200\ \Omega$;
$J_5 = 100$ mA; $U_2 = 20$ V.

Die Brücke nimmt etwa 200 W Leistung auf und gibt an den Widerstand R_5 2 W ab.

Der Temperaturkoeffizient des Widerstandes R_1 sei so gewählt, daß einer Spannungssteigerung um 10% eine Änderung von R_1 um 3,5% entspricht. Damit ändert sich J_5 von 100 auf 99,8 mA. Einer Änderung der primären Spannung um 10% entspricht also eine sekundäre Spannungsänderung um 0,2%.

e) Lichtelektrische Konstanthalter [4]

Die lichtelektrischen Regler beruhen auf der Änderung von Photowiderständen mit der Belichtung.

Bei dem in Abb. 21 dargestellten Spannungskonstanthalter leuchtet ein richtkraftloses Drehspulinstrument G die beiden Photowiderstände L_1 und L_2 gleichmäßig aus, solange die Normalspannung e gleich dem Spannungsabfall am Widerstand R_1 ist. Steigt die Eingangsspannung U_1 und damit U_2 sowie der Spannungsabfall an R_1, so schlägt das Galvanometer aus und die beiden Photozellen werden ungleich ausgeleuchtet, wodurch sich ihr Widerstand und die Spannungsverteilung sowie das Gitterpotential der Verstärkerröhre V im Sinne einer Erhöhung des inneren Widerstandes der Verstärkerröhre ändern. Der Regler arbeitet solange, wie der Spannungsabfall an R_1 von der Normalspannung e abweicht, das richtkraftlose Galvanometer bleibt in der erreichten Stellung stehen.

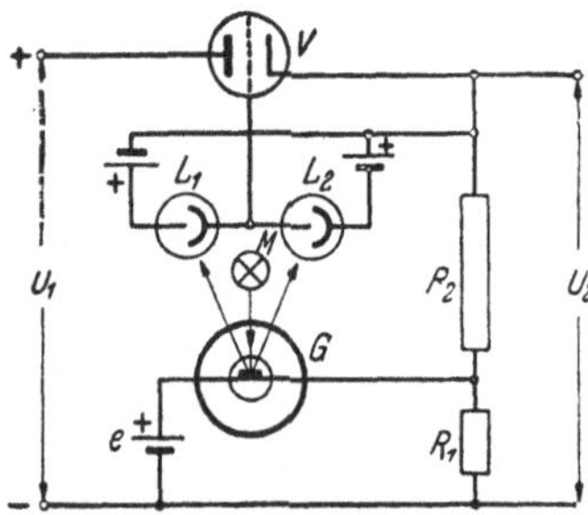

Abb. 21. Grundschaltung des lichtelektrischen Konstanthalters von MERZ. U_1 Eingangsspannung; — U_2 Ausgangsspannung; — e Normalelement; — R_1, R_2 Spannungsteiler; — G Lichtzeiger-Galvanometer; — M Beleuchtungseinrichtung; — L lichtelektrische Zelle; — V Verstärker

Die Spannung U_2 ist nur durch das Widerstandsverhältnis R_1/R_2 und die Normalspannung e bestimmt, sie ist unabhängig von den Eigenschaften des Verstärkers.

$$U_2 = e \cdot \frac{R_1 + R_2}{R_1}. \tag{22}$$

Genauigkeit und Geschwindigkeit der Regelung hängen in erster Linie von den Eigenschaften des Galvanometers ab, das selbstverständlich einer Rückführung bedarf, um Überregeln und Pendeln zu verhindern.

Die Einrichtung eignet sich für kleine Gleichstromleistungen.

f) Magnetische Konstanthalter [5]

Die Induktivität L einer auf einen Eisenkern gewickelten Spule ist proportional der Permeabilität μ des Eisenkerns:

$$L = \mu w^2 F/l. \tag{23}$$

Die Permeabilität ist nicht konstant, sondern ändert sich mit der magnetisierenden Feldstärke H, wie Abb. 22 für ein legiertes Dynamoblech zeigt.

Der induktive Widerstand ωL einer Eisendrossel ändert sich also ebenfalls sehr stark mit der Erregerfeldstärke, er steigt zunächst steil

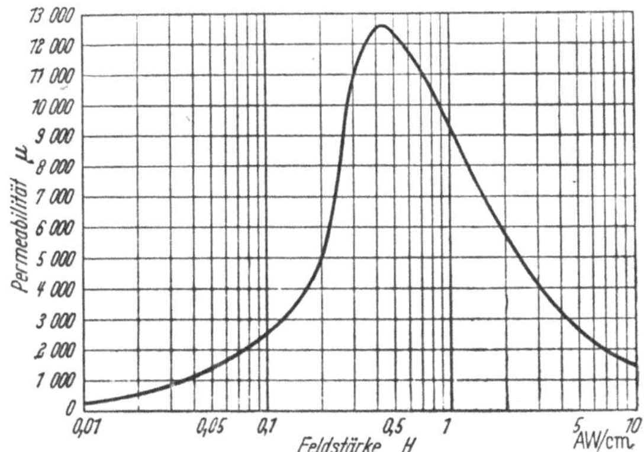

Abb. 22. Verlauf der Permeabilität μ eines legierten Dynamobleches, abhängig von der Feldstärke H

an, erreicht ein Maximum und fällt mit zunehmender Amperewindungszahl wieder ab. Schaltet man nun nach Abb. 23 zwei Eisendrosseln in Reihe, von denen die eine im Bereich zunehmender, die andere im Bereich abnehmender Permeabilität arbeitet, von denen also die eine einen ungesättigten, die andere einen gesättigten Eisenkern hat, so ändert sich der induktive Widerstand der beiden Drosseln bei Spannungsänderungen in umgekehrtem Sinn, d. h., die Spannungsverteilung an den beiden Drosseln ist abhängig von der Höhe der Gesamtspannung. Bei einer Änderung der Gesamtspannung um einen bestimmten Betrag ändert sich die Teilspannung an der ungesättigten Drossel prozentual mehr als die Gesamtspannung, die Teilspannung an der gesättigten Drossel ändert sich prozentual weniger als die Gesamtspannung. Man kann also auf diese Weise Schwankungen der Versorgungsspannung in gewissem Umfang kompensieren.

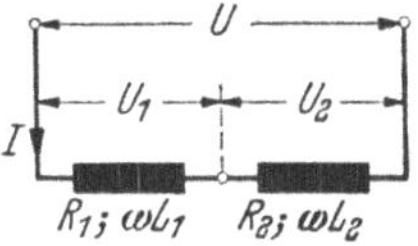

Abb. 23. Reihenschaltung zweier Drosselspulen. U Gesamtspannung; — U_1, U_2 Teilspannungen; — J Stromaufnahme

Die nachstehende Tabelle gibt ein Beispiel für eine solche Reihenschaltung einer ungesättigten mit einer gesättigten Drossel, wobei die Eisenkerne beider Drosseln aus gleichem Material bestehen und die Permeabilitätskurve nach Abb. 22 verlaufen soll. Bei Nennspannung seien die beiden Teilspannungen U_1 und U_2 gleich groß und phasengleich. Die gestrichenen Werte gelten nach einer Stromerhöhung um 10%. Es ist

$$Z = Z_1 + Z_2 = R_1 + j\cdot\omega\cdot L_1 + R_2 + j\cdot\omega\cdot L_2, \tag{24}$$

$$U_1 = I\cdot Z_1;\quad U_2 = I\cdot Z_2;\quad U = I\cdot Z. \tag{25}$$

Größe	Ungesättigte Drossel 1	Gesättigte Drossel 2	Reihenschaltung beider Drosseln
Wirkwiderstand R	100 Ω	100 Ω	200 Ω
Blindwiderstand ωL	628 Ω	628 Ω	1256 Ω
Scheinwiderstand Z	636 Ω	636 Ω	1272
Feldstärke H	0,2 AW/cm	1,5 AW/cm	
Permeabilität μ	5000	7100	
Stromstärke I	0,1 A	0,1 A	0,1 A
Spannung U	63,6 V	63,6 V	127,2 V
Stromstärke I'	0,11 A	0,11 A	0,11 A
Permeabilität μ'	5900	6650	
Blindwiderstand $\omega L'$	740 Ω	588 Ω	1328 Ω
Scheinwiderstand Z'	748 Ω	596 Ω	1340 Ω
Spannung U'	82,2 V	65,5 V	148 V
U'/U	1,29	1,03	1,16

Die Gesamtspannung U stieg um 16%, die Teilspannung an der ungesättigten Drossel stieg um 29%, die Teilspannung an der gesättigten Drossel um 3%, gleichzeitig änderte sich die Phasenlage des Stromes I. Auf diesem Prinzip beruhen die magnetischen Spannungskonstanthalter.

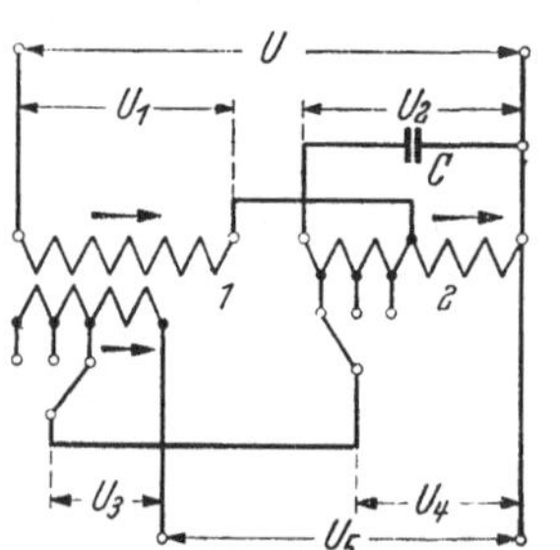

Abb. 24. Magnetischer Spannungsgleichhalter.

U Primärspannung; — U_1 Spannung an der ungesättigten Drossel; — U_2 Spannung an der gesättigten Drossel; — U_3 an der ungesättigten Drossel abgegriffene Gegenspannung zur Verbesserung der Spannungskonstanz; — U_4 an der gesättigten Drossel abgegriffene Spannung; — U_5 Verbraucherspannung; — C Glättungskondensator; — *1* ungesättigter Wandler; — *2* gesättigte Drosselspule

Man kann nun die Spannungskonstanz noch weiter verbessern, wenn man nach Abb. 24 der an der gesättigten Drossel *2* abgegriffenen Spannung U_4 eine kleine Spannung U_3 entgegenschaltet, die der Spannung U_1 an der ungesättigten Drossel *1* proportional ist. Eine weitere Verbesserung bringt die Kapazität C, mit der ein großer Teil des Blindstromes der gesättigten Drossel kompensiert werden kann. Die Höhe der Ausgangsspannung U_2 wählt man durch die Anzapfungen der gesättigten Drossel *2*; die Genauigkeit der Spannungsregelung stellt man mit den Anzapfungen des ungesättigten Wandlers *1* ein. Die Höhe der Ausgangsspannung ändert sich mit dem Phasenwinkel der Belastung.

Die Kurvenform der Ausgangsspannung ändert sich mit der Primärspannung und mit der Belastung. Der magnetische Spannungsgleichhalter kann also nicht gleichzeitig auf Konstanz des Effektivwertes und des arithmetischen Mittelwertes eingestellt werden, er ist vielmehr je nach der Art der anzuschließenden Geräte auf Konstanz des einen oder des anderen zu justieren, beim Betrieb von Gleichrichterinstrumenten also auf den arithmetischen Mittelwert, beim Betrieb von Dreheiseninstrumenten auf den Effektivwert. Für Spezialzwecke werden magnetische Gleichhalter mit annähernd sinusförmiger Ausgangsspannung geliefert, bei denen der Oberwellengehalt 3% der Grundwelle nicht überschreitet. Die Höhe der Ausgangsspannung hängt, wie die Gleichungen zeigen, natürlich auch von der Frequenz ab; Frequenzschwankungen um $\pm 1\%$ ändern die Ausgangsspannung um etwa $\mp$ 1,5%. Diesen Frequenzeinfluß kann man wesentlich verringern durch Reihenschaltung eines frequenzabhängigen Widerstandes mit dem magnetischen Konstanthalter. Bei den frequenzkompensierten magnetischen Konstanthaltern der Fa. Klein, Schongau, beträgt der Frequenzeinfluß 0,25% je 1% Frequenzänderung.

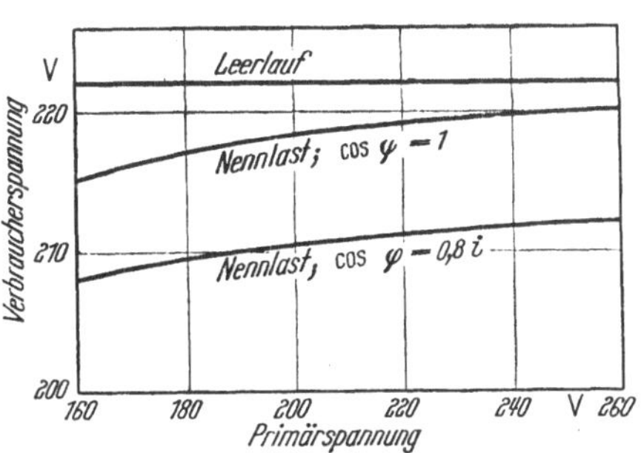

Abb. 25. Regelkennlinien eines magnetischen Spannungsgleichhalters von Siemens & Halske-AG. Ausgangsleistung 2,3 kVA, Eingangsspannung 220 V ± 15%, Ausgangsspannung 220 V ± 2%

Magnetische Spannungsgleichhalter werden für Leistungen bis etwa 20 kVA hergestellt.

Die Verbraucherspannung ändert sich um etwa $\pm 0{,}5\%$, wenn die Primärspannung um $\pm 15\%$ schwankt. Zwischen Leerlauf und Vollast ändert sich die Verbraucherspannung bei reiner Wirkbelastung um etwa $\pm$ 1%. Kapazitive Belastung erhöht, induktive Belastung senkt die Verbraucherspannung gegenüber der Leerlaufspannung.

Bei Belastung konstanter Höhe, jedoch mit veränderlichem Phasenwinkel, oder bei Belastung von Null bis Vollast mit konstantem Phasenwinkel ändert sich die Verbraucherspannung ebenfalls um etwa 1%.

Abb. 25 zeigt die Regelkennlinien eines magnetischen Spannungsgleichhalters der Siemens & Halske-AG. Frequenzänderungen um 1% ändern die Verbraucherspannung um etwa 1,5%. Die magnetischen Spannungsgleichhalter regeln in sehr kurzer Zeit. Bei der Betriebsfrequenz 50 Hz werden Spannungsänderungen von $\pm 20\%$ in etwa 30 msek ausgeregelt.

Der Wirkungsgrad liegt bei Nennlast bei etwa 90%.

g) Neufeldt- und Kuhnke-Regler

Der Neufeldt-Kuhnke-Regler der Hagenuk ist ein elektrisch gesteuerter Öldruckregler, er arbeitet folgendermaßen (Abb. 26): Sinkt die Betriebsspannung U_1 und mit ihr die Spannung U_2, dann nimmt die Zugkraft des Spannungsfühlers *1* ab, sein Anker *2* senkt sich unter dem Zug der Feder *3*, und die mit ihm verbundene Steuerhülse schließt die Ölaustrittsöffnung *4* des Hilfsölflusses im Steuerkolben *5*. Die Hilfsölpumpe liefert Drucköl durch die Zuleitung *9* in den Druckraum *10*, in dem nun der Druck ansteigt und den Steuerkolben *5* gegen den Druck der Feder *11* nach unten drückt. Damit werden die Verbindungen von der Hauptdrucks ölzuführung *7* zur Druckleitung *15* und von *14* nach der Ölabflußleitung *8a* frei und der Schieber *12* der Steuertrommel *16* dreht sich im Uhrzeigersinn. Über die mechanische Kupplung *17* wird der Abgriff des Ringkernreglers *13* ebenfalls im Uhrzeigersinn verdreht bis die Spannung U_2 wieder ihren Sollwert hat und die Öffnung *4* freigegeben wird, so daß der Druck im Druckraum *10* fällt, der Steuerkolben seine Normallage einnimmt und die Druckleitung *15* wieder schließt. Analog verläuft der Regelvorgang bei Spannungserhöhungen. Die Hilfsölpumpe entlastet den Anker des Meßgeräts vom Gewicht des Steuerkolbens. Der Steuerkolben *5* rotiert dauernd, um seine Reibung klein zu halten. Selbstverständlich ist eine Rückführung vorgesehen, um Überregeln und Pendeln zu verhindern.

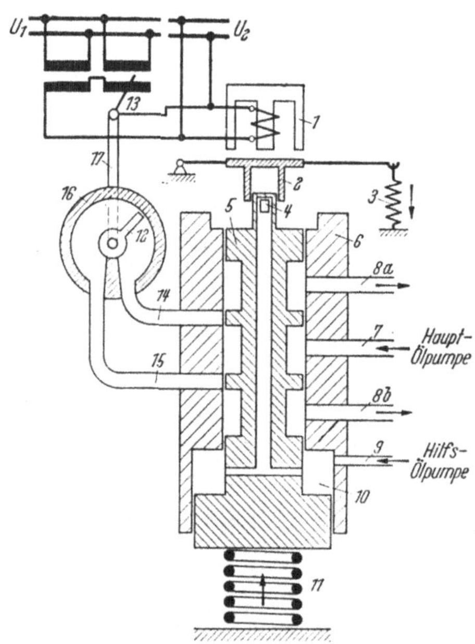

Abb. 26. NuK-Öldruckregler von Hagenuk, Kiel.
U_1 ungeregelte Spannung; — U_2 geregelte Spannung; — *1* Spannungsfühler; — *2* Anker des Spannungsfühlers; — *3* Gegenfeder des Spannungsfühlers; — *4* Leerlaufloch des Steuerkolbens; — *5* Steuerkolben; — *6* Reglerkörper; — *7* Druckölzuführung; — *8* Druckölablauf; — *9* Druckölzuführung von der Hilfsölpumpe; — *10* Druckraum; — *11* Gegenfeder des Steuerkolbens; — *12* Schieber der Steuertrommel; — *13* Ringkernregler; — *14*, *15* Ölleitung zur Steuertrommel; — *16* Gehäuse der Steuertrommel; — *17* mechanische Kupplung zum Spannungsregler

Die Steuerwelle kann Drehwinkel bis zu 300° in 0,5 . . . 2,5 sek bestreichen und Drehmomente von 1 . . . 100 mkg übertragen. Als Spannungsfühler kann ein Gleich- oder Wechselstrommeßwerk verwendet werden.

In dem beschriebenen Fall wird die Meßspannung konstant gehalten, indem man zum niedrigsten auftretenden Wert der Netzspannung eine regelbare Zusatzspannung addiert, in ähnlicher Weise kann eine Maschinenspannung durch Änderung der Erregung konstant gehalten werden.

9. Spannungsunabhängige Meßgeräte

Anstatt die Meßspannung konstant zu halten, kann man auch Meßgeräte verwenden, deren Anzeige durch mäßige Spannungsschwankungen nicht beeinflußt wird, weil sich ihre Richtkraft ebenso wie die ablenkende Kraft mit der Spannung ändert.

a) Drehspulquotientenmesser [7]

Die Gleichstrom-Kreuzspulinstrumente haben ein ungleichförmiges Dauermagnetfeld, in dem sich zwei gekreuzte Drehspulen mit richtkraftlosen Stromzuführungen bewegen. Die beiden Drehspulen wirken gegeneinander und stellen sich in dem ungleichmäßig verteilten Magnetfeld so ein, daß die von ihnen entwickelten Drehmomente entgegengesetzt gleich sind. Das Drehmoment der Richtkraft gebenden Spule muß mit dem Ausschlag steigen. Die ungleichmäßige Feldverteilung erzwingt man durch verschiedene Luftspaltlänge oder besonders geformte Polschuhe bzw. Magnete. Abb. 27a und b zeigt die grundsätzliche Anordnung eines Kreuzspulinstrumentes mit elliptischen Polschuhen und eines Kreuzspulinstrumentes mit einseitiger Richtspule (T-Spul- oder Brückenkreuzspulinstrument). Besonders einfach ist die Ausführung mit Innenmagnet nach Abb. 27c, weil dabei auch bei konzentrischem Aufbau das Feld ungleichmäßig verteilt ist.

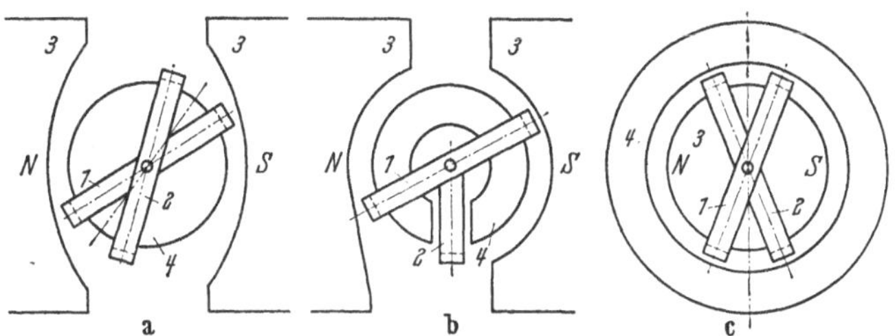

Abb. 27a—c. Ausführungsformen von Kreuzspulinstrumenten.
a Kreuzspulmeßwerk von Bruger. — b Brückenkreuzspulmeßwerk von Siemens & Halske-AG. — c Kernmagnetkreuzspulmeßwerk.
1 Ablenkspule; — *2* Richtspule; — *3* Magnet; — *4* Eisenkern bzw. Eisenrückschluß

Dieselbe Wirkung erzielt man, wenn man die beiden gegeneinander arbeitenden Drehspulen nicht im selben Magnetfeld, sondern in getrennten Magnetfeldern mit verschiedenem Verlauf schwingen läßt, die man entweder durch zwei Magnete oder durch einen Magnet mit zwei Polschuhpaaren verschiedener Form erzeugt.

Abb. 28. Bewegliches Organ eines Kreuzspulinstrumentes mit übereinanderliegenden Spulen. Hersteller Siemens & Halske-AG.

1 Ablenkspule; — *2* Richtspule; — *3* Stromzuführungen

Abb. 28 zeigt das bewegliche Organ eines Kreuzspulinstrumentes mit übereinanderliegenden Spulen, Abb. 29 das komplette Meßwerk.

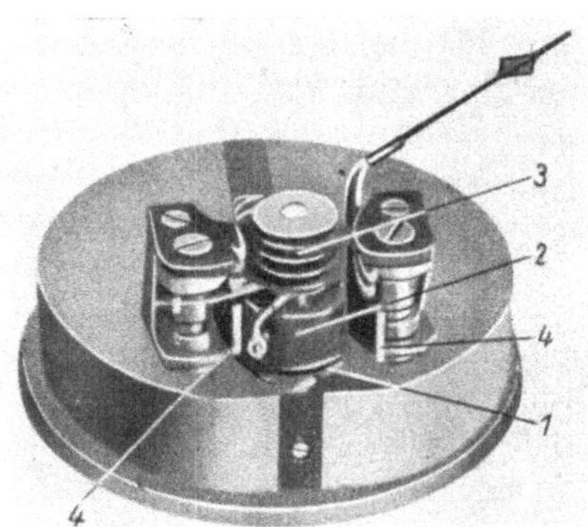

Abb. 29. Meßwerk eines Kreuzspulinstrumentes mit übereinanderliegenden Spulen. Hersteller Siemens & Halske-AG.

1 Ablenkspule; — *2* Richtspule; — *3* Stromzuführungen; — *4* Polschuh des Richtfeldes

Die Kreuzspulinstrumente können auf verschiedene Weise geschaltet werden.

In der Schaltung nach Abb. 30a liegen ein veränderbarer und ein Normalwiderstand parallel. Der Ausschlag γ des Instrumentes ist eine Funktion des Verhältnisses der beiden Ströme i_1 und i_2

$$\gamma = f\left(\frac{i_1}{i_2}\right), \qquad (26)$$

$$\frac{i_1}{i_2} = \frac{R_x + R_2}{R_N + R_1}. \qquad (27)$$

Wenn die Widerstände R_1 und R_2 der Instrumentenwicklungen klein sind gegen die Widerstände R_N und R_x wird

$$\frac{i_1}{i_2} = \frac{R_x}{R_N}. \qquad (28)$$

Für die Potentiometerschaltung nach Abb. 30b gelten dieselben Beziehungen, nur ändern sich dabei die Widerstände R_x und R_N gleichzeitig und gegensinnig um denselben Betrag.

In der Schaltung nach Abb. 30c liegen Normalwiderstand und veränderbarer Widerstand in Reihe; der Instrumentenausschlag γ ist wieder

$$\gamma = f\left(\frac{i_1}{i_2}\right), \tag{29}$$

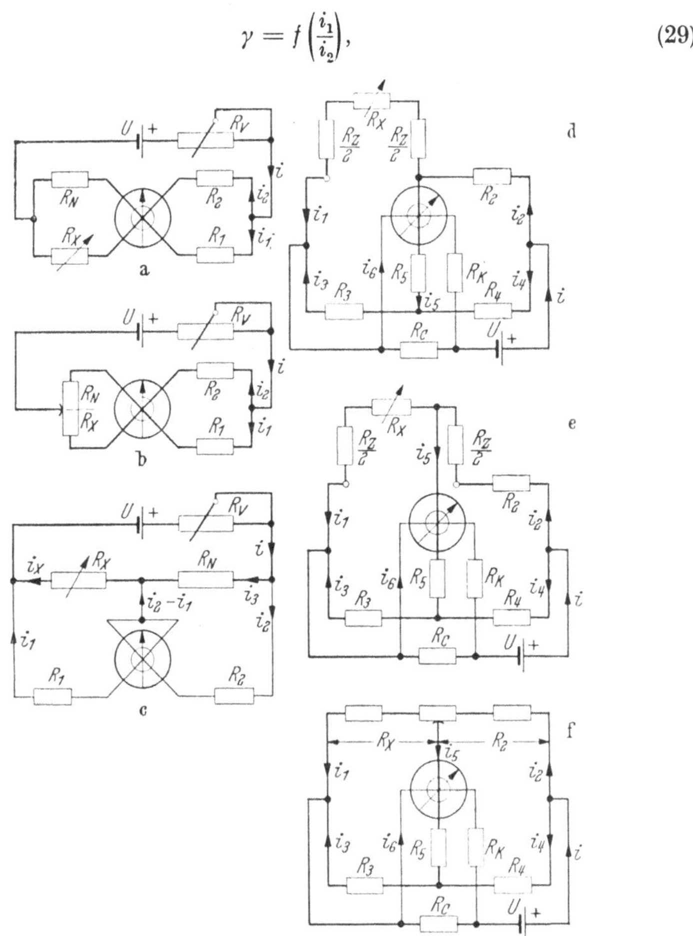

Abb. 30a—f. Schaltungen von Kreuzspulinstrumenten.

a Parallelschaltung des veränderbaren Widerstandes R_x und des Normalwiderstandes R_N. — b Potentiometerschaltung. — c Reihenschaltung des veränderbaren Widerstandes R_x und des Normalwiderstandes R_N. — d Zweileiterbrückenschaltung. — e Dreileiterbrückenschaltung. — f Potentiometerbrückenschaltung.

U Meßspannung; — i Gesamtstrom; — R_x veränderbarer Widerstand; — R_N Normalwiderstand; — $R_1 \ldots R_5$, R_C, R_0, R_K feste Brückenwiderstände; — R_Z Zuleitungswiderstand zum veränderbaren Widerstand

und für das Stromverhältnis ergibt sich

$$\frac{i_1}{i_2} = \frac{R_x}{R_N} \cdot \frac{R_2 + R_N}{R_1 + R_x}, \tag{30}$$

für $R_1 \gg R_x$, $R_2 \gg R_N$ wird daraus

$$\frac{i_1}{i_2} = \frac{R_x}{R_N} \cdot \frac{R_2}{R_1}. \tag{31}$$

Abb. 30d ist eine Zweileiter-Brückenschaltung. Der Instrumentenausschlag ist

$$\gamma = f\left(\frac{i_5}{i_6}\right). \tag{32}$$

Für eine Brückenschaltung mit den Brückenwiderständen $R_1 \ldots R_5$ lautet der Ausdruck für den Diagonalstrom

$$i_5 = i \frac{R_1 R_4 - R_2 R_3}{(R_1 + R_3)(R_2 + R_4) + R_5 (R_1 + R_2 + R_3 + R_4)}. \tag{33}$$

Im vorliegenden Fall ist R_1 zu ersetzen durch den veränderbaren Widerstand R_x und den Zuleitungswiderstand R_z, und es wird

$$i_5 = i \frac{(R_x + R_z) R_4 - R_2 \cdot R_3}{(R_x + R_z + R_3)(R_2 + R_4) + R_5 (R_x + R_z + R_2 + R_3 + R_4)}. \tag{34}$$

Der Strom i_6 im Richtkreis ist

$$i_6 = i \cdot \frac{R_C}{R_C + R_K} \tag{35}$$

und der Instrumentenausschlag wird

$$\gamma = \frac{i_5}{i_6} = \frac{(R_x + R_z) R_4 - R_2 \cdot R_3}{(R_x + R_z + R_3)(R_2 + R_4) + R_5 (R_x + R_z + R_2 + R_3 + R_4)} \cdot \frac{R_C + R_K}{R_C}. \tag{36}$$

Abb. 30e ist eine Dreileiterbrückenschaltung, in der Änderungen des Zuleitungswiderstandes R_z das Meßergebnis weniger beeinflussen, weil sich R_z auf zwei nebeneinanderliegende Brückenzweige verteilt. In der allgemeinen Formel für den Diagonalstrom i_5 ist in diesem Fall R_1 durch $R_x + R_z/2$ und R_2 durch $R_2 + R_z/2$ zu ersetzen.

Für die Potentiometerbrücke nach Abb. 30f gilt wieder die normale Brückengleichung (33), wobei nur an Stelle von R_1 der veränderbare Widerstand R_x tritt.

In den Gleichungen für den Instrumentenausschlag sämtlicher sechs Schaltungen kommt die Meßspannung U nicht vor, die Anzeige des Meßinstrumentes ist demnach unabhängig von Spannungsschwankungen.

b) Drehmagnetquotientenmesser

Der Drehmagnetquotientenmesser kann als Umkehrung des Drehspulquotientenmessers angesehen werden. Er hat zwei feststehende gekreuzte Feldspulen, zwischen denen sich eine Magnetnadel bewegt. Die Meßfelder H_{m1} und H_{m2} der beiden Spulen setzen sich zu einem resultierenden Feld H_{res} zusammen, in dessen Richtung sich die magnetische Achse des Drehmagnets einstellt.

Abb. 31 zeigt die grundsätzliche Anordnung des Drehmagnetquotientenmessers mit einem kreisförmigen diagonal magnetisierten Magnetscheibchen. Bezeichnet man den Ausschlagwinkel des beweglichen Organs mit γ, so gilt

$$\operatorname{tg}\gamma = \frac{H_{m_1}}{H_{m_2}} = k\,\frac{J_1}{J_2}. \qquad (37)$$

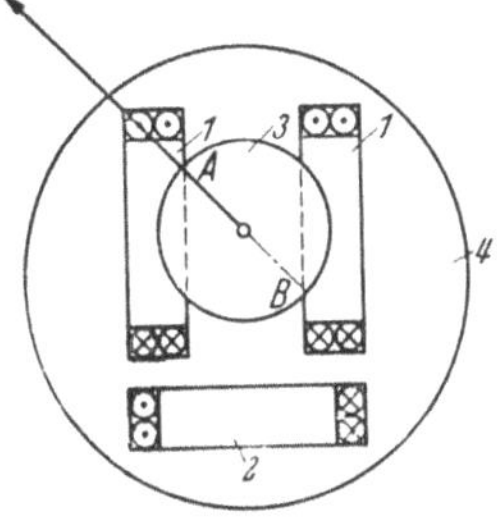

Abb. 31. Grundsätzliche Anordnung des Drehmagnetquotientenmessers.
1 Ablenkspule; — *2* Richtspule; — *3* Drehmagnet; — *4* Rückschlußzylinder; — *A B*, Zeiger- und Magnetisierungsrichtung

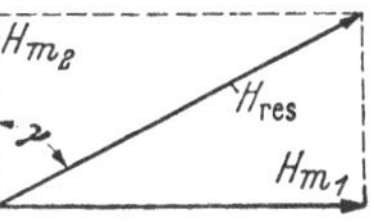

Abb. 32. Felddiagramm eines Drehmagnetquotientenmessers.
H_{m_1}, H_{m_2} Meßfelder; — H_{res} resultierendes Feld; — γ Ausschlagwinkel; — $\operatorname{tg}\gamma = H_{m_1}/H_{m_2}$

Abb. 32 gibt das Felddiagramm eines Drehmagnetquotientenmessers wieder.

c) Wechselstrom-Kreuzspul-Instrumente [8]

Ersetzt man nach Abb. 33 beim Gleichstrom-Kreuzspul-Instrumnet den Dauermagnet durch einen Elektromagnet, dessen Feldwicklung vom Strom i_1' gespeist wird und schickt durch die gekreuzten Drehspulen die Ströme i_2 und i_3 mit den Phasenverschiebungen φ_2 und φ_3 gegenüber dem Feldspulenstrom i_1, so wird der Ausschlag des Instrumentes

$$\gamma = f\left(\frac{J_2 \cdot \cos\varphi_2}{J_3 \cdot \cos\varphi_3}\right). \qquad (38)$$

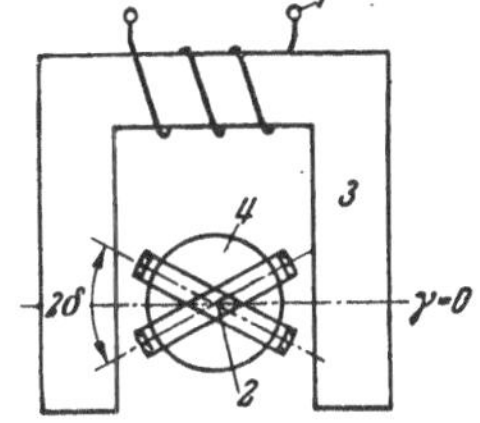

Abb. 33. Grundsätzliche Anordnung des eisengeschlossenen elektrodynamischen Kreuzspulmeßwerkes.
1 Feldspule; — *2* Drehspule; — *3* Eisenjoch; — *4* Eisenkern; — 2δ Kreuzungswinkel der Drehspulen

Bei gleicher Phasenlage der beiden Drehspulströme ist $\varphi_2 = \varphi_3$ und wird der Ausschlag γ eine Funktion des Stromquotienten

$$\gamma = f\left(\frac{J_2}{J_3}\right). \qquad (39)$$

Die Wechselstrom-Kreuzspul-Instrumente können ebenso wie die Gleichstrom-Kreuzspul-Instrumente geschaltet werden, es kommt lediglich der Anschluß der Erregerspule hinzu.

d) **Doppelspulinstrumente** (Induktionsdynamometer)

Bei Wechselstrombetrieb kann man die ausschlagabhängige Richtkraft auch durch Induktion vom Erregerfeld her gewinnen, das bewegliche Organ erhält dann zwei koaxial übereinandergewickelte Drehspulen in einem homogenen Feld. Eine Drehspule wird vom Meßstrom gespeist, während in der zweiten, der Richtspule, vom Erregerfeld eine transformatorische EMK induziert wird. Diese Richtspule ist über einen induktiven Widerstand kurzgeschlossen und der Kurzschlußstrom erzeugt ein Drehmoment, das dem ablenkenden Moment entgegengerichtet ist und das bewegliche Organ in die Mittellage, die Nullage, zurückzudrehen versucht.

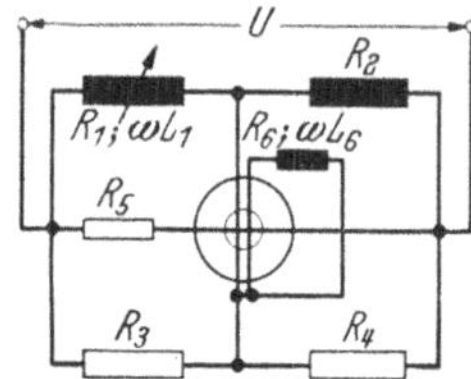

Abb. 34. Induktivitätsmessung in Brückenschaltung mit elektrodynamischem Doppelspulinstrument.
R_1, ωL_1 veränderbare Induktivität; — $R_2 \ldots R_4$ feste Brückenwiderstände; — R_5 Vorwiderstand im Erregerkreis des Doppelspulinstruments; — R_6, ωL_6 induktiver Widerstand im Richtkreis des Doppelspulinstruments

Abb. 34 zeigt ein solches Doppelspulinstrument in einer Wechselstrombrücke.

Natürlich induziert das Erregerfeld auch in der Ablenkspule eine EMK, die sich über die Brückenwiderstände ausgleichen kann und somit ebenfalls ein Drehmoment ergibt, das in manchen Fällen bereits genügt und die besondere Richtspule überflüssig macht.

e) Dreheisenquotientenmesser [9]

Dreheiseninstrumente können mit Gleich- oder Wechselstrom betrieben werden.

Der Flachspul-Dreheisenquotientenmesser nach Abb. 35 hat zwei um 90° gekreuzte Feldspulen, die von den Strömen i_1 und i_2 gespeist werden und deren Felder sich zu einem resultierenden Feld zusammensetzen, ein richtkraftlos drehbares Eisenplättchen stellt sich mit seiner Längsachse in die Richtung des resultierenden Feldes. Das Einstellmoment schwankt mit der Betriebsspannung, die Einstellrichtung ist dagegen nur vom Verhältnis der Erregerströme abhängig.

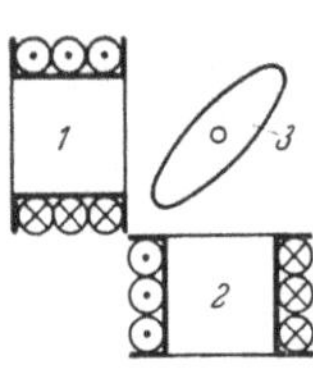

Abb. 35. Grundsätzliche Anordnung eines Flachspuldreheisenquotientenmessers.
1, *2* Feldspule; — *3* Dreheisen

Beim Ringeisenquotientenmesser nach Abb. 36 ist der wirksame Teil des beweglichen Organs ein ringförmiges Eisenstück, das mit einem unmagnetischen Arm mit der Drehachse verbunden ist und dessen Enden in zwei Erregerspulen tauchen. Wenn eine Spule stromlos ist, wird das Eisen völlig in die andere Spule hineingezogen, führen beide Erregerspulen Strom, so stellt es sich entsprechend dem Stromquotienten zwischen den beiden möglichen Endlagen ein. Empfindlichkeit und Skalencharakter lassen sich durch die Form des Dreheisens und der Spulen weitgehend beeinflussen. Die Dreheisenquotientenmesser werden ebenso wie Kreuzspulinstrumente geschaltet.

f) Ferrarisquotientenmesser

Ferrarisquotientenmesser sind nur für Wechselstrombetrieb verwendbar; sie haben eine exzentrisch gelagerte, drehbare Scheibe, auf die zwei Zählertriebsysteme im entgegengesetzten Sinn einwirken. Die Scheibe ist richtkraftlos und so geformt oder gelagert, daß mit steigendem Ausschlag das Drehmoment des in der Ausschlagrichtung arbeitenden Meßwerks abnimmt, während das Drehmoment des rücktreibenden Meßwerks wächst. So stellt sich ein stabiler Gleichgewichtszustand entsprechend dem Drehmomentverhältnis der beiden Meßwerke ein.

Abb. 37 ist eine Ansicht des Meßwerks.

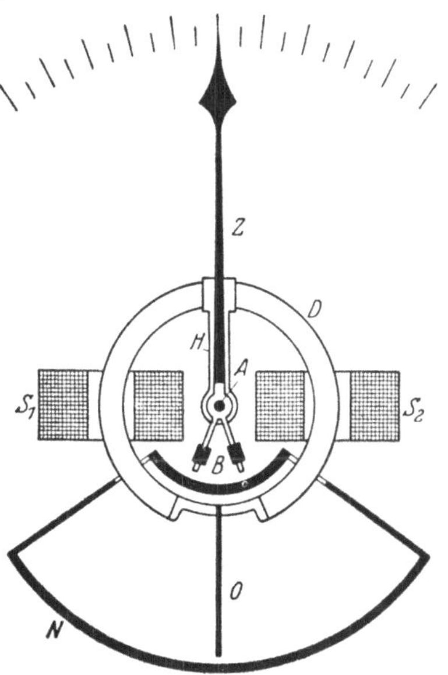

Abb. 36. Grundsätzlicher Aufbau eines Ringeisenquotientenmessers. [Aus GEYGER: Ein neuer Dreheisenquotientenmesser für Wechselstrom und seine Verwendung in wärmetechnischen Überwachungsanlagen. Arch. Elektrotechn. Bd. 25 (1931) S. 3.]
A Drehachse; — *B* Äquilibrierung; — *D* Dreheisen; — *H* unmagnetischer Arm; — *N* Dämpfungskammer; — *O* Dämpfungsflügel; — S_1, S_2 Erregerspule; — *Z* Zeiger

10. Frequenzeinfluß

Die Anzeige aller Meßinstrumente hängt mehr oder weniger von der Betriebsfrequenz ab.

Drehspul- und Drehmagnetinstrumente können mit Trockengleichrichtern in Wechselstromkreisen verwendet werden, sie zei-

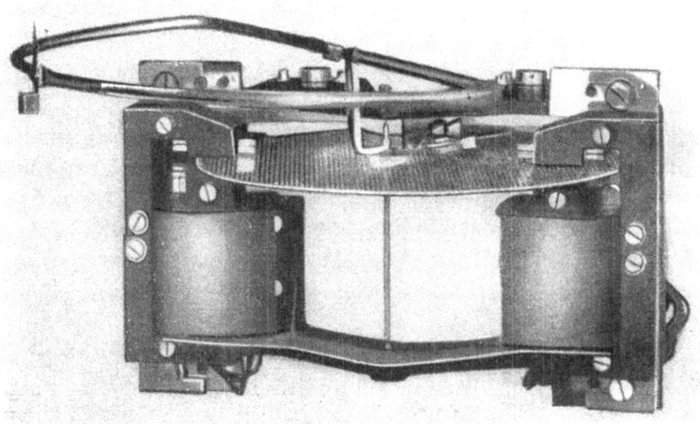

Abb. 37. Ferrarisquotientenmesser der AEG

gen dann den arithmetischen Mittelwert des Wechselstroms, werden aber zumeist unter der Voraussetzung sinusförmigen Stromverlaufs in Effektivwerten geeicht. Der Frequenzgang der Trockengleichrichter ist gering, so daß man bis etwa 10 kHz keine wesentlichen Anzeigefehler erhält.

Eisengeschlossene Kreuzspul- und Dreheisenquotientenmesser sind bis etwa 100 Hz verwendbar; während Doppelspul- und Induktionsdynamometer ebenso wie die Ferrarisquotientenmesser nur in unmittelbarer Nähe ihrer Nennfrequenz richtig zeigen. Im allgemeinen schwankt die Frequenz der Stromversorgungsanlagen weniger als $\pm 1\%$, so daß durch den Frequenzeinfluß keine ernsthaften Fehlweisungen der Anzeigeinstrumente zu befürchten sind.

Nach VDE 0410 darf sich die Anzeige durch den Frequenzeinfluß bei einer Frequenzänderung um $\pm 10\%$ um denselben Prozentsatz ändern, wie der Klassengenauigkeit des Instrumentes entspricht. Bei einem Instrument der Klasse 1 für mechanische Messungen darf sich die Anzeige also bei einer Frequenzänderung um 10% um 1% der Skalenlänge ändern.

11. Temperatureinfluß

Die elektrischen, magnetischen und elastischen Eigenschaften der Instrumentenbaustoffe sind mehr oder weniger temperaturabhängig, und damit ändert sich auch die Anzeige der Meßinstrumente mit der Temperatur. Gerade die Meßeinrichtungen für mechanische Messungen müssen aber häufig bei anomal hohen oder tiefen Temperaturen arbeiten oder sind großen Temperaturschwankungen ausgesetzt, weshalb man auf eine gute Kompensation des Temperatureinflusses achten muß.

Nach VDE 0410 darf der Temperatureinfluß, das heißt die Änderung der Anzeige für eine Temperaturänderung von $\pm 10°$, ebenso groß sein wie der Anzeigefehler der betreffenden Instrumentenklasse, d. h., ein Instrument der Klasse 0,5 für mechanische Messungen darf bei einer Temperaturänderung von 10° gegenüber der Eichtemperatur einen zusätzlichen Fehler von 0,5% der Skalenlänge haben.

Eng verwandt mit dem Temperatureinfluß ist der Anwärmfehler; die Instrumente zeigen etwas verschieden, je nach ihrem Erwärmungszustand, und für sehr genaue Messungen muß man die Instrumente vorwärmen, bis sie ihre normale Betriebstemperatur erreicht haben. In VDE 0410 ist im Abschnitt über den Anzeigefehler festgelegt, unter welchen Bedingungen die garantierte Genauigkeit eingehalten werden muß.

12. Schwingungseigenschaften des beweglichen Organs [*10*]

Die Eigenfrequenz des ungedämpften beweglichen Organs ist

$$\nu_0 = \frac{1}{2\pi}\sqrt{\frac{D}{J}}. \tag{40}$$

Darin bedeuten:

ν_0 die Eigenfrequenz des ungedämpften beweglichen Organs,
D das Drehmoment,
J das Trägheitsmoment.

Die Eigenschwingungsdauer des ungedämpften beweglichen Organs ist

$$T_0 = \frac{1}{\nu_0} = 2\pi \sqrt{\frac{J}{D}}. \quad (41)$$

Um die Eigenfrequenz eines Meßwerks zu verdoppeln, bzw. um die Eigenschwingungsdauer auf die Hälfte zu senken, muß man also bei konstantem Trägheitsmoment das Drehmoment vervierfachen.

Die Dämpfung des beweglichen Organs ist durch den Dämpfungsgrad α gekennzeichnet; mit dem Dämpfungszustand ändert sich auch die Eigenschwingungsdauer T, und es gilt

$$T = \frac{T_0}{\sqrt{1 - \alpha^2}}. \quad (42)$$

Beim ungedämpften System ist $\alpha = 0$ und $T = T_0$, bei aperiodischer Dämpfung stellt sich das bewegliche Organ gerade ohne Überschwingung auf den Meßwert ein, der Dämpfungsgrad $\alpha = 1$.

Bei periodischer Dämpfung ist $\alpha < 1$ und bei überaperiodischer Dämpfung mit $\alpha > 1$ kriecht das bewegliche Organ langsam seinem Einstellwert zu.

Die Beruhigungszeit t_b, das ist die Zeit, die das bewegliche Organ braucht, um eine plötzlich eingeschaltete Meßgröße praktisch richtig anzuzeigen, hängt weitgehend vom Dämpfungszustand ab. Die kürzest mögliche Beruhigungszeit $t_{b\,\min}$ beträgt etwa 60% der Eigenschwingungsdauer T_0 in ungedämpftem Zustand

$$t_{b\,\min} = 0{,}625\, T_0. \quad (43)$$

Der günstigste Dämpfungsgrad ist

$$\alpha_{opt} = 0{,}83.$$

Ein Meßinstrument eignet sich um so besser zum Anzeigen schnell veränderlicher Vorgänge, je kürzer seine Beruhigungszeit ist; Eigenfrequenz und Dämpfung kennzeichnen das Auflösungsvermögen eines Instruments, d. h. seine Fähigkeit, Schwingungen zu folgen. Liegt die Frequenz der Schwankungen der Meßgröße in der Nähe oder über der Eigenfrequenz des Instruments oder ist das Instrument falsch gedämpft, so treten erhebliche Amplituden- und Phasenfehler in der Wiedergabe der Änderungen der Meßgröße auf. Periodische Schwingungen werden bei günstigster Dämpfung brauchbar wiedergegeben, wenn ihre Frequenz ν_m nicht größer als 40% der ungedämpften Eigenfrequenz ν_0 des Meßinstruments oder mit anderen Worten, wenn die Beruhigungszeit t_b nicht mehr als 25% der Schwingungsdauer T_m des zu messenden Vorgangs beträgt

$$\nu_m \leqq 0{,}4\,\nu_0, \tag{44}$$

$$t_b \leqq 0{,}25\,T_m. \tag{45}$$

In Abb. 38a und b ist die Änderung des Abbildungsmaßstabes M und die Verzögerungszeit τ^* abhängig vom Verhältnis $\varkappa$ der Frequenz ω_m des zu messenden Vorgangs zu der ungedämpften Eigenfrequenz ω_0

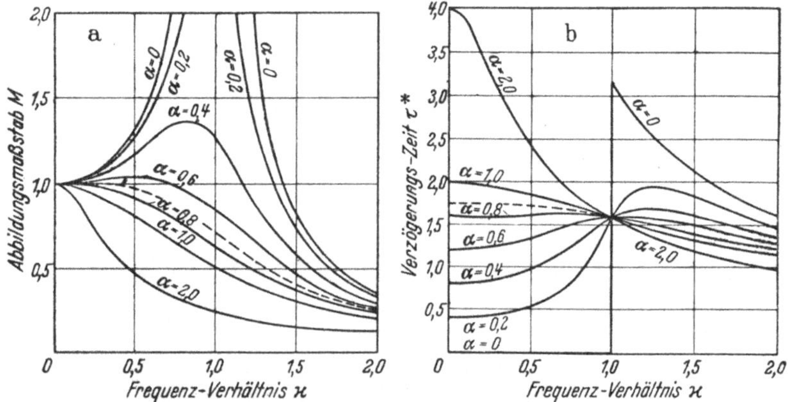

Abb. 38a u. b. Verhalten eines schwingungsfähigen Systems von der Eigenfrequenz ω_0 gegenüber einer Erregerschwingung von der Frequenz ω_m bei verschiedenen Dämpfungszuständen.
a Abhängigkeit des Abbildungsmaßstabes M vom Frequenzverhältnis $\varkappa$. — b Abhängigkeit der Verzögerungszeit τ^* vom Frequenzverhältnis $\varkappa$.
Frequenzverhältnis $\varkappa = \omega_m/\omega_0$; — Verzögerungszeit $\tau^* = \omega_0 \cdot t$; — α = Dämpfungsgrad

des Meßinstruments für verschiedene Werte des Dämpfungsgrades α aufgetragen.

$$\varkappa = \frac{\omega_m}{\omega_0} = \frac{\text{Frequenz des zu messenden Vorgangs}}{\text{ungedämpfte Eigenfrequenz des Instrumentes}}.$$

Die Verzögerungszeit $\tau^* = \omega_0 \cdot t$.

$\omega_0 = 2\pi\nu_0$ ist die Kreisfrequenz der ungedämpften Eigenschwingung des beweglichen Organs.

Abbildungsmaßstab $M = 1$ bedeutet richtige Wiedergabe der Meßgröße.

$M \lesseqgtr 1$ bedeutet Plus oder Minusfehler in der Wiedergabe der Amplitude.

Beispielsweise zeigt ein Instrument mit einer ungedämpften Eigenfrequenz $\nu_0 = 1$ Hz beim Dämpfungsgrad $\alpha = 0{,}8$ eine Schwingung von der Frequenz $\nu_m = 0{,}5$ Hz um 9% zu klein und mit einer Verzögerung von 0,26 sek an, wie sich aus Abb. 38 für

$$\nu_m/\nu_0 = \varkappa = 0{,}5$$

mit $\alpha = 0{,}8$ entnehmen läßt.

Im allgemeinen ist das Auflösungsvermögen elektrischer Meßgeräte größer als das entsprechender mechanischer Einrichtungen, weil geringere Massen bewegt werden müssen, und gerade die hohe Eigenschwingungszahl bzw. die kurze Beruhigungszeit sind ein erheblicher Vorzug der elektrischen Meßinstrumente. Dieser Vorzug tritt besonders in Erscheinung bei Massenmessungen, bei denen für die Einzelmessung nur eine kurze Zeit zur Verfügung steht und bei der laufenden Anzeige oder Registrierung schnell veränderlicher Größen. Die Möglichkeit, den Dämpfungsgrad in einfacher Weise zu verändern und die Anzeige elektrisch zu verzögern, mögen in manchen Fällen ebenfalls für die elektrischen Verfahren sprechen.

Gewöhnliche Schalttafelinstrumente und Registriergeräte vermögen Schwingungen von etwa 1 Hz unverzerrt wiederzugeben, Spezialmeßgeräte erreichen etwa 50 ... 100 Hz, Schleifenoszillographen 20 kHz und der Kathodenstrahl vermag den Änderungen der Meßgröße nahezu trägheitslos zu folgen.

13. Fernübertragung [*11*]

Die Elektrizität vermag jede irdische Entfernung zu überbrücken, doch sind nicht alle elektrischen Meßverfahren gleich gut für weite Strecken geeignet, und man muß zwischen Nahübertragungsverfahren und Fernübertragungsverfahren unterscheiden, wobei man unter Nahübertragungsverfahren alle die Methoden versteht, bei denen die Eigenschaften des Übertragungskanals das Meßergebnis beeinflussen, unter Fernübertragungsverfahren dagegen alle diejenigen, bei denen der Übertragungskanal nur betriebsfähig oder gestört sein kann, die Eigenschaften des betriebsfähigen Kanals jedoch das Meßergebnis nicht beeinflussen.

Nahübertragungsverfahren sind alle Methoden, bei denen die Amplitude oder die Phasenlage eines Stromes angezeigt werden soll, weil diese Größen durch die Leitungseigenschaften, nämlich Widerstand, Induktivität, Kapazität und Isolationszustand beeinflußt werden. Die mit solchen Verfahren überbrückbare Entfernung ist durch die verfügbare Sendeleistung, die Leitungsdaten und die Empfängerleistung begrenzt, sie ist um so kleiner, je kleiner die Spannung am Meßkreis, je größer der Strom und je schlechter die Leitung ist und kann einige Meter bis einige Kilometer betragen.

Fernübertragungsverfahren sind Frequenz-, Null- und Impulsmethoden, weil bei ihnen die Amplitude der Meßströme das Meßergebnis nicht beeinflußt, solange sie noch ausreicht, die Empfangseinrichtung zu betätigen. Diese Fernmeß- und Fernzählverfahren vermögen jede Entfernung zu überbrücken.

Als Übertragungsleitungen kommen im einfachsten Fall für jeden Meßwert zwei galvanisch durchgeschaltete Meßleitungen in Frage; die Erde als

Meßleitung zu verwenden ist fast nie vorteilhaft. Bei Wechselstrom- und Impulsverfahren brauchen die Leitungen nicht durchgeschaltet zu sein, weil die Übertrager für Wechselströme und Impulse kein Hindernis darstellen. Selbstverständlich können alle Übertragungskanäle der Nachrichtentechnik, das sind Tonfrequenz- und Hochfrequenzkanäle, sowie mehrfach ausgenützte Kanäle auch für die Fernübertragung von Meßgrößen angewendet werden, da ja eine Fernmessung oder -zählung nichts anderes ist als die Übermittlung einer Nachricht, nur muß der Übertragungskanal bei Meßwertübertragungen mit größerer Sicherheit arbeiten als bei Nachrichtenübermittlungen, weil in dem einen Fall höchstens ein Druckfehler, im anderen jedoch ein falsches Meßergebnis zustande kommt; das ist besonders wichtig bei Fernzählungen, bei denen ein einmal gemachter Fehler meist nicht mehr erkannt werden kann und dauernd weitergeschleppt wird. Tonfrequenz und Hochfrequenzkanäle scheiden bei allen Amplitudenverfahren aus und kommen nur für Frequenz- und Impulsverfahren in Frage; auch dabei wird fast immer eine Kontrollübertragung notwendig sein, sofern man nicht Störungen im Kanal durch besondere Methoden unwahrscheinlich machen kann.

Für kleinere Entfernungen sind elektrische Meßleitungen bequem und billig herstellbar, für große Entfernungen stehen erprobte Nachrichtenkanäle zur Verfügung. Die elektrische Messung ermöglicht es somit, Meßwerte von vielen getrennten Meßstellen nach einer Zentrale zu übermitteln und dort miteinander in Beziehungen zu bringen, wodurch sie allen anderen Meß- und Übertragungsverfahren überlegen ist.

Die Beziehungen zwischen den elektrischen Größen getrennter Stromkreise werden unmittelbar im Meßwerk hergestellt. Beziehungen zwischen den elektrischen Größen desselben Kreises lassen sich auch durch Meßschaltungen gewinnen.

III. Meßwerke und Meßverfahren zum Durchführen von Rechenoperationen [12]

1. Addition und Subtraktion mit dem Drehspulmeßwerk

Beim Drehspulinstrument schwingt eine drehbar gelagerte Spule im homogenen Feld eines Dauermagnets. Das entwickelte Drehmoment ist

$$D_1 = k_1 \cdot i \cdot w, \tag{46}$$

worin $i \cdot w$ die Amperewindungszahl der Drehspule, k_1 eine durch die Feldstärke des Dauermagnets und die Abmessungen der Drehspule gegebene Konstante bedeuten. Dem ablenkenden Moment wirkt das Richtmoment D_2 einer Feder entgegen; es wächst proportional mit dem Ausschlagwinkel γ

$$D_2 = -k_2 \cdot \gamma. \tag{47}$$

Im Gleichgewichtszustand sind Ablenkmoment und Richtmoment entgegengesetzt gleich

$$D_1 + D_2 = 0 \tag{48}$$

oder

$$\gamma = \frac{k_1}{k_2} \cdot i \cdot w = k \cdot i \cdot w . \tag{49}$$

Unterteilt man die Drehspule in n Teilspulen mit getrennten Stromzuführungen, so erhält man

$$\gamma = k \cdot (i_1 w_1 + i_2 w_2 + \cdots i_n w_n) , \tag{50}$$

$$\gamma = k \cdot w_1 \left(i_1 + i_2 \frac{w_2}{w_1} + \cdots i_n \frac{w_n}{w_1} \right) .$$

Der Ausschlag ist also je nach der Richtung der Teilströme proportional der Summe oder der Differenz der Amperewindungszahlen der Teilspulen. Für gleiche Windungszahl w der Teilspulen

$$w_1 = w_2 = \cdots w_n = w$$

ist

$$\gamma = k (i_1 + i_2 , \ldots , i_n) \cdot w . \tag{51}$$

Man kann also mit einem Drehspulinstrument mit unterteilter Wicklung in einer Schaltung nach Abb. 39 Gleichströme getrennter Kreise addieren oder subtrahieren und dabei jeden Teilstrom mit einem Proportionalitätsfaktor multiplizieren.

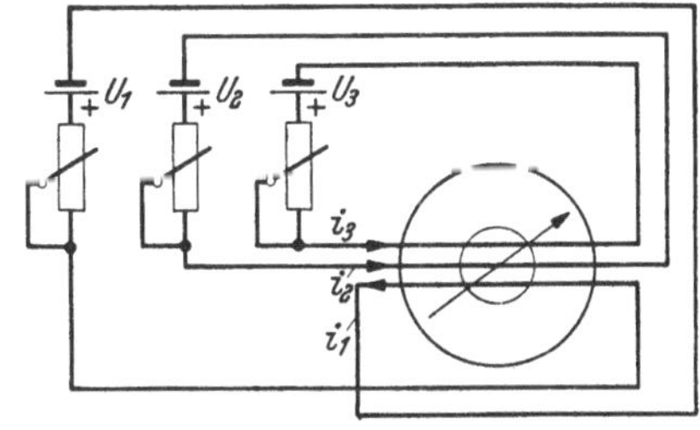

Abb. 39. Addition der Ströme dreier getrennter Kreise mit einem Drehspulinstrument mit mehreren Wicklungen.

$\gamma = K \cdot (i_2 \cdot w_2 + i_3 \cdot w_3 - i_1 \cdot w_1)$

2. Multiplikation mit dem elektrodynamischen Meßwerk

Beim eisengeschlossenen elektrodynamischen Meßwerk wird durch eine Feldspule mit der Amperewindungszahl $i_2 w_2$ ein homogenes Feld

$$H = k_2 \cdot i_2 w_2 \tag{52}$$

erzeugt.

In diesem Feld schwingt eine Drehspule mit der Amperewindungszahl $i_1 w_1$.

Das erzeugte Drehmoment ist

$$D_1 = k_1 \cdot i_1 w_1 \cdot H = k_1 \cdot k_2 \cdot i_1 w_1 i_2 w_2 = k_3 \cdot i_1 i_2 . \tag{53}$$

Eine Feder am beweglichen Organ gibt ein Gegendrehmoment D_2, das proportional mit dem Ausschlag wächst

$$D_2 = - k_4 \cdot \gamma . \tag{54}$$

Daraus errechnet sich der Ausschlagwinkel γ im Gleichgewichtszustand

$$\gamma = k_5 \cdot i_1 i_2 . \tag{55}$$

Das Meßwerk bildet also das Produkt der Ströme i_1 und i_2, worauf alle elektrodynamischen Leistungsmesser beruhen.

Die Gleichung gilt für Gleichstrom und für die Augenblickswerte von Wechselströmen, geht man auf die Effektivwerte J_1, J_2 der Wechselströme über, so muß man noch die Phasenverschiebung zwischen den Strömen berücksichtigen und erhält das skalare Produkt der Vektoren J_1 und J_2 angezeigt

$$\gamma = k_5 J_1 J_2 \cos(J_1, J_2). \tag{56}$$

Abb. 40 zeigt die Schaltung des Meßwerks.

3. Multiplikation mit dem Halleffekt

Schickt man durch ein dünnes, langes und schmales Blättchen aus einem geeigneten Material nach Abb. 41 in der Längsrichtung einen

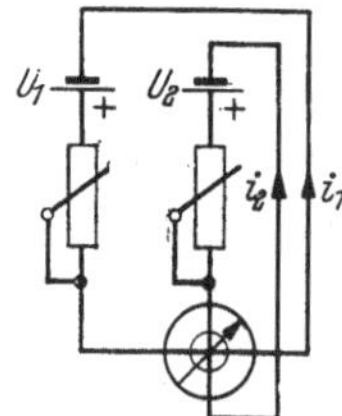

Abb. 40. Schaltung zur Multiplikation oder Division zweier Ströme.
a Multiplikation mit elektrodynamischem Meßwerk. — $\gamma = K \cdot i_1 \cdot i_2$.
b Division mit Kreuzspulmeßwerk. — $\gamma = f(i_1/i_2)$

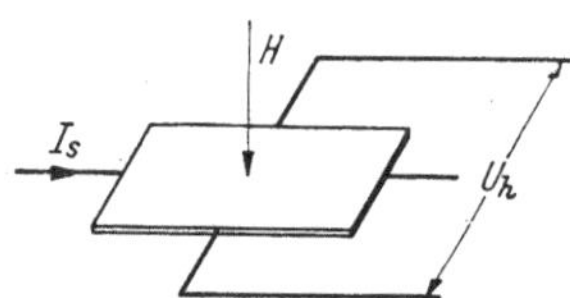

Abb. 41. Prinzip des Halleffektes.
J_S Steuerstrom; — H Steuerfeld; — U_h Hallspannung

Steuerstrom J_S und bringt das Blättchen in ein Magnetfeld von der Stärke H, so entsteht zwischen den Mitten der Längsseiten eine Spannung U_h, die dem Produkt aus Steuerstrom und der Induktion B proportional ist. Im Leerlauf ist diese Spannung

$$U_{h_0} = R_h \cdot \frac{1}{d} \cdot J_S \cdot B, \tag{57}$$

darin ist d die Dicke des Blättchens und R_h eine Materialkonstante. Die Hallspannung ist bei den meisten Werkstoffen sehr klein oder stark temperaturabhängig und bricht bei Belastung zusammen; bei einigen im Forschungslaboratorium der SSW entwickelten Halbleitern, nämlich Indiumarsenid und Indiumantimonid, erreicht sie jedoch nicht nur brauchbare Werte, sondern ist auch weitgehend linear, belastungsfähig sowie temperatur- und frequenzunabhängig, so daß man den Halleffekt praktisch verwerten kann. Die Hallspannung verläuft von Null bis zu einigen Megahertz amplituden- und phasentreu, vermag also auch bei sehr schnellen Änderungen das Produkt der Steuergrößen J_S und B zu liefern. Der Hallgenerator ist nach Abb. 42 zu schalten und gibt Spannungen in der Größenordnung von 1 V.

Indiumantimonid hat die Hallkonstante

$$R_h = 240\ \mathrm{cm^3/Asek}.$$

Indiumarsenid hat $R_h = 120\ \mathrm{cm^3/Asek}$.

Für ein Blättchen aus Indiumarsenid von 0,01 cm Dicke errechnet sich bei einer Induktion

$$B = 10\,\mathrm{KG} = 10 \cdot 10^3 \cdot 10^{-8}\,\frac{\mathrm{Vsek}}{\mathrm{cm^2}} \tag{58}$$

und 1,5 A Steuerstrom eine Hallspannung

$$U_{h_0} = R_h \cdot \frac{B \cdot J_S}{d} = 120 \cdot \frac{10 \cdot 10^3 \cdot 10^{-8} \cdot 1{,}5}{0{,}01}\left[\frac{\mathrm{cm^3}}{\mathrm{Asek}} \cdot \frac{\mathrm{Vsek\,cm^{-2}\,A}}{\mathrm{cm}}\right] = 1{,}8\,\mathrm{V}. \tag{59}$$

Das ist die Leerlaufspannung des unbelasteten Hallgenerators. Bei paramagnetischen Werkstoffen ist die Induktion B gleich der Erregerfeldstärke H

$$B = H = k \cdot J \cdot w, \tag{60}$$

und man erhält

$$U_{h_0} = K \cdot J_S \cdot J, \tag{61}$$

also eine Spannung als Produkt zweier Ströme.

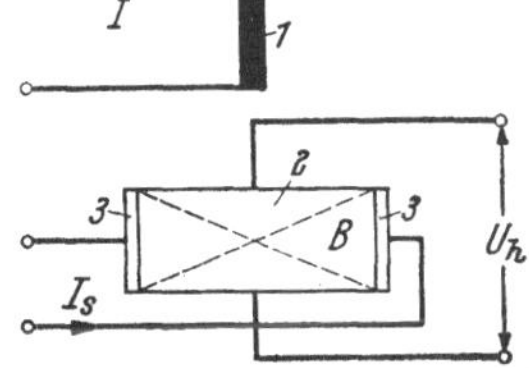

Abb. 42. Hallgenerator. J Feldstrom; — J_S Steuerstrom; — U_h Hallspannung; — 1 Erregerwicklung; — 2 Hallplättchen; — 3 Elektrode

4. Division mit dem Kreuzspulinstrument

Beim Kreuzspulinstrument ist nach Gl. (26) der Ausschlagwinkel

$$\gamma = f\left(\frac{i_1}{i_2}\right). \tag{62}$$

Man kann also mit dem Kreuzspulinstrument den Quotienten der Ströme zweier getrennter Kreise bilden. Die Schaltung ist dieselbe wie für die Multiplikation zweier Ströme (Abb. 40). An die Stelle des Kreuzspulinstrumentes können natürlich auch andere Quotientenmesser treten.

IV. Elektrische Abbildung mathematischer Beziehungen

Die elektrischen Größen eines Stromkreises, Spannung, Strom, Phasenlage, Frequenz, Wirk- und Blindwiderstand, sind durch eindeutige Gesetze miteinander verknüpft. Steuert man die Bestimmungsstücke eines Stromkreises durch mehrere voneinander unabhängige mechanische Größen, so bringt man dadurch diese Größen in definierte Beziehungen zueinander, man kann also eine gewünschte Beziehung elektrisch darstellen.

1. Addition zweier Größen

Die Widerstände R_1 und R_2 in Abb. **43** werden von den mechanischen Größen x und y linear gesteuert

$$R_1 = k_1 x; \quad R_2 = k_2 y. \tag{63}$$

Das Quotientenmeßgerät A zeigt einen Ausschlag

$$\gamma = f\left(\frac{i_1}{i_2}\right), \tag{64}$$

$$i_1 = \frac{U}{R_4}; \quad i_2 = \frac{U}{R_1 + R_2 + R_3}. \tag{65}$$

Der Instrumentenausschlag γ wird also

$$\gamma = f\left(\frac{U}{R_4} \cdot \frac{R_1 + R_2 + R_3}{U}\right) = f\left(\frac{R_1 + R_2 + R_3}{R_4}\right), \tag{66}$$

für $R_3 \ll R_1, R_2$

$$\gamma = f\left(\frac{R_1 + R_2}{R_4}\right) = f\left(\frac{k_1 x + k_2 y}{R_4}\right). \tag{67}$$

Die Anzeige ist also eine Funktion der Summe $k_1 x + k_2 y$ und unabhängig von der Höhe der Meßspannung U. Für $k_1 = k_2 = k$ wird

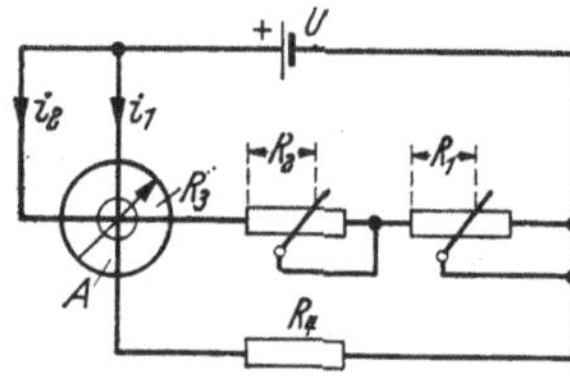

Abb. 43. Addition zweier Größen mit Kreuzspulmeßwerk.
R_1, R_2 von den Meßgrößen gesteuerte Widerstände; — R_3 Instrumentenwiderstand; — R_4 Festwiderstand; — A Anzeigeinstrument; — $\gamma = f \cdot [(R_1 + R_2)/R_4]$

$$\gamma = f\left[\frac{k}{R_4}(x + y)\right] = f\,[k_3\,(x + y)]. \tag{68}$$

Die reziproke Gleichung $v = \frac{1}{(x + y)}$ erhält man durch Vertauschen von Ablenk- und Richtspule des Quotientenmessers. Es wird dann

$$\gamma = f\left(\frac{i_2}{i_1}\right) = f\left(\frac{U}{R_1 + R_2 + R_3} \cdot \frac{R_4}{U}\right), \tag{69}$$

$$\gamma = f\left(\frac{R_4}{R_1 + R_2 + R_3}\right) \tag{70}$$

oder unter der Voraussetzung $R_3 \ll R_1, R_2$

$$\gamma = f\left(\frac{R_4}{R_1 + R_2}\right). \tag{71}$$

Eine andere Additionsschaltung zeigt Abb. 44. Diesmal werden die Widerstände R_3 und R_4 proportional den Meßgrößen x und y gesteuert

$$R_3 = k_1 x; \quad R_4 = k_2 y. \tag{72}$$

Das Instrument A zeigt den Quotienten

$$\gamma = f\left(\frac{i_1}{i_2}\right), \tag{73}$$

$$i_2 = U/R_6, \tag{74}$$

$$i_1 = U_1/R_5, \tag{75}$$

$$U_1 = i_3\,(R_3 + R_4), \tag{76}$$

$$i_3 = i - i_1, \tag{77}$$

$$i = U/Z, \tag{78}$$

$$Z = R_1 - R_3 + R_2 - R_4 + \frac{(R_3 + R_4) \cdot R_5}{R_3 + R_4 + R_5}, \tag{79}$$

für $R_5 \gg R_3, R_4$ wird $Z = R_1 + R_2$,

$$i = \frac{U}{R_1 + R_2}; \quad i_3 = \frac{U}{R_1 + R_2} - i_1, \tag{80}$$

$$U_1 = \left(\frac{U}{R_1 + R_2} - i_1\right)(R_3 + R_4) = U \cdot \frac{R_3 + R_4}{R_1 + R_2} - i_1 (R_3 + R_4), \quad (81)$$

$$i_1 \cdot R_5 = \frac{U(R_3 + R_4)}{R_1 + R_2} - i_1 (R_3 + R_4), \quad (82)$$

$$i_1 (R_3 + R_4 + R_5) = U \cdot \frac{R_3 + R_4}{R_1 + R_2}, \quad (83)$$

$$i_1 = U \cdot \frac{R_3 + R_4}{(R_1 + R_2)(R_3 + R_4 + R_5)} \quad (84)$$

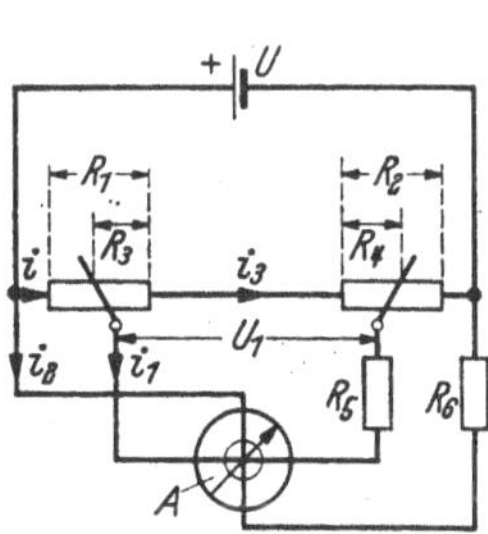

Abb. 44. Addition mit Kreuzspulmeßwerk. R_1, R_2 Meßwiderstände; — R_3, R_4 von den Meßgrößen gesteuerte und von den Schleifern abgegriffene Widerstandswerte; — R_5 Widerstand im Ablenkkreis des Instrumentes; — R_6 Widerstand im Richtkreis des Instrumentes; — A Anzeigeinstrument; — $\gamma = f\left(\frac{R_3 + R_4}{R_1 + R_2} \cdot \frac{R_6}{R_5}\right)$

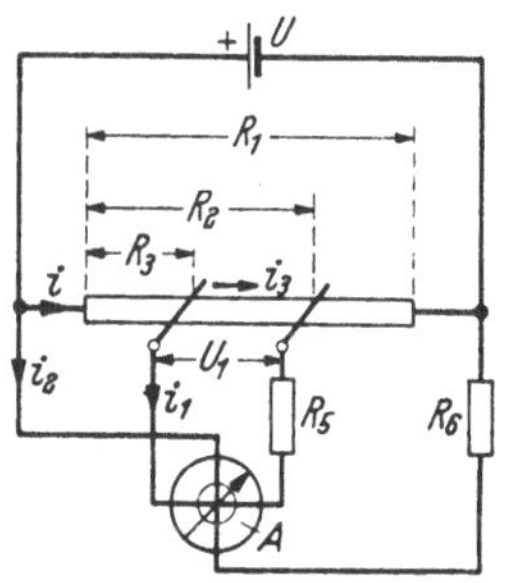

Abb. 45. Subtraktion mit Quotientenmeßwerk. R_1 Meßwiderstand; — R_2, R_3 von den Meßgrößen gesteuerte Widerstandsabgriffe; — R_5 Widerstand im Ablenkkreis des Instrumentes; — R_6 Widerstand im Richtkreis des Instrumentes; — A Quotientenmesser; — $\gamma = f \cdot [(R_2 - R_3) \cdot R_6/R_1 \cdot R_5]$

und unter der gemachten Voraussetzung $R_5 \gg R_3$, R_4

$$i_1 = U \cdot \frac{R_3 + R_4}{(R_1 + R_2) \cdot R_5}. \quad (85)$$

Die Anzeige ist

$$\gamma = f\left(U \cdot \frac{R_3 + R_4}{(R_1 + R_2) \cdot R_5} \cdot \frac{R_6}{U}\right), \quad (86)$$

$$\gamma = f\left(\frac{R_3 + R_4}{R_1 + R_2} \cdot \frac{R_6}{R_5}\right) = f\left[(k_1 x + k_2 y) \frac{R_6}{R_5 (R_1 + R_2)}\right], \quad (87)$$

sie ist ebenso wie in der vorhergegangenen Schaltung proportional der Summe $k_1 x + k_2 y$ und unabhängig von der Meßspannung U, und auch hier kann man die reziproke Gleichung durch Vertauschen von i_1 und i_2 erhalten.

2. Subtraktionsschaltungen

Ein Widerstand mit zwei von den Veränderlichen x und y linear gesteuerten Abgriffen nach Abb. 45 gibt in Verbindung mit einem Quotientenmesser eine Subtraktionsschaltung.

$$\gamma = f\left(\frac{i_1}{i_2}\right), \quad (88) \qquad U_1 = i_3 \cdot (R_2 - R_3), \quad (91)$$

$$i_2 = U/R_6, \quad (89) \qquad i_3 = i - i_1, \quad (92)$$

$$i_1 = U_1/R_5, \quad (90) \qquad i = U/Z, \quad (93)$$

$$Z = R_3 + \frac{(R_2 - R_3) \cdot R_5}{R_2 - R_3 + R_5} + R_1 - R_2, \tag{94}$$

für $R_5 \gg (R_2 - R_3)$ wird $Z = R_1$

$$i = \frac{U}{R_1}; \quad i_3 = \frac{U}{R_1} - i_1, \tag{95}$$

$$U_1 = \left(\frac{U}{R_1} - i_1\right)(R_2 - R_3), \tag{96}$$

$$i_1 \cdot R_5 = \left(\frac{U}{R_1} - i_1\right)(R_2 - R_3), \tag{97}$$

$$i_1 = U \cdot \frac{R_2 - R_3}{R_1(R_2 - R_3 + R_5)}, \tag{98}$$

und da nach Voraussetzung $R_5 \gg (R_2 - R_3)$

$$i_1 = U \cdot \frac{R_2 - R_3}{R_1 \cdot R_5}, \tag{99}$$

$$\gamma = f\left[(R_2 - R_3) \cdot \frac{R_6}{R_1 R_5}\right] \tag{100}$$

oder mit $R_2 = k_1 x$; $R_3 = k_2 y$

$$\gamma = f\left[(k_1 x - k_2 y) \cdot \frac{R_6}{R_1 \; R_5}\right]. \tag{101}$$

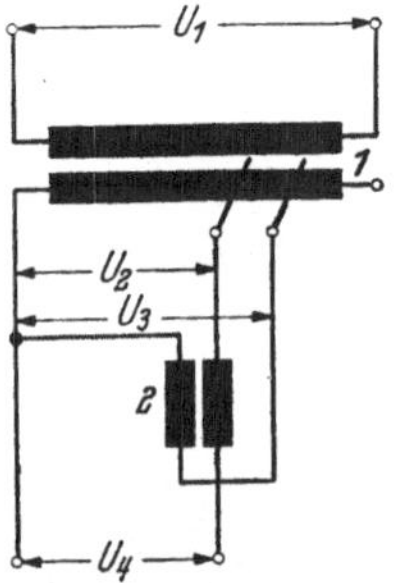

Abb. 46. Addition oder Subtraktion von Wechselspannungen mit Wandlern.

U_1 Primärspannung; — U_2, U_3 von den Meßgrößen gesteuerte Wandlerabgriffe; — U_4 Ausgangsspannung; — $U_4 = U_2 + k_1 \cdot U_3$

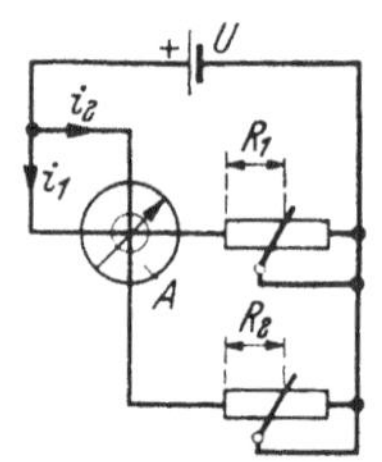

Abb. 47. Division mit dem Quotientenmeßwerk.

R_1, R_2 von den Meßgrößen gesteuerte Widerstandsabgriffe; — A Quotientenmeßwerk; — $\gamma = f \cdot (R_2/R_1)$

3. Addition und Subtraktion von Wechselspannungen und Strömen

Wechselspannungen und -ströme lassen sich mit Hilfe von Wandlern in sehr bequemer Weise addieren und subtrahieren. Werden beispielsweise in Abb. 46 die Sekundärabgriffe des Wandlers *1* von den beiden Meßgrößen x und y linear gesteuert, $U_2 = kx$; $U_3 = ky$ und die Spannung U_3 über den Wandler *2* mit dem Übersetzungsverhältnis k_1 zu U_2 addiert, dann wird die Ausgangsspannung

$$U_4 = U_2 + k_1 \cdot U_3 = k(x + k_1 y).$$

Die Schaltung wird bei induktiven Grob- und Feinspannungsreglern in großem Umfang angewendet.

4. Divisionsschaltungen

Abb. 47 zeigt eine einfache Divisionsschaltung, R_1 und R_2 sind lineare Funktionen der Meßgrößen x und y

$$\gamma = f\left(\frac{i_1}{i_2}\right), \tag{102}$$

$$i_1 = U/R_1, \tag{103}$$

$$i_2 = U/R_2, \tag{104}$$

$$\gamma = f\left(\frac{R_2}{R_1}\right). \tag{105}$$

Unter der Voraussetzung, daß die Instrumentenwiderstände vernachlässigbar gegenüber den Meßwiderständen sind.

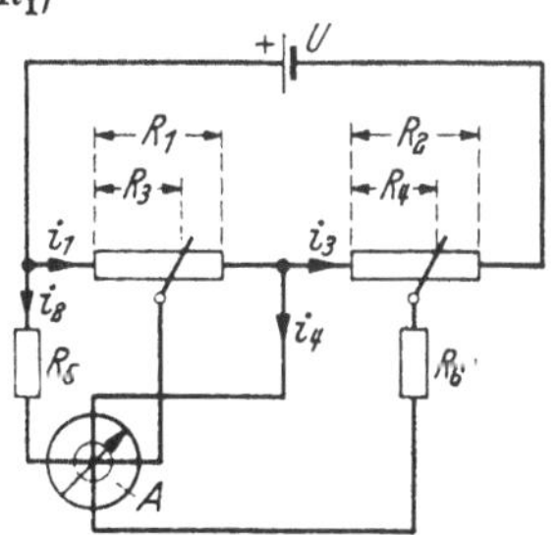

Abb. 48. Division mit dem Quotientenmeßwerk.
R_1, R_2 Meßwiderstand; — R_3, R_4 von den Meßgrößen gesteuerte Widerstandsabgriffe; — R_5, R_6 Widerstände der Instrumentenkreise; — A Quotientenmesser; — $\gamma = f \cdot (R_3 \cdot R_6/R_4 \cdot R_5)$

In der Schaltung nach Abb. 48 ist

$$\gamma' = f\left(\frac{i_2}{i_4}\right), \tag{106}$$

$$i_2 = \frac{i_1 \cdot R_3}{R_5}, \tag{107}$$

$$i_4 = \frac{i_3 \cdot R_4}{R_6}, \tag{108}$$

$$i_1 + i_2 - i_4 = i_3\,, \tag{109}$$

$$i_1 + i_2 = U/Z\,. \tag{110}$$

$$Z = \frac{R_3 \cdot R_5}{R_3 + R_5} + R_1 - R_3 + \frac{R_4 \cdot R_6}{R_4 + R_6} + R_2 - R_4, \tag{111}$$

für $R_5 \gg R_3$; $R_6 \gg R_4$ wird $Z = R_1 + R_2$,

$$i_1 + i_2 = \frac{U}{R_1 + R_2}, \tag{112}$$

$$\frac{U}{R_1 + R_2} - i_4 = i_3, \tag{113}$$

$$i_4 = U\,\frac{R_4}{(R_1 + R_2)\,(R_4 + R_6)}, \tag{114}$$

$$i_2 \cdot R_5 = \left(\frac{U}{R_1 + R_2} - i_2\right) \cdot R_3, \tag{115}$$

$$i_2 = U \cdot \frac{R_3}{(R_1 + R_2)\,(R_3 + R_5)} \tag{116}$$

Nach Voraussetzung ist $R_5 \gg R_3$ und $R_6 \gg R_4$, also wird

$$i_2 = U \cdot \frac{R_3}{(R_1 + R_2) \cdot R_5}, \quad i_4 = U \cdot \frac{R_4}{(R_1 + R_2) \cdot R_6}, \tag{117}$$

$$\gamma = f\left(\frac{i_2}{i_4}\right) = f\left(\frac{R_3}{R_4} \cdot \frac{R_6}{R_5}\right), \qquad (118) \quad (119)$$

für $R_3 = k_1 x$; $R_4 = k_2 y$ wird

$$\gamma = f\left(\frac{k_1 x}{k_2 y} \cdot \frac{R_6}{R_5}\right). \tag{120}$$

Der Ausschlag ist also eine Funktion des Quotienten der Meßgrößen x und y.

In der Schaltung nach Abb. 49 zeigt der Quotientenmesser A

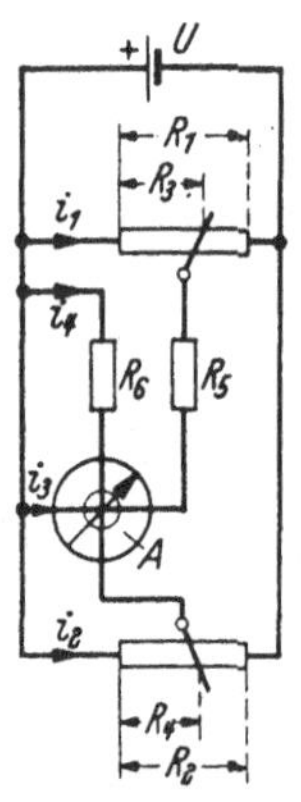

Abb. 49. Division mit dem Quotientenmesser.

R_1, R_2 Meßwiderstand; — R_3, R_4 von den Meßgrößen gesteuerte Widerstandsabgriffe; — R_5, R_6 Widerstände der Instrumentenkreise; — $\gamma = f \cdot (R_2\, R_3\, R_6 / R_1\, R_4\, R_5)$

$$\gamma = f\left(\frac{i_3}{i_4}\right), \tag{121}$$

$$i_1 \cdot R_3 = i_3 \cdot R_5, \tag{122}$$

$$i_2 \cdot R_4 = i_4 \cdot R_6, \tag{123}$$

$$i_1 \cdot R_3 + (i_1 + i_3)(R_1 - R_3) = U, \tag{124}$$

$$i_2 \cdot R_4 + (i_2 + i_4)(R_2 - R_4) = U, \tag{125}$$

$$i_3 = U \cdot \frac{R_3}{R_1 R_5 + R_3 (R_1 - R_3)}, \tag{126}$$

für $R_5 \gg R_1 - R_3$

$$i_3 = U \cdot \frac{R_3}{R_1 \cdot R_5}, \tag{127}$$

$$i_4 = \frac{U \cdot R_4}{R_2 R_6 + R_4 (R_2 - R_4)}, \tag{128}$$

für $R_6 \gg (R_2 - R_4)$

$$i_4 = U \cdot \frac{R_4}{R_2 \cdot R_6}, \tag{129}$$

$$\gamma = f\left(\frac{i_3}{i_4}\right) = f\left(\frac{R_3}{R_4} \cdot \frac{R_2 R_6}{R_1 \cdot R_5}\right), \tag{130}$$

also eine Quotientenmeßschaltung.

5. Multiplikationsschaltungen

Aus jeder Additions- oder Subtraktionsschaltung kann man eine Multiplikations- oder Divisionsschaltung machen, indem man die Meßwiderstände der Schaltung nicht linear, sondern logarithmisch wickelt.

Dann wird beispielsweise in der Schaltung nach Abb. 43

$$\gamma = f\left[\frac{1}{R_4}(R_1 + R_2)\right] \tag{131}$$

für $R_1 = k_1 \cdot \lg x$ und $R_2 = k_2 \cdot \lg y$,

$$\gamma = f\left[\frac{1}{R_4} \cdot (\lg x^{k\,1} + \lg y^{k\,2})\right] = f\left[\frac{1}{R_4} \lg x^{k\,1}\, y^{k\,2}\right], \tag{132}$$

und für $k_1 = k_2 = 1$ erhält man

$$\gamma = \frac{1}{R_4} f(\lg x\, y). \tag{133}$$

Die Instrumentenskala wird selbstverständlich nicht in Logarithmen, sondern in Numeri beschriftet. Die Fortsetzung dieses Gedankens führt zwangsläufig zum elektrischen Rechenschieber.

Einfache Multiplikationsschaltungen ergeben sich aus den Divisionsschaltungen, wenn man den Quotientenmesser durch einen Produktmesser, also durch ein Wattmeter, ersetzt. Dann wird beispielsweise nach Abb. 49

$$\gamma = f(i_3 \cdot i_4), \tag{134}$$

$$i_3 = U \cdot \frac{R_3}{R_1 R_5}, \quad i_4 = U \cdot \frac{R_4}{R_2 R_6}, \tag{135}$$

$$\gamma = f\left(U^2 \cdot \frac{R_3 R_4}{R_1 R_2 R_5 R_6}\right) \tag{136}$$

Die Multiplikationsschaltungen dieser Art sind im Gegensatz zu den Quotientenschaltungen spannungsabhängig, die Meßspannung U muß also konstant gehalten werden.

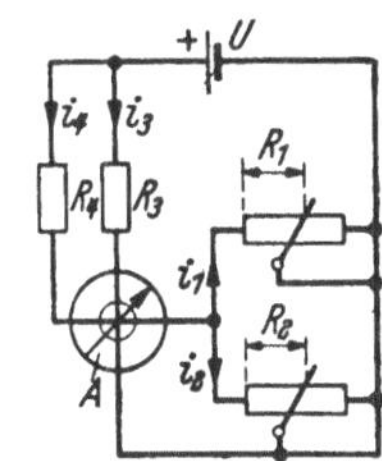

Abb. 50. Quotientenmesserschaltung. R_1, R_2 von den Meßgrößen gesteuerte Widerstände; — R_3, R_4 Widerstände der Instrumentenkreise; — A Quotientenmesser; — $\gamma = f \cdot [R_1 R_2 / R_3 (R_1 + R_2)]$

Die Gleichungen

$$v = \frac{x y}{x + y} \quad \text{oder} \quad w = \frac{x + y}{x y} \tag{137}$$

lassen sich nach Abb. 50 durch Parallelschaltung zweier von den Meßgrößen x und y gesteuerten Widerstände darstellen.

Das Instrument zeigt wieder

$$\gamma = f\left(\frac{i_3}{i_4}\right), \tag{138}$$

$$i_4 = \frac{U}{R_4 + \frac{R_1 \cdot R_2}{R_1 + R_2}}, \tag{140}$$

$$i_3 = U/R_3, \tag{139}$$

$$\gamma = f\left(\frac{R_4 + \frac{R_1 \cdot R_2}{R_1 + R_2}}{R_3}\right), \tag{141}$$

für $R_4 \ll R_1 R_2$

$$\gamma = f\left(\frac{1}{R_3} \frac{R_1 R_2}{R_1 + R_2}\right). \tag{142}$$

Daraus wird für $R_1 = k_1 x$, $R_2 = k_2 y$,

$$\gamma = f\left(\frac{1}{R_3} \cdot \frac{k_1 k_2 x y}{k_1 x + k_2 y}\right). \tag{143}$$

6. Differentiation

In einer Wicklung von der Induktivität L wird eine Selbstinduktionsspannung induziert von der Größe

$$u_L = -L \cdot di/dt, \tag{144}$$

sie ist also proportional dem Differentialquotienten des Stromes i nach der Zeit t.

Schaltet man nach Abb. 51a einen Wirkwiderstand R in Reihe mit einer Induktivität L, dann wird der Strom i

$$i = \frac{u}{\sqrt{R^2 + (\omega L)^2}}, \tag{145}$$

und für $R \gg \omega L$ wird

$$i = u/R. \tag{146}$$

Daraus folgt

$$u_L = -\frac{L}{R} \cdot \frac{du}{dt}. \tag{147}$$

Ist u der Augenblickswert einer Sinusspannung vom Scheitelwert U_0 und der Kreisfrequenz ω

$$u = U_0 \sin \omega t, \tag{148}$$

dann wird

$$u_L = -\frac{\omega L}{R} U_0 \cdot \cos \omega t$$

$$= \frac{\omega L}{R} \cdot U_0 \sin(\omega t - 90). \tag{149}$$

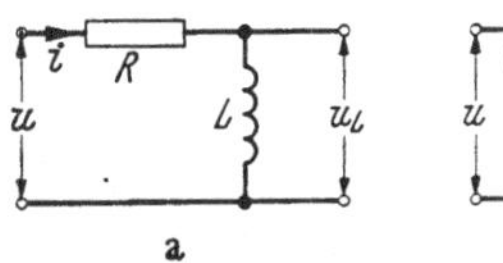

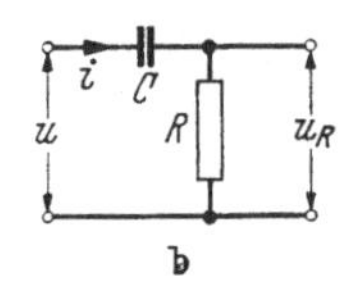

Abb. 51a u. b. Differenzierende Schaltungen. a Widerstand und Induktivität: $u_L = L \cdot du/R\,dt$. b Widerstand und Kapazität: $u_R = R \cdot C \cdot du/dt$

Die Selbstinduktionsspannung u_L an der Spule L ist also gleich dem Differentialquotienten der Spannung U; sie eilt ihr um 90° nach.

Anstatt mit einer Induktivität kann man auch mit einer Kapazität differenzieren, denn der Ladestrom i eines Kondensators von der Kapazität C ist

$$i = C \cdot du/dt. \tag{150}$$

Schaltet man nach Abb. 51b in Reihe mit der Kapazität einen Wirkwiderstand R der gegenüber dem Blindwiderstand $1/\omega C$ der Kapazität vernachlässigbar klein ist, dann ist der Spannungsabfall u_R an diesem Widerstand

$$u_R = i \cdot R \tag{151}$$

oder

$$u_R = R \cdot C \cdot du/dt. \tag{152}$$

Ist u der Augenblickswert einer Sinusspannung vom Scheitelwert U_0 und der Kreisfrequenz ω

$$u = U_0 \sin \omega t, \tag{153}$$

dann wird

$$u_R = \omega C \cdot R \cdot U_0 \cos \omega t = \omega C \cdot R \cdot U_0 \sin(\omega t + 90). \tag{154}$$

Die Spannung u_R ist also der Differentialquotient der Spannung u, sie eilt ihr um 90° vor.

Nach beiden Verfahren werden mechanische Größen differentiiert.

7. Integration

Integrationen werden durch zählende Meßgeräte ausgeführt, denn die Anzeige eines Zählers ist

$$A = \int_0^t m \cdot dt, \tag{155}$$

wenn m den Augenblickswert der Meßgröße bedeutet. Auch mit Kondensatoren und Drosseln kann man integrieren, man braucht lediglich die differenzierenden Schaltungen umzukehren.

Abb. 52a zeigt eine Integrationsschaltung aus Widerstand und Induktivität.

Die Spannung u ist

$$u = i \cdot R - L \cdot di/dt, \tag{156}$$

für $R \ll \omega L$ ist

$$u = -L \cdot di/dt, \tag{157}$$

also

$$i = -1/L \int u \cdot dt \tag{158}$$

und die Spannung am Widerstand R

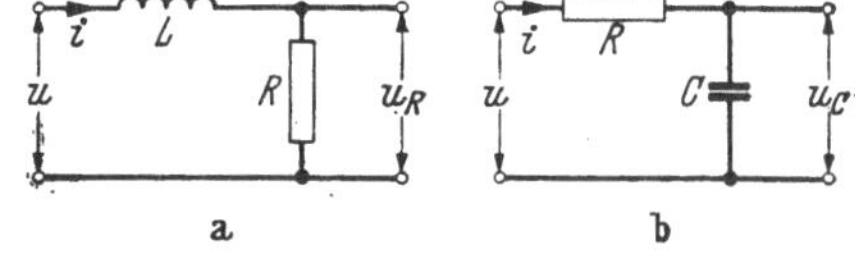

Abb. 52a u. b. Integrierende Schaltungen.
a Induktivität und Widerstand $u_R = -\frac{R}{L}\int u \cdot dt$.
b Widerstand und Kapazität $u_C = \frac{1}{RC}\int u \cdot dt$

$$u_R = i \cdot R = -\frac{R}{L}\int u \cdot dt. \tag{159}$$

Ist u der Augenblickswert einer sinusförmigen Wechselspannung vom Scheitelwert U_0 und der Kreisfrequenz ω, also

$$u = U_0 \sin \omega t, \tag{160}$$

dann wird

$$u_R = -\frac{R}{L} U_0 \int \sin \omega \cdot dt = \frac{R}{L} U_0 \cdot \cos \omega t. \tag{161}$$

In Abb. 52b gilt für die Spannung u_c des mit dem Strom i aufgeladenen Kondensators von der Kapazität C

$$u_c = \frac{1}{C}\int i \cdot dt. \tag{162}$$

Wenn der Widerstand des Kondensators $1/\omega C$ hinreichend klein gegenüber dem Wirkwiderstand R gehalten werden kann, $R \gg 1/\omega C$ wird

$$i = u/R, \tag{163}$$

also

$$u_c = \frac{1}{RC}\int u \cdot dt. \tag{164}$$

Die Spannung u_c am Kondensator ist also proportional dem Zeitintegral der Spannung u.

8. Brückenschaltungen

Beinahe unübersehbar sind die Möglichkeiten in Brückenschaltungen mit den bekannten Meßinstrumenten die Brückenströme und Brückenspannungen in Beziehungen zueinander zu bringen, insbesondere bei den Wechselstrombrücken mit Blindwiderständen in den einzelnen Zweigen.

Schon bei der einfachen Wheatstonebrücke sind sechs Brückenströme und sechs Brückenspannungen vorhanden, die in beliebiger Kombination addiert, subtrahiert, multipliziert und dividiert werden können.

Die Brücke kann entweder unabgeglichen sein oder sich selbsttätig abgleichen, wobei der erforderliche Verstellweg angezeigt wird. Solche Brückenschaltungen werden insbesondere in der elektrischen Regeltechnik weitgehend verwendet.

B. Die Möglichkeiten, mechanische Größen elektrisch zu messen

Mechanische Größen kann man auf drei verschiedene Weisen elektrisch messen:

Einmal kann man einen kleinen, genau definierten Teil der verfügbaren mechanischen Energie in elektrische Energie umformen und messen,

zweitens kann man einen gegebenen physikalischen Zusammenhang zwischen mechanischen und elektrischen Größen beziehungsweise Eigenschaften benutzen, indem man die elektrische Größe mißt und aus ihr auf die mechanische schließt,

endlich kann man einen elektrischen Stromkreis mechanisch steuern und so einen Zusammenhang zwischen mechanischen und elektrischen Größen herstellen. Die Steuerglieder sind mechanisch-elektrische Umformer, mit denen die Bestimmungsstücke eines Stromkreises mechanisch beeinflußt werden.

In jedem Fall müssen die Beziehungen zwischen den mechanischen und elektrischen Größen durch eine eindeutige Gleichung beschrieben werden. Diese Gleichung soll möglichst einfach gebaut sein und möglichst wenige und kleine Störglieder enthalten, d. h. mit der mechanischen Meßgröße sich gleichzeitig ändernde, von ihr abhängige oder unabhängige Variable sollen das Meßergebnis nicht beeinflussen oder ihr Einfluß soll beherrschbar sein. Bevorzugt wird ein linearer Zusammenhang zwischen mechanischer und elektrischer Größe.

Die Messung darf den Ablauf des Meßvorganges nicht stören, sie darf also die Energieverhältnisse im Meßkreis nur in vernachlässigbarem Umfang verändern.

Die Meßeinrichtungen dürfen die Betriebssicherheit nicht beeinträchtigen und das Bedienungspersonal nicht gefährden.

Neben diese drei Grundforderungen treten eine Anzahl von Wünschen, die möglicherweise die praktische Anwendung eines Verfahrens begrenzen oder auch völlig verhindern. Solche Wünsche sind:

Die Meßeinrichtungen sollen das Meßergebnis unmittelbar, also ohne Umrechnungen und mit so kleinen Fehlern anzeigen, daß keine Berichtigung erforderlich ist. Sie sollen sich außerdem selbst überwachen, ein einmal eingetretener Fehler soll deutlich sichtbar sein, und sie sollen sich bequem eichen und prüfen lassen. Die elektrischen Größen sollen gut meßbar dargeboten werden, d. h., sie sollen in einem Amplituden- und Frequenzbereich liegen, den die handelsüblichen Instrumente erfassen. Die Meßeinrichtungen sollen möglichst an das vorhandene Starkstromnetz angeschlossen werden, also keine besonderen Anforderungen an die Energiequelle stellen.

I. Energieumformer

1. Allgemeines

Die Energieumformer bieten die Möglichkeit, Energie irgendeiner Erscheinungsform in elektrische Energie umzuwandeln und mit elektrischen Meßgeräten zu messen. Das Gesetz der Umwandlung muß bekannt und die Störeinflüsse sehr klein oder berechenbar sein, ferner darf durch die Energieentnahme aus dem Meßkreis der zu messende Vorgang nicht merkbar beeinflußt werden. Es sind verschiedene Arten von Energieumformern zu unterscheiden:

a) Mechanisch-elektrische Umformer, die von der Meßgröße betrieben werden und einen kleinen Teil der zu messenden mechanischen Energie in elektrische umwandeln.

b) Energiewandler, die durch eine fremde, nicht zum Meßkreis gehörende Energiequelle gespeist werden, wobei die Energieumwandlung durch die zu messende mechanische Größe gesteuert wird; das sind beispielsweise lichtelektrische, thermoelektrische oder rein elektrische Umformer mit mechanischer Steuerung.

2. Induktionsprinzip

Nach dem Prinzip der Induktion zwischen Magnetfeldern und Leitern werden die bedeutendsten mechanisch-elektrischen und elektrisch-elektrischen Energiewandler hergestellt und dieselben Anordnungen können auch für Meßzwecke herangezogen werden.

Das Induktionsgesetz besagt: die in einer Leiterschleife induzierte EMK e ist proportional der Änderungsgeschwindigkeit des von der Schleife umfaßten Flusses Φ

$$e = -d\Phi/dt. \tag{165}$$

Bei zeitlich konstantem Magnetfeld kann man die Flußänderung durch eine Relativbewegung der zu induzierenden Spule gegenüber dem

Feld oder durch Änderung des magnetischen Widerstandes erreichen, wofür eine mechanische Arbeit aufgewendet werden muß; man spricht dann bei der induzierten Spannung von einer EMK der Bewegung. Bei zeitlich veränderlichem Magnetfeld und ruhenden Wicklungen wird eine Spannung ohne Aufwand an mechanischer Energie induziert; man spricht dann von einer EMK der Ruhe oder einer transformatorischen EMK. Die induzierte Spannung kann mit geringem Energieaufwand mechanisch gesteuert werden; Einrichtungen dieser Art sind keine Energieumformer und werden später besprochen.

a) Relativbewegung zwischen Induktionsspule und konstantem Magnetfeld

Das Feld wird durch Dauermagnete oder durch eine Gleichstromwicklung erzeugt, die Relativbewegung zwischen dem Feld und der zu induzierenden Spule erhält man dadurch, daß man entweder das Feld bei feststehender Spule oder die Spule bei feststehendem Feld bewegt. Das Induktionsgesetz kann in diesem Fall in der Form geschrieben werden

$$e = w \cdot B \cdot l \cdot v, \tag{166}$$

darin ist w die Windungszahl, l die wirksame Länge der Induktionsspule, B die Induktion und v die Relativgeschwindigkeit zwischen Feld und Spule; da Abmessungen und Feldstärke als konstant angesehen werden können, wird die induzierte EMK e proportional der Relativgeschwindigkeit v. Die elektrische Größe ist proportional einer Geschwindigkeit, und elektrische Integration und Differentiation machen keine Schwierigkeiten, somit eignet sich das Verfahren für die Messung von Wegen, Geschwindigkeiten und Beschleunigungen, da der Weg

$$s = \int v \cdot dt \tag{167}$$

und die Beschleunigung

$$b = dv/dt \tag{168}$$

ist.

α) Rotationsbewegung. Die Geräte mit rotierender Bewegung sind dementsprechend Umdrehungszahl-, Drehzahl- oder Drehbeschleunigungsmesser, denn es ist mit den Bezeichnungen

ε Drehbeschleunigung, n Drehzahl,
ω_1 Winkelgeschwindigkeit, u Umdrehungszahl.

$$n = \omega_1/2\pi, \tag{169}$$

$$u = \frac{1}{2\pi}\int \omega_1 \cdot dt, \tag{170}$$

$$\varepsilon = d\omega_1/dt. \tag{171}$$

Diese Drehumformer haben nach Abb. 53 entweder ein feststehendes Dauermagnetfeld und eine umlaufende Ankerwicklung oder einen bewickelten Ständer und ein umlaufendes Polrad und erzeugen in beiden Fällen eine Wechselspannung, deren Amplitude und Frequenz proportional der Drehgeschwindigkeit sind. Will man die Spannung messen, so wird man den Umformer so ausführen, daß seine Spannung möglichst genau linear mit der Drehzahl steigt, will man die Frequenz messen, so wird man versuchen, schon bei kleiner Drehzahl eine möglichst große Spannung zu erzielen und den weiteren Spannungsanstieg möglichst flach zu halten.

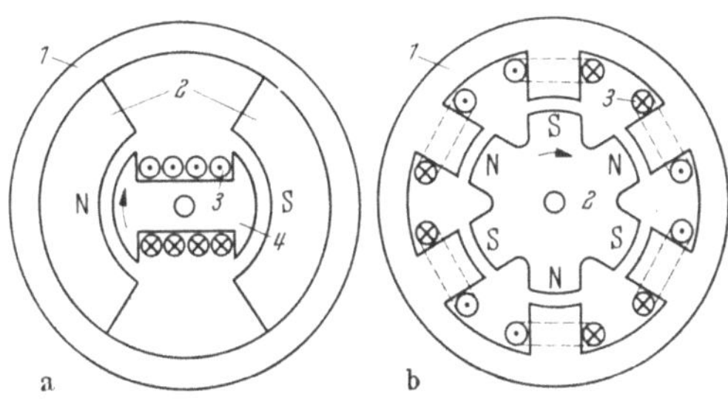

Abb. 53. Drehzahlgeber.
a mit umlaufendem und bewickeltem Anker und stillstehendem Dauermagnet. — b mit umlaufendem Dauermagnet und stillstehendem bewickelten Anker.
1 Ständereisen; — *2* Magnet; — *3* Wicklung; — *4* Läufer

Im allgemeinen mißt man die Spannung, wenn man einen Drehzahlmeßbereich von Null bis zu einem Maximum wünscht, dagegen die Frequenz, wenn man kleinere Drehzahlabweichungen vom Nennwert überwachen will. Bei Amplitudenmessungen kann man die Wechselspannung gleichrichten, um das empfindliche Drehspulinstrument verwenden zu können. Die Spannung wird entweder durch einen Kommutator auf der Generatorwelle mechanisch gleichgerichtet oder elektrisch durch einen Meßgleichrichter.

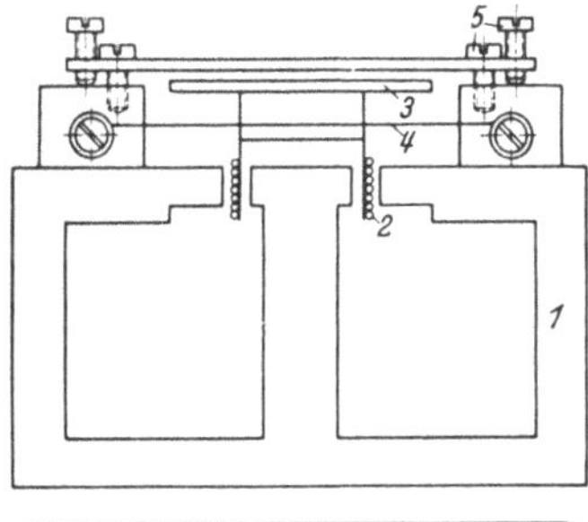

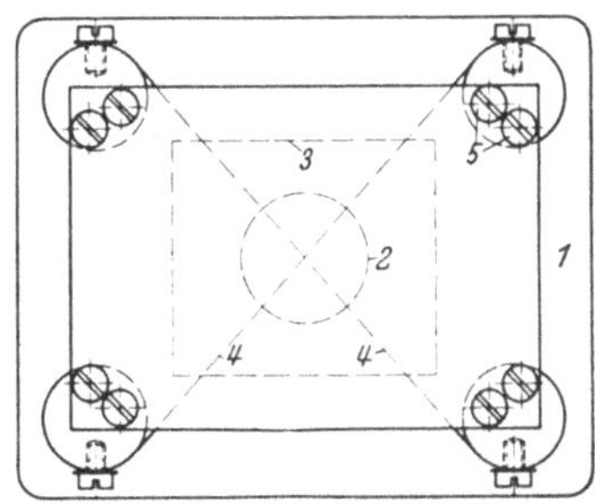

Abb. 54. Grundsätzliche Darstellung des elektrodynamischen Schwingungsmessers. [Aus MARTIN: Empfindlichkeit und Frequenzcharakteristiken eines neuen elektrodynamischen Schwingungsmessers. Phys. Z. Bd. 40 (1939) S. 580.]
1 Dauermagnet; — *2* Schwingspule; — *3* Dämpfungsplatte; — *4* Aufhängespanndraht; — *5* Zug- und Druckschrauben zur Einstellung des Luftspaltes der Dämpfungsplatte

β) Schwingbewegung. Die Geräte mit Schwingbewegung sind Schwingungsweg-, Schwinggeschwindigkeits- und Beschleunigungsmesser; sie haben nach Abb. 54 einen feststehenden Dauermagnet mit homogenem Luftspaltfeld, in dem eine Induktionsspule senkrecht zur Feldrichtung schwingt. Ebensogut wäre natürlich die umgekehrte Ausführung mit feststehender Induktionsspule und Schwingmagnet denkbar.

b) Konstantes Magnetfeld und ruhende Wicklung

Änderung des magnetischen Widerstandes.

Nach diesem Verfahren arbeitende Geräte haben Permanentmagnete und eine im Feld ruhend angeordnete Induktionsspule. Durch ein verschiebbares oder verdrehbares Eisenstück wird der von der Spule umfaßte Fluß abhängig von der Meßgröße geändert und die der Flußänderung entsprechende Induktionsspannung gemessen. Das Induktionsgesetz schreibt man dabei zweckmäßig in Form

$$e = -w \cdot d\Phi/dt, \tag{172}$$

wobei w die Windungszahl der Induktionsspule und $d\,\Phi/dt$ die Änderungsgeschwindigkeit des Flusses bedeuten.

Geräte dieser Art werden als Drehzahl- und Drehbeschleunigungsmesser nach Abb. 55 ausgeführt.

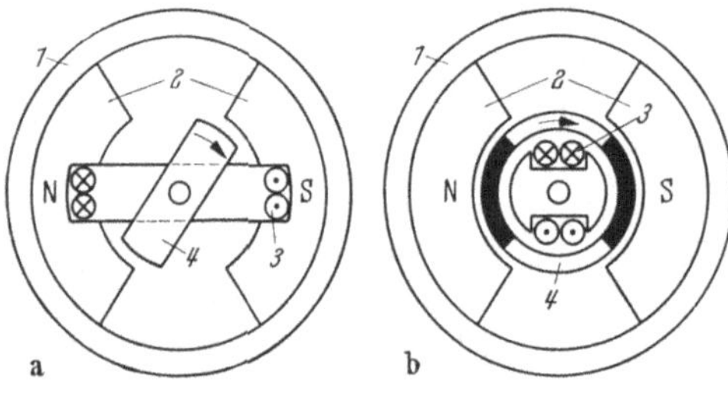

Abb. 55. Drehzahlgeber mit stillstehendem Magnet und stillstehender Wicklung.
a mit umlaufendem Eisenkern; — b mit umlaufendem Eisenring; — *1* Eisenrückschluß; — *2* Dauermagnet; — *3* Wicklung; — *4* umlaufendes Kraftlinienleitstück

Ein Beispiel soll die Größenordnung des Effektes zeigen. Es sei die Induktion $B = 2000$ Gauß, die induzierte Windungslänge $l = 3$ cm, die Windungszahl $w = 1000$, der Ankerdurchmesser $d = 4$ cm, die Drehzahl $n = 500$ U/min, die Polpaarzahl $p = 1$; dann ist die Umfangsgeschwindigkeit $v = \frac{d \cdot \pi \cdot n}{60} = 105$ cm/sek und die induzierte Spannung $e = w \cdot B \cdot v \cdot l \cdot 10^{-8} = 6{,}3$ V.

Die Frequenz ν der induzierten Spannung ist $\nu = p \cdot n = 8{,}35$ Hz.

3. Piezoelektrizität [*13*]

Prinzip. Auch der piezoelektrische Meßwertumformer ist ein mechanisch-elektrischer Energiewandler. Wird ein piezoelektrischer Kristall in der Richtung der elektrischen oder der neutralen Achse mechanisch beansprucht, so treten auf den senkrecht zur elektrischen Achse liegenden Schnittflächen elektrische Ladungen auf. Der Kristall kann auf Zug, Druck, Biegung, Verdrehung oder Scherung beansprucht werden. Die Höhe der Ladung ist abhängig vom Material und proportional den elastischen Spannungen; die Polarität kehrt mit der Beanspruchungsrichtung um. Bei Beanspruchung in der elektrischen Achse ist die Größe der Ladung unabhängig von den Abmessungen, bei Beanspruchung in der neutralen Achse hängt sie vom Seitenverhältnis ab und ist um so größer, je länger und dünner das Kristallplättchen ist. Belastung in der elektrischen Achse ist bei großen Kräften etwas unangenehm, weil die Kräfte über die Elektroden übertragen werden müssen.

Für die Größe der Ladung gilt

$$Q = \delta \cdot P, \tag{173}$$

worin P die Beanspruchung, δ der Piezokoeffizient des Materials ist. Diese Ladung erzeugt zwischen den Elektroden eine Potentialdifferenz

$$E = \frac{Q}{C} = \frac{\delta \cdot P}{C}, \tag{174}$$

wobei C die Kapazität des durch die Elektroden und den Kristall gebildeten Kondensators darstellt. Der volle Betrag dieser Spannung steht nie für die Messung zur Verfügung, weil auch die Zuleitungen zum Eingangsverstärker und die Verstärkerröhre eine Kapazität C_0 gegen Erde besitzen, die sich zur Kapazität des piezoelektrischen Materials addiert und meist erheblich höher als die Kapazität des Kristalls ist.

Es ist dann

$$E = \frac{Q}{C + C_0}. \tag{175}$$

Man kann die Ladung Q vergrößern, indem man mehrere Quarze nach Abb. 56 mechanisch in Reihe, elektrisch parallel schaltet, wobei allerdings die Kapazität C proportional mit der Ladung Q steigt, so daß man nur einen Gewinn erzielt, wenn $C_0 \gg C$ ist. Die Meßeinrichtung muß ausgezeichnet isoliert sein.

Der piezoelektrische Effekt ist umkehrbar, und man kann die Länge eines Kristalls durch Anlegen einer Spannung beeinflussen, also durch Anlegen einer Wechselspannung einen Kristallschwinger erhalten. Ebenso wie bei der Induktion kann man demnach wahlweise piezoelektrische Motoren oder Generatoren erhalten, für die vorliegende Betrachtung interessiert nur die Generatorwirkung, also die Umwandlung mechanischer in elektrische Energie.

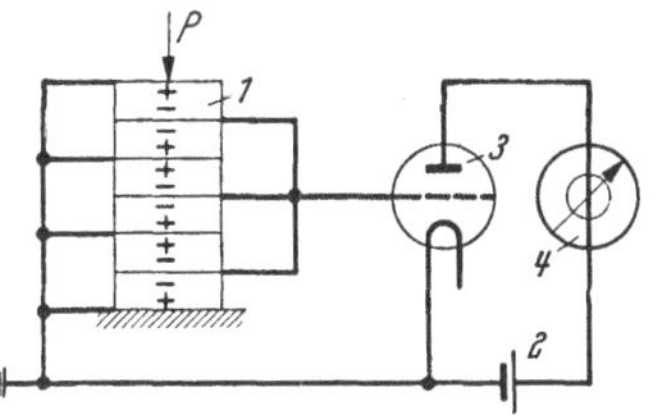

Abb. 56. Grundsätzliche Schaltung einer piezoelektrischen Druckmeßeinrichtung mit drei in der Druckrichtung hintereinanderliegenden, elektrisch parallel geschalteten Piezokristallen.

1 Piezokristall; — *2* Stromversorgung des Verstärkers; — *3* Verstärkerröhre; — *4* Anzeigeinstrument oder Oszillograph

Piezowerkstoffe

Die bekanntesten piezoelektrischen Kristalle sind Quarz und Turmalin, beide haben ausgezeichnete mechanische und piezoelektrische Eigenschaften, unterscheiden sich jedoch wesentlich im Preis. Der Piezomodul von Quarz ist nicht besonders groß, aber nur wenig temperaturabhängig, was als großer Vorzug zu werten ist. Der Temperatureinfluß hängt vom Schnittwinkel ab, unter dem der Meßquarz aus dem Rohkristall geschnitten wurde; er kann evtl. Null sein und läßt sich mit Sicherheit unter 0,03%/10° halten.

Der Elastizitätsmodul des Quarzes ist $E = 0{,}8 \cdot 10^6\ \mathrm{kg\,cm^{-2}}$, d. h., ein Quarzwürfel von 1 cm Kantenlänge wird durch eine Kraft von 1 kg auf eine der Seitenflächen um $1{,}25 \cdot 10^{-6}$ cm $= 0{,}0125\,\mu$, das ist rund $^1/_{100}\,\mu$, verkürzt. Das ist ein sehr kleiner Weg. Der Quarz bietet also die Möglichkeit, Kräfte bei sehr kleinen Wegen und somit bei sehr kleiner Leistung zu messen. Bei einer Druckbelastung von 1 kg entsteht auf den Schnittflächen des Quarzes eine Ladung von $0{,}02 \cdot 10^{-9}$ Coul.

Die Kapazität eines Plattenkondensators ist

$$C = \varepsilon \cdot F/a\,, \tag{176}$$

worin bedeuten:

F die Plattenfläche, a den Plattenabstand, ε die Dielelektrizitätskonstante.

Für Quarz ist $\varepsilon = 4{,}5$ und die Kapazität eines Quarzwürfels von 1 cm Kantenlänge ist

$$C = 4 \cdot 10^{-13} F\,. \tag{177}$$

Damit ergibt sich eine Piezospannung von 50 V. Die an der Meßeinrichtung verfügbare Spannung ist infolge der Kapazität der Einrichtung sehr viel niedriger; beispielsweise sinkt sie bei einer Kapazität der Meßeinrichtung von 100 pF auf 0,2 V. Durch Parallelschalten von fünf Quarzen käme man auf eine Spannung von 1 V.

Außer Quarz und Turmalin kommen als piezoelektrische Werkstoffe Phosphate, Titanate und Tartrate in Frage. Sie haben einen sehr viel höheren Piezomodul als Quarz, aber leider nicht die günstigen mechanischen und chemischen Eigenschaften des Quarzes. Der Temperaturkoeffizient ihres Piezomoduls ist erheblich größer als der des Quarzes, ihre mechanische Festigkeit ist wesentlich kleiner, und sie sind teilweise hygroskopisch und müssen durch Schutzüberzüge gegen Wasseraufnahme und Verwitterung geschützt werden. Der Piezoeffekt tritt bei diesen Salzen nur bei Biegung und Torsion auf und ist nicht im ganzen Bereich proportional der Beanspruchung.

Der älteste dieser Werkstoffe ist das unter dem Namen Rochellesalz bzw. Seignettesalz bekannte Kalium-Natrium-Tartrat $NaKC_4H_4O_6 \cdot 4\,H_2O$ mit einem Piezomodul

$$\delta = 100 \cdot 10^{-9}\ \mathrm{Coul/kg}\,.$$

Seignettesalz kann für Biegungs- und Torsionsbeanspruchungen in den Temperaturgrenzen von $-30° \ldots +50°$ verwendet werden, es zerfällt bei 55°. Da es hygroskopisch ist, muß es durch Lacküberzug gegen atmosphärische Einflüsse geschützt werden.

Weitere piezoelektrische Tartrate sind das Dikaliumtartrat $(K_2C_4H_4O_6)_2 \cdot H_2O$ und das von den Bell Laboratories entwickelte Äthylendiamintartrat $C_2H_4\,(NH_2)_2C_4H_6O_6$ mit der Handelsbezeichnung EDT.

Ebenfalls von den Bell Laboratories wurde das Ammoniumdihydrogenphosphat (ADP) $NH_4H_2PO_4$ entwickelt mit einem Piezomodul von $20 \cdot 10^{-9}$ Coul/kg. Es enthält kein Kristallwasser und schmilzt erst bei 190°. Ein weiteres piezoelektrisches Phosphat ist das Kaliumphosphat KH_2PO_4.

Schließlich ist als Piezowerkstoff das Bariumtitanat $BaTiO_3$ zu nennen mit dem Piezomodul $\delta = 0{,}33 \cdot 10^{-9}$ Coul/kg.

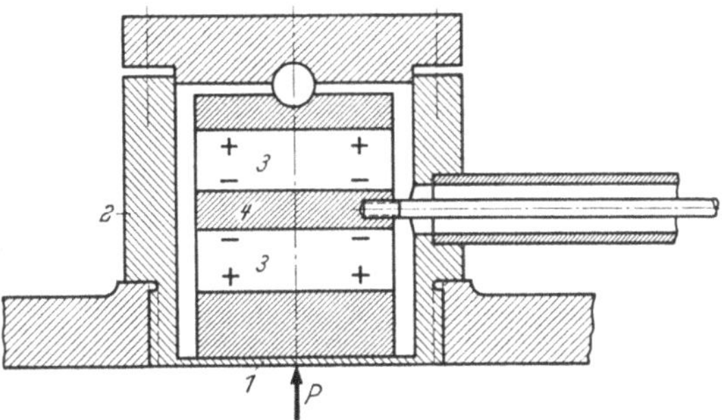

Abb. 57. Schnitt durch eine Quarzdruckmeßdose. [Aus FAHRENTHOLZ, KLUGE, LINCKH: Über neue Quarzdruckmeßkammern für das piezoelektrische Meßverfahren. Phys. Z. Bd. 38 (1937) S. 73 bis 78.] *1* Membran; — *2* Gehäuse; — *3* Piezokristall; — *4* Mittelelektrode; — *P* Meßdruck

Es wird in Platten von 0,08 . . . 0,5 mm Dicke bis zu 100 cm² Fläche hergestellt und ist nicht hygroskopisch.

Mit piezoelektrischen Geräten werden Kräfte und bei bekannter Masse bzw. bekanntem Trägheitsmoment Beschleunigungen gemessen, sie eignen sich infolge ihrer hohen Eigenfrequenz ganz besonders für rasch verlaufende Vorgänge, etwa den Verlauf von Explosionsdrükken. Abb. 57 zeigt eine piezoelektrische Druckmeßdose einfacher Bauart mit einem auf Druck beanspruchten Quarz, Abb. 58 einen Oberflächenrauhigkeitsprüfer mit einem auf Biegung beanspruchten Bariumtitanatplättchen. Das Gerät wird von Hand über die zu prüfende Oberfläche geführt, der dicke abgerundete Führungsstift *1* gleitet über die Buckel der Oberfläche, die Abtastspitze *2* rutscht in die Täler hinein, wodurch eine Relativbewegung zwischen dem Gehäuse und dem Taststift zustande kommt und auf dem Kristall Biegeladungen entstehen, die dem relativen Weg der Abtastspitze proportional sind. Abb. 59 ist eine Ansicht des Gerätes der Elektrospezial GmbH Hamburg.

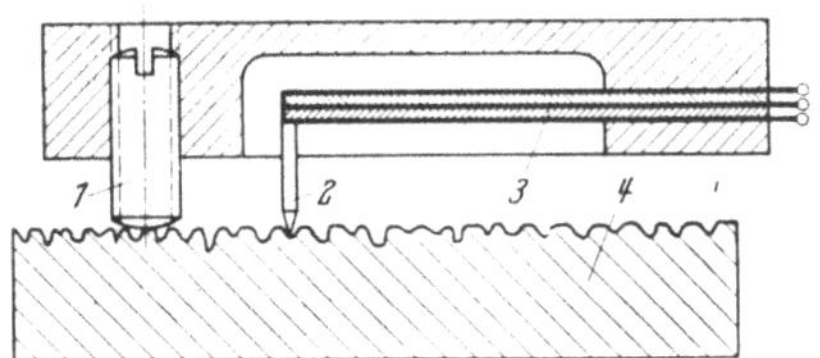

Abb. 58. Schnitt durch den Oberflächenrauhigkeitsprüfer von Elektro-Spezial GmbH. Hamburg. *1* Führungsstift; — *2* Taster mit Saphirspitze; — *3* Bariumtitanat-Plättchen; — *4* Prüfling

4. Strömungselektrizität

Eine der Erscheinungsformen der Elektroosmose ist die Erzeugung einer Potentialdifferenz durch Strömung einer Flüssigkeit innerhalb fester Wände; die entstehenden Ströme nennt man Strömungsströme oder Diaphragmaströme. Die Erscheinung läßt sich etwa so erklären: In jeder Grenzfläche eines Körpers, die an das Vakuum oder an ein anderes Medium grenzt, besteht ein starkes elektrisches Feld und in der Folge bildet sich eine elektrische Doppelschicht. Strömt eine Flüssigkeit durch einen Kanal, so werden die an die Kanalwand grenzenden Ladungen der Doppelschicht festgehalten, die polar entgegengesetzten Ladungen dagegen leicht abgestreift und von der strömenden Flüssigkeit fortgetragen. Preßt man die Flüssigkeit durch ein Diaphragma mit vielen parallel geschalteten Kanälen, so entsteht eine Potentialdifferenz zwischen den beiden Seiten des Diaphragmas. Diese Potentialdifferenz und die durch das Diaphragma gepreßte Flüssigkeitsmenge sind proportional dem hydrostatischen Druck. Ihre Größe hängt von der Art des Diaphragmas und der verwendeten Flüssigkeit ab. Bei Wasser und Quarzsand beträgt die Potentialdifferenz 6,9 V/kg cm^{-2}, bei Wasser und gebranntem Ton 0,4 V/kgcm^{-2}.

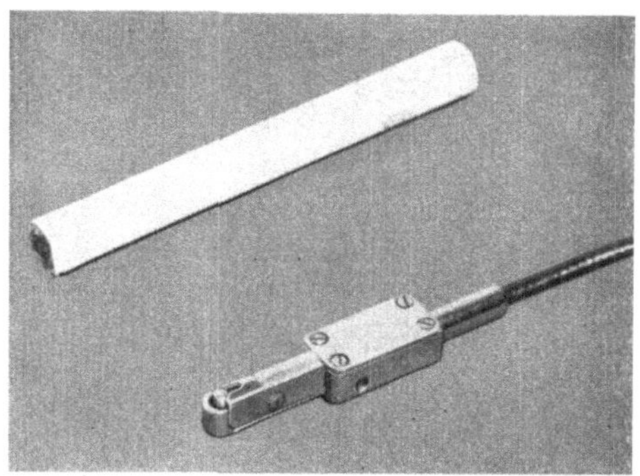
Abb. 59. Ansicht des Oberflächenrauhigkeitsprüfers von Philips. Eine Zigarette zum Größenvergleich

Es wäre denkbar, den Effekt zu einer Druckmessung oder Flüssigkeitsmengenmessung heranzuziehen, doch wurde bis jetzt keine praktische Anwendung bekannt.

Energieumformer zweiter Art werden von einer fremden Energiequelle gespeist, die Energieumwandlung wird von der zu messenden mechanischen Größe gesteuert.

5. Thermoelektrische Umformer [*20*]

Auch das Thermoelement ist ein Energieumformer, das Wärmeenergie in elektrische Energie umwandelt. Diese Umwandlung kann von der zu messenden mechanischen Größe gesteuert werden.

Erwärmt man die Verbindungsstelle zweier verschiedenen Metalle, so tritt zwischen den freien Enden der beiden Metalle eine Potentialdifferenz auf; sie hängt von der Art der beiden Metalle ab sowie von der Temperaturdifferenz zwischen der Verbindungsstelle und den freien Enden und wird in großem Umfang zur Temperaturmessung verwendet, wobei man die kalten Enden auf konstanter Temperatur hält. Auch zwischen elastisch beanspruchten und nicht beanspruchten Teilen desselben Materials entsteht eine Thermokraft; sie hängt ab von der Temperaturdifferenz zwischen der Stelle, an der beanspruchtes und nicht beanspruchtes Material aneinanderstoßen, und den kalten Enden sowie von der elastischen Beanspruchung des Materials. Man könnte also die Änderung der Thermokraft mit der Höhe der elastischen Beanspruchung des Materials benutzen, um Kräfte zu messen, und Abb. 60 zeigt eine mögliche Ausführungsform. Auf das Werkstück *1*, dessen elastische Wechselbeanspruchung gemessen werden soll, sind zwei Anschlußklötze *2* aus dem gleichen Material wie der Versuchskörper aufgelötet, von denen einer eine Heizwicklung *3* trägt. Wenn das Werkstück *1* elastisch beansprucht wird, treten zwischen dem beheizten und dem nichtbeheizten Anschlußklotz Thermospannungen auf, die sich mit der Beanspruchung ändern und über den Übertrager *4* und den Verstärker *5* auf den Oszillographen *6* gegeben werden. Ohne elastische Beanspruchung etwa vorhandene Störgleichspannungen werden durch den Übertrager abgeriegelt. Solche Störgleichspannungen könnten Kontaktpotentiale oder durch ungleichmäßiges Material des Werkstückes hervorgerufene Thermokräfte sein. Der thermoelastische Effekt ist sehr klein, nämlich $10^{-12} \ldots 10^{-11}$ V/kg cm^{-2}, und das Verfahren ist dementsprechend störanfällig; es eignet sich für sehr rasch wechselnde Beanspruchung in Fällen, in denen keine andere Meßmöglichkeit besteht und ist wohl ohne größere praktische Bedeutung.

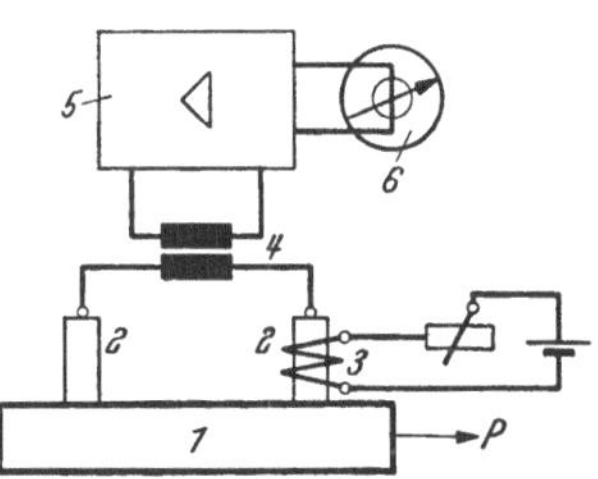

Abb. 60. Thermoelastisches Verfahren zum Messen von Kräften. *1* elastisch beanspruchtes Werkstück; — *2* aufgelöteter Anschlußklotz aus gleichem Material; — *3* Heizwicklung; — *4* Übertrager; — *5* Verstärker; — *6* Oszillograph; — *P* Kraftrichtung

6. Lichtelektrische Umformer [*14* ... *17*]

In den Photozellen und Photoelementen wird Lichtenergie in elektrische Energie umgewandelt, und es ist möglich, diese Umwandlung mechanisch zu steuern, indem man entweder die Größe der bestrahlten Fläche oder die Helligkeit verändert. Es sind zwei Arten von Photoelementen zu unterscheiden, nämlich Alkali- und Sperrschichtphotoelemente.

a) Alkaliphotozellen

In allen Metallen, insbesondere in Alkali- und Erdalkalimetallen sowie einigen Metalloxyden, lösen auftreffende Lichtwellen genügend hoher Frequenz Elektronen aus, deren Zahl der absorbierten Lichtmenge proportional ist. Ein kleiner Teil der frei gewordenen Elektronen, nämlich etwa 1%, tritt aus der Kathode aus. Bringt man eine Photokathode aus geeignetem Material, etwa Natrium, Kalium, Zäsium, Rubidium oder einer Mischung daraus, in dünner Schicht auf einer Silbergrundlage in einen evakuierten Glaskolben und legt zwischen Kathode und Anode eine Beschleunigungsspannung an, dann wandern die frei gewordenen Elektronen zur Anode und es kommt ein Photostrom zustande. Die Ausbeute beträgt etwa $1 \cdot 10^{-4}$ Coul/Cal und kann durch eine Edelgasfüllung aus Helium, Argon oder Neon von einigen Millimetern Quecksilberdruck durch Stoßionisation bis auf etwa 0,1 Coul/Cal gesteigert werden. Die Empfindlichkeit der Photoelemente ändert sich mit der

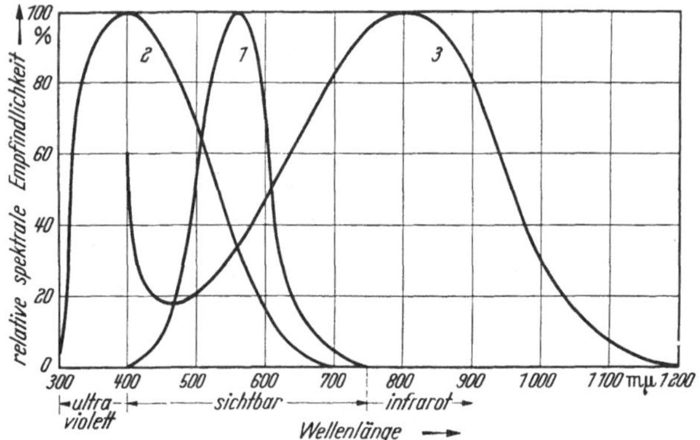

Abb. 61. Relative spektrale Empfindlichkeit von Photoelementen. (Aus AEG-Druckschrift: Photozellen für technische Zwecke.)
1 Menschenauge; — *2* Kaliumzelle; — *3* Zäsiumzelle

Wellenlänge des auftreffenden Lichts und weist ein oder mehrere Maxima auf (Abb. 61). Bei Bestrahlung mit Wechsellicht zeigen gasgefüllte Zellen eine gewisse Trägheit, die sich bei Frequenzen über 5 kHz in einer Empfindlichkeitsminderung bemerkbar macht. Die Kapazität der Photozellen liegt bei 1 . . . 5 pF.

α) Vakuumphotozellen. Im Vakuum wird die Lichtenergie streng proportional, trägheitsfrei und temperaturunabhängig in elektrische Energie ungewandelt. Sofern die Beschleunigungsspannung hoch genug über der Sättigungsspannung liegt, das ist der Wert der Saugspannung, bei dem alle frei gewordenen Elektronen die Anode erreichen, ist der Photozellenstrom unabhängig von den Schwankungen der Beschleunigungsspannung. Die Sättigungsspannung liegt bei etwa 40 V. Bei einer Beleuchtung mit 100 Lux und einer Beschleunigungsspannung von 100 V beträgt der Photostrom etwa 25 . . . 45 μA/lm und die zulässige Kathodenbelastung etwa 1 μA cm^{-2}. Die Vakuumzellen sind unempfindlicher, dafür aber wesentlich konstanter als gasgefüllte Zellen und haben eine längere Lebensdauer, nämlich mehrere tausend Stunden.

β) Gasgefüllte Zellen. Bei gasgefüllten Zellen können die primär aus der Kathode frei gewordenen Elektronen durch Stoßionisation weitere

Elektronen bilden, und zwar um so mehr, je höher die Beschleunigungsspannung ist; der Photostrom wächst also mit der Beschleunigungsspannung (Abb. 62). Die lichtelektrische Umwandlung ist jedoch nur in einem beschränkten Bereich der Lichtintensität und nur bei Beschleunigungsspannungen weit unterhalb der Glimmentladungs-Zündspannung, das heißt bis etwa 20 V, streng proportional der Lichtintensität und nicht völlig trägheitsfrei. Gasgefüllte Zellen sind etwa zehnmal so empfindlich wie Vakuumzellen, sie liefern Photoströme in der Größenordnung von 100 ... 200 μA/lm und eignen sich deshalb besonders für geringe Lichtintensität. Sie haben eine Lebensdauer von etwa 1000 h und können mit annähernd 0,5 μA cm^{-2} belastet werden.

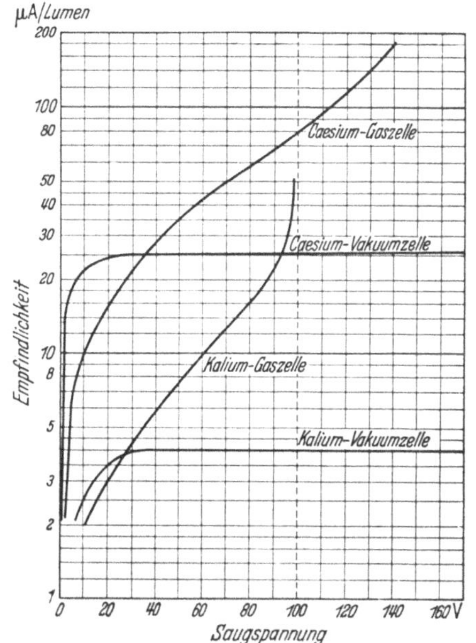

Abb. 62. Charakteristik verschiedener Photozellen. Der Lichtstrom bezieht sich auf eine Glühlampe mit 2400° Fadentemperatur. (Aus AEG-Techn. Photozellen. Arch. techn. Messen J 391—2.)

Ultraviolettzellen sind meist weniger empfindlich und werden deshalb vorzugsweise mit Gasfüllung ausgeführt; sie müssen Kolben aus Quarz oder ultraviolett-durchlässigem Glas erhalten.

Bis ins infrarote Gebiet verwendbar sind Zäsiumzellen mit Mischkathoden aus Ag–Cs_2O–Cs.

Der Photoeffekt kann durch Elektronenvervielfacher auf das rund 10^6-fache gesteigert werden, so daß man auch mit Vakuumzellen die Ausbeute gasgefüllter Zellen, jedoch ohne deren Nachteile, erreicht.

b) Sperrschichtphotoelemente

Sperrschichtphotoelemente arbeiten bei Atmosphärendruck und ohne Beschleunigungsspannung. Die Elektronen werden in einem Halbleiter ausgelöst und wandern durch die Sperrschicht in die aufgewachsene metallische Gegenelektrode. Als Sperrschichtphotoelemente kommen die Kupferoxydul- und die Selenzelle in Frage. Das Kupferoxydul-Element besteht aus einer dünnen auf Kupfer gewachsenen Oxydulschicht, beim Selenelement ist eine dünne Selenschicht auf eine Eisenplatte aufgeschmolzen und durch Wärmebehandlung lichtempfindlich gemacht. Die lichtdurchlässige Gegenelektrode aus Gold oder Platin wird durch

Kathodenzerstäubung aufgebracht. Sperrschichtphotoelemente arbeiten nicht völlig trägheitsfrei und haben einen erheblichen Temperaturkoeffizienten infolge der großen Temperaturabhängigkeit des Wider-

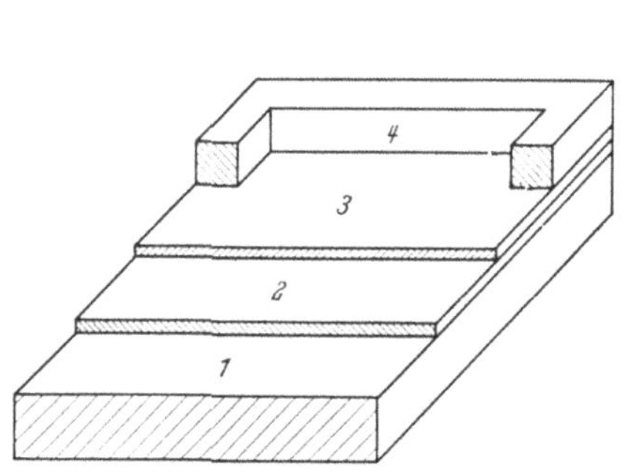

Abb. 63. Stufenweise geschnittenes Selenphotoelement. 1 Trägermetall; — 2 lichtempfindliche Selenschicht; — 3 lichtdurchlässige Gegenelektrode; — 4 Abnahmelektrode

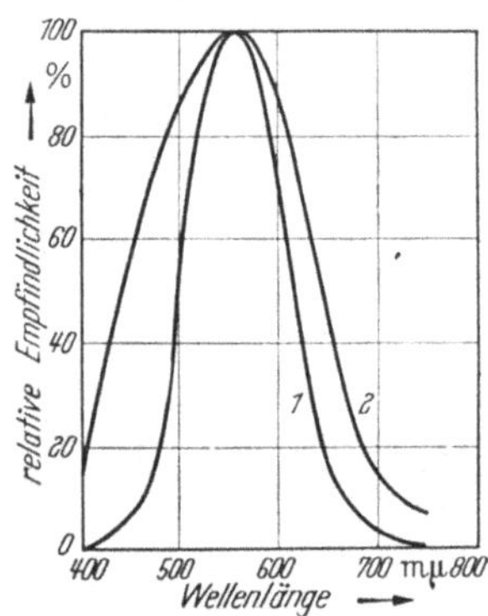

Abb. 64. Relative spektrale Empfindlichkeit des Menschenauges und einer Selenphotozelle der SAF. 1 Menschenauge; — 2 Photozelle

standes der Halbleiter. Die Kupferoxydul-Photozelle liefert einen Photostrom von etwa $1{,}5 \cdot 10^{-9}$ A/lm, die Selenzelle ist um eine Größenordnung empfindlicher.

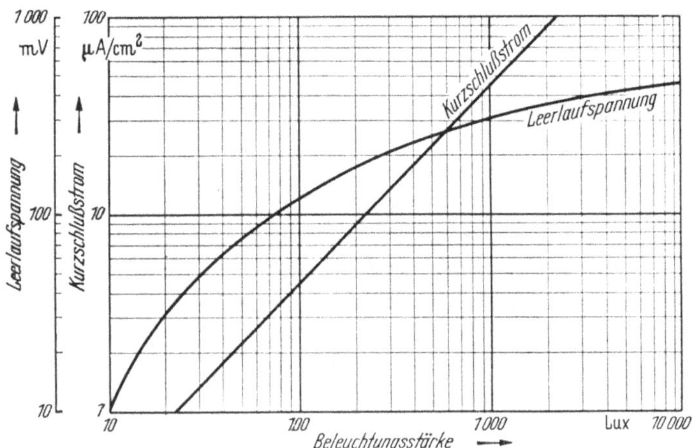

Abb. 65. Leerlaufspannung und Kurzschlußstrom eines Selenphotoelementes der SAF, abhängig von der Beleuchtungsstärke

Abb. 63 zeigt einen Querschnitt durch ein Selenphotoelement der Süddeutschen Apparatefabrik Nürnberg, Abb. 64 seine relative spektrale Empfindlichkeit im Vergleich mit dem Menschenauge und Abb. 65 Leerlaufspannung und Kurzschlußstrom abhängig von der Beleuchtungsstärke. Die Leerlaufspannung der Selenphotoelemente ist unabhängig von der Größe des Elementes. Der Photostrom beträgt $45 \cdot 10^{-9} \ldots 55 \cdot 10^{-9}$ A/lm, er ist proportional der Fläche des Elementes und im Kurzschlußfall auch proportional der Beleuchtungsstärke. Bei Belastung ist der Photostrom nur in einem beschränkten Bereich der Beleuchtungsstärke proportional.

Die Photoelemente stellen einen Kondensator dar, dessen Dielektrikum die Sperrschicht bildet, und haben eine Kapazität von etwa 0,04 μF/cm^2. Infolge dieser Kapazität, die dem Element parallel geschaltet erscheint, sinkt die Empfindlichkeit bei Beleuchtung mit Wechsellicht mit steigender Frequenz. Der Photostrom ist temperaturabhängig und wird mit steigender Temperatur kleiner, zwischen $-20°$ und $+40°$ ist der Temperaturkoeffizient annähernd Null. Als höchstzulässige Betriebstemperatur sind 50° anzusehen, weshalb das Element unter Umständen durch ein Wärmefilter geschützt werden muß. Die Lebensdauer der Photoelemente ist praktisch unbegrenzt.

Sperrschichtphotoelemente werden auch als Differentialelemente mit zwei voneinander getrennten lichtelektrischen Schichten hergestellt. Solche Elemente verwendet man, um kleine Verschiebungen einer Lichtmarke zu messen, ihr Photostrom ist Null bei gleichmäßiger Beleuchtung der Elementhälften.

c) Germaniumphotoelemente

In jüngster Zeit erschienen Germaniumphotoelemente auf dem Markt, die etwa hundertmal empfindlicher als Alkaliphotoelemente und bis zu Frequenzen von einigen 100 kHz trägheitsfrei sind. Der photoelektrische Effekt ist unabhängig von der Größe der beleuchteten Fläche und hat ein ausgesprochenes Empfindlichkeitsmaximum bei 1500 mμ, das ist weit im Infrarot.

7. Induktive Umformer [*18*]

Die Transformation elektrischer Energie im allgemeinen Induktionsapparat kann ebenfalls mechanisch gesteuert werden. Die in einer Wicklung induzierte Spannung kann man verändern, indem man entweder die Größe des Erregerfeldes, die Lage der Wicklung im Feld oder die Frequenz der Erregerspannung mechanisch steuert.

a) Induktiver Wechselstromumformer mit ruhenden Wicklungen

In der einfachsten Ausführung entspricht diese Einrichtung einem Wandler, dessen primäre oder sekundäre Größen von der mechanischen Größe gesteuert werden (Abb. 66). Außer von der Stellung des Abgriffes an dem induktiven Regler hängt die sekundäre Größe von der Primärgröße und der Frequenz ab, die für Meßzwecke konstant gehalten werden müssen. Im allgemeinen ist die Steuerung der Sekundärgrößen vorzuziehen, da die Eigenschaften des Wandlers von der Primär-Ampere-Windungszahl abhängen.

b) Induktiver Wechselstromumformer mit einer ruhenden und einer verstellbaren Wicklung

Die Geräte haben eine oder mehrere Erregerspulen, in deren Feld eine Induktionsspule von der mechanischen Größe verstellt wird. Die induzierte Spannung e ist abhängig vom Erregerstrom, der Frequenz

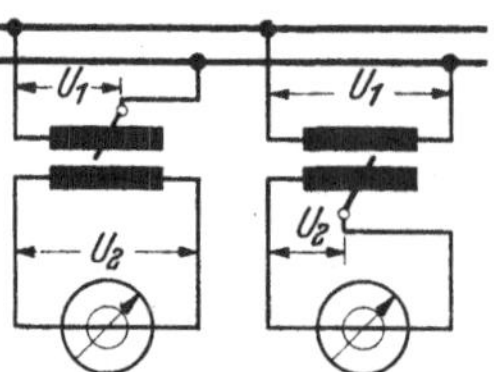

Abb. 66. Mechanische Steuerung eines induktiven Reglers durch Veränderung der primären oder sekundären Windungszahl.
U_1 Primärspannung; U_2 Sekundärspannung

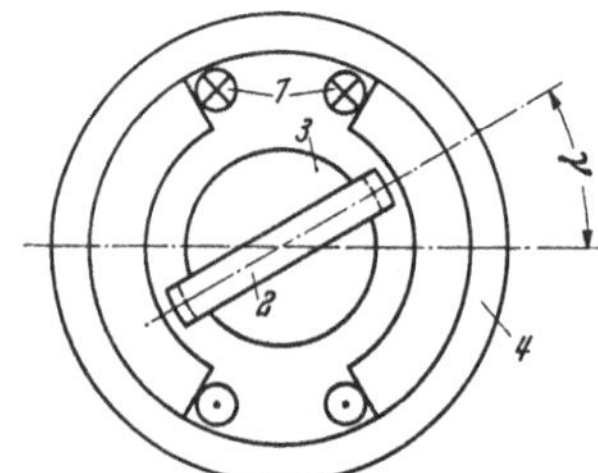

Abb. 67. Mechanische Steuerung eines induktiven Reglers durch Änderung der Lage einer Induktionsspule im Feld.
1 Erregerspule; — *2* Induktionsspule; — *3* Eisenkern; — *4* Eisenrückschluß

und der Lage der Induktionsspule im Feld. Nach Abb. 67 ist

$$e = -w \cdot \frac{d\Phi}{dt} \cdot \sin\gamma. \tag{178}$$

Anstatt in einem Wechselfeld kann sich die Induktionsspule natürlich auch in einem Drehfeld bewegen, dann wird bei symmetrischem Drehfeld die Amplitude der induzierten Spannung konstant und ihre Phasenlage abhängig von der Stellung der Induktionsspule.

Schließlich kann man die Einrichtung auch umkehren und die Induktionsspule festhalten, das Erregerfeld dagegen verschieben oder verdrehen.

II. Physikalische Zusammenhänge zwischen nichtelektrischen und elektrischen Größen

1. Allgemeines

Sehr viele physikalische Größen irgendwelcher Art sind gesetzmäßig mit elektrischen Größen verbunden, so daß man aus der einen auf die andere schließen kann.

Sollen solche Zusammenhänge meßtechnisch ausgenutzt werden, so müssen sie einfach, hinreichend markant und konstant sein und dürfen nicht durch Nebenerscheinungen überdeckt oder beeinflußt werden, sofern man die Einwirkung dieser Nebenerscheinungen nicht gesetzmäßig beherrscht.

Es sind verschiedene Arten von zusammenhängenden Größenpaaren zu betrachten:

a) Direkte Beziehungen zwischen der zu messenden mechanischen und einer elektrischen Größe, beispielsweise der Zusammenhang zwischen den Abmessungen und der Kapazität eines Kondensators.

b) Von der zu messenden mechanischen Größe gesteuerte Beziehungen zwischen irgendwelchen physikalischen Größen und einer elektrischen Größe; beispielsweise der Zusammenhang zwischen der Temperatur und dem Widerstand eines Leiters, wobei die Temperatur des Leiters von der zu messenden mechanischen Größe beeinflußt wird.

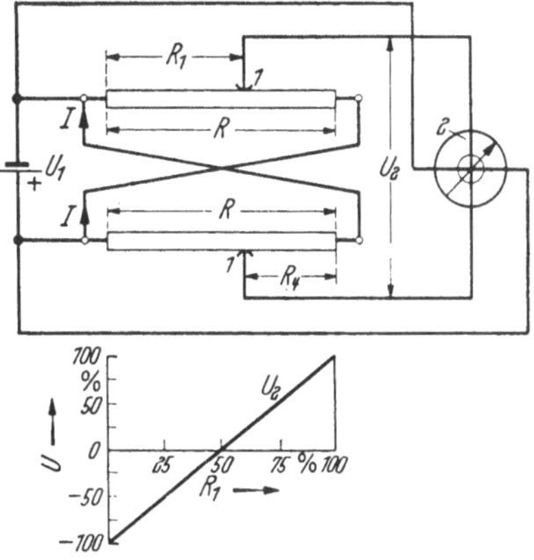

Abb. 68. Widerstandsender mit geradlinigem Abgriff.

U_1 Primärspannung; — U_2 abgegriffene Spannung; — R Gesamtwiderstand; — R_1, R_4 abgegriffene Widerstände; — 1 von der mechanischen Größe gemeinsam verstellte Abgriffe; — 2 Quotientenmesser; — $\gamma = f(U_2/U_1)$

Geräte, mit denen man auf solche Weise indirekt einen Zusammenhang zwischen mechanischen und elektrischen Größen herstellt, also einen elektrischen Kreis mechanisch steuert, nennt man Meßwertumformer, Meßwertgeber oder Meßwertsender.

2. Beeinflussung des Widerstandes eines Leiters [19]

a) Abmessungen und Widerstand eines Leiters [19]

Der Widerstand eines Leiters ist bei konstanter Temperatur gegeben durch die Beziehung

$$R = \varrho \cdot l/q, \tag{179}$$

worin ϱ der spezifische Widerstand des Leiters, l seine Länge und q sein Querschnitt ist. Unter sonst gleichen Umständen kann man demnach Länge oder Querschnitt eines Leiters aus einer Widerstandsmessung ermitteln; dabei kann es sich um feste, flüssige oder gasförmige Leiter handeln. Für die Widerstandsmessung wird man ein Verfahren anwenden, das möglichst frei von unerwünschten Einflüssen ist, beispielsweise unabhängig von Schwankungen der Meßspannung.

α) Feste Leiter. Wenn man die Wahl hat, wird man für den Leiter ein Material mit möglichst kleinem Temperaturkoeffizienten nehmen, damit der Effekt der Längenänderung nicht durch Temperaturschwankungen verfälscht wird. Die Länge eines festen Leiters kann man auf verschiedene Weise verändern.

$\alpha\alpha$) *Verschieben oder Verdrehen eines Abgriffs.* Geräte dieser Art sind Schiebe- oder Drehwiderstände.

Abb. 68 zeigt eine symmetrische Brückenschaltung für Längsbewegungen.

Die beiden von der mechanischen Größe gemeinsam verstellten Abgriffe nehmen an den Widerständen eine Spannung U_2 ab, die sich linear mit der abgegriffenen Länge ändert.

Es ist

$$U_2 = J \cdot (R_1 - R_4) \tag{180}$$

für $R_4 = 0$; $R_1 = R$ wird $U_2 = JR = U_1$,
für $R_1 = 0$; $R_4 = R$ wird $U_2 = -JR = -U_1$,
für $R_1 = R_4$ wird $U_2 = 0$.

Das Verhältnis der abgegriffenen Spannung U_2 zur Gesamtspannung U_1 ist ein Maß für die Stellung der Widerstandsabgriffe.

Die Drehwiderstände der Siemens & Halske AG. haben einen Winkelweg von 270°, eine Raupe aus Silber–Palladium-Draht und als Stromabnehmer eine Bronzebürste mit Platin–Iridium-Kontakt. Der Widerstand steigt auf $\pm 0{,}5\,‰$ genau linear mit dem Drehwinkel, das erforderliche Drehmoment ist 2 cmg und die Genauigkeit 1% bei einem Gesamtwiderstand von 100 Ω. Die Schaltung zeigt Abb. 69. Abb. 70 zeigt einen Doppelwiderstandsgeber der AEG. Jeder der beiden Widerstände hat 230 Ω und ist mit 2 W belastbar, der Temperaturkoeffizient des Widerstandsmaterials ist 0,13%/10°. Von einer Windung zur anderen ändert sich der Widerstand um 0,14%.

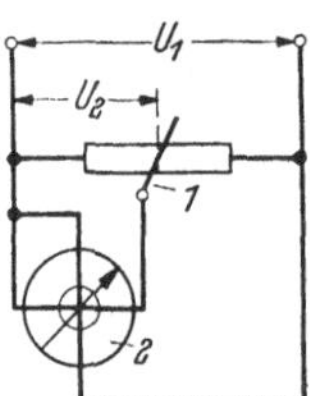

Abb. 69. Schaltung eines Drehwiderstandsenders. U_1 Primärspannung; — U_2 abgegriffene Spannung; — *1* von der mechanischen Größe gesteuerter Widerstandsabgriff; — *2* Quotientenmesser; — $\gamma = f(U_2/U_1)$

Abb. 70. Innenansicht eines Zweifach-Widerstandssenders. Ausführung AEG

Der Doppelgeber benötigt ein Verstelldrehmoment von 1 cmg, der Verstellweg ist 270° und das Gewicht der beweglichen Teile 7 g. Jeder Stromabnehmer besteht aus mehreren, verschieden langen Federn mit verschiedenen Eigenfrequenzen, wodurch erreicht werden soll, daß sich bei Erschütterungen nicht alle Federn gleichzeitig abheben. An Stelle eines festen Abgriffs kann man auch einen flüssigen Abgriff verwenden, indem man den Widerstand mehr oder weniger in eine leitfähige Flüssigkeit taucht. Solche Tauchwiderstände werden beispielsweise für die Fernübertragung von Flüssigkeitsständen oder nach Abb. 71 zur Kraftmessung verwendet. Eine sehr viel verwendete Ausführungsform sind Quecksilberringrohre nach Abb. 72, bei denen der Widerstandsdraht in einem zur Hälfte mit Quecksilber gefüllten Glasring ausgespannt ist.

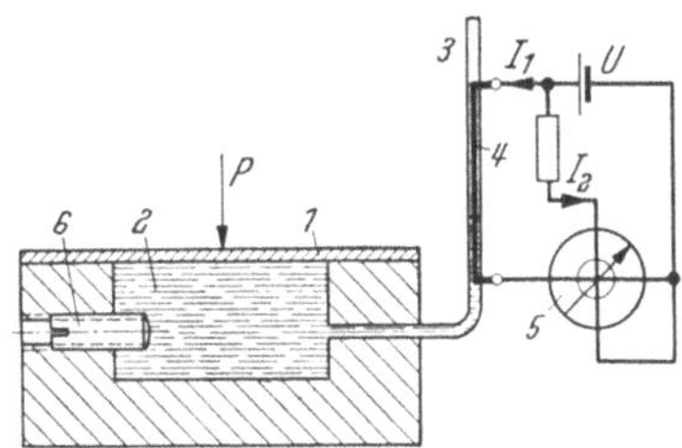

Abb. 71. Quecksilberdruckmeßdose.
1 Biegeplatte; — *2* Druckraum mit Quecksilberfüllung; — *3* Kapillare; — *4* Widerstandsdraht; — *5* Kreuzspulanzeigeinstrument; — *6* Nullstellungsschraube — $\gamma = f(J_1/J_2)$

Abb. 72. Quecksilberringrohr der Siemens & Halske-AG als Widerstandssender

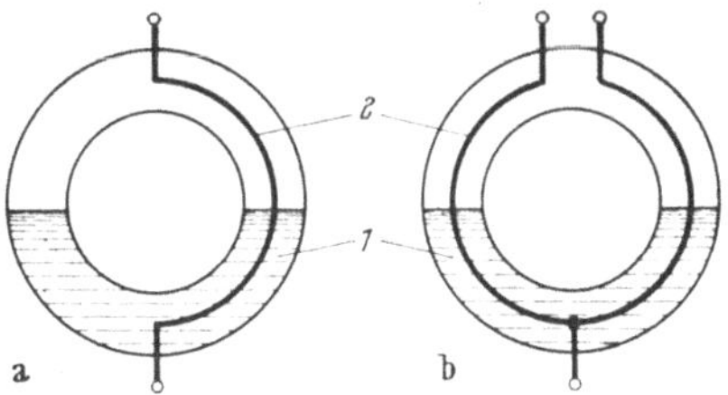

Abb. 73. Quecksilberringröhre.
a Einfachschaltung. — b Potentiometerschaltung.
1 Quecksilberfüllung; — *2* Widerstandsdraht

Als Widerstandsmaterial wird ein kalibrierter Platin-Iridium-Draht verwendet, er kann als Einfachwiderstand eine Hälfte des Ringrohrs oder in Potentiometerschaltung beide Hälften umfassen (Abb. 73). Die Ringrohre eignen sich für große Drehwinkel und bei aggressiver Atmosphäre, sie wiegen etwa 20 g und erfordern ein Drehmoment von einigen cmg. Der Temperatureinfluß ist etwa 0,5%/10°, der durch die Oberflächenspannung des Quecksilbers hervorgerufene Menikusfehler $\pm$ 1%, er läßt sich durch Zusätze zur Beseitigung der Oberflächenspannung weitgehend vermindern.

$\beta\beta$) *Dehnung eines Leiters* [21]. Bei hinreichend großen Kräften kann man die Länge eines Leiters durch Zugbeanspruchung verändern, wobei gleichzeitig eine Querkontraktion auftritt. Nach dem Gesetz von HOOKE ist die Längsdehnung

$$\varepsilon_l = \frac{\Delta l}{l_0} = \alpha \cdot \sigma = \frac{1}{E} \cdot \sigma, \tag{181}$$

worin bedeuten:

Δl die Längenänderung,
l_0 die Ausgangslänge,
α die Dehnungszahl,
E den Elastizitätsmodul,
σ die Zugbeanspruchung.

Das Verhältnis der gleichzeitigen Querkontraktion ε_q zur Längsdehnung ε_l ist die Poissonzahl $\mu = \varepsilon_q/\varepsilon_l$, sie liegt für Metalle zwischen 0,25 und 0,4.

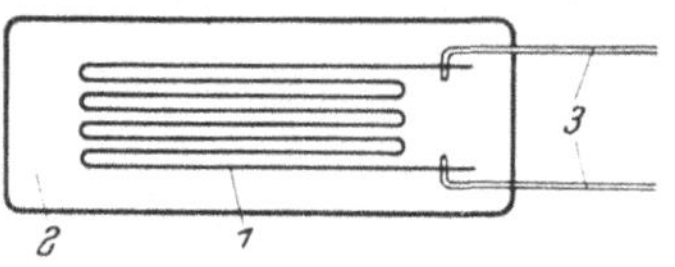

Abb. 74. Einfacher Dehnungsmeßstreifen für Kraftmessungen. Ausführung Philips. *1* Widerstandsdraht; — *2* Papierträger; — *3* Anschlüsse

Nach diesem Verfahren kann man aus einer Widerstandsmessung auf die Längenänderung und Querkontraktion eines Leiters und damit auf seine elastische Beanspruchung schließen. Es ist dabei nicht einmal erforderlich, den Widerstand des mechanisch beanspruchten Prüflings direkt zu messen, was bei großem Querschnitt und kleinem Widerstand schwierig wäre, vielmehr kann man auf den Prüfling in der Beanspruchungsrichtung einen im Verhältnis zum Prüfling dünnen Widerstandsdraht isoliert aufkleben, so daß er die Längsdehnungen des Prüflings mitmacht, und kann die Widerstandsänderungen des aufgeklebten Drahtes messen. Wenn die mechanische Festigkeit des Prüflings durch den aufgeklebten Meßdraht nicht verändert wurde und die Dehnung des Meßdrahtes der Dehnung des Prüflings proportional ist, kann man aus seiner Widerstandsänderung auf die mechanische Beanspruchung des Prüflings schließen. Solche Meßdrähte werden als Dehnungsmeßstreifen fabrikmäßig hergestellt; sie sind zur Vergrößerung des Widerstandes mäanderförmig auf einen isolierten Papierträger gewickelt und werden mit Araldit auf den Prüfling aufgeklebt (Abb. 74). Die Meßstreifen sollen möglichst hochohmig sein, um den Einfluß von Zuleitungs- und Übergangswiderständen klein zu halten. Das Verfahren hat sich außerordentlich gut eingebürgert und wird zum Messen von Zug-, Druck-, Biege- und Torsionskräften sowie von Beschleunigungen erfolgreich angewendet. Die Gründe für diese weite Verbreitung leuchten ein, der Dehnungsmeßstreifen ist hinreichend empfindlich und genau, verlangt nur eine einfache Widerstandsmeßeinrichtung, läßt sich bequem befestigen, ist so leicht, daß er die Eigenschaften des untersuchten Bauteils nicht verändert, und so billig, daß man ihn massenweise anwenden kann. Die Beziehung zwischen der relativen Längenänderung $\Delta l/l_0$ und der relativen Widerstandsänderung $\Delta R/R_0$ lautet

$$\frac{\Delta R}{R_0} = \frac{\Delta l}{l_0} \cdot (1 + 2\mu) = k \cdot \frac{\Delta l}{l_0} = k \cdot \frac{\sigma}{E}. \tag{182}$$

Darin ist:

l_0 Länge des unbeanspruchten Meßdrahtes,
R_0 Widerstand des unbeanspruchten Meßdrahtes,
μ Querzahl = Querkontraktion/Längsdehnung,
k Konstante,
σ spezifische Beanspruchung,
E Elastizitätsmodul.

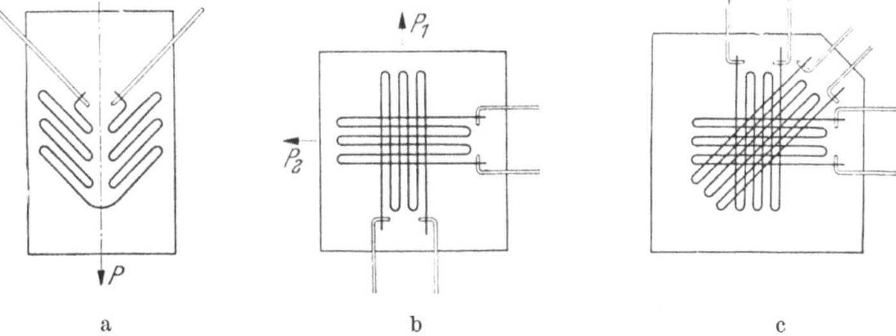

Abb. 75. Verschiedene Ausführungen von Dehnungsmeßstreifen.
a Dehnungsmeßstreifen für Zugbeanspruchung, unbeeinflußbar durch Querkräfte. — b Dehnungsmeßstreifen in Rosettenform für Beanspruchung in zwei aufeinander senkrechten Richtungen. — c Dehnungsmeßstreifen mit drei Meßelementen in Rosettenform. Ausführung Baldwin, Lima, Hamilton Corp. Philadelphia

Die Streifen haben einen zulässigen Dehnungsbereich $\varepsilon_l = \pm 3$ bis $\pm 5‰$, was bei Stahl einer Beanspruchung $\sigma = \pm 6300 \ldots \pm 10500$ kgcm^{-2} entspricht. Die Konstante k ist bei Konstantan 2 ... 2,1, bei Manganin 0,5, bei Nickelchrom 2,1 ... 2,3, bei Platiniridium 6. Die Anzeigefehler für die mechanische Beanspruchung eines Bauteils liegen bei 3 ... 5%.

Die Streifen führen bei einem Drahtdurchmesser von etwa 25 μ einen Meßstrom von etwa 10 mA, sind etwa 0,1 mm dick und können bis zu Temperaturen von 70°, in Spezialausführung sogar bis 200° verwendet werden. Die Meßfläche der Philips-Konstantan-Dehnungsmeßstreifen beträgt je nach der Ausführungsform $4 \times 3 \ldots 25 \times 6$ mm^2, das Gewicht liegt zwischen 100 ... 200 mg.

Außer den normalen Meßstreifen werden Spezialstreifen für Biege- und Torsionsspannungen und für Messungen an Betonbauwerken, sowie Druck- und Zugkraftdosen, Bodendruckaufnehmer und Beschleunigungsmesser hergestellt (Abb. 75).

Temperatur- und Feuchtigkeitseinfluß. Selbstverständlich wählt man für die Meßstreifen ein Widerstandsmaterial, das möglichst unabhängig von Temperaturänderungen ist; das heißt, der Temperaturkoeffizient der Dehnung soll für den Meßstreifen und den Prüfling gleich groß sein, damit sich der Meßstreifen bei Temperaturschwankungen nicht wirft oder abplatzt, und der Temperaturkoeffizient des elektrischen Widerstandes soll möglichst klein sein. Die Fa. Philips verwendet Konstantandraht mit einem Temperaturkoeffizienten des elektrischen Widerstandes von 0,03%/10°.

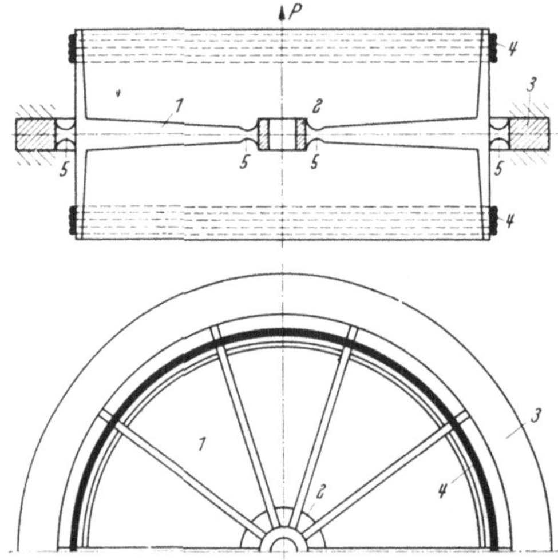

Abb. 76. Widerstandsgeber für Druck- und Zugkräfte. Ausführung E. Brosa, Freiburg, Breisgau.
1 geschlitzter Drehkörper; — *2* Nabe des Drehkörpers; — *3* Einspannung; — *4* Ringwicklung aus Widerstandsdraht; — *5* elastisches Gelenk; — *P* Kraftrichtung

Den Temperatureinfluß kann man auch durch die Schaltung kompensieren, indem man in einer Brückenschaltung zwei Meßstreifen in benachbarte Brückenzweige legt und den einen mechanisch beansprucht, während der andere nicht beansprucht wird.

Bei länger dauernden Messungen sind die Streifen gegen Feuchtigkeit durch Wachsüberzug oder eine Gummihülle zu schützen.

Abb. 77. Ansicht des Widerstandsgebers der Fa. E. Brosa, Freiburg, Breisgau

Eine originelle Form des elastisch beanspruchten Widerstandsenders stellt E. Brosa, Freiburg, her. Der Geber (Abb. 76) besteht aus einem radial mehrfach geschlitzten Drehkörper *1* aus Stahl mit zwei ringförmigen Widerstandswicklungen *4*. Wird der Sender an dem Flansch *3* eingespannt und die Nabe in axialer Richtung belastet, dann spreizen sich die Sektoren des Drehkörpers auf der einen Seite der Einspannung auseinander, auf der anderen rücken sie zusammen und die mit Vorspannung aufgebrachten Widerstandswicklungen vergrößern oder verringern ihren Widerstand, die Widerstandsänderung wird in einer Wheatstonebrücke gemessen. Abb. 77 zeigt die Ausführung des Widerstandsgebers.

$\gamma\gamma$) *Schaltungen.* Für statische Messungen wird man zweckmäßig eine Brückenschaltung nach Abb. 78 anwenden. Der Dehnungsmeßstreifen *1* ist mechanisch beansprucht, der Meßstreifen *2* ist mechanisch nicht beansprucht und dient nur der Temperaturkompensation. Mit dem Potentiometer *4* zwischen R_3 und R_4 wird die Brücke auf Null abgeglichen. Man kann entweder mit einem Nullverfahren arbeiten und die erforderliche Verstellung am Widerstand R_4 als Maß für die elastische Beanspruchung des Meßstreifens *1* nehmen oder man kann nach der Ausschlagmethode arbeiten, dann muß das Anzeigeinstrument *3* ein spannungsunabhängiger Quotientenmesser sein. Die Brücke muß sorgfältig aufgebaut werden, um Fehlanzeigen durch Kontaktpotentiale und Thermospannungen auszuschließen. Bei dynamischer Beanspruchung schaltet man nach

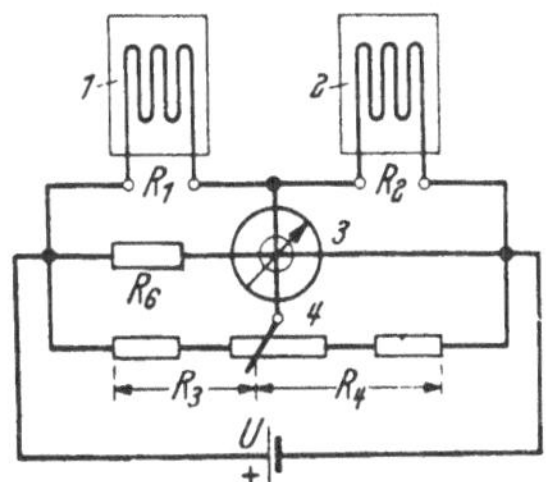

Abb. 78. Dehnungsmeßstreifen in Brückenschaltung zum Messen statischer Belastungen.
1 aktiver Meßstreifen; — *2* inaktiver Temperaturkompensationsstreifen; — *3* Kreuzspulanzeigeinstrument; — *4* Potentiometer für Nullabgleich; — R_3, R_4 feste Brückenwiderstände

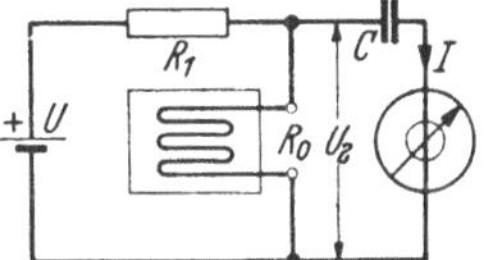

Abb. 79. Schaltung eines Dehnungsmeßstreifens bei dynamischer Belastung.
R_0 Dehnungsmeßstreifen; — R_1 Vorwiderstand; — C Kapazität; — U Meßspannung; — U_2 Spannungsabfall am Meßstreifen; — I Instrumentenstrom

Abb. 79 zwischen den Dehnungsmeßstreifen nnd das Anzeigeinstrument als differenzierendes Glied einen Kondensator, der den Gleichstrom abriegelt, also die statische Grundlast, sowie Thermo- und Kontaktpotentiale ausscheidet. In der Schaltung nach Abb. 79 ist:

$$J_2 = C \cdot \frac{\Delta U_2}{\Delta t}, \qquad (183) \qquad\qquad U_2 = \frac{U R_0}{R_1 + R_0}, \qquad (184)$$

$$U_2 + \Delta U_2 = U \cdot \frac{R_0 + \Delta R_0}{R_1 + R_0 + \Delta R_0}, \qquad (185)$$

$$\Delta U_2 = U \left(\frac{R_0 + \Delta R_0}{R_1 + R_0 + \Delta R_0} - \frac{R_0}{R_1 + R_0} \right), \qquad (186)$$

$$\Delta U_2 = U \cdot \frac{R_1}{(R_1 + R_0)^2} \cdot \Delta R_0, \qquad (187)$$

$$\Delta U_2 = U \cdot \frac{R_1}{(R_1 + R_0)^2} \cdot k \cdot \Delta l = k_1 \cdot \Delta \sigma \qquad (188)$$

und

$$J = C \cdot \frac{\Delta U_2}{\Delta t} = k_2 \cdot \frac{\Delta \sigma}{\Delta t}. \qquad (189)$$

Die Anzeige des Instrumentes ist also proportional der Änderungsgeschwindigkeit der mechanischen Beanspruchung; an die Stelle des Anzeigeinstrumentes kann natürlich auch ein Kathodenoszillograph treten, der die Spannungsänderung ΔU_2 aufschreibt. Für statische und dynamische Belastungen arbeitet man vorzugsweise mit einem Trägerfrequenzverfahren, bei dem die Widerstandsmeßbrücke mit Tonfrequenz von einigen hundert bis zu einigen tausend Hertz gespeist wird. Die

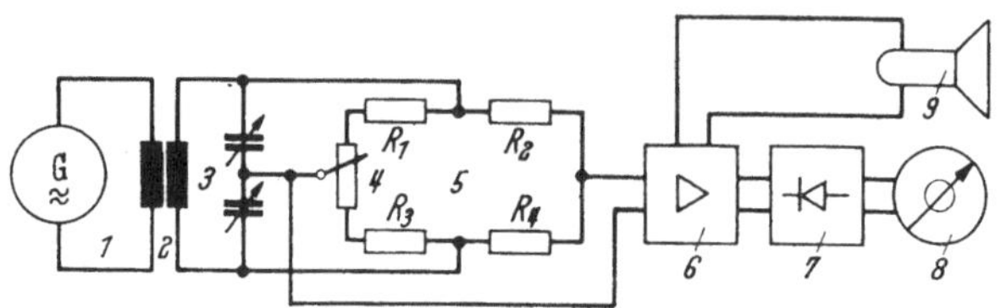

Abb. 80. Trägerfrequenzmeßbrücke mit Dehnungsmeßstreifen.
1 Tonfrequenzgenerator; — *2* Übertrager; — *3* Nullabgleich der Phasenlage; — *4* Nullabgleich der Amplitude; — *5* Meßbrücke mit Dehnungsmeßstreifen; — *6* Verstärker; — *7* Gleichrichter; — *8* Anzeigeinstrument; — *9* Kathodenoszillograph; — R_1, R_4 aktiver Meßstreifen; — R_2, R_3 inaktiver Meßstreifen zur Temperaturkompensation

Trägerfrequenz muß mindestens viermal so hoch sein wie die höchste Frequenz der Belastungsschwankungen, die noch einwandfrei erfaßt werden sollen. Abb. 80 zeigt die Prinzipschaltung einer Trägerfrequenzmeßbrücke.

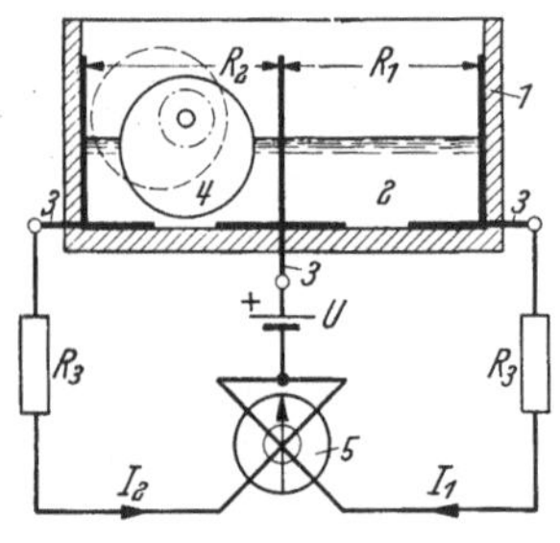

Abb. 81. Elektrolytischer Widerstandsgeber mit veränderbarem Querschnitt.
1 Elektrolyttrog; — *2* Elektrolyt; — *3* Elektrode; — *4* mechanisch gesteuerter Verdrängungskörper; — *5* Quotientenmesser; — *U* Meßspannung; — R_1, R_2 Elektrolytwiderstände; — R_3 Festwiderstände

An die Brücke kann entweder ein Kathodenoszillograph oder über einen Gleichrichter ein Anzeigeinstrument angeschlossen werden.

β) **Flüssige Leiter.** Elektrolytwiderstände können ebenso wie Festwiderstände durch Änderung des Querschnittes oder der Länge der Strombahn mechanisch gesteuert werden. Der Widerstandstemperaturkoeffizient aller Elektrolyte ist negativ und sehr groß, nämlich $-2\%/1°$, weshalb man elektrolytische Widerstandsgeber mit einem entsprechenden Vorwiderstand mit positivem Temperaturkoeffizienten, mit einem sehr großen temperaturunabhängigen Vorwiderstand oder in Quotientenschaltung betreiben muß.

αα) *Veränderbarer Querschnitt.* Abb. 81 zeigt einen elektrolytischen Widerstandsender mit veränderbarem Elektrolytquerschnitt. Das Anzeigeinstrument zeigt das Verhältnis der Ströme

$$\gamma = \frac{J_1}{J_2} = \frac{R_2 + R_3 \pm \Delta R_2}{R_1 + R_3} \tag{190}$$

für $R_1 = R_2 = R_3 = R$

$$\gamma = \frac{2\,R \pm \Delta R}{2\,R}. \tag{191}$$

ββ) *Veränderbarer Elektrodenabstand.* In Abb. 82 ist ein elektrolytischer Widerstandsgeber mit veränderbarem Elektrodenabstand dargestellt. Der Quotientenmesser zeigt einen Ausschlag

$$\gamma = \frac{J_1}{J_2} = \frac{R_1 + R_3 + \Delta R_1}{R_1 + R_3 - \Delta R_1} \quad (192)$$

für $R_1 = R_3 = R$, und $\Delta R \ll R$ wird

$$\gamma = \frac{R + \Delta R}{R}. \quad (193)$$

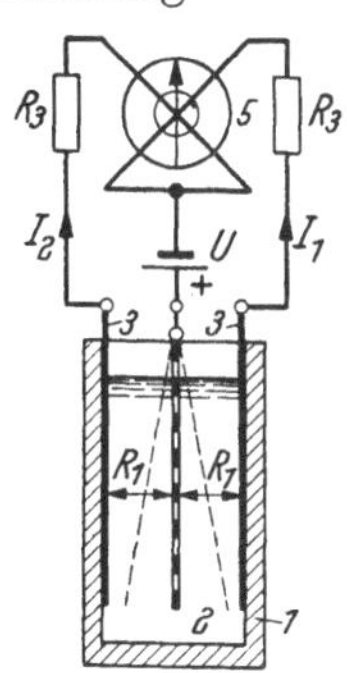

Abb. 82. Elektrolytischer Widerstandsgeber mit veränderbarem Elektrodenabstand.

1 Elektrolyttrog; — *2* Elektrolyt; — *3* Elektrode; — *5* Quotientenmesser; — *U* Meßspannung

γ) Gasförmige Leiter [*19*]. Auch der Widerstand einer Elektronenstrecke ist abhängig von ihren Abmessungen und läßt sich mechanisch steuern. Abb. 83 zeigt als Beispiel eine Doppeldiode, deren beide Anoden fest miteinander verbunden, gegenüber der Kathode jedoch beweglich angeordnet sind, so daß sich der Weg von der Kathode zu der einen Anode verringert, wenn er sich zur anderen vergrößert. In der Ruhelage verteilt sich der Strom gleichmäßig auf beide Anoden, und die aus den beiden Gasstrecken und den äußeren Widerständen *4* und *5* gebildete Brücke ist im Gleichgewicht. Mit der Verschiebung des Pimpels *1* ändert sich die Stromverteilung auf die beiden Anoden, und der vom Instrument *9* angezeigte Diagonalstrom der Brücke ist ein Maß für die Anodenverschiebung. Für kleine Bewegungen ist der Diagonalstrom proportional dem Anodenweg. Die Einrichtung eignet sich zum Messen kleiner Wege und liefert einige mA je mm Anodenweg. Die Eigenfrequenz des beweglichen Röhrenteils liegt bei einigen hundert Hertz.

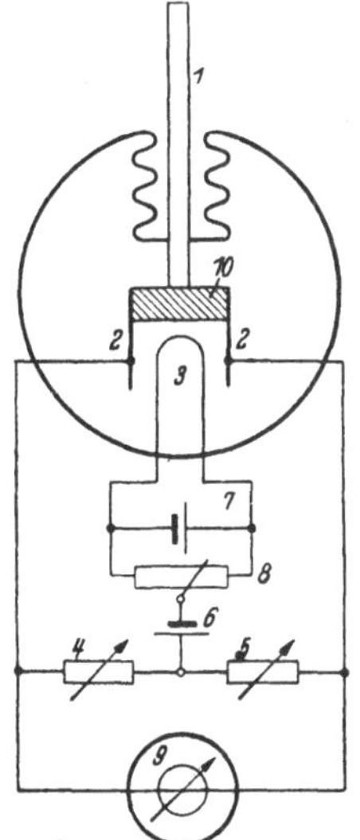

Abb. 83. Röhrenmikrometer mit veränderbarem Abstand zwischen Anode und Kathode. [Aus GUNN: A conveniant electrical micrometer and its use in mechanical measurement. J. appl. mech. Bd. 7, H. 2 (1940) S. 49 bis 52.]

1 beweglicher Pimpel; — *2* verstellbare Anode; — *3* Kathode; — *4*, *5* Brückenwiderstände; — *6* Anodenbatterie; — *7* Heizbatterie; — *8* Potentiometer; — *9* Anzeigeinstrument; — *10* Isolierung der beiden Anoden gegeneinander

δ) Meßschaltungen. Die Widerstandsender können nach einer Null- oder nach einer Ausschlagmethode geschaltet werden; bei den Ausschlagverfahren verwendet man zweckmäßig Quotientenmesser als Anzeigeinstrumente, um von Schwankungen der Versorgungsspannung unabhängig zu werden. In allen Schaltungen kann der zu messende Widerstand entweder parallel oder in Reihe zum Anzeigeinstrument liegen, d. h., es kann entweder die Stromaufnahme des Widerstandes oder der Spannungsabfall am Widerstand gemessen werden, bei Spannungsmessung steigt der Instrumentenausschlag mit dem Widerstand, bei Strommessung verläuft die Widerstandsskala invers. Die gebräuchlichen Schaltungen sind in Abb. 30 wiedergegeben.

b) Temperatur und Widerstand eines Leiters [22]

Der Widerstand R_t eines metallischen Leiters von der Temperatur t errechnet sich zu:

$$R_t = \varrho \frac{l}{q} [1 + \alpha (t - t_0)] = R_0 [1 + \alpha (t - t_0)]. \qquad (194)$$

Darin ist:

ϱ der spezifische Widerstand des Leiters bei der Temperatur t_0,
l die Leiterlänge,
q der Leiterquerschnitt,
α der Temperaturkoeffizient des spezifischen Widerstandes ϱ,
t_0 die Bezugstemperatur,
R_0 der Widerstand des Leiters bei der Bezugstemperatur t_0.

Der spezifische Widerstand und sein Temperaturkoeffizient sind Werkstoffkonstanten, die Abmessungen des Leiters können bestimmt werden und man kann somit aus der Messung des Widerstandes auf die Temperatur schließen und diese wiederum von einer mechanischen Größe steuern.

Der Temperaturkoeffizient ist bei einigen Metallen recht groß und man erhält bereits bei kleinen Temperaturänderungen gut meßbare Änderungen des Widerstandes, wie die folgende Tabelle für einige Leiterwerkstoffe zeigt.

Werkstoff	Spezifischer Widerstand $\Omega \cdot$ cm	Temperaturkoeffizient α	Widerstandsänderung %/10°
Silber	0,0165	0,004	4,0
Kupfer	0,0175	0,0039	3,9
Gold	0,023	0,004	4,0
Aluminium	0,029	0,0041	4,1
Nickel	0,09	0,0055	5,5
Platin	0,10	0,00392	3,9

Aluminium, Kupfer, Silber, Gold und Platin ändern also ihren Widerstand um rund $\pm 4\%/10°$.

Die Leitertemperatur kann auf mancherlei Art mechanisch gesteuert werden.

Die bekannteste Ausführung eines mechanisch-thermisch gesteuerten Widerstandsenders ist das Düsenbolometer. Es besteht aus Nickeldrahtwendeln, die zwei Zweige einer Wheatstonebrücke bilden, deren beide andere Zweige aus Widerständen mit kleinem Temperaturkoeffizienten bestehen. Die Nickeldrahtwendeln liegen über den Düsen eines Gebläses und werden im Ruhezustand gleichmäßig gekühlt. Zwischen den Wendeln und den Gebläsedüsen sitzt ein Glimmerblättchen an einem in Blattfedern gelagerten Gestänge und schneidet bei einer geringen Bewegung des Gestänges den einen oder den anderen Luftstrom ab, wodurch die zugehörige Wendel nicht mehr gekühlt wird und sich stärker erhitzt. Das Brückeninstrument zeigt die entsprechende Widerstandsänderung an. Durch die Lage und Form des Glimmerblättchens kann man den Verlauf der Widerstandsänderung abhängig vom Weg der Abdeckfahne beeinflussen. Den Kühlluftstrom erzeugt man durch ein kleines Membrangebläse, das unmittelbar unter den Bolometerdüsen liegt und zweckmäßig von derselben Spannung wie die Meßbrücke gespeist wird. Die Temperatur der gekühlten Nickelwendeln wird etwa zu 200°, die der ungekühlten zu etwa 400° gewählt, ihre thermische Trägheit verzögert die Anzeige gegenüber der Bewegung der Abdeckfahne um 0,2 . . . 0,5 sek. Das Bolometer vermag eine Leistung von rund 100 mW abzugeben, womit man beispielsweise ein tintenschreibendes Registriergerät aussteuern und die Bewegung der Abdeckfahne im Verhältnis von etwa 1 : 3000 vergrößert darstellen kann.

Zweckmäßig betreibt man das Gebläse und die Meßbrücke über Konstanthalter und Gleichrichter aus dem Wechselstromnetz, da sowohl die Brücke wie das Gebläse spannungsabhängig sind. Die Welligkeit der gleichgerichteten Spannung genügt, um das Membrangebläse zu betreiben. Frequenzänderungen um $\pm$ 10% beeinflussen die Anzeige nicht merkbar. Das Bolometer wird bereits durch Bewegungen der Abdeckfahne von 30 . . . 50 μ voll ausgesteuert und kann noch Bewegungen von 1 μ anzeigen; es eignet sich als elektrisches Mikrometer zum Messen sehr kleiner Wege bei geringer Verstellkraft oder als Kraftmesser für sehr kleine Kräfte; infolge der thermischen Trägheit der Wendeln ist es auf langsam verlaufende Vorgänge beschränkt.

Bei einer anderen Ausführungsform des bolometrischen Widerstandsenders steht der beheizte Bolometerdraht in natürlichem Wärmeaustausch mit seiner Umgebung ohne künstliche Belüftung, und die Temperaturänderung wird durch eine Änderung des Wärmeaustauschvermögens herbeigeführt. Zu diesem Zweck ordnet man in geringem Abstand parallel zum Bolometerdraht eine Metallschneide mit guter Wärmeleitfähigkeit an. Die Temperatur des Bolometerbändchens ändert sich stark mit dem Abstand von dieser Schneide, die ihrerseits mechanisch verstellt werden kann. Das Widerstandsbändchen besteht aus Platin, ist 20 mm lang und 50 $\times$ 5 μ dick. Die Kühlschneide steht ihm in etwa 1 mm Abstand gegenüber, Abstandsänderungen um 0,1 mm führen bereits zu gut meßbaren Widerstandsänderungen. Für kleine Verschiebungswege verläuft die Skala linear. Die Einrichtung eignet sich zum Messen kleiner Wege und kleiner Kräfte.

Ähnlich arbeitet das Hitzdrahtmikrometer der Cambridge Instrument Co., das vier geheizte Drahtspiralen hat, von denen zwei unveränderlich angeordnet sind, während am äußersten Gang der beiden anderen die mechanische Kraft angreift und sie um einen geringen Betrag auf- bzw. zudreht (Abb. 84). Die Abkühlung einer solchen Spirale hängt sehr stark vom Gangabstand ab und man erhält auf diese Weise ebenfalls ein sehr empfindliches Instrument zum Messen kleiner Wege oder Kräfte.

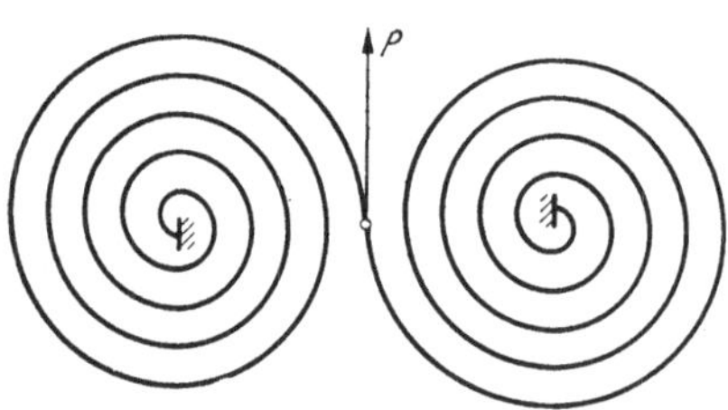

Abb. 84. Anordnung eines Hitzdrahtmikrometers mit einer aufgehenden und einer zugehenden beheizten Spirale (Cambridge Instrument Co.). P Kraftrichtung

Die Wärmeleitfähigkeit stark verdünnter Gase hängt außer von der absoluten Temperatur vom Gasdruck ab, worauf die elektrischen Widerstandsvakuummesser beruhen. Sie bestehen aus einem beheizten Draht mit großem Temperaturkoeffizienten, der in dem verdünnten Gas untergebracht ist, und man mißt entweder die Widerstandsänderung mit dem Gasdruck oder die zur Aufrechterhaltung konstanten Widerstandes erforderliche Heizleistung.

Zum Vergleich dient ein zweiter im gleichen Gas jedoch von konstantem Druck untergebrachter Widerstandsdraht.

c) Elastischer Spannungszustand und spezifischer Widerstand [*23*]

Der Widerstand metallischer Leiter ändert sich bei elastischer Beanspruchung einmal infolge der mit der elastischen Beanspruchung verbundenen Formänderungen, zum anderen durch Änderung des spezifischen Widerstandes infolge innerer Strukturänderungen. Beide Erscheinungen wirken in der gleichen Richtung.

Abb. 85. Druckmesser nach dem Widerstandsverfahren von NERNST.

Bei einseitiger Beanspruchung wird die gesamte prozentuale Widerstandsänderung

$$\frac{\Delta R}{R} = \frac{\Delta \varrho}{\varrho} + \frac{\Delta l}{l} - \frac{\Delta q}{q}, \tag{195}$$

worin bedeuten:

R	den Widerstand,	l	die Länge und
ϱ	den spezifischen Widerstand,	q	den Querschnitt des Leiters.

Die Änderung des spezifischen Widerstandes mit der elastischen Beanspruchung ist sehr klein, sie beträgt beispielsweise bei Manganin $0{,}0002\%/\mathrm{kg\,cm^{-2}}$; gleichwohl wurden Geräte nach diesem Verfahren hergestellt, so der in Abb. 85 wiedergegebene Druckmesser von NERNST und ein Beschleunigungsmesser von GERLOFF.

d) Härte und spezifischer Widerstand [*24*]

Ebenso wie eine elastische Beanspruchung beeinflußt auch der Härtezustand eines Leiters die Struktur und damit die spezifische Leitfähigkeit, man kann demnach bei bekannter Legierung aus dem spezifischen Widerstand auf den Härtezustand schließen. Der spezifische Widerstand läßt sich auf verschiedenen Wegen ermitteln, beispielsweise durch die Entnahme von Probestäben genau definierter Abmessungen oder durch eine Widerstandsmessung, wenn die Abmessungen des Prüflings genau bekannt sind. Für eine laufende Überwachung eignen sich am besten die Verfahren, bei denen der Prüfling weder zerstört noch fest eingespannt werden muß und bei denen die Abmessungen des Prüflings das Ergebnis nicht wesentlich beeinflussen. Als zerstörungsfreie Verfahren für Massenprüfungen kommen in erster Linie die Wirbelstromverfahren in Frage.

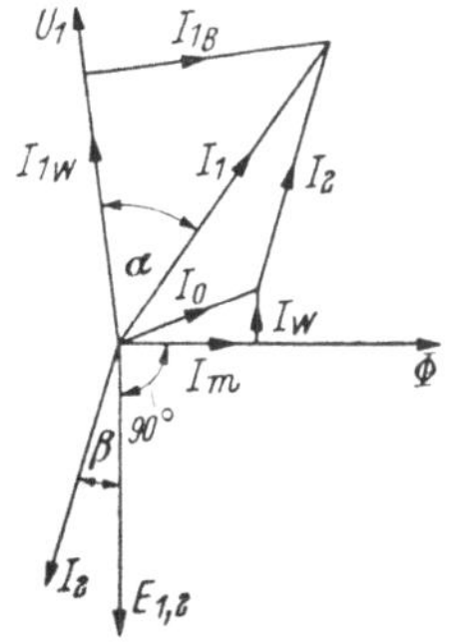

Abb. 86. Diagramm des Wirbelstromverfahrens.

U_1 Spannung an der Erregerspule; — J_1 Strom in der Erregerwicklung; — J_{1W} Wirkanteil des Erregerstromes; — J_{1B} Blindanteil des Erregerstromes; — J_2 induzierter Wirbelstrom; — J_0 Leerlaufstrom; — J_m Magnetisierungsstrom; — J_w Verlustanteil des Leerlaufstromes; — Φ resultierender Fluß; — $E_{1,2}$ vom resultierenden Fluß induzierte Spannung; — α Phasenwinkel des Primärstromes; — β Phasenwinkel des Wirbelstromes

α) Wirbelstromverfahren mit Tastspule. Wenn man durch eine Wechselstrom-Erregerspule in einem Leiter ein magnetisches Wechselfeld erzeugt, werden in dem Leiter Wirbelströme induziert, deren Größe und Richtung vom Wirk- und Blindwiderstand der Strombahnen abhängen.

Der Wirkwiderstand der Wirbelstrombahnen ist bestimmt durch die spezifische Leitfähigkeit des Leitermaterials, der Blindwiderstand durch seine Permeabilität, die beiden Widerstände stehen aufeinander senkrecht. Die Wirbelströme erzeugen nun ebenfalls ein Magnetfeld, das sich dem Erregerfeld überlagert, und das resultierende Feld induziert in der Erregerspule eine Gegen-EMK. Die Wirbelströme wirken also auf die Erregerspule zurück und man kann aus der Änderung der Stromaufnahme der Erregerspule nach Amplitude und Phase beim Aufsetzen auf einen Leiter auf Größe und Phasenlage der Wirbelströme schließen; bei Werkstoffen mit der Permeabilität 1 also auch auf die Größe des spezifischen Widerstandes. In Abb. 86 sind die Verhältnisse in großen

Zügen erläutert. Die Magnetisierungsspule liegt an der Spannung U_1 und nimmt den Strom J_1 auf. Der Strom J_1 erzeugt einen Magnetfluß Φ, der den Prüfling durchsetzt und in ihm elektromotorische Kräfte $E_{1,2}$ induziert, die ihrerseits die Wirbelströme J_2 hervorrufen, die gegenüber der Spannung $E_{1,2}$ um den $\sphericalangle\, \beta$ phasenverschoben sind. Diese Ströme wirken genau so, als ob die Magnetisierungsspule eine zweite Wicklung trüge, die vom Strom J_2 durchflossen wird. Der primäre Strom J_1 kann nun in die beiden Komponenten J_0 und $-J_2$ zerlegt werden:

$$J_1 = J_0 - J_2.$$

$-J_2$ ist ebenso groß wie die Wirbelströme J_2, jedoch ihnen gegenüber um 180° verdreht, J_0 ist der für die Magnetisierung und Verlustdeckung der Erregerspule erforderliche Leerlaufstrom. Ändert sich der Wirk- oder Blindleitwert des Prüflings, so ändern sich auch Amplitude und Phasenlage der Wirbelströme und damit Größe und Richtung des Primärerregerstromes, was gleichbedeutend mit einer Scheinwiderstandsänderung der Erregerspule ist. Man kann entweder den Gesamtstrom J_1 oder seine in der Spannungsrichtung und senkrecht zur Spannungsrichtung liegenden Komponenten J_{1W} und J_{1B} messen. Aus der Größe der Scheinwiderstandsänderung kann man auf die Leitfähigkeit des Prüflings schließen.

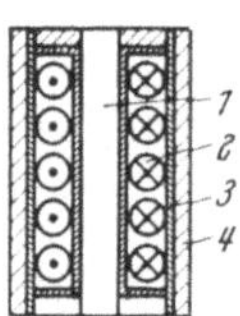

Abb. 87. Tastspule für das Wirbelstromverfahren nach FÖRSTER.
1 Eisenkern; — *2* Erregerwicklung; — *3* magnetischer Rückschluß; — *4* Schutzröhre

Das Verfahren ist für unmagnetische Werkstoffe bestimmt, es kann jedoch mit gewissen Einschränkungen auch auf Werkstoffe angewendet werden, deren Permeabilität größer als 1 ist. Bei kleiner Frequenz ist die Größe der Wirbelströme in erster Linie durch die Leitfähigkeit, bei großer Frequenz in erster Linie durch die Induktivität der Wirbelstrombahnen bestimmt.

Zur Ausübung des Verfahrens setzt man eine mit Ton- oder Hochfrequenz erregte Magnetisierungsspule, etwa in der Form eines Topfmagnets, nach Abb. 87 auf die Prüflinge auf und vergleicht ihre Stromaufnahme mit der einer Vergleichsspule. Die Abmessungen der Magnetisierungsspule müssen so klein gehalten werden, daß die Größe des Prüflings das Ergebnis nicht beeinflußt. Abb. 88 zeigt ein Blockschaltbild des Geräts.

Vom Hochfrequenzsender *1* werden zwei Resonanzkreise gespeist, von denen der eine die Magnetisierungsspule *4* und den festen Resonanzkondensator *5*, der andere die Vergleichsspule *8*, einen Abstimmkondensator *6* und einen Regelwiderstand *7* enthält. Der Scheinwiderstand der Magnetisierungsspule *4* ändert sich mit der Größe der Wirbelströme im Prüfling, auf den die Magnetisierungsspule aufgesetzt wird, der Scheinwiderstand der Vergleichsspule *8* kann mit dem Regelwiderstand *7* und dem Regelkondensator *6* ebenso groß gemacht werden. Die Spannungen an den beiden Kondensatoren werden gegeneinander geschaltet, in einem Differentialverstärker *9* verstärkt und von dem Anzeigeinstrument *10* angezeigt. Aus der Stellung der Abgleichglieder beim Instrumentenausschlag Null kann man auf den Scheinwiderstand der Magnetisierungsspule und damit auf die spezifische Leitfähigkeit bzw. die Permeabilität der überwachten Probe schließen. Das Gerät wird mit Testkörpern bekannter spezifischer Leitfähigkeit und Permeabilität geeicht.

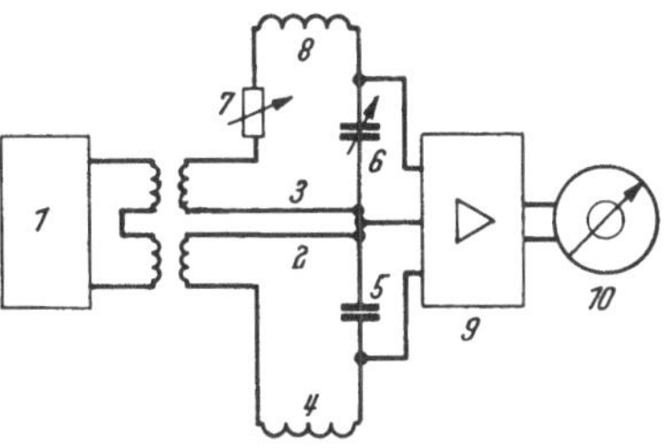

Abb. 88. Schaltung des Wirbelstromprüfgerätes mit Tastspule nach **FÖRSTER**.
1 Hochfrequenzsender; — *2*, *3* Resonanzkreise; — *4* Tastspule; — *5* Resonanzkondensator; — *6* Abstimmkondensator; — *7* Abstimmwiderstand; — *8* Vergleichsspule; — *9* Differentialverstärker; — *10* Anzeigeinstrument

Bei Absolutmessungen ist für jeden Prüfling auf Nullausschlag des Anzeigeinstrumentes abzugleichen, bei Relativmessungen kann man bei unveränderten Abgleichgliedern aus dem Instrumentenausschlag auf die Abweichung der Prüflinge von einem Normal schließen.

Die erreichbare Genauigkeit bei der Permeabilität 1 beträgt $\pm 0,2$ bis 0,3% der Leitfähigkeit, die Meßbereiche können weitgehend variiert werden, so daß man sowohl Halbleiter wie auch sehr gute Leiter mit dem Gerät prüfen kann.

Selbstverständlich ist das Gerät spannungs- und frequenzabhängig und muß deshalb von einer stabilisierten Energiequelle betrieben werden. Die spezifische Leitfähigkeit der Metalle ist stark temperaturabhängig, und man muß bei der Messung entweder die Raumtemperatur beachten oder den Vergleichskörper bekannter Leitfähigkeit bei eben derselben Temperatur messen, worauf man ohne Umrechnung den auf Normaltemperatur bezogenen spezifischen Leitwert ablesen kann. Da das Gerät mit Normalien bekannter Leitfähigkeit und glatter Oberfläche geeicht wird, muß auch der Prüfling eine glatte und saubere Oberfläche haben; Schmutzschichten und Oxydschichten beeinflussen das Meßergebnis ebenso wie eine rauhe Oberfläche; auch Oberflächenkrümmungen machen sich bemerkbar.

Das Wirbelstromverfahren eignet sich zunächst zur Bestimmung der spezifischen Leitfähigkeit von Werkstoffen, woraus auf die Legierung oder auf die Härte geschlossen werden kann. Der Absolutwert der Leitfähigkeit läßt sich nur bei unmagnetischen Werkstoffen bestimmen, weil die Permeabilität das Meßergebnis ebenfalls beeinflußt, für Relativmessungen kann man das Wirbelstromverfahren aber auch bei magnetischen Werkstoffen anwenden.

Da die Ausbildung der Wirbelströme durch Materialrisse und Lunker ebenfalls beeinflußt wird, kann man mit dem Gerät auch Fehler suchen. Die Eindringtiefe der Wirbelströme ist gegeben durch die Frequenz des Erregerfeldes, die Größe der Erregerspule und die Leitfähigkeit des Prüflings. Oberhalb einer gewissen Materialstärke spielt deshalb die Dicke keine Rolle mehr, unterhalb einer gewissen Dicke ist sie jedoch von großem Einfluß und man kann deshalb bei dünnen Schichten unter sonst gleichen Verhältnissen aus der Anzeige des Geräts auf die Materialdicke schließen.

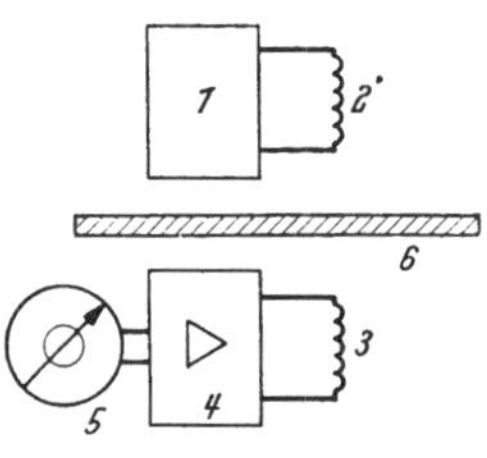

Abb. 89. Schaltung des Wirbelstromprüfgeräts mit Erreger- und Induktionsspule. *1* Hochfrequenzsender; — *2* Erregerspule; — *3* Empfangsspule; — *4* Verstärker; — *5* Anzeigeinstrument; — *6* Prüfling

β) **Wirbelstromverfahren mit Durchlaufspulen.** Anstatt auf den Prüfling eine Erregerspule aufzusetzen, kann man ihn auch in eine Erregerspule hineinstecken, die Wirkung der in dem Prüfling induzierten Wirbelströme auf den Scheinwiderstand der Erregerspule ist dieselbe wie bei dem Tastspulenverfahren, da aber nun die Wirbelströme sich nicht nur in einem begrenzten Bezirk, sondern in dem ganzen Prüfling ausbilden, beeinflussen seine Abmessungen das Meßergebnis. In der Durchführung des Verfahrens verwendet man eine Brückenschaltung mit zwei Erregerspulen, von denen die eine mit einem Normal, die andere mit den Prüflingen beschickt wird; aus dem Ausschlag des Brückeninstruments kann man auf eine der drei Größen: Legierung, Abmessungen, Härtezustand schließen, wenn die beiden anderen bekannt sind.

Durchläuft der Prüfling in Gestalt eines Rohres oder Bandes die beiden Erregerspulen, dann ist gewissermaßen der in der einen Spule befindliche Prüflingsabschnitt das Normal und wird mit dem in der anderen Spule befindlichen Abschnitt verglichen, man stellt also Ungleichmäßigkeiten oder Fehler innerhalb des Prüflings fest.

γ) **Wirbelstromverfahren mit Erreger- und Induktionsspule.** Ordnet man in einem gewissen Abstand von einer hochfrequenzgespeisten Erregerspule *2* in Abb. 89 eine Empfangsspule *3* an, dann wird in der Empfangsspule eine EMK E_{20} induziert, die vom Abstand der beiden Spulen, von der Erregerfeldstärke und der Frequenz abhängt. Bringt man nun zwischen die beiden Spulen einen Leiter, so werden in dem Leiter Wirbelströme induziert, deren Feld dem erregenden Magnetfeld entgegenwirkt, in der Empfangsspule *3* wird nunmehr eine kleinere EMK E_2 induziert. Die Änderung der induzierten EMK ist gegeben durch die Schirmwirkung des eingebrachten Leiters, also durch seine Dicke, seine Permeabilität und seine spezifische Leitfähigkeit.

Die Schirmwirkung bzw. ihr reziproker Wert, der Durchgriff des Feldes, kann nun in einen durch den Wirkwiderstand des Leiters bedingten Teil und einen senkrecht dazu stehenden durch die Permeabilität des Leiters bedingten Teil aufgespalten werden. Je größer die Meßfrequenz ist, desto stärker tritt der durch die Permeabilität bedingte Blindwiderstand in Erscheinung, und man erhält je nach der Wahl der Frequenz ein Verfahren, das in erster Linie auf den spezifischen Leitwert oder in erster Linie auf die Permeabilität des Schirmleiters anspricht. Die in der Sekundärspule induzierte Spannung läßt sich nach Größe und Richtung ausmessen und mit der Spannung vergleichen, die mit einem Normal bekannter Dicke, Leitfähigkeit und Permeabilität induziert wird. Die Geräte werden in verschiedenen Ausführungsformen angewendet, als Härtemesser für die Sortierung gehärteter Teile oder Bleche, zur Messung von Blechdicken und zur Bestimmung von Auftragsdicken.

e) Druck und Übergangswiderstand [25]

Der Gesamtwiderstand einer Säule aufeinandergeschichteter Kohleplättchen ergibt sich aus der Summe der Widerstände der einzelnen Plättchen R_i und der Summe der Übergangswiderstände R_a zu

$$R = R_i + R_a .$$

Die Übergangswiderstände hängen von dem Druck ab, mit dem die Kohlesäule zusammengepreßt wird, und das Produkt der Übergangswiderstände und des Druckes ist konstant

$$R_a \cdot P = K; \tag{196}$$

das heißt, der Zusammenhang zwischen Druck und Übergangswiderstand ist durch eine Hyperbel gegeben. Für den Gesamtwiderstand der Kohlesäule kann man demnach schreiben

$$R = R_i + \frac{K}{P} . \tag{197}$$

Als Halbleiterwerkstoff kommen fast ausschließlich künstlich hergestellte Kohletabletten in Frage, deren Temperaturkoeffizient bis zu etwa 50° sehr klein ist und die zwischen steigendem und fallendem Druck keine wesentliche Hystereseerscheinung ergeben. Insgesamt kann man die Widerstandsdruckkurve auf 1 ... 3% genau reproduzieren. Nach RUMPFF erreicht man die Temperaturkompensation durch die Konstruktion, indem man die Vorspannung der Kohlesäulen mit der Temperatur wachsen läßt. Die Widerstandsänderung beträgt beim Meßbereichendwert etwa 25%, sie wird in einer der üblichen Brücken- oder Vergleichsschaltungen gemessen. Die Leistung der Kohledruckdosen reicht für den Anschluß eines Schalttafelinstruments oder einer Oszillographenschleife aus, nur zum Betrieb von Tintenschreibern oder eines Kathodenoszillographen sind Verstärker erforderlich. Das Verfahren eignet sich für Kraft-, Beschleunigungs- und Längenmeßgeräte bei größeren verfügbaren Kräften und kleinen Wegen.

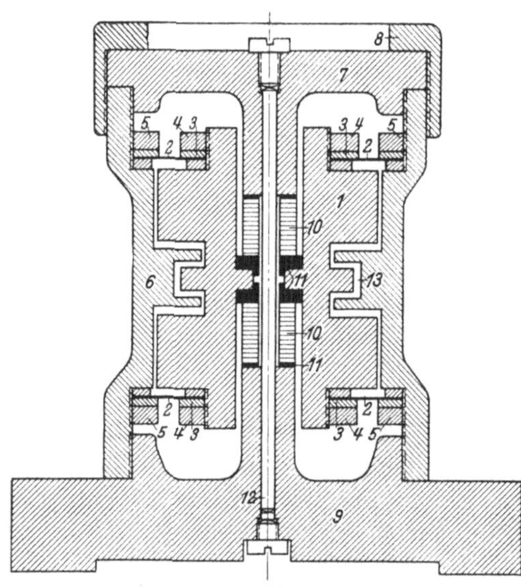

Abb. 90. Schnitt durch einen Kohledruckbeschleunigungsmesser. Hersteller Siemens & Halske-AG.
1 Schwingkörper; — *2* Membran; — *3* Membranhaltering; — *4* Ringmutter zur Befestigung der Membran am Schwingkörper; — *5* Ringmutter zur Befestigung der Membran am Gehäuse; — *6* Gehäuse; — *7* Gehäusedeckel; — *8* Überwurfmutter; — *9* Gehäuseboden; — *10* Kohlesäule; — *11* Isolierstück; — *12* Führungsstift; — *13* Ölfüllung

Im allgemeinen ordnet man nach Abb. 90 zu beiden Seiten des Kraftangriffspunktes zwei Kohlesäulen an, die beide mechanisch vorgespannt sind und von denen die eine durch die zu messende Kraft belastet, die andere entlastet wird. Die Kohledruckgeber haben eine hohe Eigenfrequenz und können statisch geeicht werden, sie zeigen Alterungserscheinungen und müssen deshalb von Zeit zu Zeit nachgeeicht werden, vor der Eichung kann man sie durch Wechselbelastung mit dem Mehrfachen des Meßbereichendwertes künstlich altern. Da die Längenänderungen der Kohlesäule sehr klein sind, müssen Temperaturdehnungen der Trägerteile besonders sorgfältig kompensiert werden.

f) Belichtung und Widerstand eines Leiters

Der spezifische Widerstand einer bestimmten Modifikation des Selens ändert sich mit der Belichtung, die ihrerseits durch eine Blende oder einen Graukeil mechanisch gesteuert werden kann. Auf diese Weise erhält man einen lichtgesteuerten Widerstandsender. Die Selenwiderstände bestehen aus einer dünnen Selenschicht auf einer Isolierstoffplatte, auf die von zwei Seiten her kammartig ineinandergreifende Elektroden aufgespritzt sind, wodurch man einen großen Leiterquerschnitt bei geringer Länge erhält (Abb. 91).

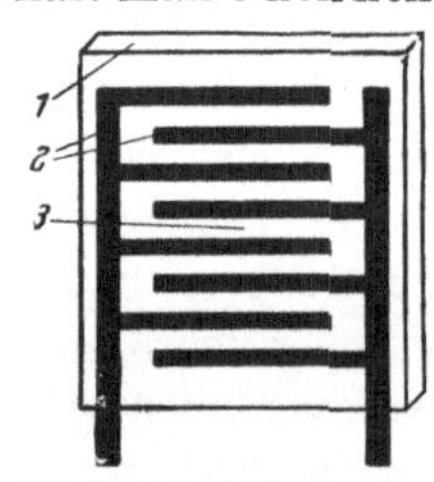

Abb. 91. Selenwiderstand.
1 Isolierstoffplatte; — *2* Elektrode; — *3* Selenschicht

Für den Leitwert G eines Selenwiderstandes gilt

$$G = A \cdot E^X; \tag{198}$$

darin ist E die Beleuchtungsstärke, A und X sind Konstanten des Widerstandes.

Die maximale Empfindlichkeit der Selenzellen liegt bei Lichtwellenlängen von 0,7 μ, die obere Grenze bei Wellenlängen von 0,8 ... 1 μ.

Bei handelsüblichen Zellen mit Dunkelwiderständen von 0,1 ... 100 MΩ verringert sich der Widerstand durch Beleuchtung mit 100 Lux auf etwa 5% des Dunkelwiderstandes.

Bedauerlicherweise haben die Selenzellen eine Reihe unangenehmer Eigenschaften. Selen hat einen sehr großen negativen Temperaturkoeffizienten und sein Widerstand nimmt mit steigender Temperatur annähernd logarithmisch ab.

Der Widerstand der Zellen ist spannungsabhängig und die prozentuale Widerstandsänderung $\Delta R/R_0$ wird mit steigender Spannung kleiner.

Die Zellen weisen ferner eine erhebliche Trägheit auf und ihr Widerstand ist abhängig von der Vorgeschichte.

Diese Eigenschaften schränken das Anwendungsgebiet der lichtgesteuerten Selenwiderstände erheblich ein.

3. Steuerung der Kapazität eines Kondensators [*26*]

a) Abmessungen und Kapazität

Die Kapazität eines Kondensators ist gegeben durch die Beziehung

$$C = \varepsilon \cdot F/a, \tag{199}$$

worin bedeuten (Abb. 92):

F die Fläche,
a den Abstand der Elektroden und
ε die Dielektrizitätskonstante des Zwischenmediums.

Es bestehen demnach eindeutige Beziehungen zwischen den Abmessungen und der Kapazität, die sich direkt oder indirekt meßtechnisch auswerten lassen.

Die Kapazität kann auf dreierlei Weise mechanisch gesteuert werden, nämlich durch Verändern der Elektrodengröße, des Elektrodenabstandes oder des Dielektrikums.

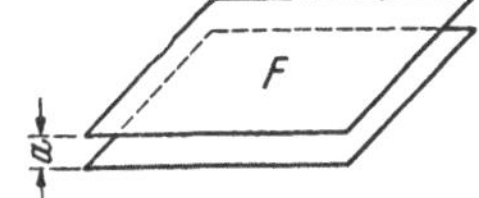

Abb. 92. Plattenkondensator. F Elektrodenoberfläche; — a Plattenabstand

α) Veränderbare Elektrodenfläche. Kapazitive Sender mit veränderbarer Elektrodengröße sind Drehkondensatoren in ihren verschiedenen Ausführungsformen, sie werden zweckmäßig so gestaltet, daß gleichen Winkelwegen gleiche prozentuale Kapazitätsänderungen entsprechen. Die Kapazitätsänderung ist proportional der Änderung der Plattenfläche $\frac{\Delta C}{C} = \frac{\Delta F}{F}$. Kapazität und Verstellkräfte können von einigen Picofarad und mgcm bis zu einigen μF und gcm variieren, je nachdem man den kapazitiven Sender wie ein Quadrantenelektrometer mit einer Platte und Fadenaufhängung oder wie einen Abgleich-Drehkondensator mit vielen parallelen Platten und robuster Lagerung aufbaut. Die Geräte können zum Messen von Drehbewegungen und Torsionskräften herangezogen werden.

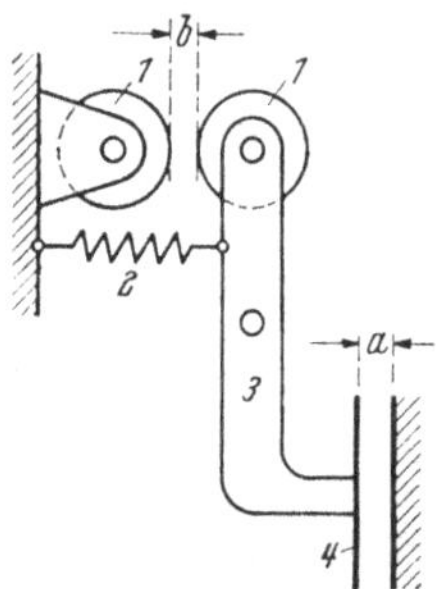

Abb. 93. Kapazitiver Längenmesser.
1 Tastrolle; — 2 Spannfeder; — 3 Hebelübersetzung; — 4 Meßkapazität

β) Veränderbarer Elektrodenabstand. Kapazitive Sender mit veränderbarem Elektrodenabstand können als Platten- oder Zylinderkondensatoren ausgeführt werden. Bei der einfachen Zweielektrodenanordnung ist

$$\frac{\Delta C}{C} = -\frac{\Delta a}{a + \Delta a} \tag{200}$$

und für $\Delta a \ll a$

$$\frac{\Delta C}{C} = -\frac{\Delta a}{a}. \tag{201}$$

Abb. 93 zeigt einen Zweiplattenkondensator als elektrisches Mikrometer zum Messen kleiner Wege bei geringer Kraft, Abb. 94 einen Zylinderkondensator als Stauchdruckdose zum Messen großer Kräfte bei kleinen Wegen; man erkennt bereits aus diesen beiden Skizzen die Wandlungs-

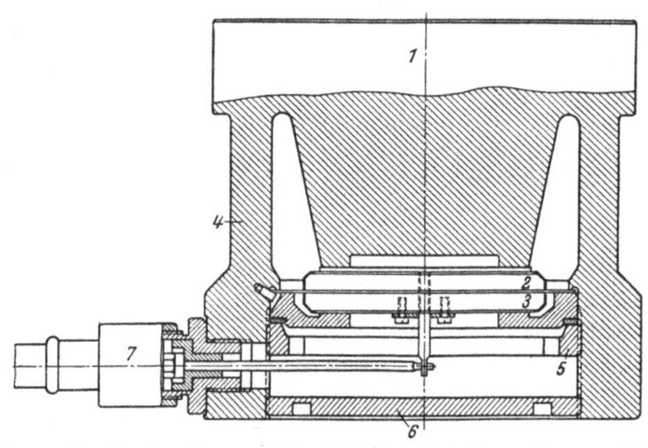

Abb. 94. Kapazitive Druckmeßdose mit Stauchzylinder. Ausführung Siemens & Halske-AG.
1 Deckplatte; — 2 bewegliche Elektrode; — 3 isolierte Elektrode; — 4 Stauchzylinder; — 5 Einstellmutter; — 6 Abschlußplatte; — 7 Kabelanschluß

fähigkeit des Verfahrens, das sich für Längen- und Kraftmessungen gleich gut eignet. Ein Kondensator mit zwei festen und einer beweglichen Elektrode nach Abb. 95 kann als kapazitiver Spannungsteiler angesehen werden, der die Gesamtspannung U im umgekehrten Verhältnis der Teilkapazitäten unterteilt. In der Ruhelage sind die beiden Teilkapazitäten und Teilspannungen gleich groß.

$$C_1 = C_2 = \varepsilon \cdot F/a, \tag{202}$$

$$\frac{U_1}{U_2} = \frac{C_2}{C_1} = 1, \tag{203}$$

$$U_1 = U_2 = U/2. \tag{204}$$

Bei einer Verschiebung der mittleren Platte um den Betrag Δa wird

$$\frac{U_1}{U_2} = \frac{C_2 + \Delta C}{C_1 - \Delta C} = \frac{a + \Delta a}{a - \Delta a} \quad \text{oder} \quad U_1 - U_2 = U \cdot \frac{\Delta a}{a}. \tag{205}$$

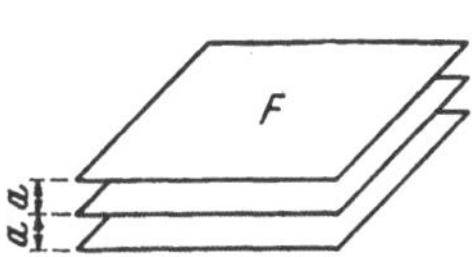

Abb. 95. Dreiplattenkondensator. F Elektrodenfläche; — a Elektrodenabstand

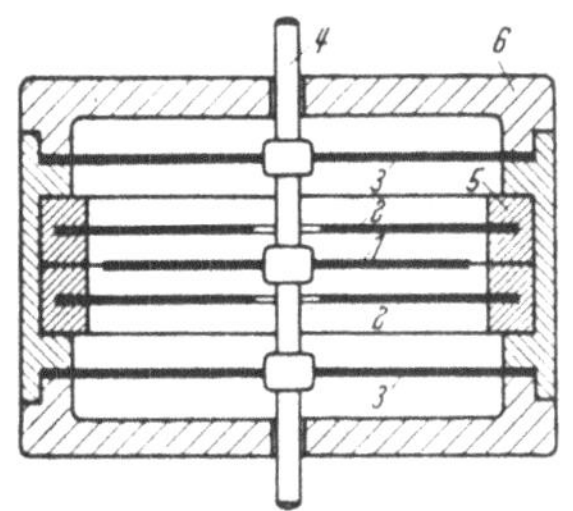

Abb. 96. Kapazitive Druckmeßdose mit Dreiplattenkondensator. *1* bewegliche Elektrode; — *2* feste Elektrode; — *3* Membran; — *4* Druckstempel; — *5* Isolation der festen Elektroden; — *6* Gehäuse

Abb. 96 zeigt einen Dreiplattenkondensator als Druckmeßdose. Die bewegliche Mittelelektrode *1* wird durch die Membranen *3* in der Nullage zwischen den festen Elektroden *2* gehalten. Einrichtungen dieser Art mit drei Elektroden haben sehr kleine Temperaturfehler, weil Abstandsänderungen der festen Platten nur Fehler zweiter Ordnung ergeben. Eine lineare Eichkurve erhält man, wenn der Weg Δa klein ist gegen den Plattenabstand a und die Schaltungskapazität C_0 klein gegen die Meßkapazität C. Die kleinsten meßbaren relativen Kapazitätsänderungen $\Delta C/C$ liegen bei 10^{-5}, die kleinsten meßbaren Verschiebungen bei 10^{-7} cm. Geber dieser Art verwendet man für Weg-, Kraft- und Beschleunigungsmessungen.

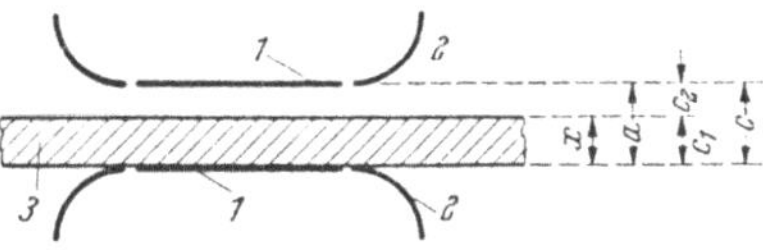

Abb. 97. Plattenkondensator als kapazitiver Geber für bandförmige Güter. *1* Meßelektrode; — *2* Schirmelektrode; — *3* Meßgut; — a Elektrodenabstand; — x Dicke des Prüflings; — C Gesamtkapazität; — C_1, C_2 Teilkapazitäten

b) Dielektrikum und Kapazität

Kapazitive Geber mit veränderbarem Dielektrikum können als Platten- und als Zylinderkondensatoren hergestellt werden, der Plattenkondensator eignet sich für feste, bandförmige, der Zylinderkondensator für flüssige Dielektrika.

Mit einem Plattenkondensator nach Abb. 97 kann man die Dicke von Stoffbahnen oder auch ihre Zusammensetzung überwachen, sofern sich die Dielektrizitätskonstante der zu überwachenden Komponente von den Dielektrizitätskonstanten der anderen Komponenten wesentlich unterscheidet, wie es beispielsweise bei Wasser und Papier oder Gummi und Baumwolle der Fall ist. Der Durchlaufkondensator kann als Reihenschaltung zweier Kondensatoren mit den Elektrodenabständen $a-x$ und x und den Dielektrizitätskonstanten ε_l und ε_x aufgefaßt werden, wobei a der Elektrodenabstand, x die Dicke der Stoffbahn ist.

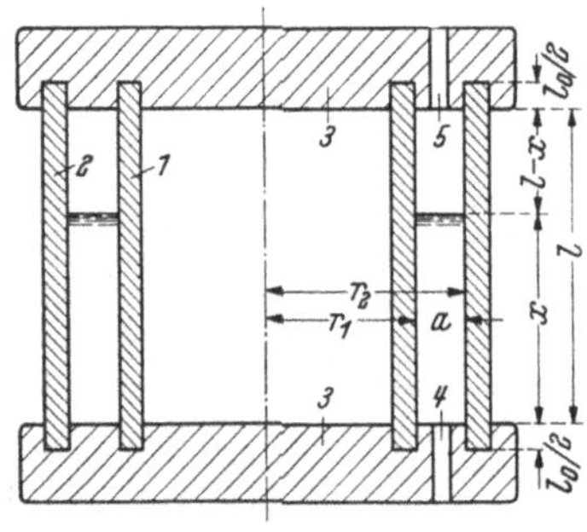

Abb. 98. Zylinderkondensator als Flüssigkeitsstandgeber.
1 Innenelektrode; — *2* Außenelektrode; — *3* Abschlußplatte; — *4* Eintrittsöffnung für die Flüssigkeit; — *5* Entlüftungsöffnung

Für die Gesamtkapazität C gilt

$$\frac{1}{C}=\frac{1}{C_1}+\frac{1}{C_2}; \quad C=\frac{\varepsilon_x\,\varepsilon_l\cdot F}{a\,\varepsilon_x+x\cdot(\varepsilon_l-\varepsilon_x)}. \qquad (206)$$

Der Zylinderkondensator eignet sich zum Überwachen der Zusammensetzung oder des Standes von Flüssigkeiten. Die Kapazität eines Zylinderkondensators ist

$$C=\varepsilon\,\frac{2\,\pi\cdot l}{\ln\frac{r_2}{r_1}}=\varepsilon\cdot\frac{F}{a}, \qquad (207)$$

wobei r_2 und r_1 die Radien der Zylinderelektroden, a die Differenz der Radien, also der Elektrodenabstand, und F der Mittelwert der Flächen des äußeren und des inneren Zylinders ist.

Die Gesamtkapazität einer Meßsonde nach Abb. 98 kann als Summe dreier parallel geschalteter Kapazitäten aufgefaßt werden, nämlich der Grundkapazität C_0, der Kapazität C_1 des mit Flüssigkeit gefüllten Kondensatorteils und der Kapazität C_2 des mit Luft und Flüssigkeitsdampf gefüllten Kondensatorteils.

$$C=C_0+C_1+C_2=\frac{2\,\pi}{\ln\frac{r_2}{r_1}}\left[\varepsilon_0\,l_0+\varepsilon_x\cdot x+\varepsilon_l\,(l-x)\right]. \qquad (208)$$

Die Flüssigkeit tritt durch die Öffnung *4* ein, die Luft kann durch die Öffnung *5* entweichen.

c) Temperatur und Dielektrizitätskonstante

Die Dielektrizitätskonstante einiger Werkstoffe hängt stark von der Temperatur ab, nach dem Gesetz

$$\varepsilon_t=\varepsilon_0\left[1-\alpha\,(t-t_0)\right], \qquad (209)$$

worin ε_0 die Dielektrizitätskonstante bei der Temperatur t_0, ε_t die Dielektrizitätskonstante bei der Temperatur t und α den Temperaturkoeffizienten der Dielektrizitätskonstante bedeutet. Man könnte demnach daran denken, die Temperatur eines Dielektrikums von einer mechanischen Größe aus zu steuern und die Kapazitätsänderung mit der Temperatur zu messen. Das Verfahren bekommt wohl nur in ganz besonders gelagerten Fällen eine Bedeutung, da man fast immer die Kapazität eines Kondensators ohne den Umweg über die Temperatur von der mechanischen Größe steuern kann.

d) Kapazitätsmeßschaltungen

Die Größe einer Kapazität kann mit Gleich- oder Wechselstrom bestimmt werden, doch sind die Gleichstromverfahren nicht für eine kontinuierliche Anzeige geeignet. Die Meßfrequenz der Wechselstromverfahren richtet sich nach der Geschwindigkeit der Kapazitätsänderungen, also nach der Schnelligkeit, mit der die mechanische Größe sich ändert; im allgemeinen wird man mit Tonfrequenzen arbeiten.

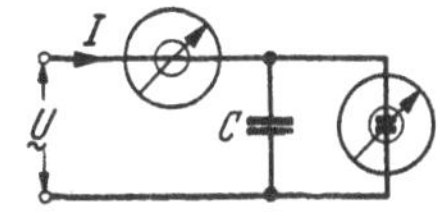

Abb. 99. Messung von Stromaufnahme und Spannungsabfall einer Kapazität.
U Meßspannung; — J Meßstrom; — C Kapazität

α) Messung der Stromaufnahme oder des Spannungsabfalls. In den einfachsten Schaltungen wird der Kondensatorstrom mit einem Wechselstrommesser oder die Kondensatorspannung mit einem elektrostatischen Instrument bzw. mit einem Röhrenvoltmeter bestimmt.

In Abb. 99 ist

$$J = U \cdot \omega C, \quad \text{bzw.} \quad U = J/\omega C. \tag{210}$$

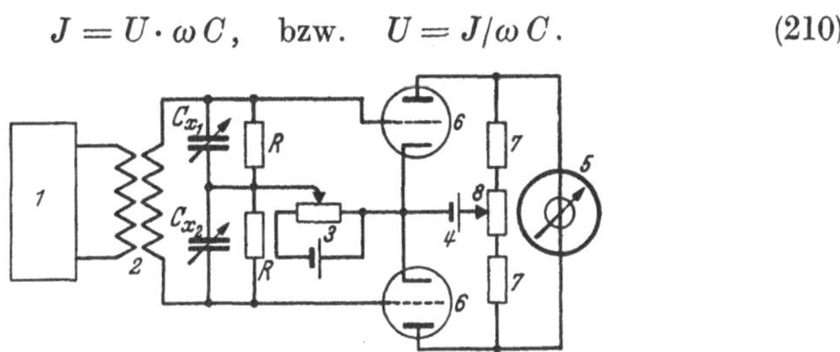

Abb. 100. Schaltung eines kapazitiven Spannungsteilers mit Röhrenspannungsmesser.
1 Hochfrequenzgenerator; — *2* Übertrager; — *3* Gitterbatterie; — *4* Anodenbatterie; — *5* Anzeigeinstrument; — *6* Verstärkerröhre; — *7* Brückenwiderstand; — *8* Elektrische Nullstellung; — C_{x_1}, C_{x_2} Meßkapazität; — R Gitterwiderstand

Eine Spannungsmesserschaltung mit kapazitivem Spannungsteiler zeigt Abb. 100.

C_{x1}, C_{x2} ist der kapazitive Geber mit zwei festen und einer beweglichen Elektrode; die Teilspannungen des Meßkondensators liegen an den Gittern zweier Verstärkerröhren *6*, und das Drehspulinstrument *5* mißt die Differenz der Anodenströme. Diese Differenz ist proportional der Verschiebung der Mittelelektrode, sofern ihr Weg klein gegen den Plattenabstand und die Schaltungskapazität klein gegen die Meßkapazität ist. Die Gitterableitwiderstände *7* müssen groß und die Stromaufnahme des Meßinstruments klein gegen den Anodenstrom sein.

Strom- und Spannungsmesserschaltungen sind spannungs- und frequenzabhängig und es ist zweckmäßiger, Quotientenschaltungen etwa nach Abb. 101 anzuwenden. Der Wechselstromquotientenmesser zeigt das Verhältnis

$$\gamma = \frac{J_1}{J_2} = \frac{C_1\sqrt{1 + (\omega C_2 R_2)^2}}{C_2\sqrt{1 + (\omega C_1 R_1)^2}} \tag{211}$$

an.

Abb. 101. Kapazitätsmessung in Quotientenschaltung.
U Meßspannung; — C_1 unbekannte Kapazität; — C_2 konstante Kapazität; — R_1, R_2 feste Widerstände

β) Differenzschaltung. Eine Differenzschaltung mit Gleichrichterinstrument zeigt Abb. 102a und b. Die Meßkapazität C_1 und die Vergleichskapazität C_2 liegen über den Netzanschlußwandler *1* an einer Wechselstromquelle konstanter Spannung. Der Anpassungswandler *2* im Differenzzweig speist über die Gleichrichter *6* das Drehspulinstrument *5*. Der Differenzstrom ist

$$\Delta J = J_1 - J_2 = U_2\,\omega\,(C_1 - C_2)\,, \tag{212}$$

sofern der Scheinwiderstand des Differenzkreises klein gegenüber den kapazitiven Widerständen ist.

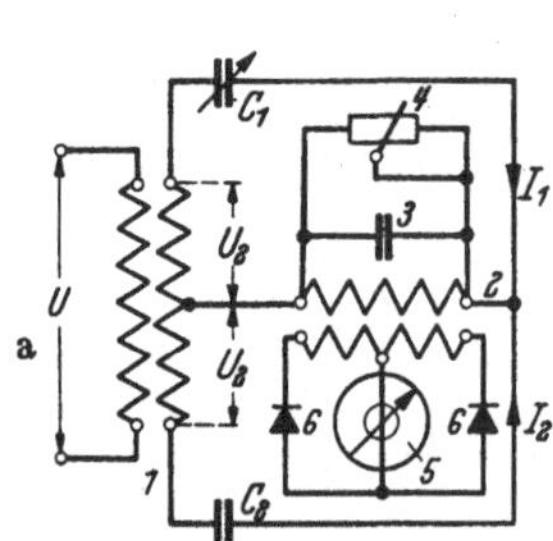

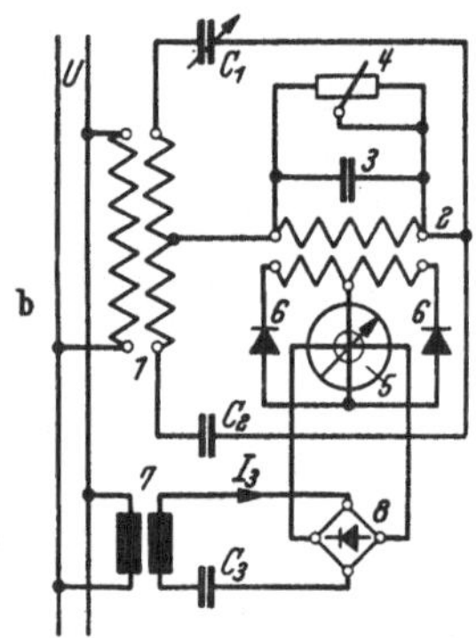

Abb. 102 a u. b. Kapazitätsmessung in Differenzschaltung.
a mit Drehspulstrommesser. — b mit Drehspulquotientenmesser.
U Meßspannung; — C_1 kapazitiver Geber; — C_2 Vergleichskapazität; — C_3 Kapazität im Hilfskreis; — *1* Netzanschlußwandler; — *2* Differenzwandler; — *3* Abstimmkondensator; — *4* Empfindlichkeitsregler; — *5* Anzeigeinstrument; — *6* Gleichrichter; — *7* Netzanschlußwandler für den Hilfskreis; — *8* Gleichrichter in Graetzschaltung

Wenn die Gleichrichter *6* phasengleich mit dem Differenzstrom fremd gesteuert werden, erreicht man die höchste Empfindlichkeit. Die Anzeige ist unabhängig von der Größe der Grundkapazität. Durch den Kondensator *3* wird der Differenzkreis auf Resonanz abgestimmt, wodurch man höchste Empfindlichkeit erreicht und unerwünschte Phasendrehungen durch den Empfindlichkeitsregler *4* vermeidet. Von den

Schwankungen der Meßspannung wird man unabhängig, wenn man als Anzeigeinstrument einen Gleichstromquotientenmesser wählt, dessen zweite Spule nach Abb. 102b über Kondensator C_3 und Gleichrichter *8* an der Spannung liegt.

Das Instrument zeigt dann

$$\gamma = \frac{J_1 - J_2}{J_3} = K \cdot \frac{C_1 - C_2}{C_3}. \qquad (213)$$

Die Anzeige wird also unabhängig von der Frequenz und Amplitude der Versorgungsspannung.

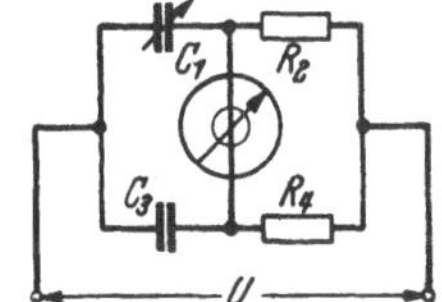

Abb. 103. Kapazitätsmeßbrücke nach DE SAUTY. C_1 kapazitiver Geber; — C_3 Vergleichskapazität; — R_2, R_4 feste Brückenwiderstände

γ) Brückenschaltung. Ersetzt man in der Wheatstonebrücke den Widerstand eines oder mehrerer Zweige durch Kondensatoren, so erhält man Kapazitätsmeßbrücken, deren bekannteste die De Sauty-Brücke nach Abb. 103 ist. Die Brücke ist im Gleichgewicht für

$$\frac{C_1}{C_3} = \frac{R_4}{R_2}. \qquad (214)$$

Die vollständige Schaltung als Trägerfrequenzbrücke zeigt Abb. 104 (Kraftverlaufmesser von Siemens & Halske-AG.). Die Kapazitätsmeß-

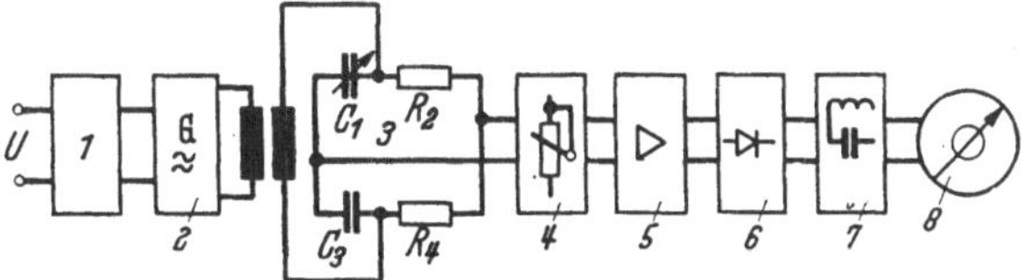

Abb. 104. Kapazitätsmessung mit Trägerfrequenzmeßbrücke. (Kraftverlaufmesser der Siemens & Halske-AG.)
1 Netzanschlußgerät; — *2* Tonfrequenzgenerator; — *3* Kapazitätsmeßbrücke; — *4* Empfindlichkeitsregler; — *5* Verstärker; — *6* Gleichrichter; — *7* Siebkreis; — *8* Anzeigeinstrument

brücke wird mit Tonfrequenz von etwa 5 kHz gespeist, die Ausgangsspannung der Brücke verstärkt, die modulierte Tonfrequenz gleichgerichtet, durch eine Siebkette geglättet und dem Anzeigeinstrument *8* zugeführt. Das Gerät vermag Vorgänge bis zu Frequenzen von 1,2 kHz wiederzugeben.

An die Stelle der Kapazitätsmeßbrücke kann eine Induktivitätsmeßbrücke treten.

δ) Methode der halben Resonanzkurve. Bei der Methode der halben Resonanzkurve nach Abb. 105 speist ein Hochfrequenzgenerator *2* einen Resonanzkreis *3*, in dem der kapazitive Sender C_1 und ein Abstimmkondensator C_N parallel liegen. Mit dem Abstimmkondensator C_N wird die Eigenfrequenz dieses Schwingkreises auf einen Wert unterhalb der Frequenz des Hochfrequenzgenerators eingestellt, so daß der Arbeitspunkt etwa in der Mitte des geradlinigen Teiles der Resonanzkurve liegt. Änderungen von C_1 führen dann zu proportionalen Amplitudenschwankungen im Schwingkreis, die durch den Verstärker *6* vergrößert und von dem Anzeigeinstrument *7* angezeigt werden. Die erreichbare Vergrößerung der Elektrodenbewegung des kapazitiven Gebers liegt bei etwa 10^6.

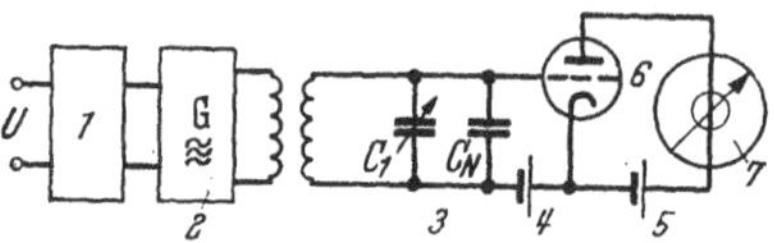

Abb. 105. Methode der halben Resonanzkurve. *1* Netzanschlußgerät; — *2* Hochfrequenzgenerator; — *3* Schwingkreis; — *4* Gitterbatterie; — *5* Anodenbatterie; — *6* Verstärker; — *7* Anzeigeinstrument

Als Variante dieses Verfahrens ist die Schaltung nach Abb. 106 anzusehen, bei der zwei Hochfrequenzschwingkreise mit geringem Frequenzunterschied gegeneinander geschaltet sind und die Frequenz des einen

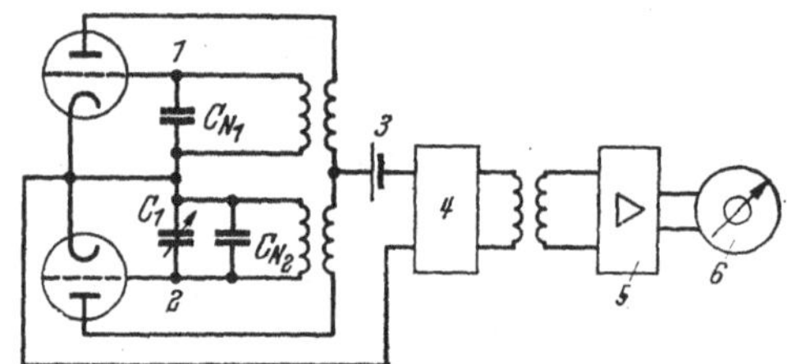

Abb. 106. Kapazitätsmessung nach dem Schwebungsverfahren. *1*, *2* Hochfrequenzgeneratoren; — *3* Anodenbatterie; — *4* Schwingkreis für die Schwebungsfrequenz; — *5* Verstärker; — *6* Anzeigeinstrument

Kreises durch den kapazitiven Geber gesteuert wird. Die von der mechanischen Größe abhängige Schwebungsfrequenz speist einen Niederfrequenzschwingkreis nach dem Verfahren der halben Resonanzkurve.

4. Mechanische Steuerung der Induktivität einer Spule

Die Induktivität L einer Spule mit Eisenkern ist

$$L = \mu \cdot w^2 \cdot F/l. \qquad (215)$$

Darin ist:

μ	die Permeabilität,	l	die Länge,
F	der Querschnitt,	w	die Windungszahl der Spule.

Länge und Querschnitt einer Drossel lassen sich nur schlecht verstellen, es bleiben somit nur die Änderung der Windungszahl und der Permeabilität als Möglichkeiten der mechanischen Steuerung einer Induktivität.

a) Windungszahl und Induktivität

Induktive Geber mit veränderbarer Windungszahl sind Regeltransformatoren mit einem verschiebbaren oder verdrehbaren Abgriff, wie sie als Schiebetransformatoren oder Drehregler vielerorts in Gebrauch sind, sie können mit mehreren von den mechanischen Größen verstellten Abgriffen ausgeführt werden und man kann durch einen Zwischenwandler den Verschiebungsweg der einzelnen Abgriffe verschieden bewerten.

Nach Abb. 107 ist die Primärspannung U_1, die Primärwindungszahl W_1; die abgegriffenen Spannungen U_2 und U_3 entsprechen den sekundären Windungszahlen W_2 und W_3 bzw. den Verstellwegen x und y

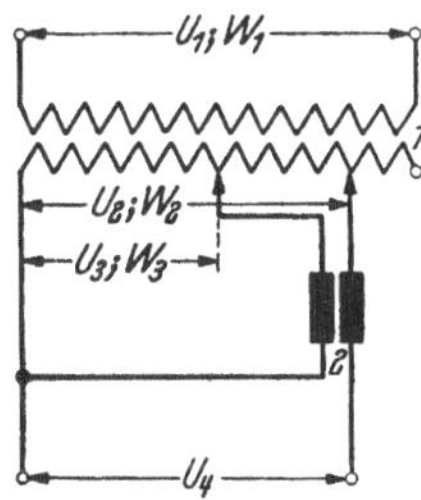

Abb. 107. Regeltransformator mit zwei Abgriffen.
1 Regeltransformator; — 2 Zusatztransformator; — U_1 Primärspannung; — U_2, U_3 abgegriffene Spannungen; — U_4 geregelte Spannung; — $W_1 \ldots W_3$ Windungszahlen

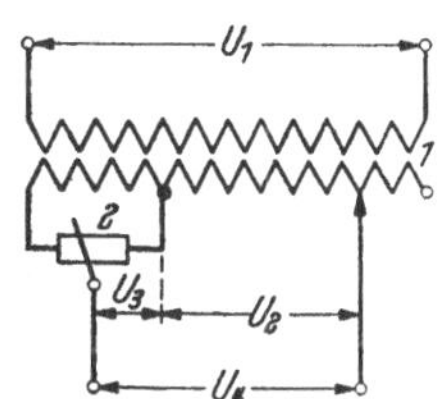

Abb. 108. Regeltransformator mit einem Abgriff und einem Spannungsteiler für Feinabgriff.
1 Regeltransformator; — 2 Spannungsteiler; — U_1 Primärspannung; — U_2 am Regeltransformator abgegriffene Spannung; — U_3 am Spannungsteiler abgegriffene Spannung; — U_4 geregelte Spannung

der beiden Abgriffe; das Übersetzungsverhältnis des Zwischenwandlers *2* sei K.

Dann ist die Ausgangsspannung

$$U_4 = U_2 + K\,U_3 = \frac{U_1}{W_1}\,(W_2 + K\,W_3) = \frac{U_1}{W_1}\,(x + k\,y)\,. \qquad (216)$$

Anstatt unmittelbar an der Wicklung kann man die Spannung U_3 nach Abb. 108 auch an einem Regelwiderstand abgreifen, dem eine feste Spannung zugeführt wird.

Geräte dieser Art werden als Stellungsanzeiger und Wegmesser sowie zur Addition von Wegen verwendet.

b) Permeabilität und Induktivität

Die Induktivität einer Wicklung ist proportional der Permeabilität des Mediums, man kann demnach die Induktivität steuern, indem man das von der Wicklung umschlossene Medium verändert.

α) Verschieben oder Verdrehen eines Eisenkerns. Die Permeabilität der ferromagnetischen Werkstoffe, insbesondere des Eisens, ist sehr viel höher als die aller anderen Stoffe und man kann die Induktivität einer Drossel sehr stark verändern, indem man das in der Drossel befindliche Medium ganz oder teilweise durch einen Eisenkern ersetzt.

Abb. 109 zeigt beispielsweise die Änderung des Blind- und Scheinwiderstandes einer Drosselspule beim Durchwandern eines zylindrischen

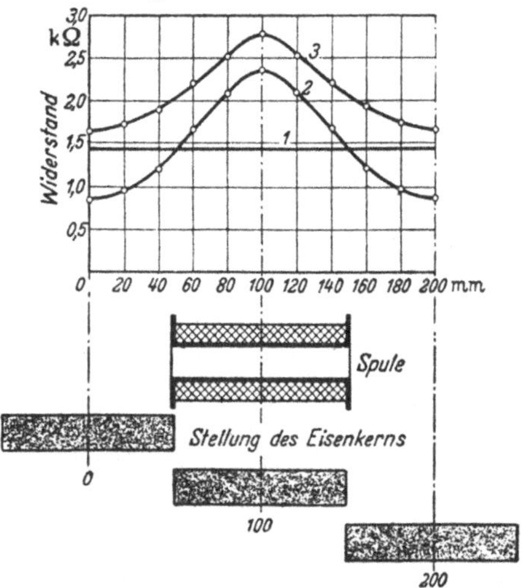

Abb. 109. Änderung des Widerstandes einer eisenlosen Spule beim Hindurchwandern eines zylindrischen Eisenkernes.
1 Wirkwiderstand; — *2* Blindwiderstand; — *3* Scheinwiderstand

Eisenkerns. Der Verlauf der Induktivitätsänderung kann durch die Form des Eisenkerns weitgehend verändert werden. In ähnlicher Weise wirkt die Verstellung einer Eisenzunge im Luftspalt zwischen zwei Topf-

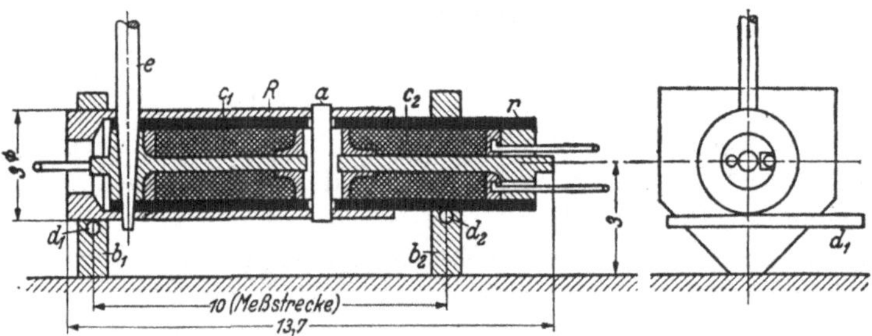

Abb. 110. Geber des induktiven dynamischen Dehnungsmessers der DVL. [Aus THUM/SVENSON/WEISS: Neuzeitliche Dehnungsmeßgeräte. Forsch.-Arb. Ing.-Wes. Bd. 9 (1938) S. 230.]
a Magnetanker; — b_1, b_2 auf den Prüfling aufgeschweißte Tragböckchen; — c_1, c_2 Differentialdrosselspulen; — d_1, d_2 Tangentialkeile zum Befestigen des Gebers auf den Böckchen; — *e* Paßstift für die Nullstellung beim Aufsetzen des Gebers; — *R* unmagnetische Hülse; — *r* Eisenröhrchen

drosseln nach Abb. 110. Geräte dieses Prinzips werden als Weg-, Kraft- und Beschleunigungsmesser ausgeführt.

β) Änderung der Permeabilität. Anstatt in eine Spule ein Medium mit anderer Permeabilität einzuführen, kann man auch die Induktivität ruhender eisengeschlossener Wicklungen durch Änderung der Permeabilität des Eisenkerns steuern, dies kann durch Änderung der Feldstärke, durch elastische Beanspruchung oder durch Temperaturänderung geschehen.

c) Feldstärke und Permeabilität

Die Permeabilität des Eisens hängt von der Feldstärke ab, wie Abb. 22 für ein legiertes Dynamoblech zeigt. Man kann demnach die Induktivität einer Eisendrossel steuern, indem man dem Eisenkern der Drossel eine von der mechanischen Größe gesteuerte Zusatzmagnetisierung gibt. Auf diesem Prinzip beruhen die magnetischen Verstärker. Abb. 111 zeigt eine Serienschaltung zweier Drosseln mit mechanisch gesteuerter Zusatzmagnetisierung und Vergleich der Spannungsabfälle an den Drosseln mit einem Quotientenmesser. Die beiden Eisenkerne tragen gleiche Wicklungen W_1 und W_2, die von dem konstanten Strom J_1 gespeist werden, sowie gleiche Zusatzwicklungen W_3, deren Strom J_3 von der mechanischen Größe gesteuert wird. Auf dem einen Eisenkern addieren sich die magnetisierenden Felder, auf dem anderen subtrahieren sie sich. Wenn die konstante Magnetisierung durch die Wicklungen W_1 und W_2 auf dem ansteigenden Ast der Magnetisierungskurve nach Abb. 22 liegt, wird demnach mit wachsendem Strom J_3 die Permeabilität des einen Eisenkerns wachsen, die des anderen abnehnen; damit ändern sich die Blind- und Scheinwiderstände der Wicklungen W_1 und W_2 in entgegengesetztem Sinn und man kann aus dem Verhältnis der Scheinwiderstände dieser Wicklungen auf die Größe des Stromes J_3 und damit auf die Stellung des Abgriffs am Spannungsteiler *3* schließen.

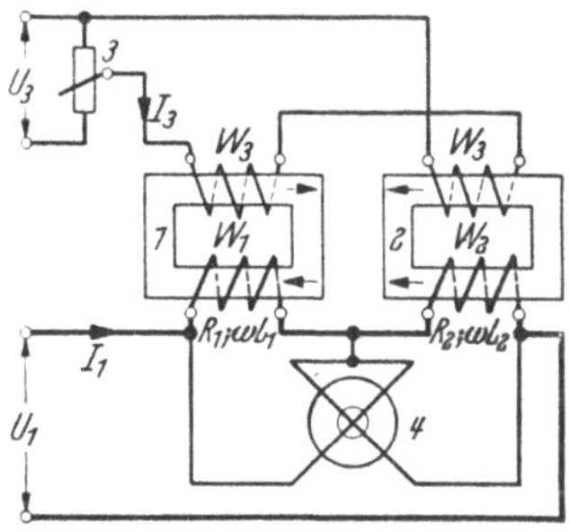

Abb. 111. Vormagnetisierte Drosselspulen mit mechanischer Steuerung der Vormagnetisierung. *1, 2* Eisenkern; — *3* Spannungsteiler; — *4* Quotientenmesser; — W_1, W_2 konstanterregte Wicklungen; — W_3 Wicklung mit veränderbarer Erregung; — U_1 Hilfsspannung; — U_2 Meßspannung; — J_1 konstanter Strom; — J_3 von der mechanischen Größe gesteuerter Strom

Ein Beispiel soll dies deutlicher machen: Die beiden Eisenkerne *1* und *2* seien durch die Wicklungen W_1 und W_2 mit 0,25 AW/cm magnetisiert, die Wicklung W_3 zunächst stromlos. Der Widerstand R der Wicklungen W_1 und W_2 sei $R_1 = R_2 = 50\ \Omega$, ihre Induktivität $L_1 = L_2 = 0{,}5$ H entsprechend einem Blindwiderstand von 157 Ω und einem Scheinwiderstand von 165 Ω.

Nun werde der Spannungsteiler *3* allmählich eingeschaltet und es ändere sich die magnetisierende Feldstärke der Wicklungen W_3 von 0 . . . 0,1 AW/cm. Unter Zugrundelegung eines Permeabilitätsverlaufes nach Abb. 22 ändern sich damit die Permeabilität der Eisenkerne und die Scheinwiderstände der Wicklungen W_1 und W_2 gemäß nachstehender Tabelle. Das Verhältnis der Spannungsabfälle an diesen Wicklungen wird von einem Wechselstromquotientenmesser *4* angezeigt.

$AW_1 = AW_2$	AW_3	AW res		μ		ωL_1	ωL_2	Z_1	Z_2	Z_1/Z_2
AW/cm	AW/cm	AW/cm W_1	AW/cm W_2	W_1	W_2	Ω	Ω	Ω	Ω	
0,25	0	0,25	0,25	8000	8000	157	157	165	165	1
	0,02	0,27	0,23	9300	6500	182,5	127,8	189,2	137	1,38
	0,04	0,29	0,21	10500	5400	206	106	212	117,2	1,80
	0,06	0,31	0,19	11150	4700	219	92,2	223	105	2,13
	0,08	0,33	0,17	11650	4100	228,5	80,5	231,5	94,8	2,44
	0,10	0,35	0,15	12000	3700	235,5	72,5	240	88	2,73

d) Temperatur und Permeabilität

Die Permeabilität bestimmter Fe–Ni-Legierungen, wie Thermalloy und Thermoperm, ist stark von der Temperatur abhängig und man

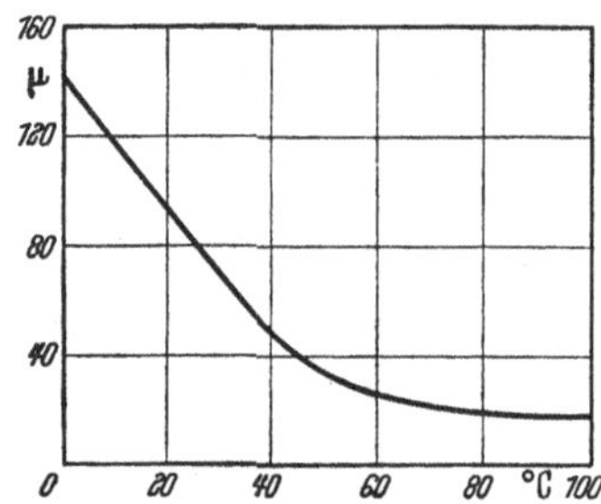

Abb. 112. Abhängigkeit der Permeabilität μ von der Temperatur für ein Thermoperm bei der Feldstärke $H = 100$ Oe

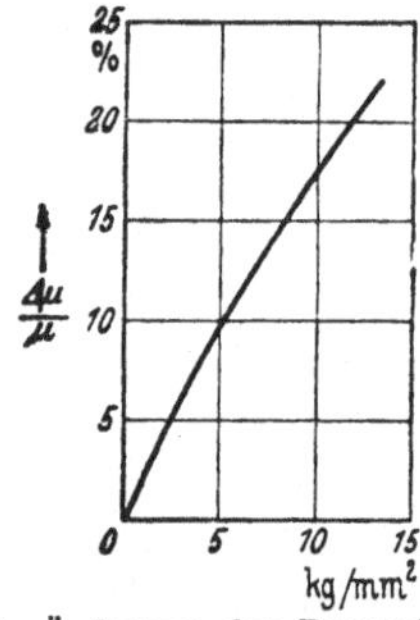

Abb. 113. Änderung der Permeabilität einer Nickel-Eisen-Legierung mit dem elastischen Spannungszustand. [Aus JANOVSKY: Über die magnetoelastische Messung von Druck-, Zug- und Torsionskräften. Z. techn. Phys. Bd. 14 (1933) S. 467]

könnte daran denken, die Induktivität eisengeschlossener Drosseln dadurch zu verändern, daß man die Temperatur des Eisenkerns mechanisch steuert. Abb. 112 zeigt die Permeabilitätskurve einer Ni–Fe-Legierung abhängig von der Temperatur für $H = 100$ Oe.

Bisher wurde dieses Verfahren zum Messen mechanischer Größen nicht angewendet, weil man Temperaturen auf andere Weise wesentlich bequemer messen kann.

e) Elastischer Spannungszustand und Permeabilität

Elastische Beanspruchung und Härtezustand beeinflussen die spezifische Leitfähigkeit der Metalle, bei den ferromagnetischen Werkstoffen beeinflussen sie außerdem auch die Permeabilität. Aus der Messung der Permeabilitätsänderungen kann man auf den elastischen Spannungszustand bzw. die Härte schließen. Es haben sich zwei auf demselben Prinzip beruhende Meßverfahren herausgebildet: das magnetoelastische Verfahren zum Messen von Kräften, das Wirbelstromverfahren zum Ver-

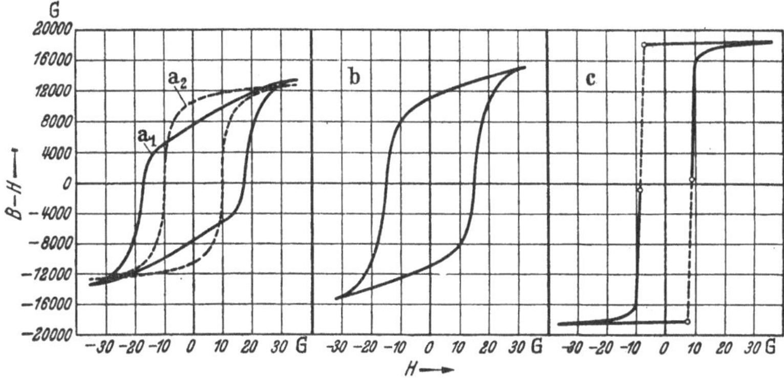

Abb. 114. Magnetisierungskurven einer Nickel-Eisen-Legierung mit 8% Nickelgehalt bei verschiedenen Zugspannungen. [Aus PREISACH: Untersuchungen über den Barkhausen-Effekt. Ann. Phys. Bd. 395 (1929) S. 757.]

$a_1 : \sigma = 0$, kalt bearbeitetes Material; — $a_2 : \sigma = 0$, Material ausgeglüht; — $b : \sigma = 600$ kg cm^{-2}; — $c : \sigma = 6000$ kg cm^{-2}

gleichen der Härte von Prüflingen gleicher Legierung und Abmessungen. Einige Ni–Fe-Legierungen zeigen eine Magnetoelastizität, d. h. sie ändern bei mechanischer Beanspruchung ihre Permeabilität und man kann aus der Permeabilitätsänderung auf die Größe der wirksamen Kraft schließen. Beispielsweise zeigt Abb. 113 die prozentuale Permeabilitätsänderung eines Nickeleisens bei Zugbeanspruchung. Mit der Permeabilität ändert sich natürlich auch der Verlauf der Magnetisierungsschleife, wie Abb. 114 für einen kaltgereckten Ni–Fe-Draht zeigt. Wickelt man auf einen solchen magnetoelastischen Körper einer Spule und mißt die Induktivitätsänderung, so kann man nach dieser Methode Zug-, Druck- und Torsionskräfte bestimmen.

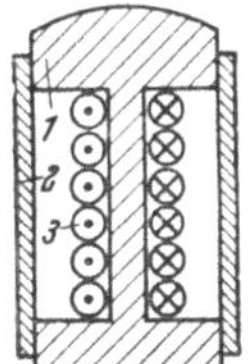

Abb. 115. Grundsätzlicher Aufbau eines magnetoelastischen Gebers für Druckmessung.

1 Druckkörper; — *2* Schutzhülse; — *3* Wicklung

Abb. 115 zeigt die grundsätzliche Anordnung, die Wicklungen werden je nach der Frequenz der zu messenden Vorgänge mit Niederfrequenz oder Tonfrequenz gespeist.

Die Permeabilität der magnetoelastischen Werkstoffe ändert sich leider nicht nur mit der mechanischen Beanspruchung, sondern auch mit der Feldstärke, der Frequenz und der Temperatur und man muß diese Nebeneinflüsse bei der Messung berücksichtigen; etwa durch Brückenschaltung eines mechanisch belasteten mit einem unbelasteten Meßkörper, was allerdings nicht immer durchführbar ist.

Der Spannungseinfluß des unbelasteten Meßkörpers verschwindet, wenn man ihn auf das Permeabilitätsmaximum aussteuert, weil für den Scheitelwert der Permeabilitätskurve

$$\Delta\mu/\Delta J = 0$$

ist. Diese Aussteuerung ist auch deshalb besonders günstig, weil das Maximum der Permeabilitätsänderung mit der mechanischen Beanspruchung, also die maximale Empfindlichkeit, ebenfalls in der Nähe dieses Punktes liegt.

Den Spannungseinfluß für den belasteten Meßkörper kann man natürlich auf diese Weise nicht beseitigen, weil man bei Belastung auf die abfallenden Äste der Permeabilitätskurve kommt, er ist der Spannungsänderung annähernd proportional.

Der Frequenzeinfluß geht ebenfalls linear mit der Frequenzänderung und man muß beide Einflüsse durch Spannungs- und Frequenzgleichhalter ausscheiden. Der Temperatureinfluß beträgt 10%/10°, er kann durch einen temperaturabhängigen Widerstand in einer der üblichen Temperaturkompensationsschaltungen ohne besondere Schwierigkeiten auf 0,2 . . . 0,5% reduziert werden. Das magnetoelastische Verfahren arbeitet bei Spannungs- und Frequenzkonstanz auf $\pm$ 2% genau, die Fehler durch mechanische Hysterese liegen unter 1%.

f) Härte und Permeabilität

Beim Wirbelstromverfahren mißt man ebenso wie beim magnetoelastischen Verfahren die auf Permeabilitätsänderungen des Meßkörpers beruhenden Scheinwiderstandsänderungen einer Magnetisierungsspule. Beim magnetoelastischen Verfahren werden durch mechanische Beanspruchung des Prüflings Permeabilitätsschwankungen erzeugt; beim Wirbelstromverfahren beruhen die Permeabilitätsverschiedenheiten auf dem verschiedenen Härtezustand von Prüflingen gleicher Legierung. Allerdings geht die Scheinwiderstandsänderung der Magnetisierungswicklung nicht nur auf Permeabilitätsänderungen zurück, sondern kann auch auf Änderungen der spezifischen Leitfähigkeit oder der Abmessungen beruhen. Um zu einer Aussage zu kommen, welche der drei Größen, Permeabilität, spezifischer Widerstand oder Abmessungen, die Scheinwiderstandsschwankung hervorgerufen hat, muß man erstens die Meßfrequenz kennen und zweitens die Wirk- und Blindkomponente des Scheinwiderstandes ermitteln. Nach Förster zeigt sich nämlich, daß Änderungen des spezifischen Widerstandes mehr auf den Wirkwiderstand, Änderungen der Abmessungen und der Permeabilität mehr auf den Blindwiderstand der Magnetisierungsspule einwirken und daß man durch Wahl der Meßfrequenz den Effekt in der einen oder anderen Richtung besonders deutlich machen kann.

In der Ausführung des Verfahrens wird nach Abb. 116 der Prüfling *2* durch eine Hochfrequenzspule *3* magnetisiert und Wirk- und Blindanteil der in einer auf den Prüfling aufgebrachten Meßspule *4* induzierten Spannung werden über dem komplexen Kompensator *5* kompensiert. Die Stellung der Kompensationsglieder für den 0°-und 90°-Abgleich am komplexen Kompensator ist ein Maß für den Scheinwiderstand der Magnetisierungsspule. Bringt man in die Magnetisierungsspule nachein-

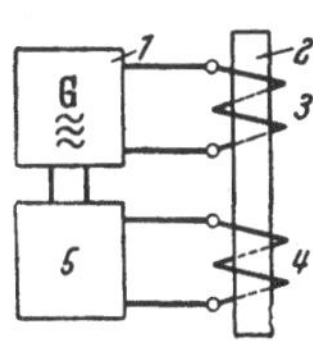

Abb. 116. Wirbelstromverfahren nach FÖRSTER mit Erreger- und Induktionsspule.
1 Hochfrequenzgenerator; — *2* Prüfling; — *3* Erregerspule; — *4* Induktionsspule; — *5* komplexer Kompensator

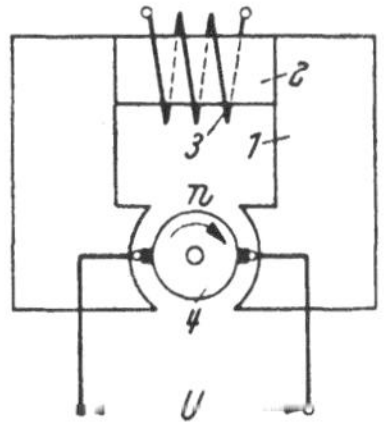

Abb. 117. Magnetischer Härtemesser.
1 Joch aus hochpermeablem Werkstoff; — *2* Prüfling; — *3* Erregerwicklung, mit konstantem Strom gespeist; — *4* Anker des Gleichstromgenerators

ander zwei Prüflinge gleicher Legierung und gleicher Abmessungen, dann kann man aus den für den Nullabgleich erforderlichen Verstellungen der beiden Kompensationsglieder auf den Unterschied der Härte der beiden Prüflinge schließen.

Gibt man die beiden Kompensationsspannungen des komplexen Kompensators auf die beiden Plattenpaare eines Kathodenoszillographen, so kann man die Änderungen der induzierten Spannung in der komplexen Zahlenebene nach GAUSS sehr übersichtlich darstellen. Es ist dabei nicht erforderlich, den Schnittpunkt von Wirk- und Blindachse mit auf den Schirm des Kathodenoszillographen zu bekommen, vielmehr kann auch ein Teilausschnitt der komplexen Zahlenebene dargestellt und die Scheinwiderstandsänderung dadurch deutlicher sichtbar gemacht werden, und schließlich kann man noch das Koordinatenkreuz durch einen Phasenschieber in eine für die Ablesung bequeme Richtung drehen. Weiterhin muß man nicht unbedingt nach Wirk- und Blindanteil kompensieren, sondern kann auch zwei Kompensationsspannungen wählen, die einen von 90° verschiedenen Winkel einschließen und von denen die eine in der durch Änderungen der spezifischen Leitfähigkeit bedingten Richtung, die andere in der durch Änderungen der Permeabilität bedingten Richtung der Scheinwiderstandsänderung liegt. Damit kann man die Empfindlichkeit des Verfahrens für bestimmte Effekte steigern.

Der magnetische Härtemesser nach Abb. 117 ist ein Gleichstromgenerator mit konstanter Erregung und konstanter Drehzahl, dessen

Spannung somit vom magnetischen Widerstand des Schließungskreises abhängt. Der Prüfling, dessen Härte bestimmt werden soll, wird in den magnetischen Kreis eingefügt. Die Spannung U des Generators bei der Drehzahl n ist

$$U = k_1 \cdot n \cdot \Phi. \tag{217}$$

Der Fluß Φ ist bestimmt durch die magnetische Spannung V_m der Feldwicklung und die magnetischen Widerstände des Schließungskreises

$$\Phi = \frac{V_m}{R_l + R_{fe} + R_p}. \tag{218}$$

Darin bedeuten:

R_l den magnetischen Widerstand der Luftspalte,
R_p den magnetischen Widerstand des Prüflings,
R_{fe} den magnetischen Widerstand des übrigen Eisenkreises.

Der magnetische Widerstand des Prüflings ist

$$R_p = k_2 \cdot \frac{l}{\mu \cdot F}, \tag{219}$$

worin bedeuten:

l seine Länge, F den Querschnitt, μ die Permeabilität.

Es wird somit die Spannung

$$U = k_1 \cdot n \cdot \frac{V_m}{R_l + R_{fe} + k_2 \cdot \dfrac{l}{\mu F}}; \tag{220}$$

d. h., es besteht eine Beziehung zwischen der Permeabilität bzw. bei unveränderter Legierung zwischen der Härte des Prüflings und der Spannung des Generators. Diese Beziehung wird besonders einfach, wenn die magnetischen Widerstände der Luftspalte und des restlichen Eisenkreises gegen den des Prüflings vernachlässigt werden können, denn dann wird

$$U = \frac{k_1}{k_2} \cdot n \cdot \frac{V_m \cdot F}{l} \cdot \mu. \tag{221}$$

g) Messung der Induktivität

Induktivitäten werden in derselben Weise gemessen wie Kapazitäten, also nach allen Verfahren der Scheinwiderstandsmessung. Im einfachsten Fall mißt man die Stromaufnahme bzw. den Spannungsabfall an einer Induktivität und vergleicht diese Größen mit der angelegten Meßspannung (Abb. 118a u. b). Der Quotientenmesser zeigt in beiden Fällen

$$\gamma = f\left(\frac{R_1 + j\,\omega\, L_1}{R_2}\right). \tag{222}$$

Dieselben Schaltungen kann man anstatt mit Widerständen auch mit einer konstanten und einer veränderbaren Induktivität aufbauen, wie

Abb. 119 zeigt. Dann ist

$$\gamma = f\left(\frac{R_1 + j\,\omega\,L_1}{R_2 + j\,\omega\,L_2}\right). \tag{223}$$

Für die Induktivitätsmessung wurden auch zahlreiche Brückenschaltungen vorgeschlagen, von denen die Maxwell- und die Maxwell-Wien-Brücke am bekanntesten sind.

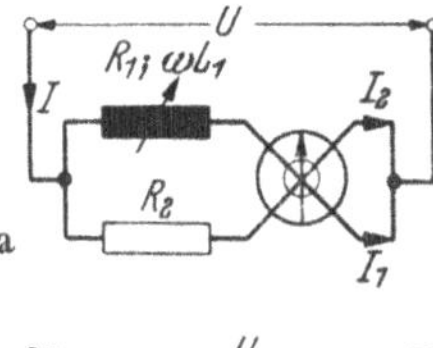

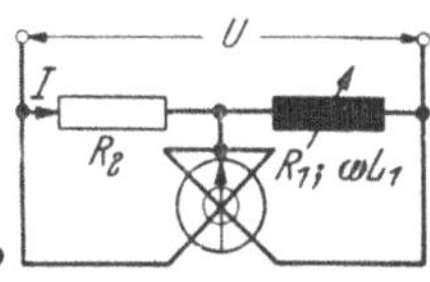

Abb. 118 a u. b. Induktivitätsmessung in Quotientenschaltung.

a Messung der Stromaufnahme; — b Messung des Spannungsabfalls; — R_1, ωL_1 veränderbare Induktivität; — R_2 Vergleichswiderstand; — U Meßspannung; — J Meßstrom

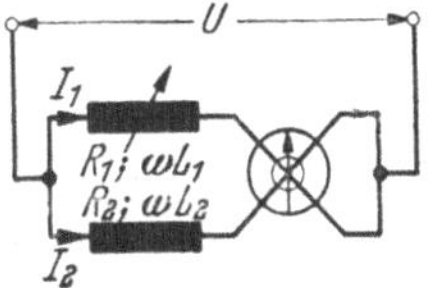

Abb. 119. Vergleich der Stromaufnahme zweier Induktivitäten mit einem Quotientenmesser.

R_1, ωL_1 veränderbare Induktivität; — R_2, ωL_2 konstante Induktivität

Im abgeglichenen Zustand ist bei der Maxwellbrücke (Abb. 120)

$$R_2\,(R_3 + j\,\omega\,L_3) = R_4\,(R_1 + j\,\omega\,L_1), \tag{224}$$

daraus folgt

$$R_1 R_4 = R_2 R_3 \quad \text{und} \quad R_4 \cdot L_1 = R_2 L_3. \tag{225}$$

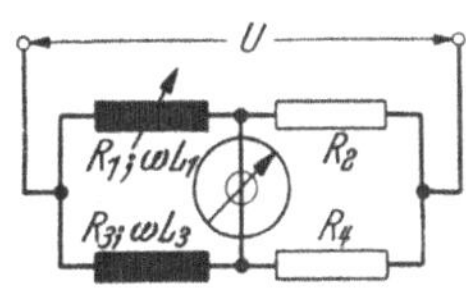

Abb. 120. Induktivitätsmessung in der Maxwellbrücke.

R_1, ωL_1 veränderbare Induktivität; — R_3, ωL_3 konstante Induktivität; — R_2, R_4 feste Brückenwiderstände

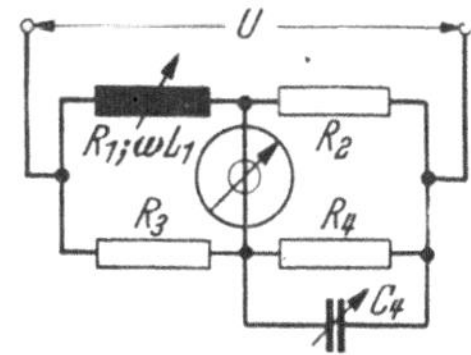

Abb. 121. Induktivitätsmessung in der Maxwell-Wien-Brücke.

R_1, ωL_1 veränderbare Induktivität; — R_2 bis R feste Brückenwiderstände; — C_4 Meßkapazität

Für die abgeglichene Maxwell-Wien-Brücke nach Abb. 121 gilt:

$$R_2 R_3\left(\frac{1}{R_4} + j\,\omega\,C_4\right) = R_1 + j\,\omega\,L_1 \tag{226}$$

oder

$$R_2 R_3 = R_1 \cdot R_4, \tag{227}$$

$$R_2 R_3 C_4 = L_1. \tag{228}$$

Abb. 122 zeigt eine Maxwell-Wien-Brücke mit Trägerfrequenzspeisung und Gleichrichteranzeigeinstrument. Die Schaltung entspricht der des

Kraftverlaufmessers von Siemens & Halske-AG. nach Abb. 104, nur ist an die Stelle der Kapazitätsmeßbrücke eine Maxwell-Wien-Brücke getreten.

Abb. 34 gibt eine Brückenschaltung mit einem elektrodynamischen Doppelspulinstrument wieder. Die Anzeige des Instruments ist weit-

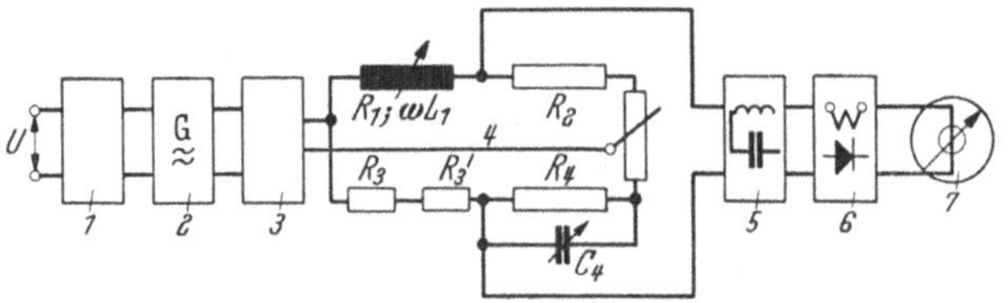

Abb. 122. Maxwell-Wien-Trägerfrequenzbrücke.
1 Netzanschlußgerät; — *2* Tonfrequenzgenerator; — *3* Spannungskonstanthalter; — *4* Induktivitätsmeßbrücke; — *5* Siebkreis; — *6* fremd gesteuerter Gleichrichter; — *7* Anzeigeinstrument; R_1, ωL_1 veränderbare Induktivität; — $R_2 \ldots R_4$ feste Brückenwiderstände; — C_4 Meßkondensator

gehend unabhängig von der Höhe der Meßspannung, weil die Richtkraft in derselben Weise von der Spannung abhängt wie der Diagonalstrom.

Die beiden nächsten Abbildungen zeigen zwei Differenzschaltungen. In Abb. 123 liegt die veränderbare Induktivität in einer Wheatstonebrücke, deren Ausgangsspannung gleichgerichtet und mit einer konstanten Spannung verglichen wird.

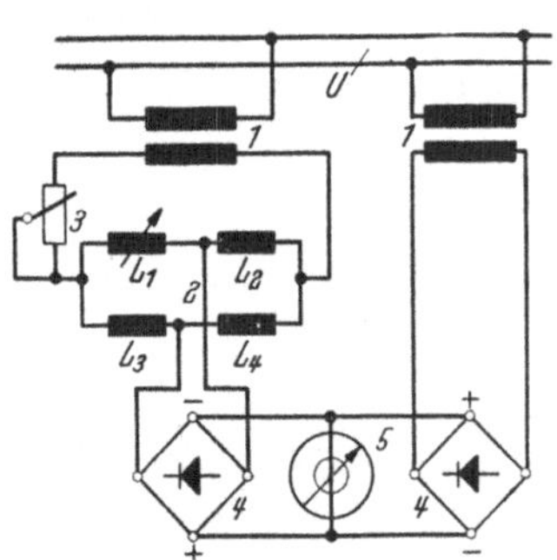

Abb. 123. Induktivitätsmessung in Differenzschaltung mit Gleichrichtern.
1 Netzanschlußwandler; — *2* Induktivitätsmeßbrücke; — *3* Empfindlichkeitsregler; — *4* Gleichrichter in Graetzschaltung; — *5* Anzeigeinstrument; — L_1 veränderbare Induktivität; — $L_2 \ldots L_4$ feste Induktivitäten

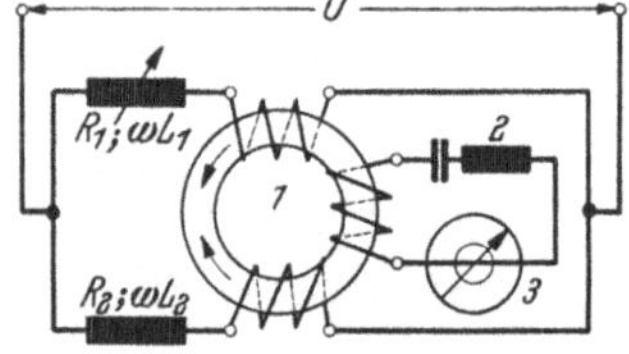

Abb. 124. Induktivitätsmessung mit Differenzwandler.
R_1, ωL_1 veränderbare Induktivität; — R_2, ωL_2 Vergleichsinduktivität; — *1* Differenzwandler; — *2* Sperrkreis für die Netzfrequenz; — *3* Anzeigeinstrument

In Abb. 124 wird der Vergleich auf der Wechselstromseite durchgeführt. Von den beiden gegeneinandergeschalteten Wicklungen eines Differenzwandlers wird die eine über die zu messende Induktivität, die andere über eine Vergleichsinduktivität gespeist. Der Differenzfluß induziert in der dritten Wicklung des Wandlers eine EMK, die ein Maß für die Abweichung der Meßinduktivität von der Vergleichsinduktivität ist.

5. Zeit und Elektrizitätsmenge

Zwischen der Elektrizitätsmenge Q, der Zeit t und der Stromstärke i besteht die Beziehung

$$Q = \int i\,dt. \tag{229}$$

Man kann demnach aus der gemessenen Elektrizitätsmenge Q die Zeit t ermitteln, wenn das Integral des Stromes bekannt ist.

a) Amperestundenzähler

α) Magnetmotorzähler. Der Magnetmotorzähler entwickelt ein Antriebsmoment

$$M_a = k \cdot H \cdot i_a \cdot l \cdot w = k_1 \cdot i_a H \tag{230}$$

und ein Bremsmoment

$$M_b = k_2 \cdot \omega_1 \cdot H^2. \tag{231}$$

Darin ist:

i_a der Ankerstrom, w die Windungszahl,
l die induzierte Windungslänge, ω_1 die Winkelgeschwindigkeit des Ankers.

Im stabilen Lauf ist $M_a = M_b$ und es wird

$$\omega_1 = k_3 \frac{i_a}{H} = k_4 \cdot i_a. \tag{232}$$

Die Umdrehungszahl des Zählers ist

$$u = \frac{1}{2\pi} \int_0^t \omega_1 \cdot dt = C_z \cdot \int_0^t i_a \cdot dt \tag{233}$$

oder bei konstantem Strom I_a

$$u = C_z \cdot I_a \cdot t. \tag{234}$$

Die vom Zählwerk registrierte Umdrehungszahl u ist also bei konstantem Strom I_a proportional der Einschaltedauer t, C_z ist die Zählerkonstante u/Ah.

Das Verfahren wird zur Zeitmessung selten angewendet, weil es viel einfachere Methoden gibt.

β) Elektrolytzähler. Zwischen der bei der elektrolytischen Stromleitung bewegten Stoffmenge und der Elektrizitätsmenge besteht ein unveränderliches Verhältnis, weil dasselbe Ion stets dieselbe elektrische Ladung hat. Man kann demnach aus der transportierten Stoffmenge auf die Elektrizitätsmenge schließen. Darauf beruhen die Elektrolytzähler. Eine Ah befördert eine Stoffmenge M

$$M = 37{,}3 \cdot \frac{a}{n}\,\text{mg}, \tag{235}$$

darin ist a das Atomgewicht und n die Wertigkeit des transportierten Stoffes. Bei konstanter Stromstärke kann man demnach aus der transportierten Stoffmenge auf die Einschaltedauer schließen. Auch diese Zähler werden für Zeitmessungen kaum angewendet.

b) Synchronmotor

Die Drehzahl eines Synchronmotors ist proportional der Frequenz $n = k\omega$; die Umdrehungszahl ist

$$u = \int_0^t n \cdot dt = k \int_0^t \omega \cdot dt. \tag{236}$$

Bei konstanter Frequenz kann man also aus der Umdrehungszahl u eines Synchronmotors die Einschaltedauer ermitteln, unabhängig von Schwankungen der Versorgungsspannung oder Umwelteinflüssen.

Die Frequenz kann man wiederum außerordentlich genau konstant halten. Auf diesem Prinzip beruhen die elektrischen Synchronuhren und die Synchron-Zeitzähler.

c) Drehspulgalvanometer

Gibt man auf ein Drehspulgalvanometer einen Stromstoß i, dessen Dauer t klein ist gegen die Eigenschwingungsdauer des Galvanometers, so erhält man einen Ausschlag

$$\gamma = \frac{i \cdot t}{C_B}, \tag{237}$$

worin C_B die ballistische Konstante des Galvanometers bedeutet. Das Gerät ist ein Elektrizitätsmengenmesser, der bei konstantem Strom zum Zeitmesser wird und sich für die Messung kurzer Zeiten eignet.

Die notwendige große Eigenschwingungsdauer kann man auf zweierlei Weise erreichen.

α) Ballistisches Galvanometer. Beim ballistischen Galvanometer erreicht man die niedrige Eigenfrequenz durch ein großes Trägheitsmoment. Die ungedämpfte Eigenfrequenz des beweglichen Organs eines Galvanometers ist

$$\nu_0 = \frac{1}{2\pi}\sqrt{\frac{D}{J}} \tag{238}$$

und die Dauer der ungedämpften Eigenschwingung

$$T_0 = \frac{1}{\nu_0} = 2\pi\sqrt{\frac{J}{D}}. \tag{239}$$

Darin bezeichnen J das Trägheitsmoment des beweglichen Organs und D das Drehmoment.

Im gedämpften Zustand gilt für die Eigenschwingungsdauer

$$T = \frac{T_0}{\sqrt{1 - \alpha^2}}. \tag{240}$$

α ist der Dämpfungsgrad.

Das ballistische Galvanometer ist normal gedämpft, seine hohe Eigenschwingungsdauer wird durch großes Trägheitsmoment erreicht. Das Instrument schlägt auf einen Wert γ aus, der proportional der durchgeflossenen Elektrizitätsmenge ist, und kehrt nach Beendigung des Stromstoßes in die Nullage zurück, der Umkehrpunkt der Zeigerbewegung wird abgelesen.

β) **Kriechgalvanometer.** Im Gegensatz zum ballistischen Galvanometer hat das Kriechgalvanometer ein normales Trägheitsmoment und die hohe Eigenschwingungszeit wird durch ein kleines Drehmoment und überaperiodische Dämpfung erreicht. Das Instrument schlägt wie das ballistische Galvanometer auf einen Wert γ aus, der dem Integral $\int_0^t i \cdot dt$ entspricht, es bleibt jedoch infolge seiner großen Dämpfung längere Zeit auf dem erreichten Ausschlag stehen und muß mechanisch oder elektrisch auf Null zurückgestellt werden.

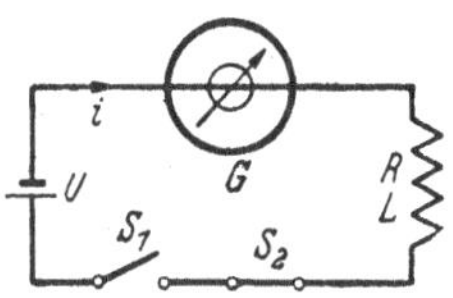

Abb. 125. Zeitmessung mit dem ballistischen Galvanometer mit Ein- und Ausschalter.
U Meßspannung; — i Meßstrom; — R Widerstand des Meßkreises; — L Induktivität des Meßkreises; — S_1 Einschalter; — S_2 Ausschalter

γ) **Schaltungen der ballistischen Galvanometer.** Der Meßbereich der ballistischen Galvanometer erfaßt Zeiten von etwa 1 msek ... 30 sek, die einfachste Schaltung zeigt Abb. 125.

Bezeichnen R den Widerstand, L die Induktivität, U die Spannung, i den Strom des Meßkreises, C_B die ballistische Konstante und γ den Ausschlag des Galvanometers, dann gilt

$$U = i R + L \cdot \frac{di}{dt} \tag{241}$$

oder

$$i = \frac{U}{R}\left(1 - e^{-\frac{R}{L}\cdot t}\right). \tag{242}$$

In der Zeit t zwischen dem Schließen des Schalters S_1 und dem Öffnen des Schalters S_2 fließt durch das Galvanometer die Elektrizitätsmenge

$$Q = \int_0^t i\, dt = \frac{U}{R}\left[t - \frac{L}{R}\left(1 - e^{-\frac{R}{L}\cdot t}\right)\right] = C_B \cdot \gamma. \tag{243}$$

Dabei ist zur Zeit $t = 0$, $Q = 0$ und $i = 0$ gesetzt. Für einen Stromkreis mit vernachlässigbarer Induktivität folgt daraus

$$Q = \frac{U}{R} \cdot t = C_B \cdot \gamma \tag{244}$$

oder

$$t = \frac{Q R}{U} = C_B \cdot \gamma \cdot \frac{R}{U}. \tag{245}$$

Da ballistische Konstante C_B, Widerstand des Stromkreises R und Meßspannung U Konstanten der Meßeinrichtung sind, kann man den Ausschlag γ proportional der Zeit t setzen

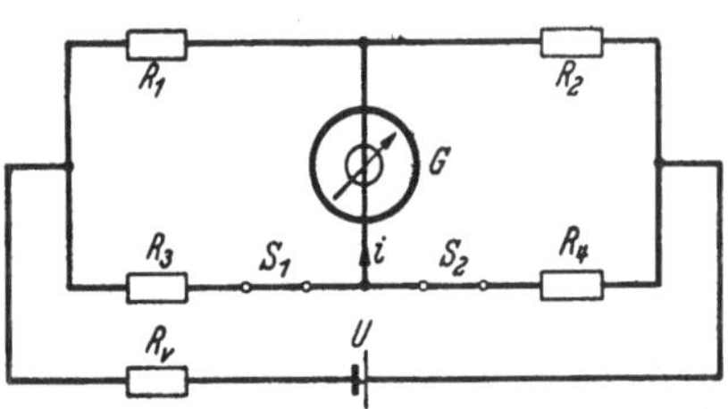

Abb. 126. Zeitmessung mit dem ballistischen Galvanometer in Brückenschaltung mit zwei Ausschaltern (RAMSAUER).

U Meßspannung; — i Meßstrom; — $R_1 \ldots R_4$ Brückenwiderstände; — R_v Vorwiderstand; — S_1, S_2 Ausschalter

$$t = k \cdot \gamma .$$

Die ballistische Konstante C_B kann rechnerisch oder empirisch durch Eichung mit einer bekannten Meßzeit ermittelt werden. Nach RAMSAUER arbeitet das Verfahren bis herab zu $t = 1 \times \times 10^{-6}$ sek einwandfrei. Zuweilen erscheint es wünschenswert, anstatt eines Ein- und Ausschalters zwei Ausschalter zu benutzen, dann verwendet man eine Brückenschaltung nach Abb. 126. Solange beide Schalter S_1 und S_2 geschlossen sind, ist die Brücke im Gleichgewicht und das Galvanometer stromlos; wenn der Schalter S_1 öffnet, fließt Strom durch die Brückendiagonale, wenn der Schalter S_2 ebenfalls öffnet, wird der Strom wieder unterbrochen.

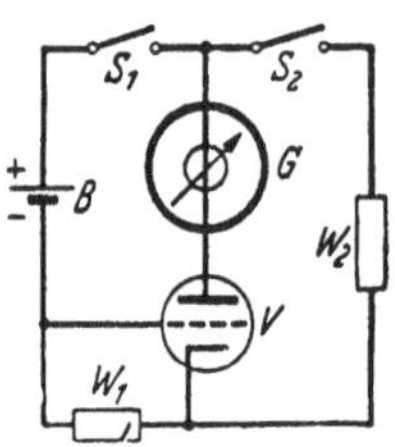

Abb. 127. Kurzzeitmessung mit dem ballistischen Galvanometer mit zwei Einschaltern (BÜGE).

S_1, S_2 Einschalter; — B Anodenbatterie; — W_1, W_2 feste Widerstände; — G ballistisches Galvanometer; — V Verstärker

Eine Röhrenschaltung mit zwei Einschaltern nach BÜGE zeigt Abb. 127.

Die Röhre V ist so geheizt, daß sie nach dem Schließen des Schalters S_1 ihren Sättigungsstrom liefert; wenn auch der Schalter S_2 geschlossen wird, fließt durch den kleinen Widerstand W_2 ein großer Strom, der am Widerstand W_1 einen großen Spannungsabfall hervorruft, wodurch das Gitter der Verstärkerröhre ein stark negatives Potential erhält und den Anodenstrom sperrt. Das ballistische Galvanometer erhält also in der Zeit zwischen dem Schließen von S_1 bis zum Schließen von S_2 einen Stromstoß mit dem Sättigungsstrom der Röhre.

d) Ladung oder Entladung eines Kondensators

Bezeichnet i den Lade- oder Entladestrom, C die Kapazität und t die Lade- oder Entladedauer eines Kondensators, so gilt bei konstantem Ladestrom für seine Klemmenspannung

$$U = \frac{i}{C} \cdot t, \tag{246}$$

und die Klemmenspannung könnte als Maß für die Ladezeit gelten, es ist jedoch nicht erforderlich, die Ladestromstärke konstant zu halten.

Betrachtet man die an einer Gleichspannungsquelle liegende Reihenschaltung eines Kondensators C mit einem Ohmschen Widerstand R nach Abb. 128, so gilt für die Ladung Q zur Zeit t nach dem Schließen des Schalters

$$Q = U \cdot C \cdot (1 - e^{-\frac{t}{R \cdot C}}). \tag{247}$$

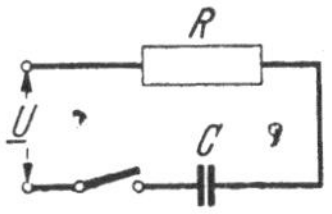

Abb. 128. Ladung eines Kondensators C über einen Widerstand R aus einer Gleichspannungsquelle U

Da die Daten des Stromkreises U, C und R konstant sind, kann die Zeit t aus der mit elektrostatischem Spannungsmesser oder ballistischem Galvanometer ermittelten Kondensatorspannung bzw. aus der Kondensatorladung bestimmt werden. In gleicher Weise kann die Entladung eines auf die Anfangsspannung U_a geladenen Kondensators C über einen Widerstand R zur Zeitmessung herangezogen werden. Zur Zeit t nach dem Schließen des Entladeschalters hat der Kondensator die Ladung

$$Q = U_a \cdot C \cdot e^{-\frac{t}{R \cdot C}}. \tag{248}$$

Kurzzeitmesser. Nach dem Kondensatorverfahren wurden verschiedene Kurzzeitmesser durchgebildet. Abb. 129 zeigt das absolute Verfahren mit dem ballistischen Galvanometer, so genannt, weil die ballistische Konstante des Galvanometers das Meßergebnis nicht beeinflußt. Am Anfang sind die Schalter S_1 und S_2 geschlossen und die Kapazität C auf die Spannung U aufgeladen. Die Ladung Q_0 des Kondensators wird mit dem ballistischen Galvanometer G durch Umlegen des Schalters S_3 gemessen und gebe den Galvanometerausschlag α_0. Wenn man den Schalter S_1 öffnet, entlädt sich der Kondensator über den Widerstand R, bis auch S_2 geöffnet wird und die Entladung beendet. Die Restladung Q gebe den Galvanometerausschlag α. Nun ist

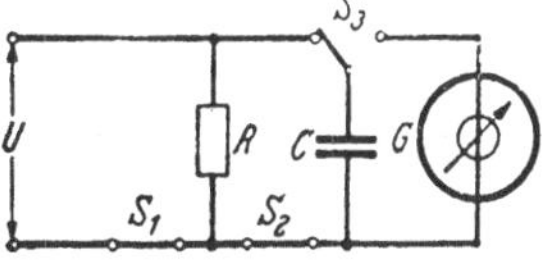

Abb. 129. Absolutes Verfahren der Zeitmessung durch Kondensatorladung und ballistisches Galvanometer.

U Meßspannung; — R Entladewiderstand; — C Meßkapazität; — G ballistisches Galvanometer; — S_1, S_2 Ausschalter; — S_3 Umschalter

$$Q_0 = U \cdot C, \tag{249}$$

$$Q = U \cdot C \cdot e^{-\frac{t}{R \cdot C}}, \tag{250}$$

$$t = R \cdot C \cdot \ln \frac{Q_0}{Q} = R \cdot C \cdot \ln \frac{\alpha_0}{\alpha}. \tag{251}$$

Das Verfahren eignet sich für den Meßbereich $1 \cdot 10^{-1} \ldots 1 \cdot 10^{-6}$ sek und ist am genauesten bei einem Verhältnis der Galvanometerausschläge $\alpha_0/\alpha = 3$.

6. Elastische Beanspruchung und Eigenfrequenz

Die Eigenfrequenz einer gespannten Saite ändert sich, wie von der Geige her bekannt ist, mit der mechanischen Spannung.

Nach *Hütte* ist die Frequenz ν der Grundwelle

$$\nu = \frac{v}{2\,l} = \frac{1}{2\,l}\sqrt{\frac{P}{\varrho\cdot F}}, \tag{252}$$

$$v = \sqrt{\frac{P}{\varrho\cdot F}}. \tag{253}$$

Darin ist:

l die Saitenlänge [cm],
v die Schallgeschwindigkeit in der Saite [cm sek^{-1}],
P die Saitenspannung [kg],
F der Saitenquerschnitt [cm^2],
ϱ die Dichte des Saitenwerkstoffs [kg sek^2 cm^{-4}].

Demnach kann man aus der Eigenfrequenz auf die Saitenspannung schließen und kann nach diesem Prinzip Druck und Zugkräfte messen. In Abb. 130 ist eine Saite *1* einerseits an der Kreismembran *8* befestigt und mit der einstellbaren Feder *9* vorgespannt. Biegt sich die Membran unter der Wirkung äußerer Kräfte durch, dann verringert sich die Saitenspannung und die Eigenfrequenz. Die Stahlsaite wird mechanisch, oder elektrisch durch den Magnet *2*, angestoßen und schwingt mit ihrer Eigenfrequnez zwischen den Polen eines gleichstromerregten Elektromagnets, dessen Induktivität sich im Rhythmus der Saitenschwingungen ändert. Der Wechselstromanteil des Stromes J_1 wird über den Übertrager *5* und den Verstärker *6* auf das eine Plattenpaar eines Kathodenoszillographen *7* gegeben. Das andere Plattenpaar des Kathodenoszillographen liegt an einer gleichen Einrichtung, in der jedoch die Saite *11* mit der Spannvorrichtung *12* von Hand so gespannt werden kann, daß die Spannungen und Eigenfrequenzen der beiden Saiten übereinstimmen. In diesem Fall zeigt sich auf dem Schirm des Kathodenoszillographen ein stehendes Bild, das je nach der Phasenlage der beiden Induktionsspannungen die Form einer Geraden, einer Ellipse oder eines Kreises

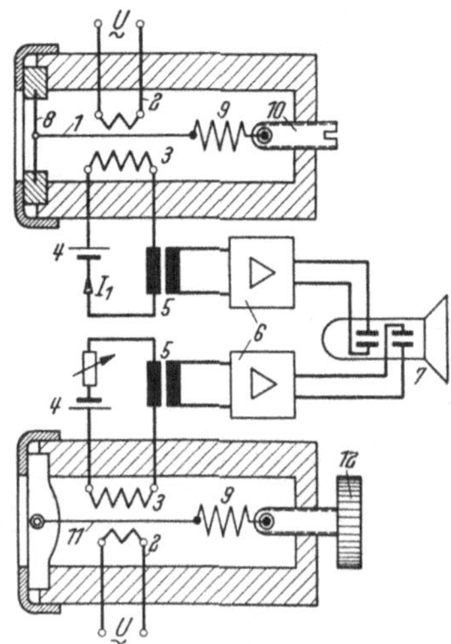

Abb. 130. Kraftmessung aus der Eigenfrequenz einer gespannten Saite.
1, 11 Saite; — *2* Erregung; — *3* Elektromagnet; — *4* Gleichstromquelle; — *5* Übertrager; — *6* Verstärker; — *7* Kathodenoszillograph; — *8* Membran; — *9* Vorspannfeder; — *10, 12* Vorspanneinrichtung

hat. An der Stellung der Spannvorrichtung *12* kann man die Spannung der Saite und damit die auf die Meßmembran *8* wirkende Kraft erkennen.

Das Gerät eignet sich in der beschriebenen Ausführung nur für statische Messung von Kräften, es wurde als Druckmesser für Meßbereiche bis 50 atü ausgeführt und ergab Anzeigefehler von $\pm$ 0,2%.

III. Wellenausbreitung und Bestrahlung

1. Allgemeines

Von einem Schwingungserzeuger oder Strahler ausgehende Strahlen pflanzen sich mit einer Geschwindigkeit fort, deren Größe durch die Natur der Strahlung und das Fortpflanzungsmedium bestimmt ist. Sie werden dabei von dem Medium mehr oder weniger stark reflektiert und absorbiert. Man kann demnach Strahlungsvorgänge in verschiedener Weise zu Meßzwecken heranziehen:

a) Bei bekannter Wellengeschwindigkeit kann man aus der Laufzeit der Welle auf die Entfernung zwischen Sender und Empfänger schließen. Werden die Wellen von einem Hindernis reflektiert, so können Sender und Empfänger am gleichen Ort stehen, und die Laufzeit ist ein Maß für die Entfernung des Hindernisses.

b) Bei bekannter Strahlungsintensität und bekanntem Absorptions- oder Reflexionskoeffizienten kann man aus der Schwächung des durchgedrungenen bzw. des reflektierten Strahles auf die Dicke des Mediums schließen.

c) Bei geradliniger Wellenausbreitung läßt sich die Lage eines Strahlers oder eines Reflektors aus Winkelmessungen in zwei Sende- bzw. Empfangsstationen mit bekanntem Abstand ermitteln.

d) Bei bewegten Reflektoren oder Strahlern kann man die Relativgeschwindigkeit des Empfängers oder Reflektors zum Sender aus dem Dopplereffekt herleiten, nach dem die Frequenz der empfangenen Welle höher ist als die Sendefrequenz. Welche Strahlenart angewendet wird, hängt vom Meßzweck ab. Mit Schall- bzw. Ultraschallwellen arbeiten Entfernungs- und Dickenmesser, mit elektromagnetischen Wellen die Radarverfahren zur Entfernungs- und Positionsmessung, mit radioaktiven Strahlern und Röntgenstrahlen Dicken- und Flächengewichtsmesser.

2. Radioaktive und Röntgenstrahler

Bei der elektrischen Entladung im Vakuum und beim Zerfall radioaktiver Elemente treten weitgehend übereinstimmende Strahlungen auf und man kann folgende Strahlenarten unterscheiden:

Die α-Strahlen oder Kanalstrahlen sind positive Ionen bzw. Heliumkerne; sie werden von zerfallenden radioaktiven Stoffen ausgeschleudert oder treten aus der Kathode einer Vakuumröhre aus. Alpha-Strahlen sind durch magnetische und elektrische Felder ablenkbar, werden von allen Stoffen stark absorbiert und haben ein geringes Durchdringungsvermögen.

Die β-Strahlen oder Kathodenstrahlen sind schnelle Elektronen, sie werden ebenfalls von radioaktiven Stoffen abgestrahlt oder treten aus der Kathode von Vakuumröhren aus und werden durch die Anodenspannung in Richtung auf die Anode beschleunigt. Beta-Strahlen sind ebenfalls durch elektrische und magnetische Felder ablenkbar und werden von allen Stoffen stark absorbiert, sie haben eine größere Reichweite und ein größeres Durchdringungsvermögen als α-Strahlen.

Die γ-Strahlen sind eine elektromagnetische Wellenstrahlung wie das Licht und sind weder durch elektrische noch durch magnetische Felder ablenkbar, es sind masse- und ladungsfreie Lichtquanten (Photonen).

Gamma-Strahlen werden von allen Stoffen mehr oder weniger stark absorbiert, ihr Durchdringungsvermögen ist sehr hoch.

Sehr harte, d. h. kurzwellige γ-Strahlen entstehen beim Zerfall radioaktiver Elemente, ihre Wellenlänge liegt bei $10^{-9} \ldots 10^{-11}$ cm; längerwellige γ-Strahlen, also weichere γ-Strahlen, entstehen beim Auftreffen von β-Strahlen auf feste Körper, insbesondere auf Schwermetalle, sie werden Röntgenstrahlen genannt. Die Wellenlänge der Röntgenstrahlen hängt von der Anodenspannung der Röntgenröhre ab, je höher die Anodenspannung ist, d. h. je höher die Geschwindigkeit ist, mit der die β-Strahlen auf die Antikathode auftreffen, desto kurzwelliger und härter ist die Strahlung. Die Wellenlänge der Röntgenstrahlen liegt bei $10^{-6} \ldots 10^{-10}$ cm, das ist weit im Ultraviolett. Die Wellenlänge violetten Lichts beträgt $(0{,}4 \ldots 0{,}44) \cdot 10^{-4}$ cm.

Nicht alle radioaktiven Elemente senden alle drei Strahlenarten aus und man spricht von α-, β- und γ-Strahlern, je nachdem das radioaktive Präparat Heliumkerne, Elektronen oder elektromagnetische Wellen aussendet. Maßgebend für die Beurteilung eines radioaktiven Strahlers ist die Strahlungsenergie und die Halbwertzeit, wobei unter Halbwertzeit die Zeitdauer bis zum Zerfall der halben anfangs vorhandenen Stoffmenge verstanden wird.

Alle drei Strahlenarten ionisieren die Atmosphäre mehr oder weniger stark und werden beim Auftreffen bzw. Durchdringen von Materie reflektiert bzw. gestreut und absorbiert; ihre Reichweite und Eindringtiefe hängt von Art und Energie der Strahlung ab.

Aus Strahlschwächung, Reflexion und Streuung kann man auf die Eigenschaften oder die Dicke des bestrahlten Körpers schließen, und damit ist die Bestrahlung zum Messen mechanischer Größen einsetzbar.

Alpha-Strahlen eignen sich für diese Messungen nicht, weil ihr Durchdringungsvermögen zu gering ist.

a) Beta-Strahler

Als β-Strahler kommen radioaktive Isotope in Frage, von denen die nachstehende Tabelle, nach Halbwertzeit gestuft, einige anführt. (Nach LANDOLT-BÖRNSTEIN und BOSCH.)

Radioaktives Isotop	Halbwertzeit	Max. Energie MeV	Durchstrahlbares Flächengewicht g/m²
Schwefel 35	88 Tage	0,167	300
Ruthenium 106	330 Tage	3,5	17000
Thallium 204	3,5 Jahre	0,78	3000
Kobalt 60	5,3 Jahre	0,31	800
Strontium 90 + Yttrium 90	21,6 Jahre	2,2	11000
Zäsium 137	33 Jahre	0,52	1700
Kohlenstoff 14	5590 Jahre	0,155	300

Die radioaktiven Strahler werden charakterisiert durch ihre Maximalenergie, das ist die Energie der schnellsten ausgestrahlten Elektronen, die Strahlungsintensität, das ist die Zahl der in der Zeiteinheit abgegebenen Elektronen, und die Halbwertzeit, das ist die Zeit, innerhalb der die Strahlungsintensität auf die Hälfte absinkt, innerhalb der also die Hälfte der anfangs vorhandenen radioaktiven Atome zerfallen ist.

Durch die Maximalenergie in Elektronenvolt ist die Durchdringungskraft der Strahlung bestimmt, durch die Halbwertzeit die Dauer, innerhalb der eine Nachjustierung erforderlich ist. Die Strahlungsintensität ist durch die Stoffmenge gegeben. Die Energie der β-Strahler liegt zwischen einigen Tausend und einigen Millionen Elektronenvolt.

α) Absorption der β-Strahlen. Beta-Strahlen werden von einem Werkstoff um so stärker absorbiert, je höher seine Ordnungszahl im periodischen System der Elemente ist, wobei die Ordnungszahl die Zahl der Protonen des Elementatoms angibt; das bedeutet, daß die Absorption proportional der Dichte des durchstrahlten Stoffes bzw. proportional dem Flächengewicht und bei konstanter Dichte proportional der Dicke des durchstrahlten Stoffes ist. Abb. 131 zeigt nach CLAPP und BERNSTEIN die relative Strahlintensität nach Durchstrahlung von Aluminiumfolien verschiedener Dicke bei Verwendung eines Strontium-90-Präparats.

Vergleicht man die Intensität des auftreffenden Strahles mit der Intensität des durchgedrungenen Strahls, so kann man aus der Strahlschwächung auf das Flächengewicht des durchstrahlten Stoffes bzw. bei konstantem spezifischem Gewicht auf die Dicke des durchstrahlten Stoffes schließen.

Die Beziehung für die Strahlschwächung lautet

$$I_1 = I_0 \cdot e^{-\mu d}. \qquad (254)$$

Darin bedeutet:

I_0 die Intensität des ungeschwächten Strahls,
I_1 die Intensität des geschwächten Strahles,
e die Basis der natürlichen Logarithmen,
μ den Schwächungskoeffizienten,
d die Materialdicke.

Über die Materialart oder Zusammensetzung vermag das Verfahren keinen Aufschluß zu geben, da die Strahlschwächung nur vom Flächen-

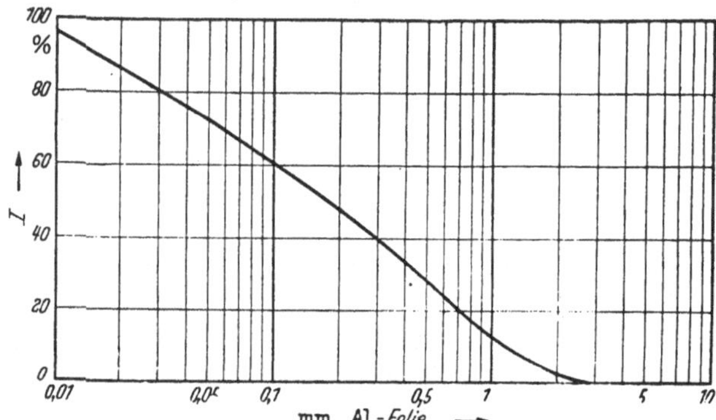

Abb. 131. Schwächung von β-Strahlen durch Aluminiumfolien. Präparat Strontium 90. (Nach CLAPP und BERNSTEIN)

gewicht abhängt; so wird z. B. eine β-Strahlung durch 1 mm Eisen ebenso geschwächt wie durch 2,9 mm Aluminium, da sich die spezifischen Gewichte wie 7,86 : 2,7 verhalten. Werkstoffe gleicher Dichte sind also nicht unterscheidbar.

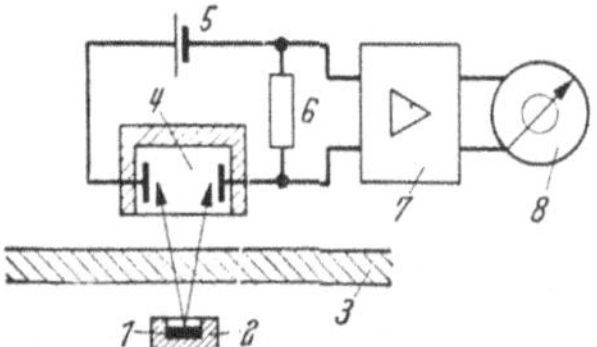

Abb. 132. Grundsätzliche Anordnung bei der Durchstrahlung mit β-Strahlen. *1* Strahlenquelle; — *2* Abschirmung der Strahlenquelle; — *3* durchstrahlter Prüfling; — *4* Strahlungsempfänger; — *5* Hilfsspannung; — *6* Meßwiderstand; — *7* Verstärker; — *8* Anzeigeinstrument

Da bei einem Präparat genügend großer Halbwertzeit die Strahlungsintensität als konstant angesehen werden kann, genügt es im allgemeinen, die Intensität des geschwächten Strahles zu messen. Die außerordentlich einfache Anordnung zeigt Abb. 132. Auf der einen Seite der zu messenden Stoffbahn wird der Strahler, auf der anderen ein Strahlungsmesser angebracht. Der Meßbereich der β-Strahlen-Dickenmesser ist begrenzt durch die Strahlungsenergie des Präparats, also durch die Reichweite der Strahlung und durch die Stabilität des Strahlendetektors. Die radioaktiven Stoffe strahlen in Quanten, die Strahlung ist also nicht kontinuierlich, sondern quasistationär, d. h., bei geringer Strahlungsintensität schwankt die Anzeige des Strahlungsdetektors mit jedem ankommenden Elektron und man muß das Anzeigeinstrument dämpfen. Die Dämpfung aber verzögert die Anzeige.

Einen Begriff von der Anwendungsmöglichkeit der β-Strahler gibt die nachstehende Übersicht; wie man daraus sieht, ist es wichtig, für jede Werkstoffdicke ein geeignetes Präparat zu wählen. Selbstverständlich muß der geschwächte Strahl noch eine hinreichende Intensität für den Betrieb des Strahlungsmessers haben, der Meßbereich muß also kleiner sein als die maximal durchstrahlbare Materialdicke. Zweckmäßig wählt man $I_1 = 0{,}5\ I_0$, also eine Strahlschwächung um 50%.

Strahlenquelle	Durchstrahlbares Flächengewicht (Meßbereich) kgm^{-2}	Durchstrahlbare Materialdicke in mm bei 50% Strahlschwächung				
		Messing, Kupfer $\gamma = 8{,}5\cdots 8{,}9$ g/cm^3	Stahl $\gamma = 7{,}85$ g/cm^3	Aluminium, Glas $\gamma = 2{,}7$ g/cm^3	Kunststoff $\gamma = 1{,}6$ g/cm^3	Gummi $\gamma = 1{,}0$ g/cm^3
Schwefel 35 Kohlenstoff 14	0,3 (0,15)	0,02	0,02	0,05	0,1	0,15
Kobalt 60	0,8 (0,4)	0,04	0,05	0,15	0,25	0,4
Zäsium 134	1,35 (0,675)	0,08	0,085	0,25	0,4	0,65
Zäsium 137	1,7 (0,85)	0,10	0,11	0,3	0,5	0,85
Thallium 204	3 (1,5)	0,17	0,19	0,55	0,9	1,5
Strontium 90 + Yttrium	11 (5,5)	0,6	0,7	2,0	3,5	5,5

Nach Abb. 132 durchdringen die Strahlen auf ihrem Weg vom Strahler zum Strahlungsempfänger nicht nur den Prüfling, sondern auch die Luft und werden von der Luftschicht entsprechend ihrem spezifischen Gewicht absorbiert. Da sich das spezifische Gewicht der Luft mit der Temperatur und dem Druck, ferner mit dem Wassergehalt und eventuellen Verunreinigungen ändert, muß man die durchstrahlte Luftstrecke möglichst kurz halten, um ihren Einfluß möglichst zu verringern. Man kann aber auch nach Abb. 133 zwei Strahler anordnen, von denen der eine ein Normal, der andere die Prüflinge durchstrahlt, und kann zunächst durch Änderung des Strahlenweges bei gleichen Prüflingen beide Empfänger auf gleiche Anzeige bringen. Dann spielen gleiche Änderungen des spezifischen Gewichts der Luft in beiden Meßstrecken keine Rolle. Ebenso wie die Luft im Strahlengang beeinflussen auch im Prüf-

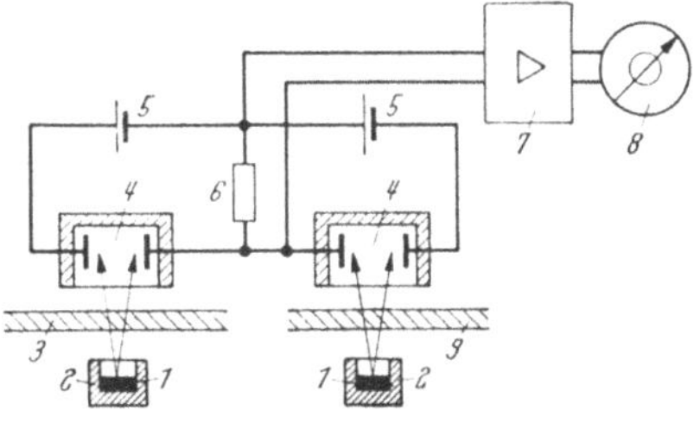

Abb. 133. Materialdurchstrahlung in Differenzschaltung.

1 Strahlenquelle; — *2* Abschirmung der Strahlenquelle; — *3* durchstrahlter Prüfling; — *4* Strahlungsempfänger; — *5* Hilfsspannung; — *6* Meßwiderstand; — *7* Verstärker; — *8* Anzeigeinstrument; — *9* Standardmaterial

ling enthaltene Feuchtigkeit, Farbanstriche, Rost usw. die Absorption der β-Strahlen und damit die Anzeige in demselben Maße, wie sie das Flächengewicht verändern.

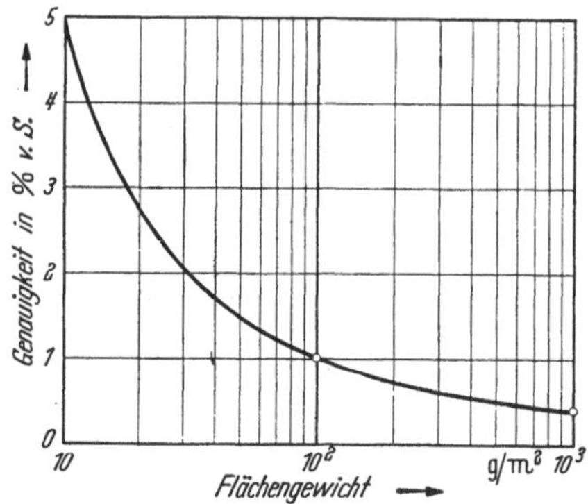

Abb. 134. Abhängigkeit der Genauigkeit der Durchstrahlungsmessung vom Flächengewicht des Prüflings. (Nach FRIESEKE und HÖPFNER)

Das Absorptionsverfahren mit β-Strahlern eignet sich für Dickenmessungen an Werkstoffen von etwa (0,2 ... 10) kg/m² Flächengewicht. Daraus läßt sich die meßbare Materialdicke d für die verschiedenen Werkstoffe leicht berechnen, sie ist

$$d = G/\gamma .$$

Darin ist:

G das Flächengewicht,
γ das spezifische Gewicht.

Das Verfahren arbeitet auf etwa $\pm 2\%$ genau, die Genauigkeit steigt mit zunehmendem Flächengewicht. Abb. 134 zeigt die Genauigkeit für verschiedene Flächengewichte nach Angaben von Frieseke & Höpfner.

β) Reflexion der β-Strahlen. Beta-Strahlen werden von den Werkstoffen nicht nur absorbiert, sondern auch reflektiert, und auch die Reflexion steigt mit der Ordnungszahl des reflektierenden Stoffes, d. h. mit dem Flächengewicht, und bei konstanter Dichte mit der Dicke des Reflektors. Dies gilt allerdings nur bis zur halben Eindringtiefe der betreffenden Strahlung, weil das reflektierte Elektron noch hinreichende Energie haben muß, auch den Rückweg durch das Material und die Luftstrecke bis zum Strahlungsempfänger zurückzulegen, wie Abb. 135 zeigt. Über dieser Dicke werden zwar noch Elektronen reflektiert, gelangen aber nicht mehr zurück. Das Reflexionsvermögen und die Anzeige des Strahlungsempfängers steigen also bei weiterer Zunahme der Materialdicke nicht mehr an. Diese Materialstärke nennt man die Grenzdicke des reflektierenden Materials für einen gegebenen Strahler. Abb. 136 zeigt den Anstieg der reflektierten Strahlung mit der Materialdicke nach CLARKE, CARLIN und BARBOUR. Für einen bestimmten Strahler ist das der Grenzdicke entsprechende Flächengewicht für alle Werkstoffe konstant. Das Verhältnis der reflektierten Strahlung J_1 zu der bei

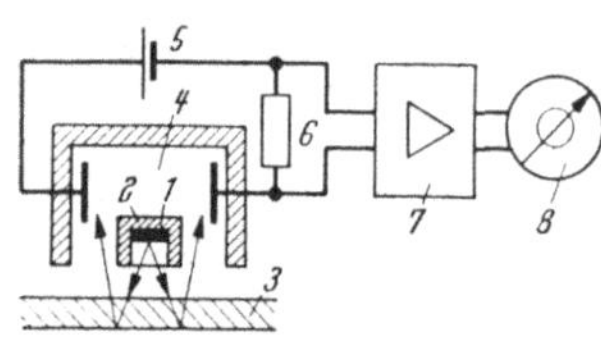

Abb. 135. Grundsätzliche Anordnung bei der Reflexion von β-Strahlen. *1* Strahlenquelle; — *2* Abschirmung der Strahlenquelle; — *3* durchstrahlter Prüfling; — *4* Strahlungsempfänger; — *5* Hilfsspannung; — *6* Meßwiderstand; — *7* Verstärker; — *8* Anzeigeinstrument

Grenzdicke reflektierten Strahlung J_0 ist

$$J_1 = J_0 (1 - e^{-\varepsilon d}). \tag{255}$$

Darin ist:

ε der Reflexionskoeffizient, d die Materialdicke.

Das Reflexionsvermögen, abhängig von der Ordnungszahl des Reflektors, ist in Abb. 137 nach CLARKE, CARLIN und BARBOUR wiedergegeben.

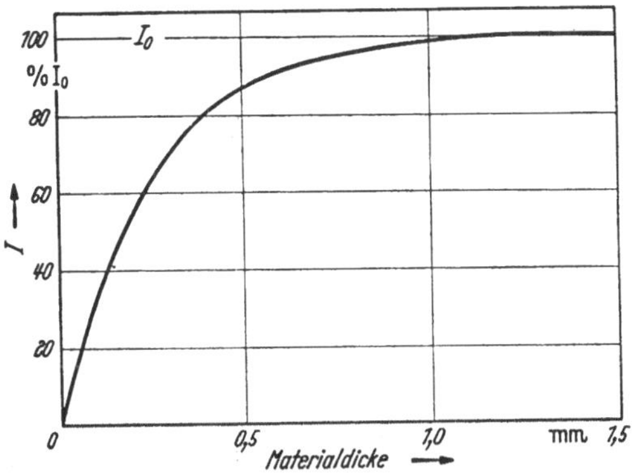

Abb. 136. Abhängigkeit der Reflexion von β-Strahlen von der Materialdicke. (Nach CLARKE, CARLIN und BARBOUR)

$J_1 = J_0 \cdot (1 - e^{-\varepsilon d})$; $(\varepsilon = 4)$

Die Lage des reflektierenden Materials zur Ionisationskammer spielt keine Rolle, da es sich um eine diffuse Reflexion handelt, es ändert sich lediglich die Empfindlichkeit und man wird deshalb Strahlenquelle und den Strahlungsempfänger so anordnen, daß ein möglichst großer Anteil der reflektierten Strahlung den Empfänger erreicht. Die Entfernung des Strahlers und des Empfängers vom Reflektor liegt zwischen 5 und 15 mm und hängt natürlich von der geometrischen Anordnung ab.

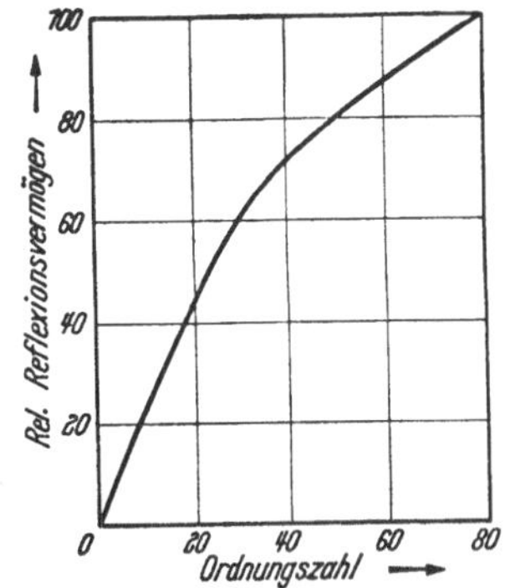

Abb. 137. Relatives Reflexionsvermögen für β-Strahlen, abhängig von der Ordnungszahl der Elemente. (Nach CLARKE, CARLIN und BARBOUR)

Die Dickenlehren werden mit Werkstoffen bekannter Ordnungszahl und Dicke empirisch geeicht. Der Vorzug des Reflexionsverfahrens liegt darin, daß Strahlungsquelle und Empfänger auf derselben Seite des Werkstoffes liegen, die andere Seite also nicht zugänglich zu sein braucht. Bei geschichteten Werkstoffen, deren Schichten verschiedene Ordnungszahlen haben, kann man die Dicke der oberen Schicht allein messen, man kann also Auftragsdicken bestimmen. Mißt man beispielsweise bei einem bestimmten blanken Trägermaterial die Reflexion und bringt auf den Träger einen Auftrag mit anderer Ordnungszahl, so wird die Reflexion kleiner, wenn der Auftrag eine kleinere Ordnungszahl hat als der Träger, größer, wenn der Auftrag eine größere Ordnungszahl hat als der Träger. Die Änderungen der Reflexion sind bei bekanntem Flächengewicht des Auftrags ein Maß für die Auftragsdicke, solange die Auftragsdicke klein gegenüber der Grenzdicke und die Dicke des Trägers größer als seine Grenzdicke ist. Zweckmäßig bleibt man dabei in dem Gebiet der Auftragsdicke, in dem die Reflexion noch annähernd linear mit der Dicke ansteigt. Wenn die Dicke des Trägers geringer als die Grenzdicke ist, beeinflussen seine Dickenschwankungen das Meßergebnis. Die Genauigkeit des Reflexionsverfahrens ist gegeben durch den Unterschied der Ordnungszahlen von Träger und Schicht; die Unsicherheit beträgt $0{,}3/A$ mg cm^{-2}, wenn A die Differenz der Ordnungszahlen ist. Das Verfahren ist insbesondere von Bedeutung für die Messung von Auftragsdicken sowie für die Messung der Dicke von Stoffbahnen, während sie über Kalanderwalzen laufen.

Die Dickenmessung mit β-Strahlern ist auf Werkstoffe von einigen mm Dicke beschränkt, bei größeren Materialstärken sind γ- oder Röntgenstrahlen anzuwenden.

b) Gamma-Strahler

Die γ-Strahlen haben eine weit höhere Durchdringungskraft als β-Strahlen und werden deshalb eingesetzt, wenn es sich um größere Materialstärken handelt, so kann man mit Iridium 192 Stahl von 10 bis 30 mm, mit Kobalt 60 Stahl von 30 bis 100 mm durchstrahlen.

Die Messung wird genauso wie mit β-Strahlen durchgeführt. Die radioaktiven γ-Strahler sind wesentlich billiger als Röntgengeräte, brauchen kein Versorgungsnetz und sind so klein, daß man sie auch an schlecht zugänglichen Stellen anbringen kann. Da sie nach allen Seiten strahlen, kann man gleichzeitig eine Gruppe kreisförmig aufgestellter Prüflinge untersuchen.

Als Meßmethoden kommen sowohl die Durchstrahlung wie die Reflexion in Frage, die erzielbare relative Genauigkeit ist $\pm 0{,}1\%$.

Beim Reflexionsverfahren müssen die reflektierten Strahlen von den direkten durch Abschirmung getrennt werden oder durch selektive Auswahl der energieärmeren reflektierten Strahlung mit dem Szintillationszähler und einem Impulshöhenanalysator.

Die γ-Strahlung wird verwendet zur Dickenmessung bei großer Materialstärke, zur Prüfung von Schweißnähten, als Risseprüfer usw.

c) Röntgenstrahler

Wenn die aus einer Glühkathode ausgetretenen Elektronen durch hohe Anodenspannung beschleunigt auf eine Antikathode aus Schwermetall auftreffen, gehen von der Aufschlagstelle Röntgenstrahlen aus, deren Intensität von der Zahl der auftreffenden Elektronen und deren Wellenlänge von der Aufprallgeschwindigkeit abhängt. Die Zahl der auftreffenden Elektronen ist aber proportional dem Heizstrom der Kathode, die Elektronengeschwindigkeit ist proportional der Anodenspannung. Die Wellenlänge ist um so kleiner und die Durchdringungskraft um so größer, je größer die Anodenspannung ist; technische Röntgenröhren arbeiten mit Anodenspannungen von 25 ... 250 kV. Man kann also die Intensität und Härte der Röntgenstrahlen bequem regeln, wodurch sie den nicht regelbaren und nicht abschaltbaren radioaktiven γ-Strahlern überlegen sind. Anderseits liegt in der Abhängigkeit von der Versorgungsspannung auch ein Nachteil gegenüber der konstanten radioaktiven Strahlung, da Spannungsschwankungen von 1% bei Stahl eine Dickenschwankung um 2,8% vortäuschen können. Röntgenröhren müssen deshalb über Konstanthalteeinrichtungen betrieben werden oder man muß eine Differenzschaltung nach Abb. 138 anwenden. Weitere Nachteile der Röntgenapparaturen sind: hohes Gewicht, große Abmessungen und hoher Preis gegenüber radioaktiven γ-Strahlern. Die Dicke von Werkstoffen kann man sowohl aus der Absorption wie der Reflexion oder der Streuung von Röntgenstrahlen ermitteln.

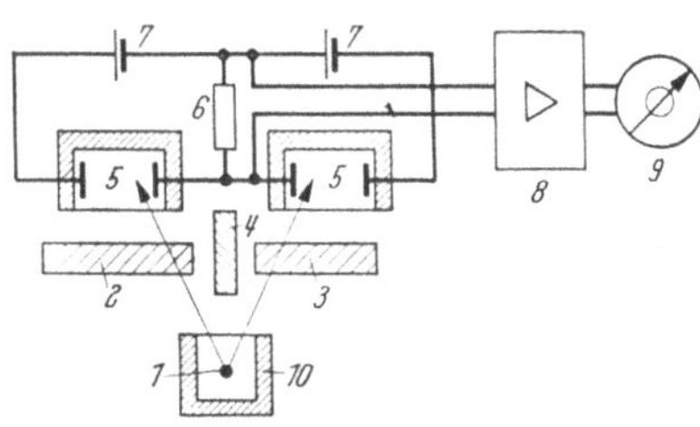

Abb. 138. Röntgendurchstrahlung mit zwei Ionisationskammern in Differenzschaltung.
1 Antikathode; — *2* Prüfling; — *3* Normal; — *4* Schirm; — *5* Ionisationskammer; — *6* Meßwiderstand; — *7* Kammerspannung; — *8* Verstärker; — *9* Anzeigeinstrument; — *10* Abschirmung der Röntgenröhre

α) Absorption von Röntgenstrahlen. Für die Strahlschwächung beim Durchgang durch Materie gilt die Gleichung

$$I_1 = I_0 \cdot e^{-\mu d}, \tag{256}$$

worin bedeuten:

I_0 die Intensität der ungeschwächten Strahlung,
I_1 die Intensität der geschwächten Strahlung,
μ den Schwächungskoeffizienten,
d die Werkstoffdicke,
e die Basis der natürlichen Logarithmen.

Der Schwächungskoeffizient setzt sich aus dem Absorptions- und dem Streuungskoeffizienten zusammen.

Der Absorptionskoeffizient wächst ungefähr mit der 3. Potenz der Ordnungszahl des durchstrahlten Elements und mit der 3. Potenz der Wellenlänge der Strahlung.

Der Streuungskoeffizient ist unabhängig von der Ordnungszahl; Absorptions- und Streuungskoeffizient wachsen mit dem spezifischen Gewicht des durchstrahlten Stoffes.

Da die Strahlung einer Röntgenröhre nicht homogen, sondern ein Gemisch aus vielen verschiedenen Wellenlängen ist, kann man die Dicke

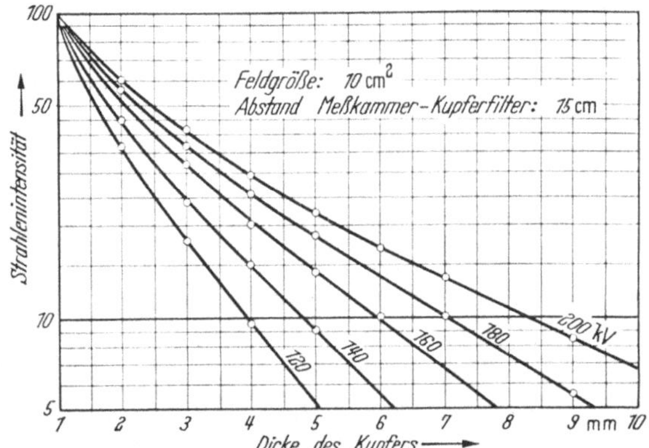

Abb. 139. Schwächung von Röntgenstrahlen beim Durchgang durch Kupfer, abhängig von der Röhrenspannung. (Aus BERTHOLD: Grundlagen der technischen Röntgendurchstrahlung. Leipzig: Joh. Ambr. Barth 1930)

eines Prüflings nicht nach der einfachen Gl. 256 berechnen, sondern muß die Meßapparatur mit Normalplatten bekannter Dicke eichen. Abb. 139 zeigt die Strahlschwächung beim Durchgang durch Kupfer für verschiedene Anodenspannungen.

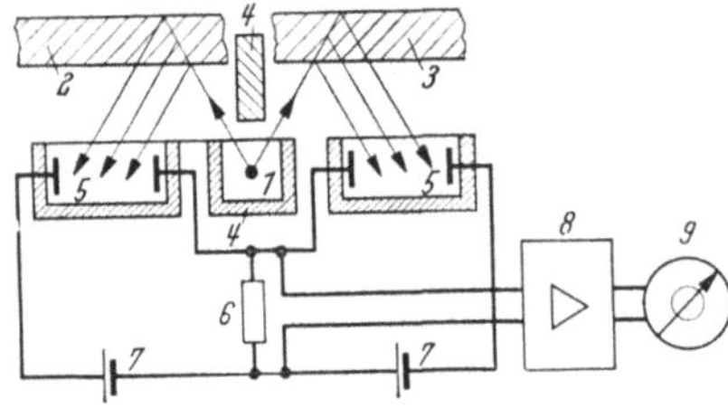

Abb. 140. Reflexionsverfahren mit Röntgenstrahlen.

1 Antikathode; — *2* Prüfling; — *3* Normal; — *4* Abschirmung der Röntgenröhre; — *5* Ionisationskammer; — *6* Meßwiderstand; — *7* Kammerspannung; — *8* Verstärker; — *9* Anzeigeinstrument

β) Reflexion von Röntgenstrahlen. Die Röntgenstrahlen werden ebenso wie γ-Strahlen reflektiert, und man kann nach Abb. 140 die Intensität der von einem Normal und vom Prüfling reflektierten Strahlen miteinander vergleichen, wobei die Strahlungsmeßgeräte natürlich gegen die direkten Strahlen der Röntgenröhre geschirmt sein müssen. Für die Intensität der reflektierten Strahlung gilt Gleichung

$$J_1 = J_0 (1 - e^{-\varepsilon d}) . \tag{257}$$

Das Reflexionsverfahren läßt sich auch für geschichtete Stoffe anwenden, wobei man die Intensität der vom Träger und von einer Auftragsschicht reflektierten Strahlen vergleicht.

Je dicker der Auftrag ist, desto stärker ist seine Reflexion und desto schwächer die Reflexion vom Grundmaterial.

γ) **Interferenz von Röntgenstrahlen.** Die Feinstruktur eines Materials kann man durch Interferenz der reflektierten Röntgenstrahlen untersuchen, und dasselbe Verfahren eignet sich auch, die Dicke von sehr dünnen Auftragsschichten auf einem Träger zu bestimmen. Die Röntgenstrahlen werden nach Abb. 141 sowohl von der aufgetragenen Schicht wie vom Träger reflektiert und es entstehen Interferenzringe, deren Abstände von der Differenz der Weglängen der reflektierten Strahlen abhängen. Durch Ausmessen der Interferenzbilder nach Anordnung und Schwärzung kann man die Dicke der aufgetragenen Schicht ermitteln. Auch bei diesem Verfahren arbeitet man zweckmäßig mit einem Normal bekannter Auftragsdicke.

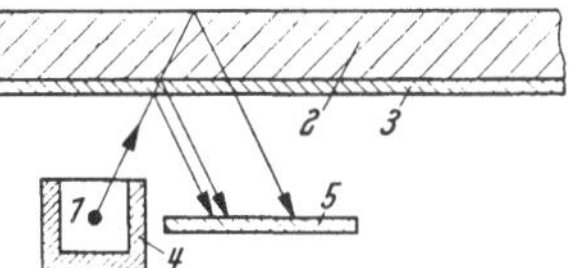

Abb. 141. Interferenzverfahren mit Röntgenstrahlen.
1 Antikathode; — 2 Trägermaterial; — 3 Auftrag; — 4 Abschirmung der Röntgenröhre; — 5 Photoplatte oder Röntgenschirm

Die Röntgenverfahren eignen sich zum Messen von Wanddicken, Auftragsdicken sowie zur Fehlersuche.

3. Strahlungsmeßgeräte

β-, γ- und Röntgenstrahlen ionisieren die Atmosphäre und geben dabei Energie ab; die entstehenden Elektronen und Ionen können auf verschiedene Weise zur Messung der Strahlungsintensität herangezogen werden.

a) Ionisationskammer

Die Ionisationskammer ist ein abgeschlossener gasgefüllter Raum mit zwei Elektroden, zwischen denen eine Gleichspannung liegt. Treten ionisierende Strahlen in die Kammer ein, so entstehen Elektronen und Ionen, deren Zahl der Strahlungsintensität proportional ist und die unter dem Einfluß der Kammerspannung zu den Elektroden wandern. Bei hinreichend hoher Kammerspannung erreichen alle geladenen Teilchen die Elektroden, und der Kammerstrom wächst bei weiterer Spannungssteigerung nicht mehr an; der Sättigungsstrom ist erreicht; er ist ein Maß für die Strahlungsintensität.

Der Sättigungsstrom ist proportional der Gasdichte in der Kammer und etwa proportional der 3. Potenz der Ordnungszahl des Füllgases, er hängt ferner von der Größe der Kammer, vom Werkstoff und der Dicke der Kammerwandungen ab und kann durch Einbringen von Zwischenwänden aus Schwermetall gesteigert werden.

Die Ionisationsströme liegen in der Größenordnung von 10^{-12} A und man mißt sie aus der Zeit, in der sie einen Kondensator bekannter Kapazität um einen bestimmten Betrag laden oder entladen oder indem man den Spannungsabfall, den sie an einem Widerstand hervorrufen, mit einem Verstärkerspannungsmesser ermittelt. Um am Verstärkereingang eine Spannung von 1 mV zu erreichen, ist ein Widerstand von $10^9\ \Omega$ erforderlich; die Eingangsröhre des Verstärkers muß sehr gut isoliert sein und einen kleinen Gitterstrom haben; meist wird sie mit der Ionisationskammer zusammengebaut.

Da die Gleichstromverstärker nicht über längere Zeit stabil sind, kann man in den Strahlengang einen Zerhacker bringen und dann mit Wechselstromverstärkern arbeiten. Abb. 142 zeigt die grundsätzliche Anordnung einer solchen Einrichtung nach CLAPP und BERNSTEIN.

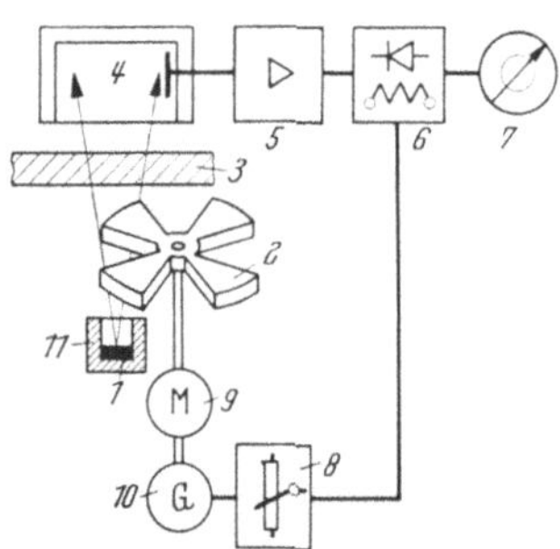

Abb. 142. Radioaktiver Dickenmesser mit zerhacktem Strahl und Wechselstromverstärker nach CLAPP und BERNSTEIN.

1 radioaktives Präparat; — *2* Zerhacker; — *3* Prüfling; — *4* Ionisationskammer; — *5* Verstärker; — *6* fremderregter Gleichrichter; — *7* Anzeigeinstrument; — *8* Amplitudenregler; — *9* Antriebsmotor für Zerhacker und Steuergenerator; — *10* Generator für die Steuerspannung des Gleichrichters; — *11* Abschirmung des Präparats

Zwischen dem Präparat *1* und dem Prüfling *3* liegt ein rotierender Schirm *2* aus Schwermetall, der die Strahlung etwa 100mal/sek unterbricht. Dadurch kann man einen Wechselstromverstärker verwenden, dessen Nullpunkt nicht so wandert wie der eines Gleichstromverstärkers. Der verstärkte Strom der Ionisationskammer wird verglichen mit einer Spannung gleicher Frequenz, aber entgegengesetzter Phase, deren Amplitude regelbar ist, so daß die Differenz beider Spannungen Null wird. Die Vergleichsspannung liefert der Generator *10*. Der Empfindlichkeitsregler *8*, mit dem man den Nullabgleich herbeiführt, kann unmittelbar in Dicke oder Flächengewicht geeicht werden. Die Abweichungen von einem eingestellten Normalwert zeigt das Instrument *7* an. Der Vorverstärker ist räumlich mit der Ionisationskammer vereinigt. Das Gerät eignet sich für Flächengewichte von 170... 5000 gm^{-2} und muß etwa alle 4 h mit einem Normal nachgestellt werden.

b) Geiger-Müller-Zähler

Steigert man die Spannung an den Elektroden einer Ionisationskammer nach Erreichen des Sättigungsstromes noch weiter, bis man in die Größenordnung von 10^3 V kommt, dann beginnt der Kammerstrom plötzlich wieder zu steigen, weil die stark beschleunigten Elektronen des Kammergases selbst wieder weitere Atome zu ionisieren vermögen. So löst jedes in die Kammer gelangte Elektron durch Stoßionisation eine Elektronenlawine von etwa 10^{-4} sek Dauer aus, und aus der Ionisationskammer ist eine Zählröhre geworden, die bei gleichmäßiger Verteilung 10000 Impulse je Sekunde aufzunehmen vermag. Die Anode einer solchen Zählröhre ist meist ein gerader Draht, den die Kathode zylindrisch umschließt. Die Prinzipschaltung gibt Abb. 143 wieder. Die Zählröhre ist weit weniger stabil als eine Ionisationskammer und deshalb für Daueranzeige nicht so gut geeignet.

Ein Strahlungsmeßgerät mit Geiger-Müller-Zähler, das sowohl die Einzelimpulse zählt, wie die mittlere Impulshäufigkeit anzeigt, wird von der Fa. Philips hergestellt, und ist nach Abb. 144 geschaltet. Die Impulse des Geiger-Zählers werden zunächst verstärkt, dann geformt, d.h. in Rechteckstöße gleicher Höhe und Breite umgewandelt, und danach gespeichert. Die geformten Impulse laden einen Kondensator, der sich zwischen je zwei Impulsen über einen hochohmigen Widerstand teilweise entladen kann und somit eine mittlere Spannung annimmt, die der Impulshäufigkeit entspricht. Diese Spannung wird verstärkt und angezeigt. Der Meßbereich des Gerätes reicht von 300 . . . 30000 Impulsen/min, die Dämpfung läßt sich im Verhältnis 1 . . . 10 variieren.

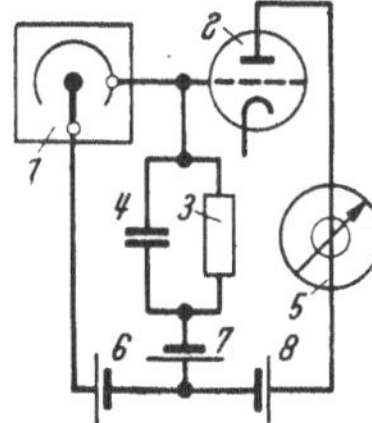

Abb. 143. Schema des Geiger-Müller-Zählers. *1* Zählröhre; — *2* Verstärker; — *3* Gitterwiderstand; — *4* Glättungskondensator; — *5* Anzeigeinstrument; — *6* Zählröhrenspannung; — *7* Gitterspannung; — *8* Anodenspannung

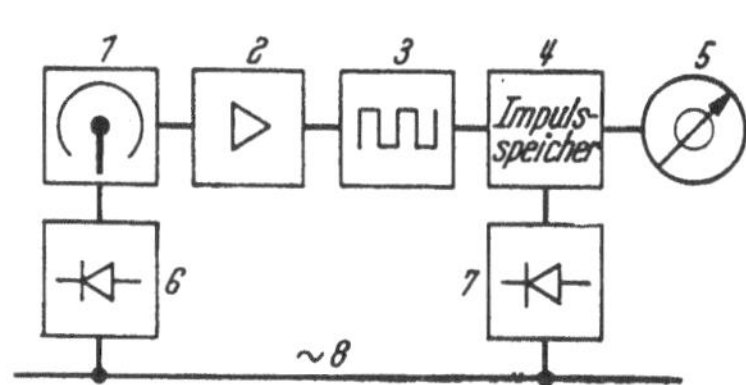

Abb. 144. Philips-Strahlungsmeßgerät. *1* Geiger-Müller-Zähler; — *2* Verstärker; — *3* Impulswandler; — *4* Impulsspeicher mit Meßbereichwähler und Dämpfungseinstellung; — *5* Anzeigeinstrument; — *6* Kaskadengleichrichter; — *7* stabilisierter Gleichrichter; — *8* Wechselstromnetz

Die Skala verläuft linear in Impulsen/Zeiteinheit, und die Anzeigegenauigkeit ist $\pm$ 2%.

c) Der Szintillationszähler

Gewisse Stoffe, z. B. Zinksulfid, Kalium- und Natriumjodid, fluoreszieren beim Auftreffen von Strahlen, d. h., beim Auftreffen jedes einzelnen Teilchens entsteht ein Lichtblitz. Diese Lichtblitze können durch Photoröhren verstärkt und der Ausgangsstrom gemessen werden; er ist infolge der hohen Verstärkung der Photoröhren wesentlich höher als bei einer Ionisationskammer, anderseits aber sind die Photoröhren wenig stabil und stark abhängig von der Hilfsspannung, weshalb stets Kompensationsverfahren angewendet werden müssen.

4. Ultraschallbestrahlung

Feste Körper, insbesondere Metalle, leiten Schallwellen sehr gut und können deshalb auch bei beträchtlicher Dicke mit geringer Energie durchstrahlt werden, anderseits wird der Ultraschall an der Grenze Metall–Luft nahezu vollkommen reflektiert, die Luft bildet also einen sehr großen Widerstand für den Ultraschall, und dadurch ist man in der Lage, Lufteinschlüsse, Lunker und Risse in einem Metall bereits bei Längen von 10^{-6} mm an dem Schatten zu entdecken, den sie im Ultraschallfeld werfen. Als Ultraschallsender verwendet man Piezoquarze, die von einem Hochfrequenzsender zu Schwingungen mit einer Frequenz von einigen MHz angeregt werden. Das Schallfeld mißt man mit piezoelektrischen Empfängern aus, in denen die mechanischen Schwingungen wieder in elektrische zurückverwandelt werden. Da bereits sehr dünne Luftschichten dem Schall einen erheblichen Widerstand entgegensetzen, muß man Sender und Empfänger über eine Flüssigkeitsschicht mit dem Prüfling koppeln, wofür sich Wasser, Öl oder Quecksilber eignen. Mit dem Durchstrahlungsverfahren lassen sich wohl Lufteinschlüsse im Prüfling feststellen, dagegen ist man nicht in der Lage, Dickenschwankungen zu messen.

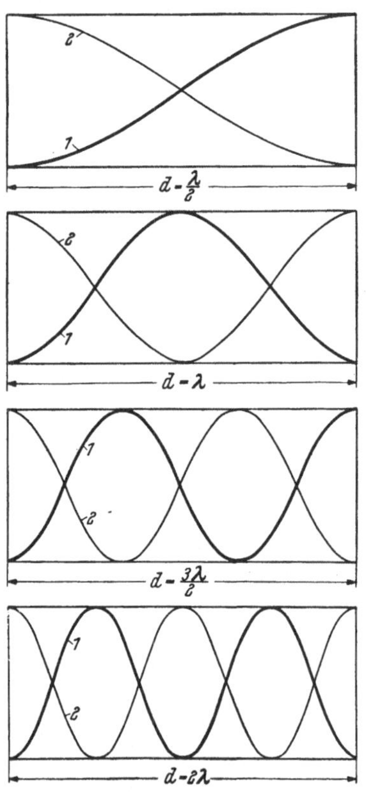

Abb. 145. Stehende Wellen in einer Platte von der Dicke d bei verschiedenen Wellenlängen, nämlich: $d = \lambda/2$; $d = \lambda$; $d = 3\,\lambda/2$; $d = 2\,\lambda$. *1* eingestrahlte Welle; — *2* reflektierte Welle (BRANSON)

Will man die Dicke eines Prüflings, etwa einer Platte, mit dem Ultraschallverfahren ermitteln, so muß man mit der Reflexion des Ultraschalls an der Austrittseite arbeiten. Der von einem Ultraschallsender über eine Flüssigkeitsschicht in den Prüfling geleitete Ultraschall regt den Prüfling zu Longitudinalschwingungen an. Auf der Rückseite des Prüflings wird der Ultraschall total reflektiert und kehrt zum Ultraschallsender zurück. Für die Ankopplung ist eine nichtkompressible Flüssigkeit zu verwenden.

Wenn die Dicke d des Prüflings gleich der halben Wellenlänge λ des Ultraschalls oder ein ganzzahliges Vielfaches davon ist

$$d = k \cdot \frac{\lambda}{2}, \tag{258}$$

gerät der Prüfling in Resonanz und es bilden sich stehende Wellen, wie Abb. 145 zeigt. Die Länge λ dieser Wellen hängt von der Schallgeschwindigkeit v_l in dem betreffenden Material und diese wieder von seiner Dichte und seinen Elastizitätskonstanten ab. Für die Geschwindigkeit v_l der Longitudinalwelle gilt

$$v_l = \sqrt{\frac{E}{\varrho} \cdot \frac{1-m}{(1+m)(1-2m)}}. \tag{259}$$

Darin ist:

E der Elastizitätsmodul, ϱ die Dichte, m die Poissonzahl des Materials.

Die Schallgeschwindigkeit ist weitgehend temperaturunabhängig. Bei Stahl ist sie auch unabhängig von der Legierung, einer etwa vorhergegangenen Wärmebehandlung sowie von elastischen Spannungen und den magnetischen Eigenschaften. Die nachstehende Tabelle gibt die Schallgeschwindigkeit für einige Werkstoffe nach KOHLRAUSCH an.

Material	Elastizitätsmodul E kg/cm²	Poissonzahl m	Schallgeschwindigkeit v_l m/sek
Aluminium	$0{,}74 \cdot 10^6$	0,34	5100
Stahl	$2{,}19 \cdot 10^6$	0,29	5100
Kupfer	$1{,}2 \cdot 10^6$	0,35	3900
Messing	$1{,}05 \cdot 10^6$	0,35	3400
Glas	$0{,}5 \ldots 0{,}8 \cdot 10^6$	0,2 ... 0,3	5000

Die longitudinale Eigenfrequenz ist

$$\nu_1 = \frac{v}{2d} \quad \text{oder} \quad d = \frac{v}{2\nu_1} = k \cdot \frac{\lambda}{2}, \tag{260}$$

wenn d die Dicke des Werkstoffs, λ die Wellenlänge, ν_1 die Eigenfrequenz und v die Schallgeschwindigkeit bezeichnen, da $\nu_1 \cdot \lambda = v$ ist.
Die Oberwellen dieser Eigenfrequenz haben die Frequenzen

$$\nu_2 = 2\,\nu_1; \quad \nu_3 = 3\,\nu_1 \quad \text{usw.}$$

Die Frequenzdifferenz zwischen zwei aufeinanderfolgenden Harmonischen ist gleich der Grundfrequenz

$$\nu_n - \nu_{n-1} = \nu_1 \tag{261}$$

und man kann für die Dicke auch schreiben

$$d = \frac{v}{2(\nu_n - \nu_{n-1})} = \frac{v}{2\,\nu_1}. \tag{262}$$

Wird nun die Erregerfrequenz gesteigert, bis Resonanz eintritt, so steigt im Augenblick der Resonanz die Energieaufnahme des Schwingungserzeugers steil an, und man kann aus der plötzlichen Zunahme des

Anodenstromes I_a in Abb. 146 das Eintreten der Resonanz erkennen. Um den Resonanzpunkt ganz scharf zu erfassen, betrachtet man nicht den Anodenstrom, sondern seine Änderung, also seinen Differentialquotienten nach der Zeit. In der Ausübung des Verfahrens setzt man einen Ultraschallerzeuger auf den Prüfling auf und ändert seine Frequenz zyklisch um einen bestimmten Betrag durch Verdrehen eines Abstimmkondensators im Resonanzkreis. Der Abstimmkondensator kann durch einen Motor mit gleichmäßiger Geschwindigkeit durchgedreht werden. Im Augenblick der Resonanz weist die Änderung des Anodenstroms dI_a/dt ein gut ausgeprägtes Maximum auf.

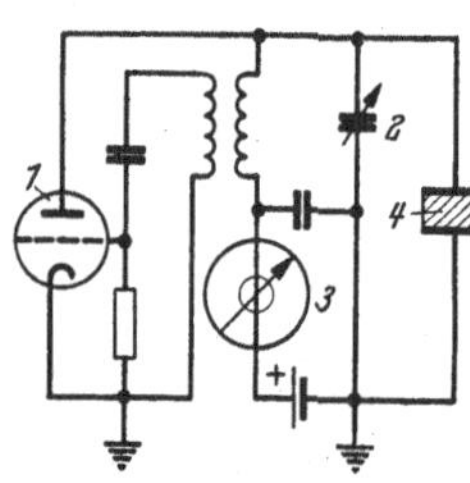

Abb. 146. Prinzipschaltbild des Ultraschall-Dickenmessers nach BRANSON.
1 Senderöhre; — *2* Abstimmkondensator mit Motorantrieb; — *3* Anzeigeinstrument; — *4* Ultraschallgenerator

Wenn man das Differential des Anodenstroms auf einen Kathodenoszillographen gibt, dessen Zeitablenkung synchron mit der Frequenzänderung erfolgt, also von dem gleichen Motor gesteuert wird, wie der Abstimmkondensator und dessen Kippspannung der Frequenz proportional ist, dann erscheint auf dem Schirm des Kathodenoszillographen eine scharf ausgebildete Zacke, deren Abstand vom Nullpunkt der Dicke des Prüflings entspricht.

Das Verfahren arbeitet mit Frequenzen von 1 ... 3 MHz und erlaubt, Stahldicken von 0,5 ... 300 mm mit einer Genauigkeit von 1 ... 2% von einer Seite her zu messen. Es wird angewendet zum Messen der Wandstärke von Behältern und Röhren.

Die Fläche, auf die der Quarz aufgesetzt wird, muß einigermaßen eben sein, und das Material darf innerhalb des durchstrahlten Bereichs, also unterhalb des Quarzes, keine starken Dickenschwankungen aufweisen. Die Quarze sind um so kleiner, je höher die Frequenz ist, ein Quarz für 1 ... 2 MHz hat etwa 35 mm Durchmesser. Die Ultraschallfrequenz muß um so höher sein, je dünner der Prüfling ist, bei dicken Prüflingen mit rauhen Oberflächen wendet man niedere Frequenzen an, bei Metall- und Glasplatten mit glatten, parallelen Oberflächen kann man mit Frequenzen bis zu 20 MHz arbeiten und bis zu 0,125 mm herunter messen. Schallschluckende Stoffe können natürlich nicht gemessen werden, da sie nicht reflektieren und somit keine Resonanz zustande kommt.

5. Lichtdurchstrahlung (Photoelastisches Verfahren) [*66*].

Einige Stoffe, wie Glas, Zelluloid, Plexiglas, werden bei mechanischer Beanspruchung doppelbrechend, d. h., sie lösen einen einfallenden Lichtstrahl in einen parallel zur Einfallsebene und einen senkrecht zur Einfallsebene polarisierten Strahl auf. Werden sie von polarisiertem Licht getroffen, so drehen sie die Polarisationsebene. Diese Erscheinung kann man zum Messen von Kräften heranziehen (Abb. 147). Das Licht einer Lichtquelle *1* fällt durch einen Polarisator *3* auf den Druckkörper *4* aus doppelbrechendem Material und über einen zweiten Polarisator *5* auf die Photozelle *6*. Die Achsen der beiden Polarisatoren sind gegeneinander um 90° und gegen die Achse des Druckkörpers *4* um je 45° gedreht, und solange der Druckkörper nicht belastet wird, ist die Photozelle dunkel. Bei mechanischer Beanspruchung des Druckkörpers dreht sich die Po-

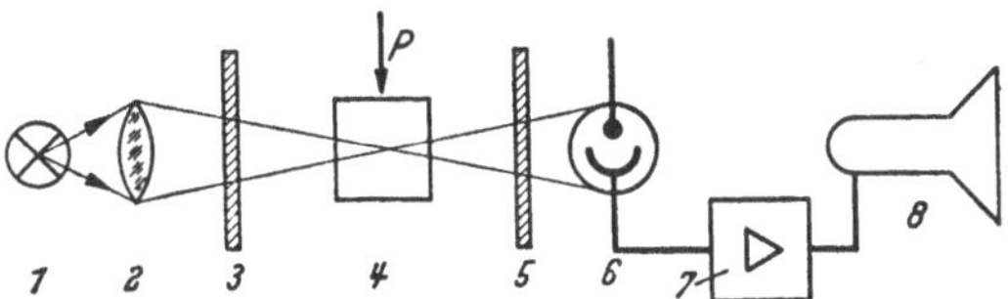

Abb. 147. Kraftmessung nach dem photoelastischen Verfahren. (Aus OROWAN, SCOTT u. SMITH): A photoelastic dynamometer for rapidly varying forces. J. sci. Instrum. Bd. 27 (1950) S. 118/122.) *1* Lichtquelle; — *2* Optik; — *3* Polarisator; — *4* photoelastischer Geber; — *5* Polarisator; — *6* Photoelement; — *7* Verstärker; — *8* Kathodenoszillograph

larisationsebene, und die Photozelle wird mehr oder weniger stark belichtet. Die Intensität des durchfallenden monochromatischen Lichtes ändert sich mit der mechanischen Beanspruchung nach einer $\sin^2$-Funktion, und man muß genügend weit von den Scheitelpunkten dieser Funktiou entfernt bleiben und den Meßbereich beschränken, um einen hinreichend großen und annähernd linearen Effekt zu erzielen.

Der Druckkörper hat eine hohe Eigenfrequenz, weshalb sich die Methode ebenso wie das piezoelektrische Verfahren für schnell verlaufende Kraftänderungen eignet. Es erfordert jedoch nicht die hohe Isolation des piezoelektrischen Verfahrens und kann durch Verwendung entsprechend starker Lichtquellen empfindlicher als dieses gemacht werden. Bei rotierenden Prüflingen braucht man keine Schleifringe, was als großer Vorzug anzusehen ist, und das Verfahren ist auch bei hohen Temperaturen brauchbar, weshalb es zur Kraftmessung an Walzenstraßen angewendet wurde.

IV. Mechanische Steuerung eines elektrischen Kreises

1. Allgemeines

Einen elektrischen Stromkreis kann man auf dreierlei Weise mechanisch steuern. Bei der Amplitudenmodulation variiert man die Spannung oder die Bestimmungsglieder des Stromkreises, das sind Wirk- und Blindwiderstände.

Bei der Frequenzmodulation ändert man die aufgedrückte Frequenz oder die Resonanzfrequenz des Kreises, und bei der Phasenmodulation ändert man die Phasenlage aufgedrückter Ströme oder Spannungen oder man steuert die Widerstände des Kreises.

Alle drei Verfahren können mit stetig oder mit impulsweise arbeitenden Steuergliedern ausgeübt werden.

2. Kontinuierlich arbeitende Verfahren

Bei den stetig arbeitenden Verfahren werden eine oder mehrere der Bestimmungsgrößen, Spannung, Strom, Frequenz, Wirkwiderstand oder Blindwiderstand des Meßkreises durch einen Geber stetig verändert.

a) Stetige Amplitudenmodulation

Bei der Amplitudenmodulation wird ein Gleich- oder Wechselstrom abhängig von der mechanischen Meßgröße verändert, dabei kann Strom oder Spannung unmittelbar oder auf dem Umweg über die Frequenz oder einen Widerstand gesteuert werden. Die Amplitudenmodulation

Bezeichnung	schematische Darstellung		steuerbare Größe
	Gleichstrom	Wechselstrom	
Amplitudenmodulation			I, U, R, ω, L, C
Frequenzmodulation			ω, L, C
Phasenmodulation			ω, R, L, C

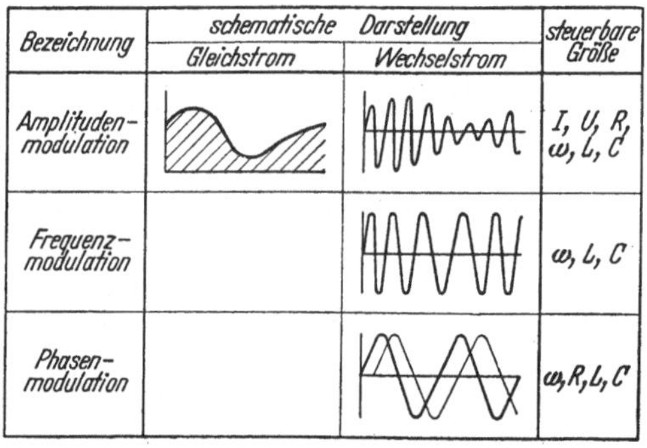

Abb. 148. Kontinuierliche Modulationsverfahren

ist besonders vielseitig und läßt sich mit allen Arten von mechanisch-elektrischen Umformern und Gebern durchführen. Das Meßergebnis wird jedoch durch die Zusatzwiderstände des Stromkreises, nämlich die inneren Widerstände von Geber und Empfänger, den Widerstand des Übertragungskanals und den Isolationszustand des Übertragungskanals sowie der Sende- und Empfangsgeräte beeinflußt.

b) Stetige Frequenzmodulation

Die Frequenz kann man auf zweierlei Weise modulieren, entweder durch Variation der aufgedrückten Frequenz oder durch Steuerung der Abstimmglieder eines Resonanzkreises. Die Steuerung der aufgedrückten Frequenz hat gegenüber der Amplitudenmodulation den Vorzug, völlig unabhängig vom Zustand des Übertragungskanals zu arbeiten, bei Steuerung der Eigenfrequenz eines Kreises durch Verändern der Blindwiderstände dürfen diese keinen ungewollten Änderungen unterliegen.

c) Stetige Phasenmodulation

Die Phasenlage der Ströme in den Zweigen eines oder mehrerer Stromkreise kann man steuern durch Änderung der Phasenlage der aufgedrückten Ströme oder durch Änderung von Wirk- oder Blindwiderständen der Stromzweige oder durch Änderung der Frequenz, wenn die Frequenzcharakteristiken der Stromkreise verschieden sind.

Abb. 148 zeigt die verschiedenen Möglichkeiten der stetigen Modulation eines Kreises.

3. Impulsverfahren

Bei den Impulsverfahren fließen im Meßkreis einzelne Stromstöße, deren Amplitude, Dauer, Häufigkeit, Frequenz, zeitlicher Abstand, zeitliche Lage, Phasenlage in bezug auf andere Impulse oder deren Kombination abhängig von der zu messenden mechanischen Größe verändert werden kann. Die Impulsverfahren sind außerordentlich variationsfähig.

a) Impulsamplitudenmodulation

Es werden Gleich- oder Wechselstromimpulse konstanter Dauer in gleichmäßigem Rhythmus in den Meßkreis gegeben, die Amplitude der Impulse wird von der mechanischen Größe gesteuert, entweder durch Änderung der aufgedrückten Spannung oder durch Änderung des Widerstandes im Meßkreis, es ändert sich also mit der Meßgröße der Mittelwert des Stromes. Die Anzeigeverzögerung hängt von der Impulshäufigkeit ab.

b) Modulation der Impulsdauer

Den zeitlichen Mittelwert des Stromes kann man auch verändern, indem man bei konstanter Impulshäufigkeit und Amplitude die Dauer des einzelnen Impulses als Funktion der Meßgröße steuert, indem man also das Verhältnis der Impulsdauer zur Impulspause verändert.

c) Modulation des Impulsrhythmus

Die einzelnen Impulse haben gleiche Amplitude und Dauer, sie werden jedoch in einem Rhythmus gegeben, der von der Meßgröße gesteuert wird, so daß der Strommittelwert im Meßkreis proportional der Meßgröße ist. Um bei verschieden langer Kontaktdauer dennoch Impulse gleichen Energieinhaltes zu bekommen, kann man durch die verschieden langen Impulse einen Kondensator mit konstanter Gleichspannung aufladen und den Ladestrom als Meßimpuls verwenden. Dies wird beim Impulsfrequenz-Fernmeßverfahren von Siemens & Halske-AG. angewendet.

Man kann entweder den mittleren Strom im Meßkreis, die Häufigkeit der Impulse (Impulsfrequenz) oder die Zahl der Impulse registrieren. Um von Schwankungen der Versorgungsspannung unabhängig zu werden, kann man den Strommittelwert mit einem Quotientenmesser nach

Abb. 149 messen. Bei geringer Impulszahl kann man auch den zeitlichen Abstand zweier aufeinanderfolgender Impulse messen.

d) Impulsabstandverfahren

Der zeitliche Abstand zweier Impulse ist proportional der Meßgröße, man gibt also für jede Übertragung zwei Impulse und mißt die Zeit zwischen den Impulsanfängen oder -enden.

e) Frequenzmodulation

Im Meßkreis fließen Wechselstromimpulse konstanter Amplitude, Dauer und Häufigkeit, die Frequenz des Speisestromes wird jedoch von der mechanischen Größe gesteuert und die Frequenzänderungen von einem frequenzempfindlichen Empfängergerät angezeigt.

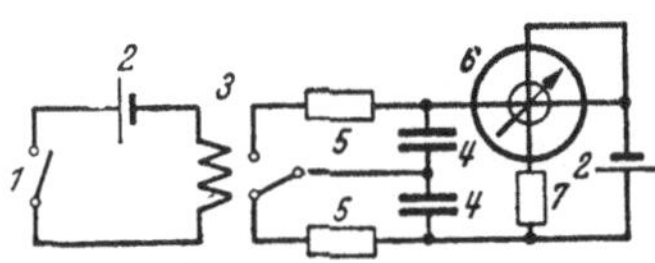

Abb. 149. Schaltbild der Impulsfrequenzmessung mit Kreuzspulinstrument.
1 Impulssender; — 2 Stromquelle; — 3 Empfangsrelais; — 4 Meßkondensator; — 5 Schutzwiderstand; — 6 Kreuzspulanzeigeinstrument; — 7 Vorwiderstand im Richtkreis des Instrumentes

f) Phasenmodulation

Es werden zwei Reihen von Wechselstromimpulsen, konstanter Amplitude, Dauer, Frequenz und Häufigkeit gesendet. Die Phasenlage der Trägerwellen der beiden Impulsreihen wird jedoch von der mechanischen Größe gesteuert und ihre Änderungen von einem phasenempfindlichen Meßinstrument angezeigt.

g) Modulation der gegenseitigen Lage zweier Impulsreihen

Es werden zwei Impulsreihen gleicher Amplitude, Dauer, Frequenz und Häufigkeit gesendet. Die gegenseitige Lage der beiden Impulsreihen wird jedoch von der Meßgröße gesteuert. In dem einen Extremfall beginnen und enden die Impulse der beiden Meßreihen gleichzeitig, im anderen Extremfall enden die Impulse der zweiten Reihe, wenn die der ersten beginnen.

h) Impulskombination

Jedes Signal wird aus mehreren Einzelimpulsen zusammengesetzt, die sich durch ihre Amplitude, Polarität, Dauer oder Frequenz unterscheiden können. Die Art der Kombination hängt von der mechanischen Größe ab. Sieht man m verschiedene Impulsarten vor und kombiniert jedes Signal aus n Impulsen, so erhält man m^n verschiedene Signale. Beispielsweise kann man mit positiven und negativen Impulsen und

Kombination jedes Signals aus drei Einzelimpulsen $2^3 = 8$ verschiedene Signale geben, nämlich

$+ + +$ $- - -$ $+ - +$

$+ + -$ $- - +$ $- + -$

$+ - -$ $- + +$

Die verschiedenen Möglichkeiten der Impulsmodulation eines Stromkreises gibt Abb. 150 wieder.

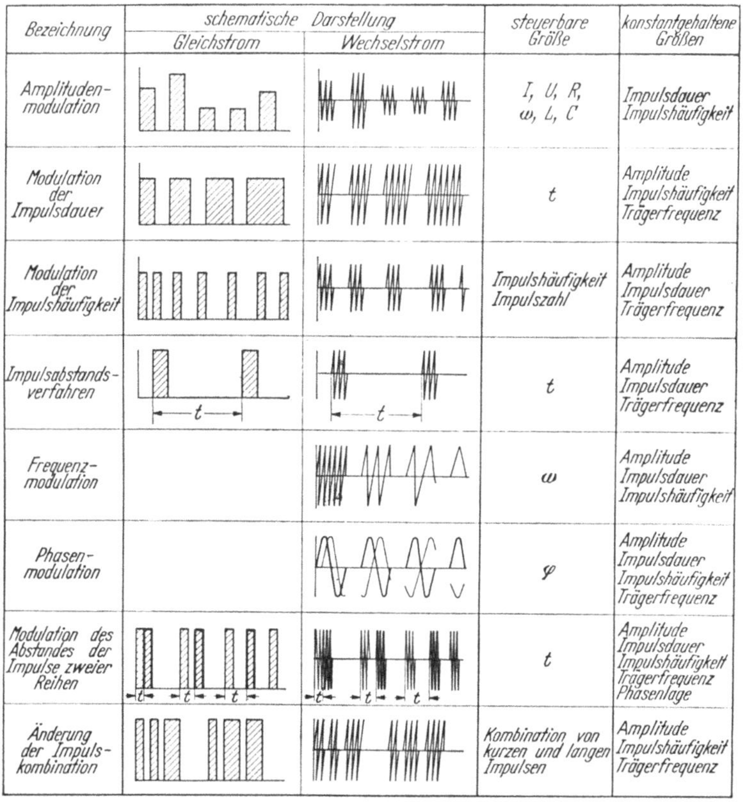

Bezeichnung	schematische Darstellung Gleichstrom	schematische Darstellung Wechselstrom	steuerbare Größe	konstantgehaltene Größen
Amplitudenmodulation			I, U, R, ω, L, C	Impulsdauer Impulshäufigkeit
Modulation der Impulsdauer			t	Amplitude Impulshäufigkeit Trägerfrequenz
Modulation der Impulshäufigkeit			Impulshäufigkeit Impulszahl	Amplitude Impulsdauer Trägerfrequenz
Impulsabstandsverfahren	t	t	t	Amplitude Impulsdauer Trägerfrequenz
Frequenzmodulation			ω	Amplitude Impulsdauer Impulshäufigkeit
Phasenmodulation			φ	Amplitude Impulsdauer Impulshäufigkeit Trägerfrequenz
Modulation des Abstandes der Impulse zweier Reihen	t t t	t t t	t	Amplitude Impulsdauer Impulshäufigkeit Trägerfrequenz Phasenlage
Änderung der Impulskombination			Kombination von kurzen und langen Impulsen	Amplitude Impulshäufigkeit Trägerfrequenz

Abb. 150. Impulsmodulationsverfahren

C. Meßverfahren

I. Längenmessung

Die Längenmessung ist wichtiger als alle anderen, weil letzten Endes jede Messung auf eine Längenmessung zurückgeführt werden muß. In diesem Abschnitt soll jedoch nur von der Messung der Länge, Dicke und des Weges sowie von den Stellungs- und Lagezeigern die Rede sein, dagegen nicht von den Größen, die erst in eine Länge bzw. eine Längenänderung umgeformt werden müssen.

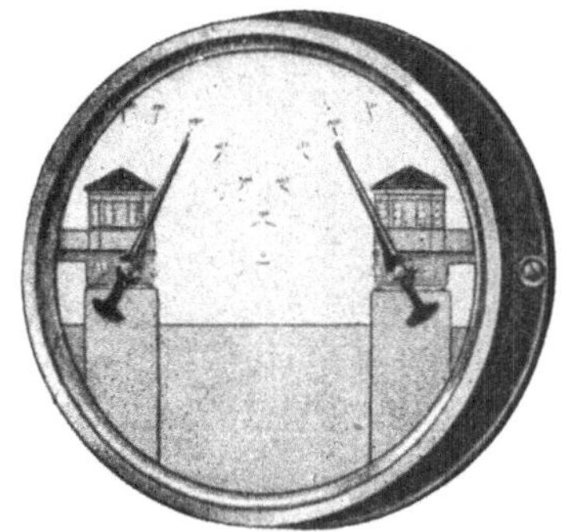

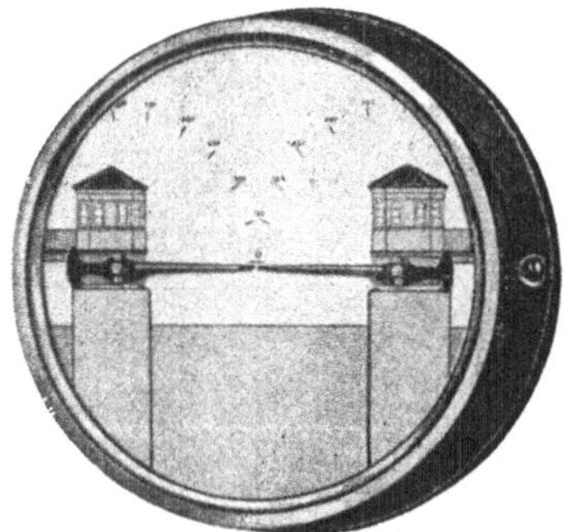

Abb. 151. Stellungsanzeiger für eine Klappbrücke. (Aus Siemens & Halske-AG.-Druckschrift SH 2971.)

1. Stellungsanzeige und Wegmessung [27], [29]

Es ist eine häufig auftretende Aufgabe, die augenblickliche Lage eines verstellbaren Gliedes an einer entfernten Stelle anzuzeigen, etwa die Stellung von Ventilen, Klappen, Rudern, Reglern, Toren, Wehren, Brücken, Schwimmern, Weichen usw.

Die Aufgabe kann mit Widerstandsendern, induktiven und kapazitiven Sendern sowie mit Kontakteinrichtungen gelöst werden. Für den Sonderfall der Behälterstandanzeige kommen außerdem Messung des Bodendrucks, Ultraschall- und Strahlungsverfahren in Frage.

Abb. 152. Stellungsanzeiger für eine Schleuse. (Aus Siemens & Halske-AG.-Druckschrift SH 2971.) Schütze und Stemmtore der linken Seite geöffnet

Der Weg soll kraftlos gemessen werden, d. h., die Energie für die Bewegung des Meßsenders soll gegenüber der für den Bewegungsvorgang erforderlichen Energie vernachlässigbar sein, weil sonst der Meßsender den Bewegungsablauf beeinflußt. Der Geber soll schnell und schwingungsfrei dem zu übertragenden Vorgang folgen und im allgemeinen eine linear mit der Bewegung zusammenhängende Spannung liefern, damit man an der Empfangsstelle die üblichen Rechenoperationen, wie Addi-

Abb. 153. Anzeigeinstrument eines Flüssigkeitsstandmessers mit angebautem Ringrohrsender zur Fernübertragung des Flüssigkeitsstandes. Hersteller Siemens & Halske-AG. (Aus Flüssigkeitsstandmesser für Druckbehälter. Arch techn. Messen V 1123-4.)

tion, Multiplikation usw., leicht ausführen kann. Häufig muß die Stellung des überwachten Teiles viel genauer angezeigt werden, als der Anzeige-

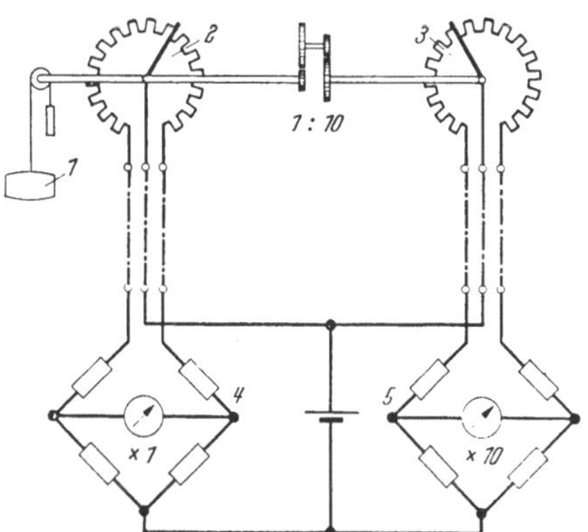

Abb. 154. Schaltung einer Flüssigkeitsstandübertragung mit Grob- und Feinwiderstandsender. (Aus Siemens-Druckschrift SH 2632a.)

1 Schwimmer; — *2* Widerstandsender für Feinübertragung; — *3* Widerstandsender für Grobübertragung; — *4*, *5* Meßbrücken für Fein- und Grobanzeige

toleranz normaler Betriebsinstrumente von 1 . . . 1,5% entspricht; es wird dann notwendig, den Meßbereich zu unterteilen, ein Kompensationsverfahren anzuwenden oder mit mehreren Empfängersystemen bzw.

Zifferblättern grob und fein anzuzeigen. Zuweilen erhalten die Skalen

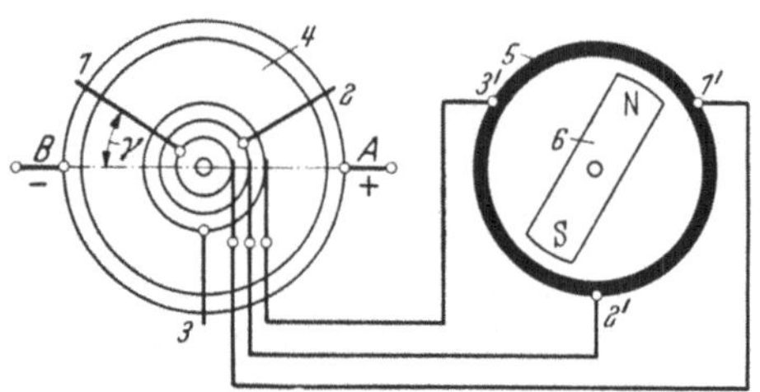

Abb. 155. Stellungsfernanzeige mit Gleichstromdrehfeldsystem.
1, 2, 3 mechanisch verbundene Schleifer; — *4* Ringwiderstand des Senders; — *5* Drehfeldwicklung des Empfängers; — *1' 2' 3'* Stromzuführungen des Empfängers; — *6* gleichstrommagnetisierter Drehanker; — *A, B* Gleichstromzuführungen zum Sender

der Anzeigegeräte bildliche Darstellungen, um den Zustand der überwachten Einrichtung recht augenfällig zu machen, wie Abb. 151 und 152 an zwei Beispielen zeigen.

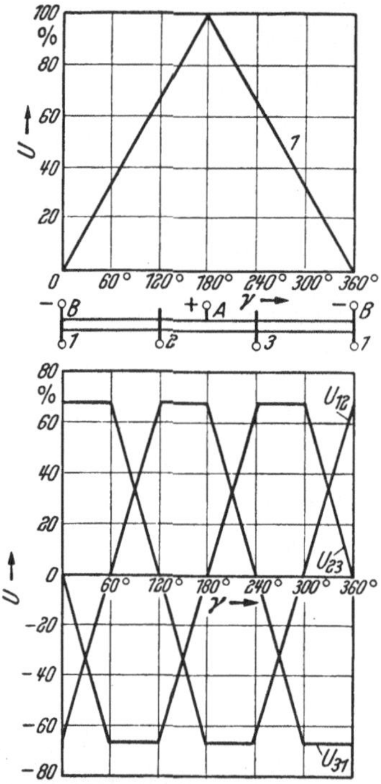

Abb. 156. Erzeugung eines Gleichstromdrehfeldes mit Widerstandsender.
1 Verlauf der Spannung zwischen den Stromzuführungen *A* und *B*; — U_{12}, U_{23}, U_{31} zwischen den um 120° versetzten Schleifern abgegriffene Spannungen, abhängig vom Drehwinkel γ

a) Stellungsanzeige mit Widerstandsendern

Die verschiedenen Arten der Widerstandsender und ihre Schaltungen sind im Abschn. B II, S. 62 eingehend behandelt. Die Wahl des Senders richtet sich nach der verfügbaren Verstellkraft, im wesentlichen kommen Schiebe- und Drehpotentiometer kleinerer oder größerer Abmessungen in Frage. Abb. 153 zeigt als Beispiel einen Flüssigkeitsstandmesser für Druckbehälter mit einem angebauten Ringrohrsender für die Fernübertragung des Behälterstandes, Abb. 154 die Schaltung einer Wasserstandsübertragung mit Fein- und Grobanzeige.

Gleichstrom-Drehfeldübertragung. In Abb. 155 ist die Erzeugung eines Drehfeldes mit einem Gleichstrom-Widerstandsender gezeigt. Der Sender besteht aus einem gleichförmig bewickelten Ringwiderstand, dem die Spannung an zwei diametral liegenden Punkten zugeführt wird. Auf diesem Widerstand gleiten drei um je 120° versetzte Schleifer.

Die Spannungen zwischen den Stromzuführungen und zwischen den drei Schleifern sind in Abb. 156 dargestellt. Wie man sieht, bilden die drei Schleiferspannungen ein Drehfeld, das synchron mit der Schleiferbewegung umläuft. Führt man die Spannungen auf der Empfangsseite dem Ständer eines Drehstrommotors oder einem gleichmäßig bewickelten Toroid zu, so folgt ein gleichstrommagnetisierter Anker bzw. ein Dauermagnetanker dem umlaufenden Feld und bildet somit die Bewegung des Senders ab. Der gezeichnete Spannungsverlauf gilt, wenn die Stromentnahme aus dem Senderwiderstand gegenüber dem Gesamtstrom vernachlässigbar ist. Wenn die Verstellkräfte nicht ausreichen, die Reibung des Schleifers auf der Potentiometerwicklung zu überwinden, kann man

Abb. 157. Magnetische Kupplung für einen Flüssigkeitsstandmesser mit einem Schwimmer in einem Druckbehälter. Hersteller Siemens & Halske-AG. (Aus Flüssigkeitsstandmesser für Druckbehälter. Arch. techn. Messen V 1123-4)

den Abgreifarm frei über dem Potentiometer schweben lassen und von Zeit zu Zeit durch eine Hilfskraft aufpressen, wobei jedesmal die Stellung des Empfängers korrigiert wird. Solche Einrichtungen kommen nur für langsam veränderliche Größen in Frage, beispielsweise um die Zeigerstellung von Temperaturmeßinstrumenten oder Pegelstände fernzuübertragen. Aus geschlossenen, unter abweichendem Druck stehenden oder explosionsgefährdeten Räumen kann man die zu messenden Bewegungen über magnetische Kupplungen auf den Widerstandsender geben (Abb. 157).

Den Stand leitender Flüssigkeiten kann man ermitteln, indem man einen stabförmigen Widerstandsender durch die Flüssigkeit mehr oder weniger kurzschließen läßt.

b) Induktive Stellungsanzeige

α) Mit verstellbarem Eisenkern. Bei diesen Geräten wird ein Eisenkern mehr oder weniger weit in eine Induktionsspule gebracht oder es wird eine Eisenzunge im Luftspalt zwischen zwei Induktionsspulen bewegt (s. Abschn. B II, 4, S. 89).

Abb. 158 zeigt einen induktiven Behälterstandgeber für hohen Druck mit zwei Induktionsspulen in Brückenschaltung, zwischen denen ein Eisenkern von einem Schwimmer bewegt wird. Die Meßeinrichtung ist von dem im Druckbehälter bewegten Schwimmer durch ein Rohr entsprechender Wandstärke getrennt. Zum Zwecke der Justierung sind die Induktionsspulen einzeln und der ganze Geber wiederum auf dem Rohr verschiebbar. Meßbereich und Skalenverlauf sind durch Spulenlänge, Spulenabstand sowie Länge und Form des Eisenkerns bestimmt. Einen

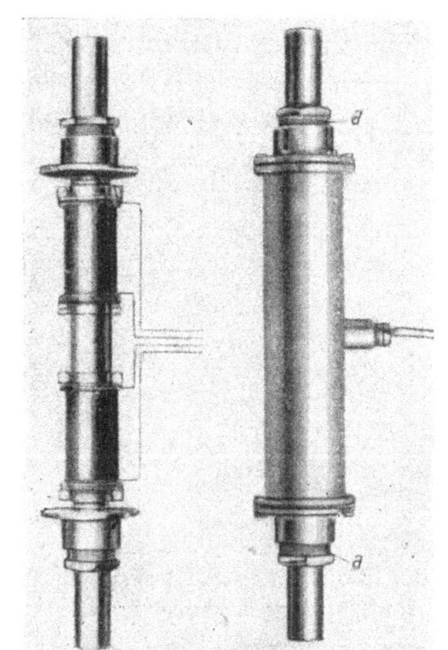

Abb. 158. Geber für eine induktive Flüssigkeitsstandfernübertragung bei hohem Druck und kleinem Meßbereich in geöffnetem und geschlossenem Zustand, Hersteller Siemens & Halske-AG.

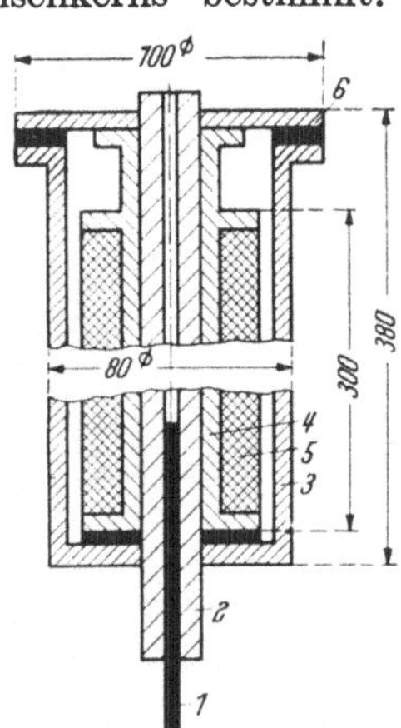

Abb. 159. Induktiver Längengeber der AEG. (Aus MARTENS-EGGERS: Induktiver Längengeber. AEG-Mitt. 1952 H. 3/4.)
1 Eisenkern; — *2* Schutzrohr; — *3* Gehäuse; — *4* Spulenkörper; — *5* Wicklung; — *6* obere Abdeckplatte

großen Spulenabstand wählt man, wenn die normalen Spiegelschwankungen wenig interessieren, oberer und unterer Grenzwert aber sehr genau erfaßt werden sollen. Der Hub des Eisenkerns muß begrenzt werden, weil sich die Anzeige umkehrt, wenn der Kern die Spulenmitte überschreitet. Anstatt mit zwei Spulen in Brückenschaltung kann das Gerät natürlich auch mit nur einer Spule ausgeführt werden, deren Induktivität man mißt, oder mit Primär- und Sekundärwicklung, deren Kopplung der bewegliche Eisenkern ändert.

Die Stellung des Schwimmers und damit des Eisenkerns muß nicht unbedingt von einem Behälterstand gesteuert werden, vielmehr kann die Schwimmerstellung auch von der Dichte oder der Strömungsgeschwindigkeit eines Mediums abhängen, und schließlich kann man auch ohne Schwimmer auskommen, wenn man den Eisenkern unmittelbar auf Quecksilber schwimmen läßt. Das Verfahren eignet sich besonders für kleine Lagenänderungen und ist auf etwa 1% genau.

Für große Wege hat die AEG einen induktiven Längenmesser entwickelt, der sich für verschiedene Zwecke einsetzen läßt, so in Verbindung mit Schwimmern als Behälterstandanzeiger, in Verbindung mit einem Schwebekörper als Durchflußmesser sowie zur Dichte- und Vakuummessung. Die Normalausführung des Längengebers (Abb. 159) hat etwa 80 mm ∅ und ist 380 mm lang, die Meßspule hat eine Länge von 300 mm, und der größte Hub des verstellbaren Eisenkernes ist 250 mm. Die Anzeigeinstrumente können jedoch bereits mit 100 mm Hub voll ausgesteuert werden, während andererseits mit zwei aufeinandergesetzten Gebern Hübe bis zu 500 mm gemessen werden können. Der verstellbare Eisenkern hat 1 oder 3 mm ∅ und ist von der Induktionsspule durch ein unmagnetisches und korrosionsbeständiges Schutzrohr getrennt. Der Spulenträger besteht aus Pertinax und Preßstoff und

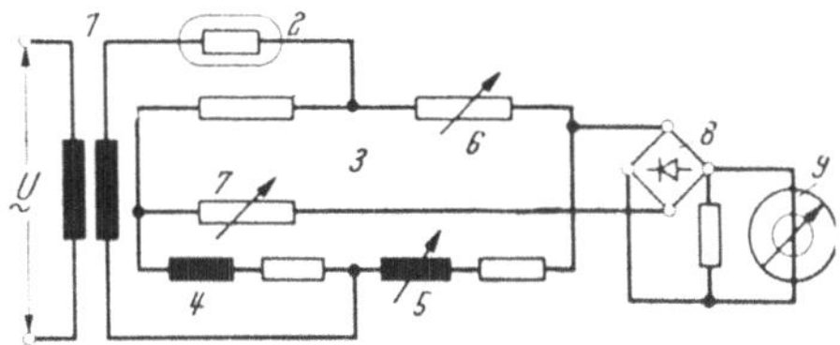

Abb. 160. Schaltung des induktiven Längengebers der AEG.

1 Netztrafo; — *2* Eisenwasserstoffwiderstand; — *3* Meßbrücke; — *4* Vergleichsdrossel; — *5* induktiver Geber; — *6* Nulleinstellung; — *7* Empfindlichkeitsregler; — *8* Gleichrichter; — *9* Anzeigeinstrument

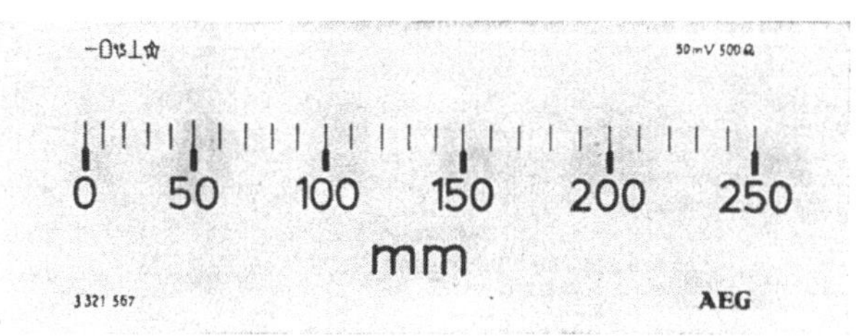

Abb. 161. Skala des Anzeigeinstrumentes beim induktiven Längenmeßverfahren der AEG

verträgt Temperaturen bis 150°. Die Spule übt auf den Eisenkern von 3 mm ∅ einen magnetischen Zug von 1 g aus. Das Gerät wird in eine Wechselstrombrücke nach Abb. 160 geschaltet. Die Anzeige ändert sich bis auf eine Krümmung der Charakteristik von 3% linear mit dem Weg des Eisenkerns, wie Abb. 161 zeigt, und proportional mit der Speisefrequenz. Bei Verwendung eines Eisenwasserstoffwiderstandes vor der Meßbrücke ist der Spannungseinfluß 2%/10% Spannungsänderung, bei Verwendung eines Quotientenmessers als Anzeigeinstrument 1%/10% Spannungsänderung. Der Temperatureinfluß liegt bei 0,5%/10°.

β) Mit verstellbaren Spulen. Das bekannteste Verfahren dieser Art verwendet als Sender und Empfänger gleichartige Induktionsapparate, nämlich Drehstrom-Asynchron-Schleifringläufermotoren, die jedoch im

Ständer oder Läufer nur einphasig geschaltet werden. Die Einrichtungen laufen unter den Namen Drehfeld-, Selsyn- oder Siemensverfahren und werden auch als elektrische Wellen bezeichnet. Die Erregerwicklungen von Sender und Empfänger sind synchron vom gleichen Netz erregt, und es ist unerheblich, ob Ständer oder Läufer die Erregerwicklung tragen. Die Läufer stellen sich stets so ein, daß die in den Sekundärwicklungen induzierten Spannungen gleich groß sind. Verdreht man den Geberläufer mechanisch, so ändert sich die Induktionsspannung nach Größe und Phase und es fließt ein Ausgleichstrom über die Induktionswicklung des Empfängers und verdreht den Empfängerläufer, bis die induzierten Spannungen wieder gleich groß sind, womit der Ausgleichstrom verschwindet. Das System synchronisiert sich selbst, d. h., nach einer Stromunterbrechung stellt sich der Empfänger wieder auf den richtigen Wert ein. Je weniger der Empfänger

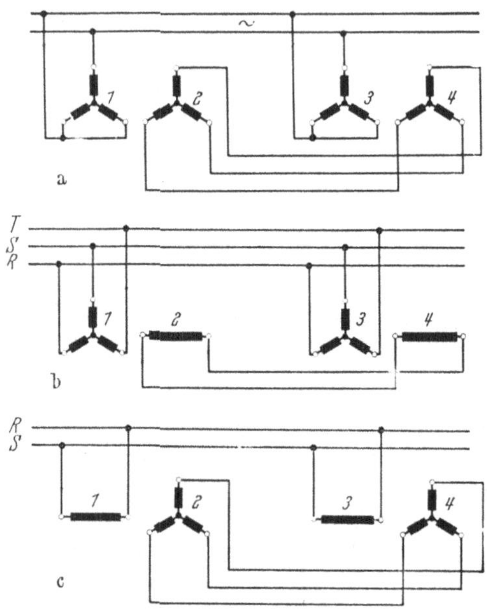

Abb. 162 a—c. Stellungsanzeige mit dem Drehfeldsystem. a dreiphasige Wicklung von Ständer und Läufer und einphasige Erregung des Ständers; — b mit dreiphasiger Erregerwicklung und einphasiger Induktionswicklung; — c mit einphasiger Erregerwicklung und dreiphasiger Induktionswicklung

1 Erregerwicklung des Senders; — *2* induzierte Wicklung des Senders; — *3* Erregerwicklung des Empfängers; — *4* induzierte Wicklung des Empfängers.

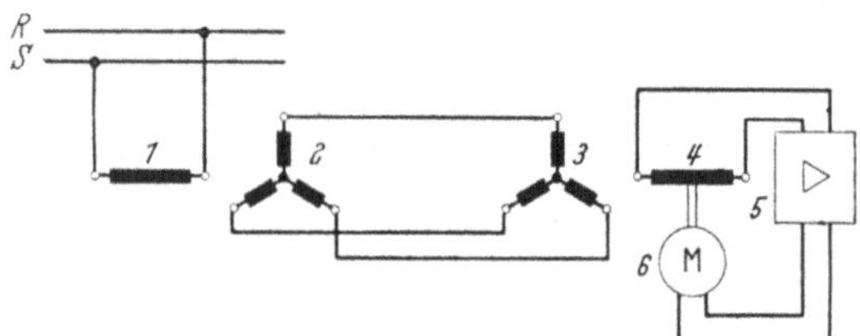

Abb. 163. Stellungsanzeige mit dem Drehfeldsystem mit einphasiger Erregerwicklung beim Sender, ohne Erregung des Empfängers.

1 Erregerwicklung des Senders; — *2* Induktionswicklung des Senders; — *3* vom Sender gespeiste Wicklung des Empfängers; — *4* induzierte Wicklung des Empfängers; — *5* Verstärker; — *6* Nullstellungsmotor

belastet ist, desto genauer folgt er den Bewegungen des Gebers, bestenfalls stimmen die Stellungen von Sender und Empfänger auf $\pm 0{,}5°$

überein, was bei einer Umdrehung einer Genauigkeit von $\pm 0{,}14\%$ entspricht. Man kann die Genauigkeit steigern, indem man dem Meßbereich mehrere Läuferumdrehungen zuordnet und volle bzw. teilweise Umdrehungen mit Grob- und Feinskala anzeigt oder indem man je einen Sender und Empfänger für Grob- und Feinübertragung verwendet. Abb. 162 zeigt verschiedene Schaltungsmöglichkeiten. Bei einer anderen Ausführungsform nach Abb. 163 wird nur der Sender vom Netz erregt, im Empfänger wird eine Spannung induziert, die über einen Verstärker einen Verstellmotor antreibt, der den Läufer des Empfängers verdreht, bis die induzierte Spannung Null geworden ist (Nullmotorverfahren).

c) Schraubenlageanzeiger

α) Induktives Verfahren. Bei Mehrschraubenantrieben von Schiffen und Flugzeugen sind nicht nur gleiche Drehzahlen der Antriebswellen, sondern auch eine ganz bestimmte gegenseitige Lage der Propellerblätter erwünscht, weil bei bestimmten Lagen die Schwingungen am kleinsten sind. Um die relative Lage der Propeller zu ermitteln, kuppelt man die Antriebswellen mit kleinen Drehstromgeneratoren, deren Ständer vom gleichen Netz erregt sind und deren Läufer entgegen dem Drehfeldsinn der Erregerwicklung angetrieben werden. Bei gleicher Drehzahl der Wellen werden in den Läufern Spannungen gleicher Frequenz induziert, deren Phasenlage ein Maß für die gegenseitige Lage der Antriebswellen bzw. der Schraubenflügel ist. Die Phasenlage zweier Spannungen kann man mit einem Leistungsfaktormesser, einem Synchronoskop oder einem Kathodenoszillographen anzeigen. Bei Propellern mit k Flügeln und der Drehzahl n_s müssen die Meßgeneratoren die Drehzahl $n = k \cdot n_s$ haben, wenn die gegenseitige Verdrehung der Propellerschaufeln um eine Schaufelteilung ($360°/k$) dem vollen Anzeigebereich des Meßinstruments entsprechen soll.

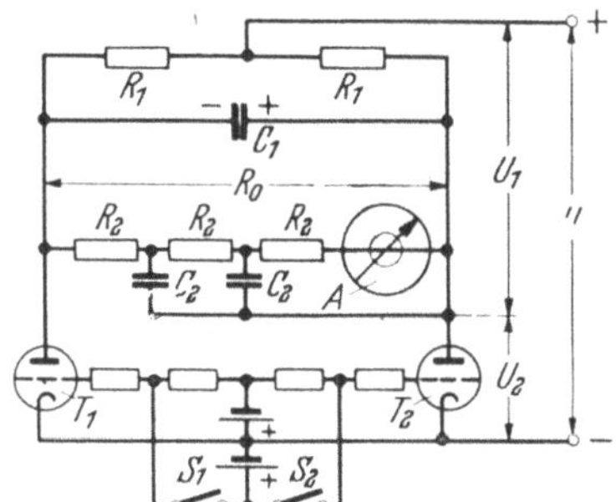

Abb. 164. Meßeinrichtung für die gegenseitige Lage umlaufender Wellen nach dem Impulsverfahren. [OSTENDORF: Einrichtung zur Messung elektrischer Winkel an umlaufenden Maschinen. ETZ Bd. 59 (1935) S. 689 . . . 692.]

U Gesamtspannung; — U_1 Meßspannung; — U_2 Spannungsabfall an den Stromtoren; — T Stromtor; — S Impulsgeber; — A Anzeigeinstrument; — C_1 Meßkapazität; — R_1 Vorwiderstand; — R_2, C_2 Glättungskreis

β) Impulsverfahren. Wenn sich wegen zu geringen Drehmoments oder aus anderen Gründen von den zu überwachenden Wellen keine Meßgeneratoren antreiben lassen, kann man den Gleichlauf und die Winkelverdrehung der beiden Wellen oder die Winkelverdrehung zweier

Querschnitte derselben Welle auch mit einem Impulsverfahren nach Abb. 164 messen. Auf den beiden Wellen sind die Impulsgeber S_1 und S_2 angebracht, die nach irgendeinem Verfahren etwa mechanisch oder lichtelektrisch Impulse geben. Von der Gleichspannungsquelle U fließt der Strom abwechselnd über eines der Stromtore T_1 oder T_2 und lädt dabei den Meßkondensator C_1 um. Zunächst fließe der Strom über das Stromtor T_1 und lade dabei den Kondensator C_1 in der gezeichneten Weise. Wird nun mit dem Schalter S_2 ein positiver Gitterspannungsimpuls auf das Stromtor T_2 gegeben, so zündet dieses Stromtor, der Kondensator C_1 wird umgeladen und das Stromtor T_1 löscht aus. Geben die Kontakte S_1 und S_2 gleichmäßige Impulse, so brennen beide Stromtore gleich lang, die Schaltung arbeitet als symmetrischer Wechselrichter, am Kondensator C_1 liegt eine reine Wechselspannung, und das Gleichstromanzeigeinstrument A zeigt nichts an. Wenn sich die beiden Wellen gegeneinander verdrehen, wird die Wechselrichtung unsymmetrisch, und die Gleichspannungskomponente am Kondensator C_1 wird von dem Drehspulinstrument A angezeigt. Der Ausschlag des Instruments ist proportional dem Verdrehungswinkel α der beiden Wellen und unabhängig von der Drehzahl. Der Wechselspannungsanteil am Kondensator C_1 wird durch den Kettenleiter R_2, C_2 vom Instrument ferngehalten. Bezeichnet z die Anzahl der Impulse je Umdrehung, R_0 den Gesamtwiderstand des Meßkreises, U_1 die Spannung am Meßkreis, so wird der Instrumentenausschlag

$$\gamma = \alpha \cdot \frac{z}{\pi} \cdot \frac{R_0}{R_0 + R_1} \cdot U_1 = \alpha \cdot k \cdot U_1 . \tag{263}$$

Die Einrichtung ist um so empfindlicher, je höher die Impulszahl/Umdrehung ist.

d) Frequenzmodulationsverfahren

Bei dem Verfahren werden durch das Verstellglied, etwa durch einen Schwimmer, die Abgleichglieder eines Schwingungsgenerators verstellt und damit die Frequenz eines Hochfrequenzsenders verändert. Die Empfänger sind Frequenzmesser irgendwelcher Art. Die Methode ist völlig unabhängig von Spannungsschwankungen und Änderungen der Leitungswiderstände und wird von der Favag, Neuchâtel, bei Wasserstandmeßanlagen angewendet.

Ein Frequenzverfahren für die großen Entfernungen der Landesvermessung hat STEFFENHAGEN angegeben [*28*]. In den beiden Stationen A und B in Abb. 165, deren Entfernung bestimmt werden soll, sind Hochfrequenzsender mit den Frequenzen ν_1 und ν_2 aufgestellt, die mit der Frequenz ν_3 moduliert werden. Die Modulatorfrequenz ν_3 wird von dem Schwingkreis *1* in Station A erzeugt und moduliert den Sender *3*. In der Station B wird das Signal des Senders *3* mit der Frequenz ν_1

empfangen, demoduliert und mit der wiedergewonnenen Frequenz ν_3 der Sender *7* moduliert. Das Signal des Senders *7* mit der Frequenz ν_2 wird in Station *A* empfangen, und die Phasenlage der durch Demodulation wiedergewonnenen Frequenz ν_3 wird mit der Phasenlage der ursprünglichen Frequenz des Oszillators *1* in dem Instrument *10* verglichen. Die Phasenverschiebung zwischen der Ausgangs- und der Eingangswelle hängt von der gesamten Laufzeit ab und setzt sich wiederum zusammen aus der Phasenverschiebung innerhalb der Geräte und aus der Phasenverschiebung für die doppelte Entfernung zwischen *A* und *B*. Die erstere bestimmt man durch Aufstellen der beiden Sender unmittelbar nebeneinander und hat damit den Nullpunkt für die Entfernungsmessung festgelegt; die Entfernungsskala eicht man durch eine Übertragung über eine bekannte Entfernung. Bei einer Sendeleistung von 10 W wurde eine Entfernung von 12 km auf $\pm$10 m genau gemessen, was einer Genauigkeit von rund $1^0/_{00}$ entspricht.

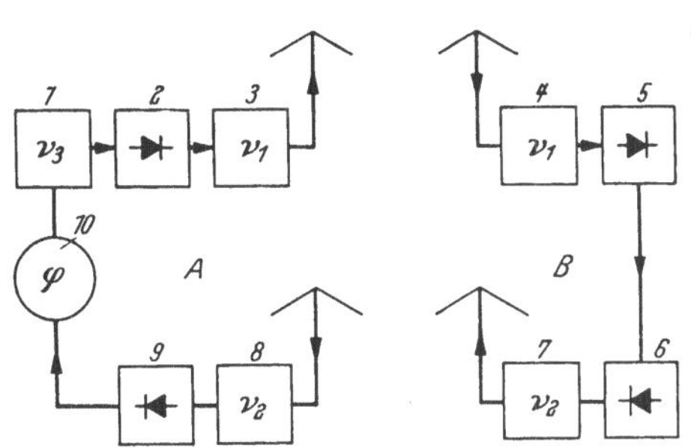

Abb. 165. Entfernungsmessung mit Hochfrequenz. *A*, *B* Sende- bzw. Empfangsstation; — *1* Hochfrequenzgenerator für die Modulationsfrequenz ν_3; — *2*, *6* Modulator; — *3* Sender mit der Frequenz ν_1; — *4* Empfänger für die Frequenz ν_1; — *5*, *9* Demodulator; — *7* Sender mit der Frequenz ν_2; — *8* Empfänger für die Frequenz ν_2; — *10* Phasenmeßgerät

e) Kapazitive Stellungsanzeige

Das kapazitive Verfahren wendet man im Gegensatz zum induktiven vorwiegend bei kleinen Lageänderungen an. Bei der Behälterstandanzeige kann man den Schwimmer entbehren, was vorteilhaft ist, wenn die Gefahr besteht, daß der Schwimmer die Verhältnisse beeinflußt, wie es etwa bei kleinen Versuchsanlagen vorkommen kann. Es sind zwei schwimmerlose Methoden möglich, bei der einen benutzt man die Flüssigkeit als Dielektrikum in einem Röhrenkondensator, bei der anderen verwendet man den Flüssigkeitsspiegel als bewegliche Elektrode eines kapazitiven Spannungsteilers.

α) Behälterflüssigkeit als Dielektrikum. Der Kondensator kann als Zylinderkondensator nach Abb. 98 bzw. als Stab- oder Plattenkondensator mit einer Anzahl paralleler Stäbe oder Platten ausgeführt werden. Bei leitenden Flüssigkeiten müssen die Kondensatorelektroden durch einen Isolierstoffüberzug gegen das Dielektrikum isoliert werden. Mit Anordnungen dieser Art wurde beispielsweise der Wasserstand in Bensonkesseln überwacht.

β) **Kapazitiver Spannungsteiler.** Abb. 166 zeigt eine Anordnung mit einem Dreiplattenkondensator für ein Versuchsgerinne. Die Elektroden *1* und *2* sind starr miteinander verbunden und schweben oberhalb des Flüssigkeitsspiegels in einer solchen Entfernung, daß die Kapazität C_1 auch bei niedrigstem Wasserstand noch kleiner ist als C_2. Die dritte Elektrode *3* bildet der Wasserspiegel. Der Potentialunterschied zwischen der Mitte des Eingangswandlers *4* und der Mittelelektrode steuert die Verstärkerröhre *5*. Die zweite Röhre *6* hat eine konstante Gittervorspannung, sie kompensiert den konstanten Anodengleichstrom und vermindert den Spannungseinfluß. Mit dem Widerstand R_2 stellt man den Skalennullpunkt ein und mit den Widerständen $R_3 \ldots R_5$ den Meß-

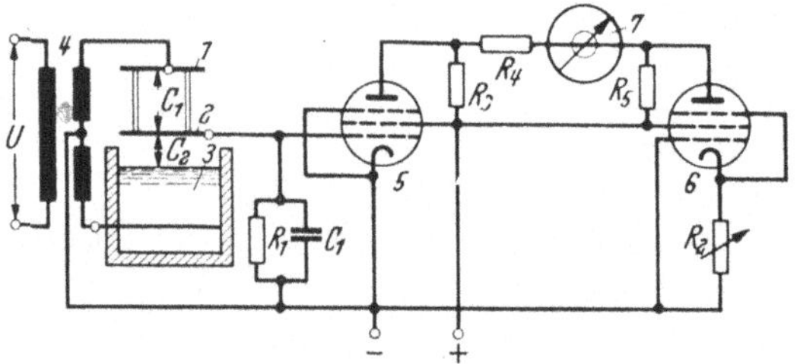

Abb. 166. Flüssigkeitsstandmesser mit kapazitivem Spannungsteiler. [Aus HAZEN: Electr. water level control and recording equipment for model of cape cod canal. Electr. Engng. Bd. 56 (1937) S. 237 . . . 244.]

1, 2, 3 Elektroden des kapazitiven Spannungsteilers; — *4* Netzanschlußwandler; — *5, 6* Verstärkerröhren; — *7* Anzeigeinstrument; — $R_1 \ldots R_5$ Justierwiderstände

bereich, der Widerstand R_4 verringert außerdem den Temperatureinfluß. Das Verfahren eignet sich für kleine Spiegelschwankungen und ist bei konstanter Versorgungsspannung auf 0,25 . . . 0,5% des Meßbereichumfangs genau. Da die Röhrencharakteristik das Meßergebnis beeinflußt, muß das Gerät in angemessenen Intervallen nachjustiert werden.

f) Drehwinkel- und Kolbenwegübertrager

In den meisten Fällen stellen wir den Verlauf einer Meßgröße abhängig von der Zeit dar, manche Meßgrößen werden aber üblicherweise als Funktion einer zweiten Größe aufgenommen, und wir müssen in diesen Fällen den Vorschub des Registrierpapiers oder die horizontale Auslenkung des Kathodenstrahls von dieser Größe steuern, um das gewohnte Bild zu erhalten, wozu wir diese Größe in eine proportionale Spannung umwandeln müssen. Beispielsweise sind wir gewohnt, den Druckverlauf in Verbrennungskraftmaschinen als Funktion der Kolbenstellung bzw. des Kurbelwinkels darzustellen. Zu diesem Zweck braucht man Geber, die eine dem Drehwinkel bzw. dem Kolbenweg proportionale Spannung liefern.

Abb. 167 zeigt einen von der Zeiss-Ikon AG. für die Indizierung von Motoren entwickelten Widerstandsgeber. Für den Kolbenweg x eines Kurbeltriebs gilt annähernd

$$x = r\left(1 - \cos\alpha \pm \frac{\lambda}{2}\sin^2\alpha\right), \tag{264}$$

darin ist

r der Kurbelhalbmesser, $\lambda = r/l$ das Längenverhältnis,
l die Schubstangenlänge, α der Kurbelwinkel.

Für eine unendlich lange Schubstange würde $\lambda = 0$ und $x = r(1 - \cos\alpha)$, und eine solche Spannung könnte man von einer rechteckigen Widerstandsplatte mit einem auf einer Kreisbahn bewegten Schleifer abnehmen. Wenn die Spannung der Gl. 264 folgen soll, muß man an Stelle der rechteckigen eine trapezförmige Widerstandsplatte verwenden, wobei die Neigung der Trapezseiten dem Längenverhältnis λ entspricht. Auf einer solchen Platte greift ein kreisförmig mit dem Radius r_1 bewegter Schleifer eine Spannung U_x ab, wobei

$$U_x = k_1 \cdot U \cdot r_1 \times$$
$$\times [1 - \cos\alpha \pm k_2 (1 - \cos^2\alpha)] \tag{265}$$

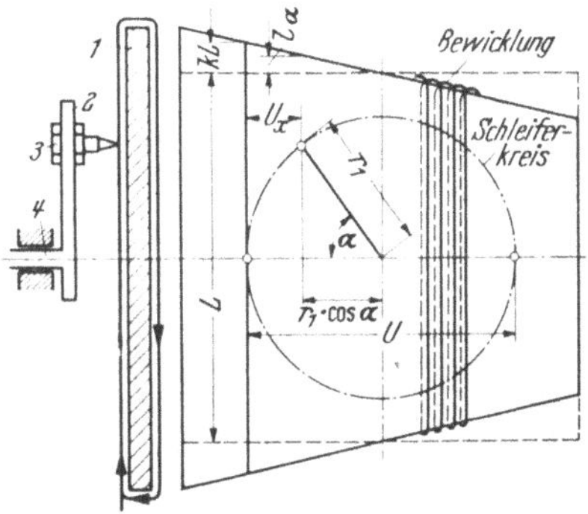

Abb. 167. Widerstandsgeber zum Abgreifen einer dem Kolbenweg proportionalen Spannung zwecks Aufnahme von kolbenwegabhängigen Indikatordiagrammen. Hersteller Zeiss-Ikon AG. [Aus MEURER: Indikatoren für schnellaufende Verbrennungsmotoren. Z. VDI Bd. 80 (1936) S. 1447 ... 1454.]

1 Plattenwiderstand; — 2 Schleiferarm; — 3 Schleifer; — 4 Antrieb von der Kurbelwelle

oder

$$U_x = k_1 \cdot U \cdot r_1 (1 - \cos\alpha \pm k_2 \sin^2\alpha) \tag{266}$$

ist.

Darin bedeuten U die größte Spannung, r_1 den Radius des Schleiferkreises, α den Drehwinkel, k_1 die Konstante der Widerstandsanordnung, k_2 die Konstante der Trapezneigung. Für $r_1 = r$ und $k_2 = \lambda/2$ wird U_x proportional dem Kolbenweg x

$$U_x = k_1 \cdot U \cdot x. \tag{267}$$

Ein solcher mechanischer Geber ist weder für hohe Drehzahlen noch für Dauerbetrieb geeignet, weshalb man lichtelektrische Einrichtungen nach Abb. 168a u. b vorzieht.

Die Einrichtung projiziert einen rechteckigen Lichtspalt auf eine Photozelle und deckt ihn durch eine umlaufende Scheibe mehr oder weniger ab. Verwendet man als Abdeckscheibe eine exzentrisch gelagerte Kreisscheibe, dann erhält man eine Wellenspannung, deren Amplitude dem Kolbenweg proportional ist, folgt der Scheibenumfang einer Spirale, dann bekommt man eine dem Kurbelwinkel proportionale Sägezahnspannung. Je nachdem sich die Spirale über $^1/_4$, $^1/_2$ oder $^1/_1$ des Scheibenumfangs erstreckt, erhält man das Druckdiagramm über den Kurbelwinkeln 90°, 180° oder 360° dargestellt. Man kann also den Druckverlauf als Funktion des Kolbenwegs oder des Kurbelwinkels darstellen. Der Übertragungsfehler infolge der endlichen Breite der Spaltblende kann in zulässigen Grenzen gehalten werden. Mit einer zweiten radial ge-

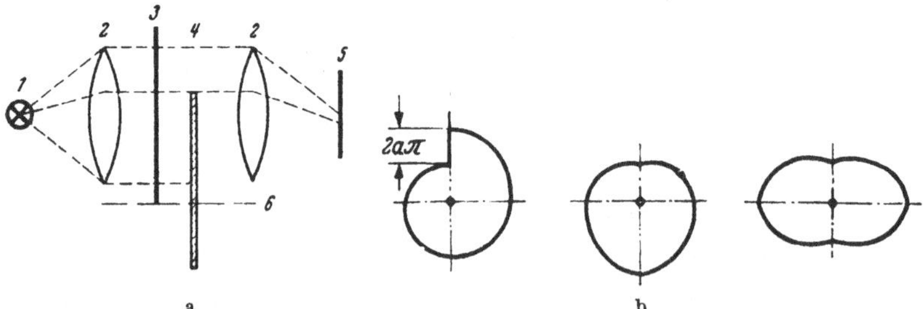

Abb. 168a u. b. Lichtelektrischer Kurbelwinkelübertrager. [Aus NIER: Neuartiger lichtelektrischer Kolbenweg- und Kurbelwinkelübertrager. Motortechn. Z. Bd. 4 (1942) S. 42.]
a Grundsätzliche Anordnung.
1 Lichtquelle; — 2 Linsensystem; — 3 Spaltblende; — 4 Exzenterscheibe; — 5 lichtelektrische Zelle; — 6 Mittellinie der Kurbelwelle.
b durch archimedische Spiralen begrenzte Exzenterscheiben zum Übertragen des Kurbelwinkels über 360°, zweimal 180° und viermal 90°

schlitzten Scheibe kann man Zeitmarken geben. Das Gerät ist bis 10000 U/min brauchbar bei einem Fehler von etwa 1° für den Kurbelwinkel.

g) Impulstelegrammverfahren

Das Siemens-Impulstelegrammverfahren ist ein Codeverfahren, bei dem die zu übertragende Nachricht, nämlich der Meßwert, in ein Codetelegramm umgewandelt wird; es eignet sich für große Übertragungsentfernungen und kann Übertragungskanäle aller Art benutzen, wobei jeder Kanal mehrfach ausgenutzt werden kann. Das Verfahren kann beliebig genau gemacht werden und ist weitgehend unabhängig von Schwankungen in der Güte des Kanals; durch automatische Kontrolleinrichtungen wird die Richtigkeit des empfangenen Telegramms mit großer Sicherheit gewährleistet. Das Verfahren wurde speziell für die Übertragung von Pegelständen in Wasserkraftanlagen durchgebildet, wobei fast immer mehrere Pegel mit großer Genauigkeit überwacht werden sollen, kann aber ebensogut für andere Zwecke eingesetzt werden.

Jede Nachricht besteht aus einer konstanten Anzahl von Impulsen und wird durch Modulation der Impulsdauer oder der Pausendauer zwischen zwei Impulsen ausgedrückt. Um die Zahlen 0 . . . 99 im dekadischen System mit einer Genauigkeit von 1% wiederzugeben, braucht man 2 × 10 Impulse, von denen zwei sich durch ihre größere Länge von

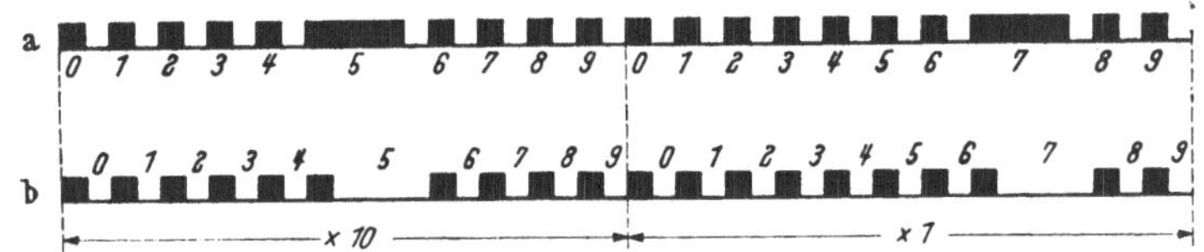

Abb. 169 a u. b. Impulstelegramm im dekadischen System; Übertragung der Zahl 57
a Modulation der Impulsdauer; — b Modulation der Impulspause

den anderen unterscheiden. Abb. 169 a u. b zeigt beispielsweise die Zahl 57 als Impulstelegramm, wobei einmal die Impulsdauer, einmal die Pausendauer moduliert wurde. Nun kann man mit demselben Telegramm auch

Abb. 170. Impulstelegramm im dekadischen System; Wiedergabe der Zahlen 71 und 29 durch Modulation der Impulsdauer bzw. der Impulspausen

zwei Nachrichten geben, wenn man einmal die Impulsdauer, einmal die Impulspause moduliert, wie Abb. 170 für die Zahlen 71 und 29 zeigt. Eine gewisse Sicherheit für die Richtigkeit eines solchen Telegramms

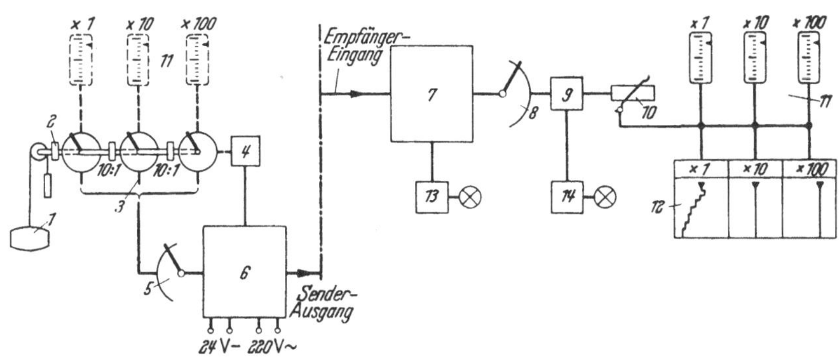

Abb. 171. Schema einer Flüssigkeitsstandmessung nach dem Impulstelegrammverfahren von Siemens & Halske-AG.
1 Schwimmer; — *2* Schrittschaltwerk; — 3 Kontaktgabewerk; — *4* Anregegerät für den Wähler; — *5* Wähler; — *6* Wählerfortschaltung und Impulssender; — *7* Wählerfortschaltung beim Empfänger; — *8* Empfängerwähler; — *9* Halterelais; — *10* Spannungsteiler; — *11* Anzeigegerät beim Sender und Empfänger; — *12* Meßwertschreiber beim Empfänger; — *13* Wählerumlaufkontrolle (Verstümmelungssignal); — *14* Kontrolle des Empfangs von zwei langen Impulsen

mit zwei Nachrichten erhält man durch die Prüfung, ob jedes Telegramm die richtige Anzahl von zwanzig Impulsen und zwei lange Impulse sowie zwei lange Pausen enthält; wenn das nicht der Fall ist, muß das Telegramm fehlerhaft sein.

Bei der Ausübung des Verfahrens zur Pegelstandübertragung schaltet man von einem Schwimmer aus ein Kontaktgabewerk. Wenn die Zahlen 0 . . . 99 auf 0,1% genau übertragen werden sollen, muß das Kontaktwerk drei Dekaden haben und sich in Schritten von 0,1 Einheiten bewegen, es darf also Schwimmerbewegungen, die kleiner sind als 0,1 Einheiten, nicht folgen. Zu diesem Zweck legt man zwischen den Schwimmer und den Antrieb des Fortschaltwerks ein Klinkenschaltwerk mit einer Feder, die vom Schwimmer gespannt wird und nach dem Erreichen eines bestimmten Hubs das Fortschaltwerk um einen Schritt weiterdreht. Das Fortschaltwerk hat drei Dekaden mit je zehn Kontakten, von denen Leitungen zu den Bankkontakten eines Telephonwählers führen (Abb. 171). Der Wähler wird auf ein Kommando hin von einem Relaisunterbrecher einmal durchgedreht und gibt bei jedem Kontakt einen Impuls, bei jedem spannungsführenden Kontakt einen Impuls von vier- bis fünffacher Dauer bzw. kurze und lange Impulspausen. Das Kommando zum Anlauf kann der Wähler durch eine Uhr in regelmäßigen Abständen oder vom Empfänger oder vom Schwimmer erhalten, je nachdem man den Pegelstand dauernd, nur auf Anfrage oder nur bei Änderungen übertragen will. Abb. 172 zeigt die Ausführung des Impulstelegrammsenders. Die beim Empfänger ankommenden Impulse schalten ein Wählerrelais fort, das einen Wähler durchdreht. Die Wähler beim Sender und Empfänger laufen also synchron. An die Kontaktbank des Wählers sind Entschlüsselungsgeräte angeschlossen, beispielsweise Zeitrelais, die nur auf lange Impulse ansprechen, und diese steuern die Anzeigegeräte des Empfängers, indem sie einen Strom einschalten, dessen Amplitude dem Wert des Langimpulses entspricht. Abb. 173 zeigt die Ausführung eines anzeigenden und schreibenden Empfängers. Anstatt im Dezimalsystem kann man natürlich auch im Dualsystem

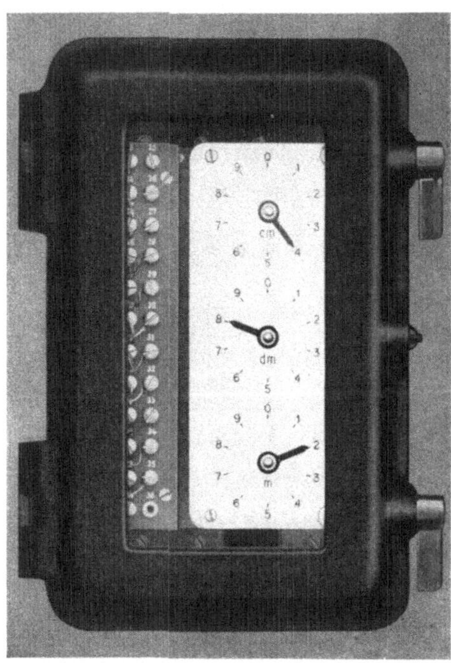

Abb. 172. Flüssigkeitsstandsender nach dem Impulstelegrammverfahren. Hersteller Siemens & Halske-AG. [Aus Siemens-Z. Bd. 27 (1953) S. 270]

arbeiten und die beiden Zahlensysteme durch Relais oder Nockenscheiben ineinander umsetzen, wie Abb. 174 zeigt.

h) Behälterstandanzeige mit Schrittschaltverfahren

Große Pegelschwankungen in Behältern, Stauseen, Flüssen und Gezeitenmeeren kann man mit Schwimmern und Kontaktwerken

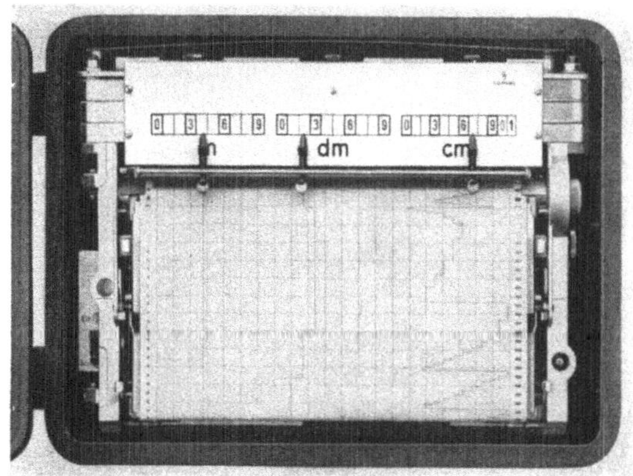

Abb. 173. Ansicht des geöffneten Flüssigkeitstandschreibers nach dem Impulstelegrammverfahren. Hersteller Siemens & Halske-AG. [Aus Siemens-Z. Bd. 27 (1953) S. 373]

messen. Der Schwimmer überträgt die Schwankungen des Flüssigkeitsspiegels auf eine Nockenwelle, die bei jeder Umdrehung nacheinander eine Anzahl von Kontakten schließt und damit entsprechende Relais oder Wicklungen eines Empfängers einschaltet. Abb. 175 zeigt ein Beispiel. Von der Seiltrommel des Schwimmers wird ein dreipoliger Schalter mit sechs Stellungen gedreht. Der Empfänger hat einen vierpoligen, gleichstromgespeisten Läufer und einen zwölfpoligen Ständer mit drei vierpoligen Wicklungen; jeder Wicklungspol umfaßt zwei Pole des Eisenpakets, und dazwischen bleibt je einer frei. Auf diese Weise wird der Läufer beim Weiterschalten der Wicklungen um je eine halbe Polteilung des zwölfpoligen Läufers gedreht und macht mit vierundzwanzig Schritten eine Umdrehung.

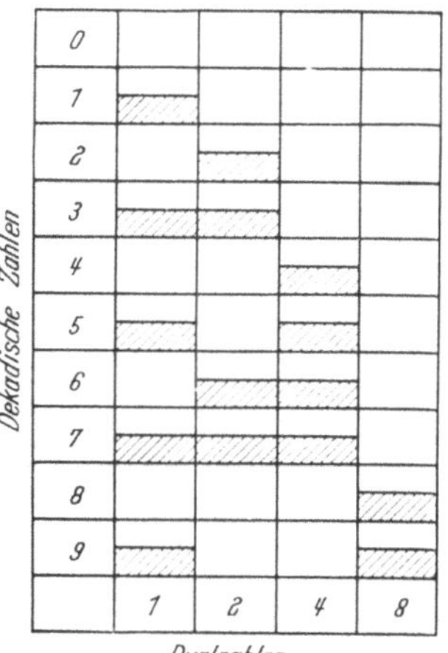

Abb. 174. Übergang vom Dualsystem in das dekadische System

Der Sender hat achtzehn Kontaktstellungen je Umdrehung, und nach je sechs Schritten wiederholt sich der Schaltzustand. Der Empfänger macht also ¾ Umdrehungen, wenn der Sender eine Umdrehung macht, wie das nachstehende Schema zeigt.

Sender		Empfänger		
Stellung des Kontaktarmes *1*	zurückgelegter Weg	erregte Wicklung	Stellung des Läuferpoles *A* auf Ständerpol *1*	zurückgelegter Weg
a 1	0°	III + I	1	0°
a 2	20°	I	zwischen 1 und 2	15°
a 3	40°	I + II	2	30°
a 4	60°	II	zwischen 2 und 3	45°
a 5	80°	II + III	3	60°
a 6	100°	III	zwischen 3 und 4	75°
b 1	120°	III + I	4	90°
b 2	140°	I	zwischen 4 und 5	105°
b 3	160°	I + II	5	120°
b 4	180°	II	zwischen 5 und 6	135°
b 5	200°	II + III	6	150°
b 6	220°	III	zwischen 6 und 7	165°
c 1	240°	III + I	7	180°
c 2	260°	I	zwischen 7 und 8	195°
c 3	280°	I + II	8	210°
c 4	300°	II	zwischen 8 und 9	225°
c 5	320°	II + III	9	240°
c 6	340°	III	zwischen 9 und 10	255°
a 1	360°	III + I	10	270°

Durch eine entsprechende Übersetzung zwischen dem Schwimmer und der Nockenwelle kann man den Schwimmerweg beliebig feinstufig

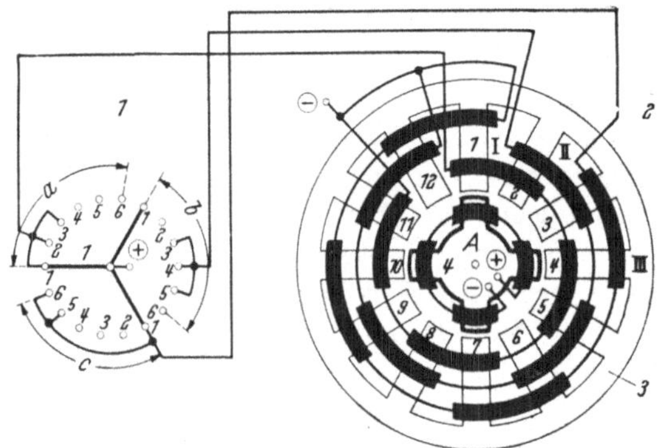

Abb. 175. Pegelstandübertragung mit Gleichstromverfahren.
1 Sender mit dreipoligem Schalter und sechs Stellungen; — *2* Empfänger mit drei vierpoligen Ständerwicklungen *I, II, III*; — *3* zwölfpoliges Ständereisen; — *4* vierpoliger Läufer mit Wicklung
[Aus Leonhardt: Elektrische Pegelfernübertragung. Z. VDI Bd. 74 (1930) S. 1430 ... 1432]

anzeigen. Die Bewegung des Empfängerläufers kann auf Anzeige- oder Schreibgeräte übertragen werden, die zur besseren Übersicht einen Sollwertzeiger oder eine Normalkurve haben, so daß man Abweichungen vom Normalverlauf der Pegeländerungen, etwa einen anomalen Verlauf der Tide, sofort erkennen kann.

Wesentlich einfacher arbeitet das Siemens-Schrittschaltverfahren. Die Bewegung des Schwimmers wird quantenhaft auf zwei Nockenscheiben übertragen, indem der Schwimmer zunächst eine Feder spannt, die bei einem bestimmten Hub ausgeklinkt wird und in ihre Nullstellung zurückfällt, wobei sie zwei Nockenscheiben um einen festen, einer Meß-

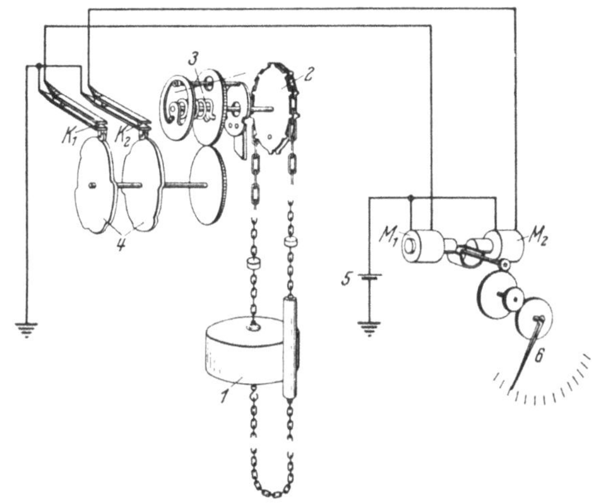

Abb. 176. Wirkungsschema des Schrittschaltmeßverfahrens.

1 Schwimmer; — *2* Kettenrad; — *3* Schrittschaltwerk; — *4* Nockenscheibe; — *5* Stromquelle; — *6* Anzeigeinstrument; — K_1, K_2 Kontaktfedersatz; — M_1, M_2 Elektromagnet des Empfängers (Aus Siemens-Druckschrift SH 2632a)

einheit entsprechenden Betrag verdreht (Abb. 176). Je nach der Bewegungsrichtung des Schwimmers ändert sich die Reihenfolge der Kontaktschlüsse K_1 und K_2. Der Empfänger hat zwei Elektromagnete M_1 und M_2, zwischen deren Polen ein Eisenanker bei je zwei aufeinanderfolgenden Impulsen eine Umdrehung macht. Die Drehrichtung ändert sich mit der Reihenfolge der Impulse.

Mit dem Anker ist der Zeiger des Meßgeräts gekuppelt, der mit 60 . . . 250 Schritten den ganzen Meßbereich durchläuft, so daß die Anzeige auf $\pm 0{,}2 \ldots \pm 0{,}8\%$ genau ist. Die einzelnen Schaltschritte müssen einen Abstand von 3 . . . 4 sek haben; für die Fernleitung ist ein Widerstand von 1000 Ω zulässig, sie kann gleichzeitig als Telephonader verwendet werden.

Selbstverständlich läßt sich die Einrichtung mit Grenzkontakten für eine Gefahrenmeldung und sonstigen Sicherheitsvorrichtungen ausstatten.

i) Behälterstandanzeige mit Ultraschall

Bei Behältern mit großem Überdruck, explosiven oder aggressiven Flüssigkeiten oder hoher Temperatur sind die sonst üblichen Schwimmerverfahren für die Standmessung nicht oder nur schwierig anwendbar. Auch das Verfahren mit einem verstellbaren Eisenkern versagt in manchen Fällen. Es bleibt dann das Echolotverfahren, bei dem die Meßeinrichtung völlig außerhalb des Behälters angeordnet und die Anzeige des Flüssigkeitsstandes auf eine Zeitmessung zurückgeführt wird. Unter dem Behälterboden werden ein Ultraschallsender und Empfänger angebracht und über eine Flüssigkeitsschicht an den Behälter angekuppelt. Der Ultraschallsender gibt in gleichmäßigen Intervallen kurze Impulse, diese durchdringen die Behälterwand, treten in die Flüssigkeit ein und werden an ihrer Oberfläche nahezu total reflektiert (Abb. 177). Die reflektierte Welle erreicht den Ultraschallempfänger nach einer Zeit t, die der Schallgeschwindigkeit v_2 in der betreffenden Flüssigkeit umgekehrt und der Füllhöhe h direkt proportional ist. Unter Berücksichtigung der Wanddicke d des Behälters und der Ausbreitungsgeschwindigkeit v_1 im Behältermaterial erhält man

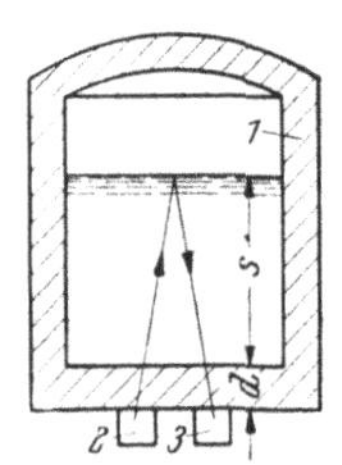

Abb. 177. Behälterstandmessung mit Echolot.
1 Behälter; — 2 Ultraschallsender; — 3 Ultraschallempfänger; — d Wanddicke; — s Flüssigkeitshöhe

$$t = \frac{2\,d}{v_1} + \frac{2\,h}{v_2}. \qquad (268)$$

Falls die Schallgeschwindigkeit nicht bekannt oder veränderlich ist, kann man in einem gemessenen Abstand eine Eichmarke, etwa einen Metallstab, in dem Behälter anbringen und erhält dann zwei Echos, eines von der Eichmarke, eines vom Flüssigkeitsspiegel. Die Ultraschallimpulse durchdringen die Behälterwand am besten, wenn die Wanddicke gleich der halben Wellenlänge oder einem ganzzahligen Vielfachen davon ist. Die Laufzeit kann mit einem beliebigen Kurzzeitmeßgerät, einem Kathodenoszillographen oder einem Echolotanzeigegerät gemessen werden.

Man setzt etwa die Anzeigemarke in eine Kreisbewegung, wenn der Ultraschallimpuls ausgesendet wird, und erhält eine erste radiale Ablenkung durch die Eichmarke, eine zweite durch den Flüssigkeitsspiegel.

k) Behälterstandanzeige durch Druckmessung

Bei bekanntem spezifischen Gewicht kann man die Füllhöhe auch aus der Anzeige einer in den Behälterboden eingebauten Druckmeßdose ermitteln.

l) Behälterstandanzeige durch Strahlungsmessung

Auf der einen Seite des Behälters wird ein radioaktiver Strahler, auf der anderen ein Strahlungsempfänger in einen gemeinsamen Schlitten montiert und an dem Behälter auf und ab bewegt. Beim Überschreiten des Flüssigkeitsspiegels ändert sich sprunghaft die Anzeige des Strahlungsempfängers. Die Dicke der Behälterwand spielt keine Rolle, sofern sie konstant ist. Das Verfahren läßt sich für die Grenzflächen aller Stoffe unterschiedlicher Dichte anwenden.

2. Elektrische Mikrometer [*30*]

Elektrische Mikrometer verwendet man weniger für Absolutmessungen als zur Kontrolle und eventuellen Regulierung der Maßhaltigkeit von Massenerzeugnissen; sie können als Widerstandsender, induktiv, kapazitiv, lichtelektrisch oder piezoelektrisch arbeiten. Durch Kombination mit einer Meßfeder, deren Durchbiegung angezeigt wird, werden die Mikrometer zu Kraftmessern.

a) Bolometerlehre (Widerstandsmikrometer)

Bei der Bolometerlehre steuert die mechanische Größe die Kühlung eines geheizten temperaturabhängigen Widerstandes, und die Widerstandsänderung wird in einer Brücke gemessen. Abb. 178 zeigt die grundsätzliche Anordnung. Der Taststift *a* des Mikrometers ist in den Blattfedern *b* reibungslos gelagert, seine Bewegung überträgt sich über die Meßfeder *c* auf die Drehspule *d* und die Steuerfahne *i*. Diese Bolometerfahne liegt zwischen den Düsen *n* eines Gebläses und den geheizten Bolometerwendeln *o*. In der Nulllage, die mit dem Exzenter *f* über die Feder *e* eingestellt wird, trifft der Kühlluftstrom beide Brückenzweige gleichmäßig. Wird die Bolometerfahne ausgelenkt, so wird die Brücke unsymmetrisch, und der Diagonalstrom ist ein Maß für die Bewegung des Taststiftes *a*, er wird mit dem Instrument *9* gemessen (Abb. 179). Ein Teilstrom durchfließt außer-

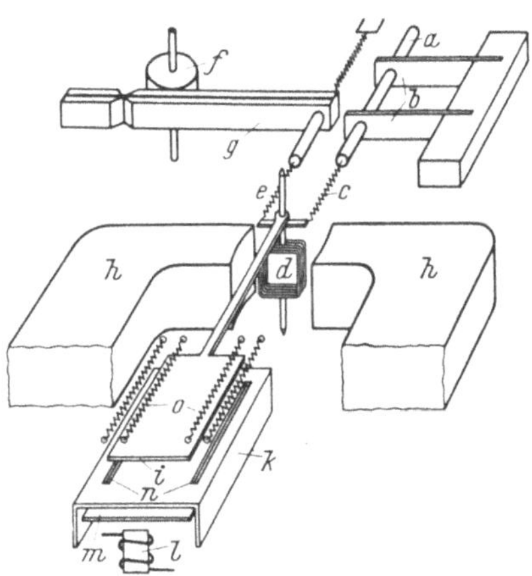

Abb. 178. Bolometerlehre in Kompensationsschaltung. [Aus MERZ-NIEPEL: Messung kleiner Ströme und Spannungen sowie kleiner Längenänderungen mit dem bolometrischen Kompensator. Wiss. Veröff. Siemens-Werk Bd. 18 (1939) S. 151.]
a Abtaststift; — *b* Blattfedern zur reibungsfreien Lagerung des Taststiftes; — *c* Meßfeder; — *d* Drehspule des Kompensationssystems; — *e* Gegenfeder; — *f* Exzenter für Nullstellung; — *g* Einstellhebel mit Federgelenk; — *h* Dauermagnet des Kompensationssystems; — *i* Bolometerfahne; — *k* Gehäuse des Bolometergebläses; — *l* Blasmagnet; — *m* Schwingmembran des Gebläses; — *n* Bolometerdüsen; — *o* Bolometerwiderstandswendeln

dem die Drehspule *d* des Kompensationssystems, in der er ein Drehmoment erzeugt, das der mechanischen Auslenkung entgegenwirkt. Das von der Meßfeder *c* auf die Bolometerfahne ausgeübte Drehmoment wird also elektrisch kompensiert. Der Wandler *8* ist eine Rückführung; er verhindert Pendelungen, indem er bei jeder Änderung des Stromes i_1 einen der Änderung von i_2 entgegenwirkenden Stromstoß im Kompensationskreis induziert. Abb. 180 zeigt eine ältere Ausführung des Bolometertasters.

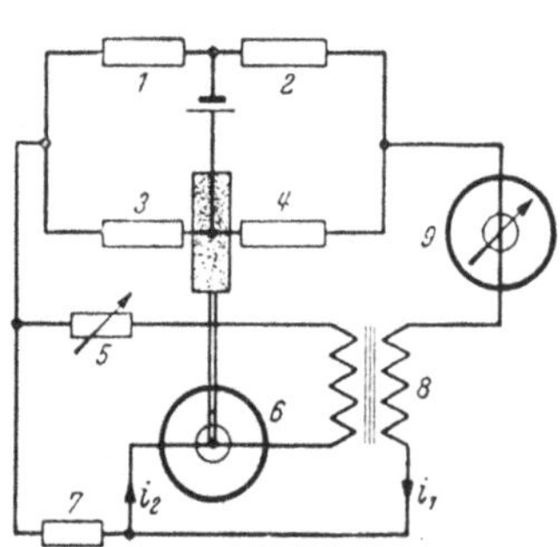

Abb. 179. Schaltung der Bolometerlehre. *1* ... *4* Brückenwiderstände; — *5* regelbarer Vorwiderstand des Steuergerätes; — *6* Steuergerät; — *7* Nebenwiderstand des Steuergerätes; — *8* Übertrager für die elektrische Rückführung; — *9* Anzeigeinstrument; — i_1 Diagonalstrom der Bolometerbrücke; — i_2 Kompensationsstrom

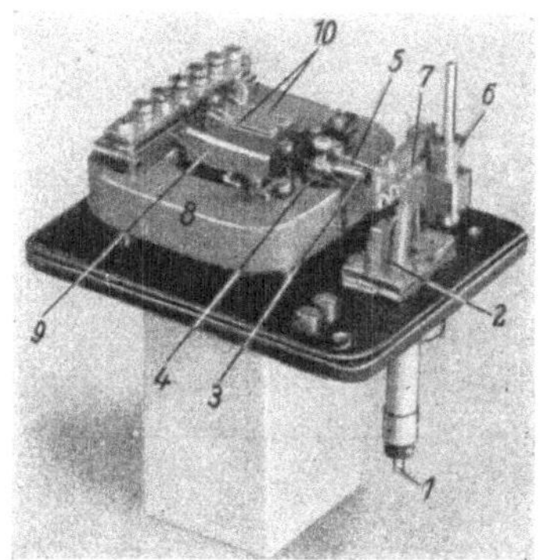

Abb. 180. Bolometrischer Feintaster älterer Ausführung nach MERZ-NIEPEL. Hersteller Siemens & Halske-AG.
1 Taststift; — *2* reibungsfreie Hebelübertragung zur Vergrößerung des Taststiftweges; — *3* Meßfeder; — *4* Drehspule des Kompensationssystems; — *5* Gegenfeder; — *6* Exzenter für die Nullstellung; — *7* Einstellhebel mit Federgelenk; — *8* Dauermagnet des Kompensationssystems; — *9* Gehäuse des Bolometergebläses; *10* Widerstandswendeln

b) Induktive Mikrometer

Abb. 181 ist ein Schnitt durch den induktiven Feintaster von Siemens & Halske-AG. Zwischen zwei eisengeschlossenen Topfspulen *2* liegt ein Eisenanker *4*, der von dem Taststift *1* gegen die Kraft einer Feder *5* im Luftspalt zwischen den beiden Spulenkörpern hin und her bewegt werden kann. Die beiden Geberwicklungen liegen in einer Wechselstrombrücke, deren Diagonalstrom ein Maß für den Weg des Taststiftes ist. In der Schaltung nach Abb. 182 wird nur die Induktivitätsänderung der unteren Wicklung gemessen, während die obere Wicklung als Hubmagnet dazu dient, beim Wechsel der Prüflinge den Taststift anzuheben. Abb. 183 zeigt die Ausführung. Die Meßbereiche sind ± 10 bzw. $\pm 50\,\mu$, die Anzeigetoleranz $\pm 1\%$ vom Höchstwert; der Taststift liegt mit einem Druck von 250 g auf dem Prüfling auf. Durch einen magnetischen Konstanthalter wird der Einfluß von Spannungsänderungen zwischen 110 und 220 V auf $\pm 5\ldots 7\%$ reduziert. Ähnliche Geräte werden von der Brush Electronics Co., Cleveland, Ohio, und Staiger & Mohilo, Stuttgart-Cannstatt, hergestellt. Letztere fertigen induktive Mikrometer mit Meßbereichen von 1 μ . . . 40 mm, deren Eigenfrequenz infolge der kleinen bewegten Massen bei 50 kHz liegt. Die Fa. Leitz, Wetzlar, liefert ein induktives Mikrometer als Oberflächenprüfgerät (Abb. 184). Das Gerät hat einen Taststift mit 15 μ Spitzenradius, dessen Bewegungen gegenüber einer Gleitbahn in einem Tauchspulensystem Spannungen induzieren, deren Mittelwert der mittleren Oberflächenrauheit entspricht. Das Gerät ist auf die Meßbereiche 1, 10 und 50 μ umschaltbar und kann auf ebene Teile und auf Zylinder von 30 . . . 100 mm ∅ aufgesetzt werden. Durch eine Feineinstellung bringt man die Saphirspitze des

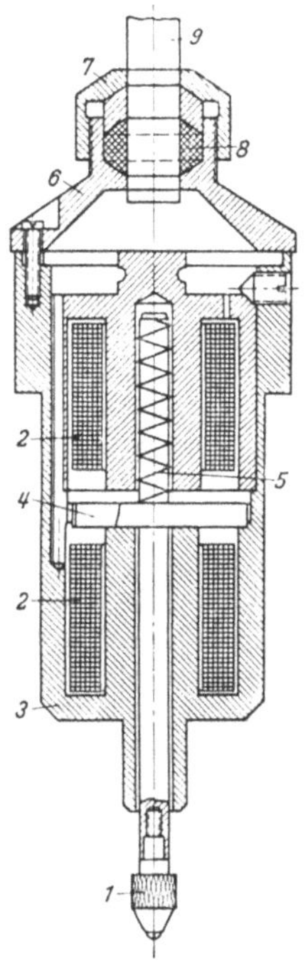

Abb. 181. Schnitt durch einen induktiven Feintaster. Hersteller Siemens & Halske-AG.

1 Taststift; — *2* Wicklung der Elektromagnete; — *3* Eisenkern; — *4* beweglicher Eisenanker; — *5* Druckfeder; — *6* Gehäusekappe; — *7* Verschlußschraube; — *8* Dichtung; — *9* Anschlußkabel

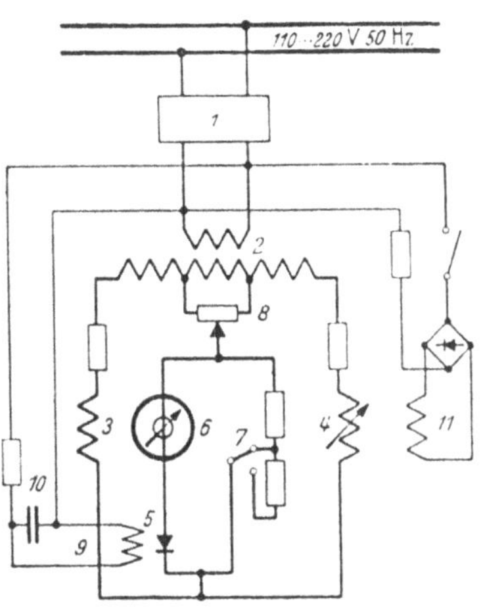

Abb. 182. Schaltung des induktiven Mikrometers der Siemens & Halske-AG. nach MERZ-SCHARWÄCHTER.

1 Spannungskonstanthalter; — *2* Anschlußwandler; — *3* Vergleichsdrossel; — *4* induktiver Geber; — *5* gesteuerter Gleichrichter; — *6* Anzeigeinstrument; — *7* Meßbereichwähler; — *8* Nullstellung; — *9* Gleichrichtererregung; — *10* Phasenregler für Gleichrichtererregung; — *11* Hubmagnet

Tastkopfes in Berührung mit dem Werkstück. Dann betätigt man den Auslöser, schiebt dadurch den Tastkopf auf der Führungsbahn vor und spannt eine Ablauffeder, die Tastspitze ist dabei durch einen Elektromagnet abgehoben. Nun wird die Tastspitze aufgesetzt und von der Feder mit gleichmäßiger Geschwindigkeit über das Werkstück in die Nullage zurückgeführt. Das Gerät kann auch mit einer Innentasteinrichtung für Bohrungen über 9 mm ∅ und Meßtiefen bis zu 35 mm versehen werden.

c) Kapazitive Mikrometer

Abb. 185 zeigt ein kapazitives Mikrometer nach der Methode der halben Resonanzkurve in Kompensationsschaltung. Der Hochfrequenz-

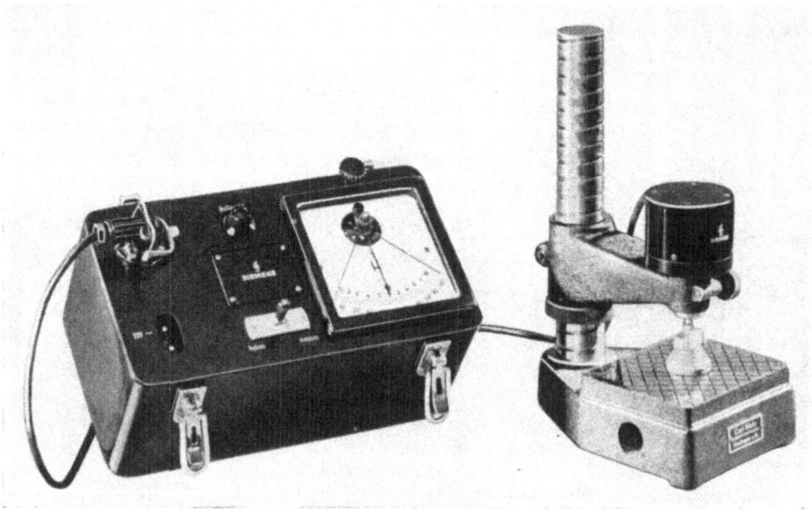

Abb. 183. Elektrische Lehre mit induktivem Geber. Ausführung Mahr-Siemens. Das Anzeigeinstrument ist auf 2 Meßbereiche umschaltbar und hat einstellbare Grenzkontakte für Toleranzmessungen. Mit einem Kippschalter kann man den Taststift beim Wechseln der Prüflinge elektrisch anheben

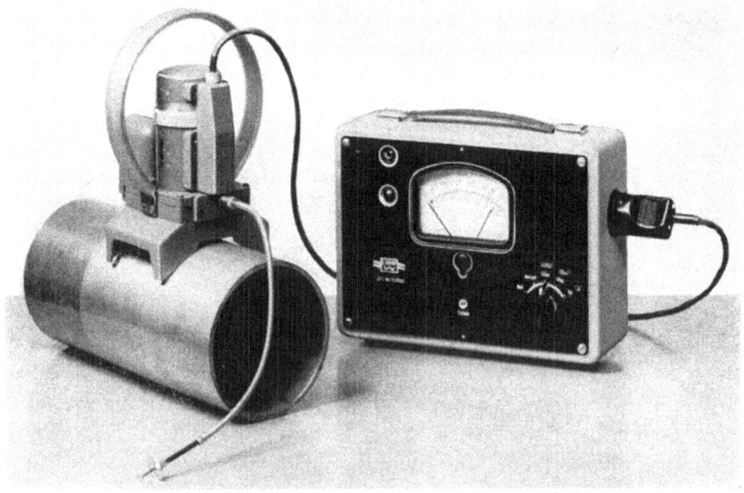

Abb. 184. Oberflächenrauhigkeitsprüfer von Ernst Leitz, Wetzlar

generator *1* speist zwei Schwingkreise *2* und *3*, die beide etwas oberhalb der Generatorfrequenz abgestimmt sind, so daß man im linearen Teil der

Resonanzkurve arbeitet. Die Abstimmglieder R_2, L_2, C_2 des Schwingkreises *2* sind fest, im Schwingungskreis *3* wird die Kapazität C_1' von der mechanischen Größe gesteuert und ihre Änderungen durch entgegengesetzte Verstellungen der Kapazität C_1'' kompensiert. Die Spannungen an den Kapazitäten C_1 und C_2 steuern die Verstärkerröhren *4* und *5*, die zusammen mit den Widerständen *6* und *7* eine abgeglichene Brücke bilden. Ändert sich die Kapazität C_1', so fließt ein Diagonalstrom und schaltet über das Brückenrelais *8* den Kompensationsmotor *9* im einen oder anderen Drehsinn ein. Der Motor verstellt den Kondensator C_1'', bis das Brückengleichgewicht wiederhergestellt ist (Nullmotorverfahren); den dabei zurückgelegten Weg zeigt das Instrument *10* an.

Kleine Änderungen der Frequenz, Spannung und Temperatur beeinflussen das Meßergebnis nicht, da sie auf beide Schwingungskreise gleichmäßig einwirken, Änderungen der Röhrencharakteristik geben jedoch Anzeigefehler.

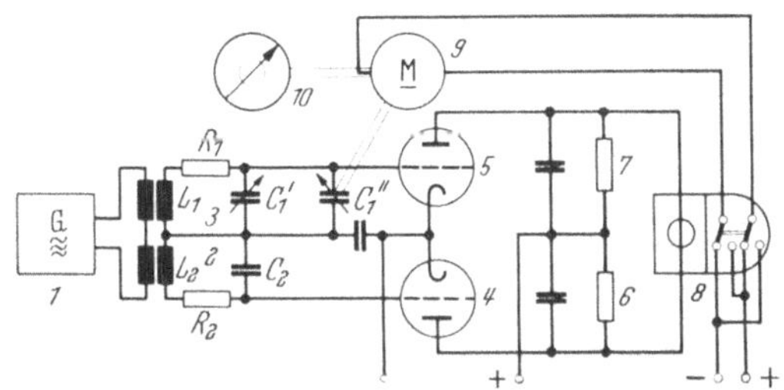

Abb. 185. Messung kleiner Kapazitätsänderungen nach der Methode der halben Resonanzkurve mit dem Nullmotorverfahren.

1 Hochfrequenzgenerator; — *2*, *3* Schwingkreise; — *4*, *5* Verstärker; — *6*, *7* Brückenwiderstände; — *8* Nullspannungsrelais; — *9* Umkehr-Motor; — *10* Anzeigeinstrument

Die Kapazität der Zuleitungen vom Meßkondensator C_1' zum Schwingungskreis muß eingeeicht werden und darf sich nicht ändern.

POTTHOF und KESER haben ein kapazitives Verfahren entwickelt, um den Durchmesser von Bohrungen mit hoher Genauigkeit zu bestimmen. Dabei wird ein zylindrischer Dorn bekannten Durchmessers in die Bohrung eingeführt und die Kapazität des aus Dorn und Bohrlochwand gebildeten Kondensators bestimmt. Voraussetzung für eine richtige Messung ist konzentrische Lage von Dorn und Bohrung, die man durch einen Ölfilm und leichtes Drehen des Dorns erreicht. Als Dielektrikum wird Rizinusöl verwendet, als Meßspannung 0,5 V, 800 Hz und als Anzeigegerät eine Kapazitätsmeßbrücke. Den Meßdorn hält man senkrecht, um den Ölfilm nicht durch das Gewicht des Dorns zu belasten und eine einwandfreie Zentrierung zu gewährleisten. Der Durchmesserunterschied zwischen Bohrung und Dorn soll nicht größer als 2 . . . 10 μ sein. Der Dorndurchmesser wird durch Vergleich mit Endmaßen genau ermittelt. Das Verhältnis von Dorndurchmesser/Dornbreite soll $\leqq 5$ sein. Die zu messenden Kapazitäten liegen je nach den Abmessungen zwischen 100 pF und 100 nF. Es konnte eine Meßgenauigkeit von 0,2 μ erreicht werden.

d) Lichtelektrische Mikrometer

Bei den lichtelektrischen Mikrometern wird entweder durch mechanisch verstellte Spiegel oder Blenden die Größe der ausgeleuchteten Fläche oder durch einen Graukeil die Intensität der Ausleuchtung eines Photoelements verändert. An die Stelle einer Blende kann auch der

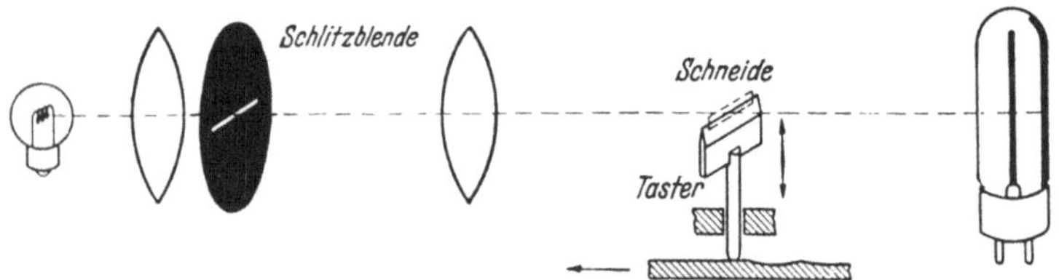

Abb. 186. Lichtelektrische Prüfung in Verbindung mit mechanischer Abtastung. [Aus BENDA: Die Anwendung lichtelektrischer Einrichtungen in der Fertigung. Siemens-Z. Bd. 19 (1939) S. 283 bis 287.]

Prüfling selbst treten, dessen Umriß mit Lichtstrahlen abgetastet und dessen Schattenriß auf einer Photozelle mit einem Normal verglichen wird. Abb. 186 zeigt die grundsätzliche Anordnung, um die Dicke bzw. die Oberflächenrauhigkeit eines Werkstückes zu messen.

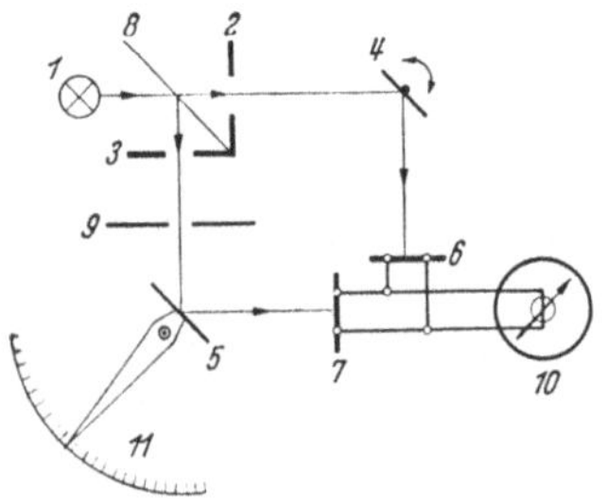

Abb. 187. Nullverfahren zum lichtelektrischen Messen kleiner Drehwinkel. [Aus BERGMANN: Über die Verwendung der Selensperrschicht-Fotozelle zu physikalischen Messungen. Z. techn. Phys. Bd. 13 (1932) S. 568 ... 572. *1* Lichtquelle; — *2*, *3* Blenden; — *4* Spiegel im Meßkreis; — *5* Spiegel im Vergleichskreis; — *6*, *7* Photoelemente; — *8* Glasscheibe; — *9* verstellbare Blende; — *10* Nullinstrument; — *11* Ableseskala

Bei den einfachen Ausschlagverfahren beeinflussen Schwankungen der Lichtquelle und des Photoelements das Meßergebnis, weshalb man zweckmäßiger Null-, Kompensations- oder Differenzmessungen ausführt. Abb. 187 zeigt ein Nullverfahren. Die Lichtquelle *1* wirft ein Bild der Blende *2* über den von der Meßgröße verstellten Spiegel *4* auf das Photoelement *6*. Auf der Photozelle liegt eine Maske in der Größe des aufprojizierten Blendenbildes. In der Nullstellung wird nur ein schmaler Streifen der Photozelle ausgeleuchtet. Ein Teil des Lichtes der Lichtquelle *1* wird von der Glasscheibe *8* über den von Hand einstellbaren Spiegel *5* auf die Photozelle *7* geworfen und bildet auf ihr die Blende *3* ab.

Das Photoelement *7* trägt die gleiche Maske wie das Element *6*. Mit der verstellbaren Blende *9* oder einem Graukeil kann die Helligkeit der Zelle *7* so eingeregelt werden, daß das Galvanometer *10* in der Nullstellung stromlos ist. Verstellt die Meßgröße den Spiegel *4*, so muß man den Spiegel *5* nachstellen, bis das Galvanometer wieder stromlos ist. Den Verstellwinkel kann man an der Skala *11* ablesen, er ist sehr viel größer als der Verstellwinkel des Spiegels *4*, weil die Beleuchtung der Vergleichszelle erheblich geringer ist, und man kann so die Verstellung des Spiegels *4* etwa auf das Tausendfache vergrößern. Die Empfindlichkeit läßt sich durch ein Strichgitter im Prüflichtweg noch weiter steigern. An Stelle der Spiegel können natürlich auch verstellbare Blenden oder

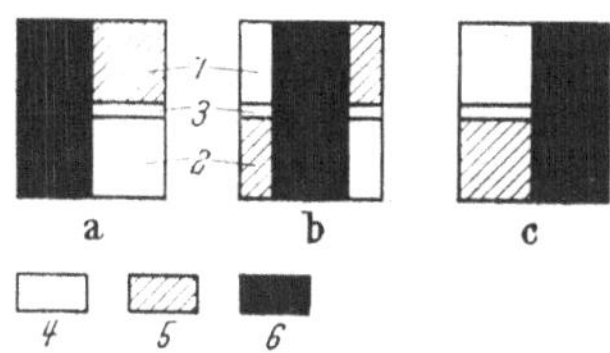

Abb. 188. Differenzphotoelement.
a unterer Endwert der Meßgröße; — b Mittelwert der Meßgröße; — c oberer Endwert der Meßgröße.
1 obere Hälfte des Photoelementes; — *2* untere Hälfte des Photoelementes; — *3* Trennfuge der Photoelementhälften; — *4* offener Teil des Photoelementes; — *5* durch Maske abgedeckter Teil des Photoelementes; — *6* aufprojizierter Schatten

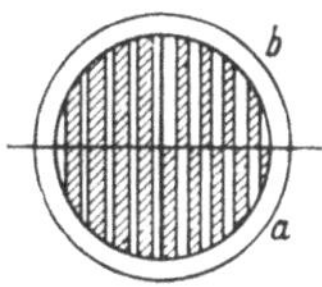

Abb. 189. Differenzphotoelement mit Strichgitter zum Nachweis kleiner Verschiebungen. [Aus BERGMANN: Z. techn. Phys. Bd. 13 (1932) S. 568 bis 572.]
a auf das Photoelement projiziertes Gitterbild; — b auf dem Photoelement liegende Gittermaske

die Prüflinge und ein Normal in den Lichtwegen stehen. Durch den Vergleichslichtweg ist die Anordnung unabhängig von Helligkeitsschwankungen der Lichtquelle, sie ist aber abhängig von Empfindlichkeitsänderungen der Photoelemente. Von diesen Änderungen unabhängig wird man durch eine Differenzphotozelle, das ist ein in der Mitte geschnittenes Photoelement, dessen Hälften gegeneinander versetzte Masken tragen (Abb. 188). In der Nullstellung werden gleich große Flächen beider Hälften beleuchtet; bei Änderungen der Meßgröße wird der beleuchtete Teil auf der einen Zellenhälfte größer, auf der anderen geringer. Von vornherein vorhandene Verschiedenheiten der beiden Zellenhälften können optisch durch Filter oder elektrisch durch Parallelwiderstände ausgeglichen werden. Auch hier läßt sich die Empfindlichkeit noch weiter steigern durch Strichgitter, von denen eins als Maske auf der Zelle liegt, während das andere auf die Zelle projiziert wird; dabei muß eins der Gitter einen Phasensprung aufweisen. In Abb. 189 zeigt die obere Bildhälfte die auf der Zelle liegende Maske, die untere das aufprojizierte Gitterbild.

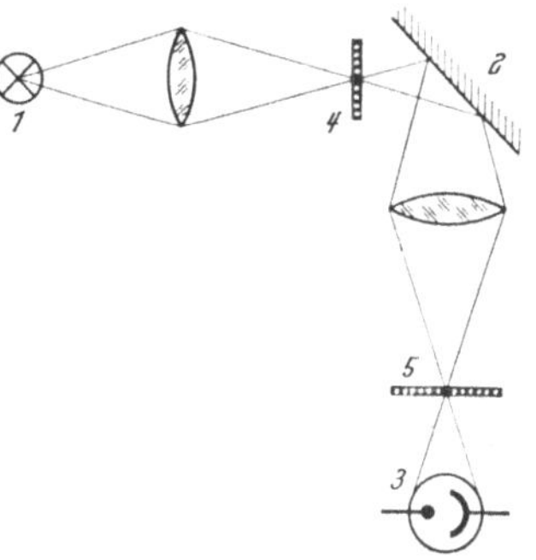

Abb. 190. Lichtelektrisches Mikrometer mit zwei Strichgittern für kleine Drehbewegungen.
1 Lichtquelle; — *2* mechanisch gesteuerter verdrehbarer Spiegel; — *3* Photoelement; — *4*, *5* Strichgitter

Statt einer Maske auf der Photozelle kann man nach Abb. 190 auch zwei Strichgitter verwenden. Zwischen der Lichtquelle *1* und dem von der Meßgröße verstellten Spiegel *2* sowie zwischen diesem und dem Photoelement *3* liegen zwei gleiche Strichgitter *4* und *5* aus abwechselnd lichtdurchlässigen und undurchlässigen Streifen. Die Lichtquelle entwirft ein Bild des Strichgitters *4* auf dem Spiegel, und dieser reflektiert es durch das Strichgitter *5* auf die lichtempfindliche Zelle. In der Nullstellung fallen die vom Spiegel reflektierten Bilder der lichtdurchlässigen Streifen des Gitters *4* auf die lichtdurchlässigen Streifen des Gitters *5* und das Photoelement wird voll ausgeleuchtet, während bereits bei geringer Spiegelbewegung das Bild der Lichtstreifen auf undurchlässige Streifen des Gitters *5* fällt und die Photozelle völlig abdunkelt.

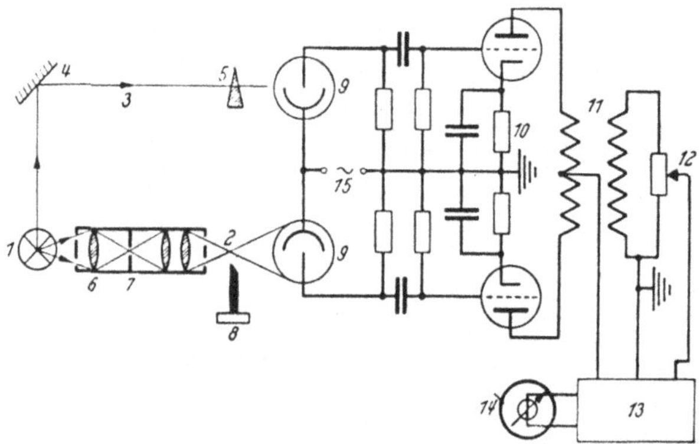

Abb. 191. Lichtelektrische Differenzschaltung mit Wechselstromspeisung. [Aus QUEVRON: Emploi des flux de lumière dans les mesures. Rev. gén. Électr. Bd. 44 (1938) S. 265 . . . 268.]
1 Lichtquelle; — *2* Prüflichtweg; — *3* Vergleichslichtweg; — *4* Umlenkprisma; — *5* Graukeil; — *6* Linse; — *7* Spaltblende; — *8* von der Meßgröße verstellte Blende; — *9* lichtelektrische Zelle; — *10* Gegentaktverstärker; — *11* Differenzwandler; — *12* Empfindlichkeitsregler; — *13* Verstärker; — *14* Anzeigeinstrument; — *15* Wechselstromhilfsspannung

Ein Beispiel für die Anwendung der Differenzphotozelle ist die Askania-Feldwaage zur lichtelektrischen Registrierung kleiner Schwankungen des Erdfeldes.

In Abb. 191 ist eine lichtelektrische Differenzschaltung für Wechselstrom wiedergegeben. Von der Lichtquelle *1* werden über den Prüflichtweg *2* und den Vergleichslichtweg *3* die Photozellen *9* des Gegentaktverstärkers *10* ausgesteuert. Die mechanische Meßgröße verstellt die Blende *8*, mit dem Graukeil *5* wird der Nullpunkt eingestellt. Das Anzeigeinstrument *14* ist über den Verstärker *13* und den Empfindlichkeitsregler *12* angeschlossen.

Mit der in Abb. 192 gezeigten Einrichtung werden Bohrlöcher von 1 mm ∅ auf zulässige Maßabweichungen von $\pm 50\,\mu$ mit einer Genauigkeit von $\pm 5\,\mu$ geprüft. Es ist ein Prüflichtweg und ein Vergleichslichtweg vorhanden, die beide von einer Lochscheibe abwechselnd unterbrochen werden, so daß die Photozelle gleichmäßig ausgeleuchtet wird.

Nun wird in den Prüflichtweg ein Normal, in den Vergleichslichtweg ein Graukeil gebracht und wieder auf gleichmäßige Ausleuchtung der Photozelle abgeglichen, das Photoelement gibt also Gleichstrom ab. Weichen die Prüflinge vom Normal ab, so wird die Photozelle ungleichmäßig ausgeleuchtet und liefert einen Wellenstrom, dessen Wechselstromanteil ein Maß für die Abweichung des Prüflings vom Normal ist.

e) Piezoelektrische Mikrometer

Die Fa. Philips fertigt einen Rauhigkeitsprüfer nach dem piezoelektrischen Prinzip (Abb. 58). Das Tastgerät ist nur 45 mm lang, 7×8 mm dick und wiegt 50 g, es wird von Hand über das Werkstück geführt, wobei eine Saphirnadel die Unebenheiten der Werkstückoberfläche abtastet und ein Bariumtitanatplättchen auslenkt. Die Gleitgeschwindigkeit ist beliebig, sofern sie größer als 2 cm/sek ist.

Infolge des geringen Querschnitts kann man mit dem Geber auch Bohrungen über 8 mm ⌀ abtasten. Ausführbare Meßbereiche sind 0,1 bis 25 μ, bei einer Anzeigegenauigkeit von $\pm 20\%$. Zur Justierung werden dem Gerät Normalien bekannter Oberflächenrauheit beigegeben.

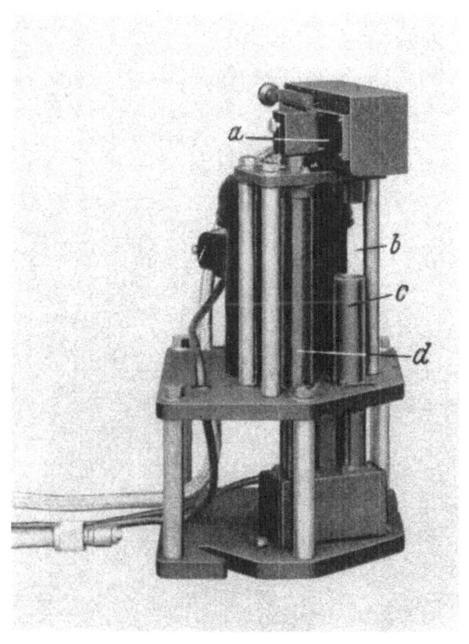

Abb. 192. Lichtelektrisches Bohrloch-Überwachungsgerät. [Aus BENDA: Die Anwendung lichtelektrischer Einrichtungen in der Fertigung. Siemens-Z. Bd. 19 (1939) S. 284.]
a Graukeil; — *b* Raum für den Prüfling; — *c* Prüflichtweg; — *d* Vergleichslichtweg

3. Dickenmessung [*31*]

a) Widerstandsverfahren

α) Laufende Bestimmung des Drahtdurchmessers. Den Querschnitt von Metalldrähten bekannter und konstanter spezifischer Leitfähigkeit kann man laufend aus einer Widerstandsmessung ableiten, wenn man eine abgemessene Drahtlänge durch den einen Zweig einer Wheatstonebrücke gleiten läßt und den Strom über Quecksilbernäpfe oder Gleitkontakte mit kleinem Übergangswiderstand zuführt. Der Widerstand der abgegriffenen Drahtlänge soll nicht unter 100 Ω liegen, damit Änderungen des Übergangswiderstandes an den Kontaktstellen das Meßergebnis nicht fälschen. Selbstverständlich vermag das Verfahren nur den mittleren Querschnitt der abgegriffenen Drahtlänge anzugeben und keine Einzelfehler oder kurze Fehlerstellen zu erfassen. Es eignet sich für dünne Drähte von hohem spezifischem Widerstand, beispielsweise Glühlampendrähte. Eine ausgeführte Anlage für Drahtdurchmesser von $10\ldots40\,\mu$ ergab bei einer Durchlaufgeschwindigkeit von 3 bis 5 m/min und einem Elektrodenabstand von 30 ... 100 cm auf $1^0/_{00}$ reproduzierbare Werte. Abb. 193 zeigt die Querschnittschwankungen eines guten und eines schlechten Wolframdrahtes von $30\,\mu$ Durchmesser.

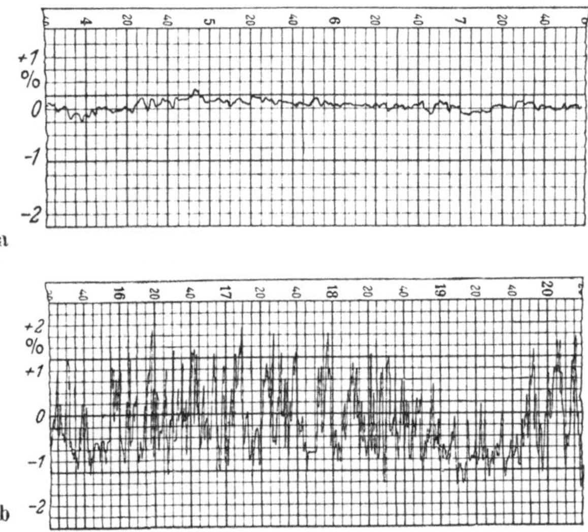

Abb. 193. Querschnittschwankung eines Wolframdrahtes von $30\,\mu$ ⌀, aufgezeichnet mit dem Bolometerschreiber der Siemens & Halske-AG. [Aus DAHL-KERN: Ein schreibendes Meßgerät zur Messung der Querschnittschwankungen feiner Drähte. ETZ Bd. 57 (1936) S. 1424.]
a guter Draht mit einer maximalen Schwankung von ± 0,3%; — b schlechter Draht mit einer maximalen Schwankung von ± 1,75%

β) Messung der Plattendicke von einer Seite aus. Die Dicke von Metallplatten bekannter und konstanter spezifischer Leitfähigkeit kann man durch eine Widerstandsmessung von einer Seite her punktweise aufnehmen, indem man der Platte nach Abb. 194 durch zwei Elektroden einen bekannten Gleichstrom zuführt und zwischen zwei anderen Elektroden den Spannungsabfall mißt. Um die Elektrodenentfernungen, die ja das Meßergebnis sehr stark beeinflussen, genau einzuhalten, kernt man die Zuführungspunkte nach einer Schablone mit federbelasteten Stahlspitzen an und verbindet je eine Strom- und Spannungselektrode fest miteinander. Die Elektrodenabstände müssen den Abmessungen des Prüflings angepaßt sein. Auf das Meßergebnis wirken eine Anzahl von unerwünschten Einflüssen. Da sich die spezifische Leitfähigkeit mit der Temperatur ändert, ist das Meßergebnis mit $1/(1+\alpha t)$ zu multiplizieren, wobei α der Temperaturkoeffizient des spezifischen Widerstandes des Prüflings und t der Unterschied zwischen Eich- und Betriebstemperatur ist. Beim Messen heißer Prüflinge können außerdem Thermospannungen auftreten. Ebenso können sich Kontaktspannungen bemerkbar machen. Sind diese Fehlerspannungen konstant, so kann man sie ausschalten, indem man als Meßspannung den Unterschied der Galvanometerausschläge bei offenem und geschlossenem Stromkreis betrachtet. Bei räumlich begrenzten Prüflingen ist auch die verwendete Stromstärke nicht gleichgültig, weshalb man zweckmäßig mit der Eichstromstärke arbeitet. Die Abmessungen des Prüflings beeinflussen das Ergebnis um so stärker, je dünner die Platte ist. Steht die Meßbasis senkrecht zum Plattenrand, so muß die randnahe Elektrode mindestens 50 mm vom Rand entfernt sein, verläuft die Meßbasis parallel zum Plattenrand, so machen sich auch bei 150 mm Abstand noch Einflüsse bemerkbar. Bei gefüllten Behältern muß man die Leitfähigkeit der Füllung berücksichtigen.

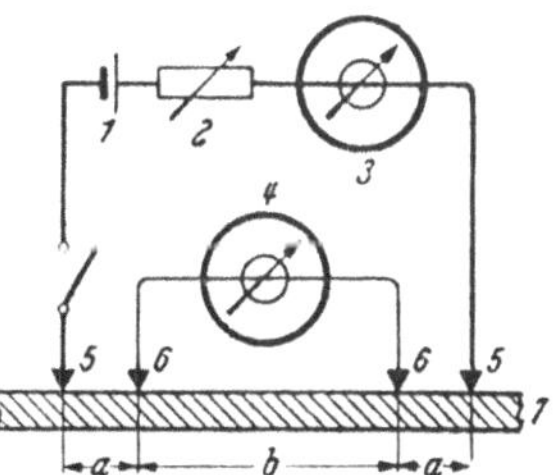

Abb. 194. Wandstärkemessung von einer Seite aus durch Strom- und Spannungsmesser. [Aus THORNTON u. THORNTON: Messung der Dicke von Metallwänden von einer Seite aus. Engineering Bd. 146 (1938) S. 715 . . . 717.]

1 konstante Gleichstromquelle; — *2* Regelwiderstand; — *3* Strommesser; — *4* Drehspulgalvanometer; — *5* Stromzuführungen; — *6* Spannungselektroden; — *7* Prüfling

Die Apparatur ist mit Normalien bekannter Dicke und spezifischer Leitfähigkeit sowie möglichst gleichen Abmessungen wie die Prüflinge zu eichen und gestattet, bei sorgsamer Anwendung die Wandstärke von Behältern und Rohren zwischen 1 . . . 75 mm Dicke mit einer Genauigkeit von 2 . . . 5% zu messen, sowie Fehlerstellen, Stauchungen, Anfressungen usw. festzustellen. Bei 25 mm dicken Eisenplatten wählt man die Elektrodenabstände etwa 15—75—15 mm und den Meßstrom zu rund 10 A.

Die Dicke von Platten unbekannter Leitfähigkeit kann man aus der Änderung des von einem konstanten Strom hervorgerufenen Spannungsabfalls mit dem Verhältnis des Elektrodenabstandes zur Plattendicke ermitteln. Das Verfahren beruht auf folgender Überlegung: Führt man einer unendlich großen und unendlich dünnen Platte durch zwei in großem Abstand aufgesetzte Elektroden Strom zu, so breitet sich dieser Strom von den Elektroden nach allen Seiten radial aus und die Stromdichte an einer beliebigen Stelle der Platte ist umgekehrt proportional ihrem Abstand von der Elektrode. Die Spannungsdifferenz e zwischen zwei Punkten mit der Entfernung s und dem Abstand a von der Elektrode ist $e = k \cdot s/a$. Für $a = s$ ist e konstant.

Bei einem unendlich dicken Körper mit ebener Oberfläche geht der Strom ebenfalls von den Elektroden radial nach allen Seiten, die Stromdichte an einem beliebigen Punkt ist jedoch umgekehrt proportional dem Quadrat seines Abstandes von der Elektrode $e = k \cdot s/a^2$.

Bei Platten endlicher Dicke muß das Spannungsgefälle zwischen der linearen und der quadratischen Funktion verlaufen. Ordnet man nach Abb. 195 vier Elektroden an den Eckpunkten eines Quadrates an

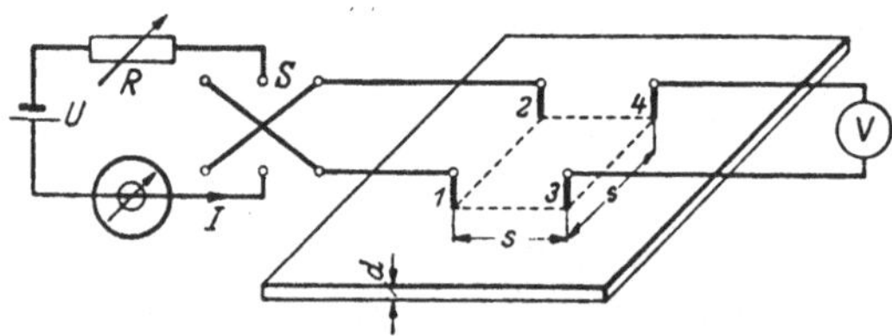

Abb. 195. Messung der Dicke von Metallplatten von einer Seite aus. [Aus WARREN: Measurement of the thickness of metal plates from one side. J. Instn. electr. Engrs. Bd. 84 (1939) S. 91 ... 95.] *1 ... 4* Vierpunkt-Elektrode; — *U* Gleichstromquelle; — *R* Regelwiderstand; — *J* Meßstrom; — *V* Spannungsmesser; — *S* Stromwender; — *d* Dicke des Prüflings; — *s* Elektrodenabstand

und führt den Strom an zwei benachbarten Ecken zu, so ist die Spannungsdifferenz zwischen den beiden anderen Ecken unabhängig von der Seitenlänge des Quadrats, solange das Verhältnis der Seitenlänge s zur Plattendicke d größer als 1 ist. Für $s/d < 1$ steigt der Spannungsabfall rasch an. In Abb. 196 ist diese Spannungsdifferenz für unendlich dünne und unendlich dicke Körper abhängig vom Verhältnis s/d aufgetragen. Bei der Messung werden Vierpunktelektroden verwendet, deren Elektrodenabstände im Verhältnis 1 : 2 gestuft sind und je nach der Plattendicke 3,125 — 6,25 — 12,5 — 25 — 50 — 100 mm betragen. Macht man zwei Messungen mit konstantem Strom und den Elektrodenabständen s und $2\,s$, wobei $2\,s$ größer als die Plattendicke d sein muß, so erhält man für den Spannungsabfall mit dem kleineren Elektrodenabstand s den Wert γ_1, mit dem doppelten Elektrodenabstand $2\,s$ den kleineren Wert γ_2. Das Verhältnis $K = \gamma_1/\gamma_2$ wird um so größer, je mehr sich die Plattendicke d dem Elektrodenabstand nähert, und man erhält für verschiedene Plattendicken eine Eichkurve $c = f(K)$ (Abb. 197) und für die Plattendicke $d = c \cdot s$.

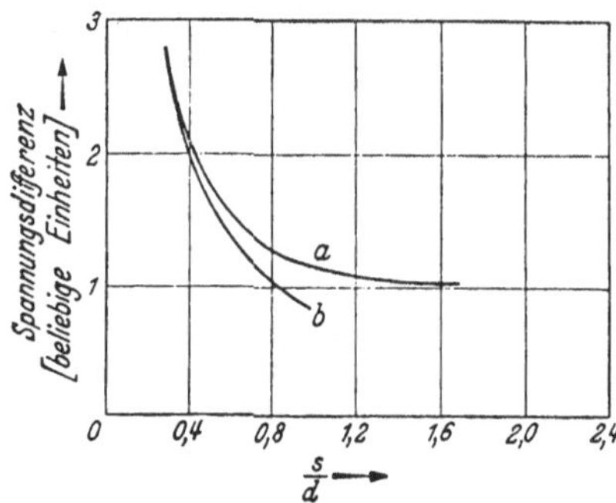

Abb. 196. Spannungsgefälle zwischen den Elektroden für zwei- und dreidimensionale Stromausbreitung, abhängig vom Verhältnis des Elektrodenabstandes s zur Plattendicke d. [Aus WARREN: Measurement of the thickness of metal plates from one side. J. Instn. electr. Engrs. Bd. 84 (1939) S. 91 ... 95.]

Beispiel. Abstand der Elektroden $s = 6{,}25$ mm; $2s = 12{,}5$ mm. Verhältnis K der gemessenen Spannungsabfälle

$$K = \gamma_1/\gamma_2 = 1{,}41 \,.$$

Aus der Eichkurve Abb. 197 entnommen

$$c = f(K) = 1{,}6 \,,$$

Plattendicke $d = c \cdot s = 1{,}6 \cdot 6{,}25 = 10$ mm.

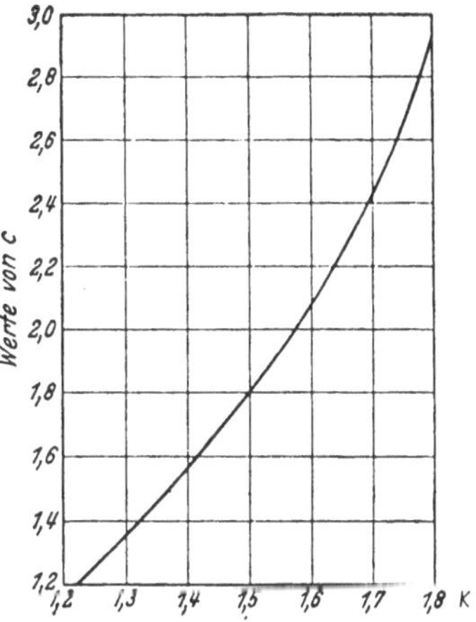

Abb. 197. Eichkurve für den Wandstärkenmesser mit Vierpunkt-Elektrode. [Aus WARREN: Measurement of the thickness of metal plates from one side. J. Instn. electr. Engrs. Bd. 84 (1939) S. 91 ... 95.]
$c = f(K)$; — d = Plattendicke: $d = c \cdot s$; — K = Verhältnis zweier Ablesungen mit den Elektrodenabständen s und $2s$

Das Verfahren ist unabhängig von der spezifischen Leitfähigkeit des Werkstoffes und auf etwa 3% genau. Es eignet sich für Dickenmessungen an Platten, Behältern und Rohren. Thermospannungen schaltet man durch Wiederholung der Messung mit gewendetem Strom und Mittelwertbildung aus. Bei geblätterten und geschichteten Platten können ebenso wie bei mehrfach aufeinander genieteten Blechen erhebliche Meßfehler entstehen, weil sich der Strom nicht mehr nach dem zugrunde gelegten Gesetz ausbreitet; auch in der Nähe von Niet- und Schweißverbindungen sowie bei begrenzter Prüflingsgröße ist besondere Vorsicht und meist eine spezielle Eichung erforderlich.

b) Induktives Verfahren und Wirbelstromverfahren [32], [33]

α) Banddickenmessung. Das induktive Verfahren wird speziell zum Messen der Dicke mechanisch abtastbarer Bänder in Walzwerken angewandt. Es arbeitet im allgemeinen ohne Verstärker, was in manchen Betrieben als Vorzug angesehen wird. Abb. 198 zeigt die Grundanordnung des Banddickenmessers mit elektrodynamischem Anzeigeinstrument der Fa. Reishauer, Zürich. Der induktive Meßkopf enthält zwei Topfmagnete *1*, zwischen denen der Anker *2* von der Tastrolle *3* verstellt wird. Der Diagonalstrom der Meßbrücke *4* speist die Drehspule eines elektrodynamischen Instruments *5*, dessen Erregerwicklung von der Netzspannung U gespeist wird. Mit dem

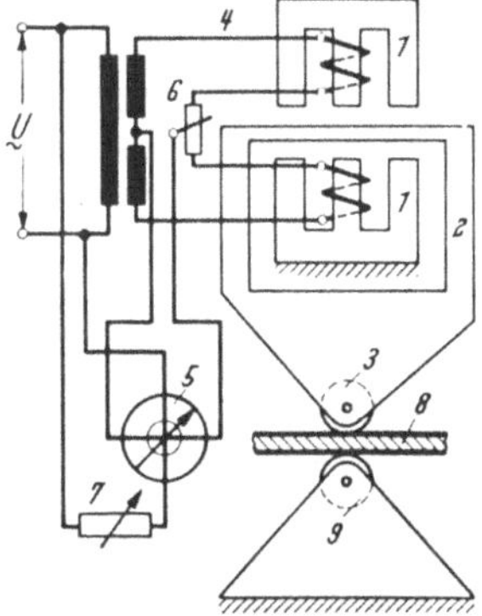

Abb. 198. Prinzipanordnung des induktiven Blechdickenmessers von Reishauer, Zürich.
1 Topfmagnet; — *2* verstellbarer Anker; — *3* bewegliche Tastrolle; — *4* Meßbrücke; — *5* elektrodynamisches Anzeigeinstrument; — *6* Nullstellung des Instrumentes; — *7* Empfindlichkeitsregler; — *8* Blechbahn; — *9* feste Tastrolle

Widerstand *6* wird das Instrument auf Null eingestellt, mit dem Widerstand *7* die Empfindlichkeit verändert. Abb. 199 zeigt die Ausführung des Meßkopfes. Die beiden Stahlrollen *9* fassen die zu messende Blechbahn, die untere ist fest mit dem Träger, die obere mit dem vertikal verschiebbaren Meßrahmen *7* verbunden; mit dem Handrad *3* wird der Meßrahmen auf die Solldicke des Bandes eingestellt, der eingestellte Wert kann an dem Umdrehungszählwerk *4* abgelesen werden. Mit den beiden Kordelgriffen *1* kann man den Meßdruck zwischen 0,5 und 2,5 kg einstellen. Eine Parallelführung erlaubt dem Gerät, den Schwingungen der Blechbahn zu folgen. Mit der Einrichtung können Bänder von 0 ... 12 mm Dicke in einem größten Randabstand von 190 mm gemessen werden. Der Meßbereich umfaßt $\pm 50\,\mu$ bei einer Empfindlichkeit von 3 mm/μ und einer Meßgenauigkeit von $\pm 1\,\mu$.

Abb. 199. Ansicht des induktiven Blechdickenmessers von Reishauer, Zürich.

1 Drehgriff zum Einstellen des unteren Anpreßdruckes; — *2* Nullstellung des mechanischen Zählwerkes; — *3* Handrad zum Einstellen der Nenndicke; — *4* Zählwerk zum Ablesen der Banddicke; — *5* Augen für die Parallelogramm-Aufhängung; — *6* Meßspindel; — *7* Meßwagen; — *8* Membrantastkopf; — *9* Tastrollen

Bei dem induktiven Blechdickenmesser der AEG werden, anstatt der Tastrollen, in einem Kugelgelenk drehbare Abtastflächen aus Hartmetall verwendet (Abb. 200). Der Tastdruck ist wesentlich kleiner, der Meßbereich $\pm 50\,\mu$ bzw. $\pm 100\,\mu$. Der Philips-Banddickenmesser arbeitet mit zwei Meßbügeln, die von beiden Seiten der Materialbahn her bis zu 150 mm tief eingeschoben werden können. Die Taster liegen mit einem von 0 ... 1 kg einstellbarem Druck auf, so daß man auch Papier-, Kunststoff- und Gummifolien ohne Beschädigung messen kann. Die Banddicke kann von 0 ... 8 mm schwanken, die Meßbereiche sind ± 10, 30 und 100 μ, die maximal zulässige Bandgeschwindigkeit 120 m/min bei einem Meßdruck von 1 kg. Bei 9 m/min Bandgeschwindigkeit ist die Anzeigetoleranz $\pm 1\,\mu$.

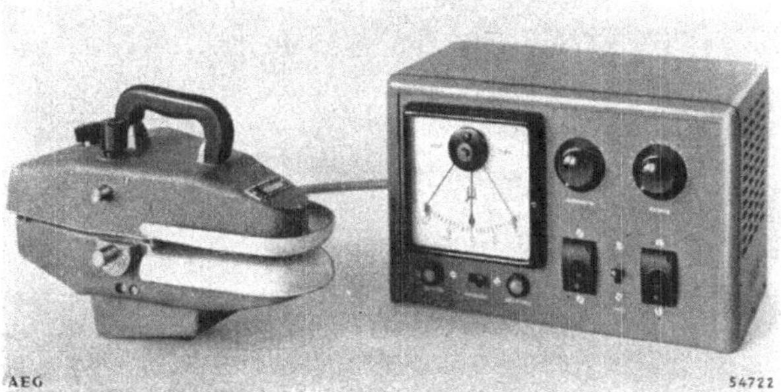

Abb. 200. Banddickenmesser mit Netzanschluß- und Anzeigegerät. Hersteller AEG. [Aus P. K. HERRMANN: Blechdicken und Bandzugmessung an Bandwalzwerken mit induktiven Verfahren. AEG-Mitt. Bd. 44 (1954) S. 388 ... 392.]

β) Dickenmesser für unmagnetische Stoffe. Die Induktivität L einer Eisendrossel ist durch die Gleichung

$$L = k \cdot \mu \frac{w^2 \cdot q}{l} \tag{269}$$

bestimmt.

Für eine gegebene Drossel sind Windungszahl w, Querschnitt q und Länge l konstant und die Induktivität allein mit der Permeabilität μ veränderlich, diese aber hängt von der Magnetisierung des Eisenkernes ab. Man kann demnach die Induktivität L verändern, indem man den Eisenkern mit einem Gleichfeld mehr oder weniger vormagnetisiert. Darauf beruht ein von FÖRSTER angegebenes Verfahren zum Messen der Dicke unmagnetischer Werkstoffe unabhängig von ihrer spezifischen Leitfähigkeit. Das Gerät besteht aus einer Eisendrossel, die auf die eine Seite des Prüflings aufgesetzt wird, während man auf der anderen Seite des Prüflings, der Drossel gegenüber einen Permanentmagnet aufsetzt, der den Eisenkern der Drossel je nach der Dicke des Prüflings mehr oder weniger magnetisiert. Die Drossel wird mit Hochfrequenz gespeist und die Induktivitätsänderung gemessen. In der praktischen Ausführung enthält die Prüfsonde vier Drosselspulen mit hochpermeablen Eisenkernen in einer Differenzschaltung nach Abb. 201 und spricht auf den Feldstärkegradienten an,

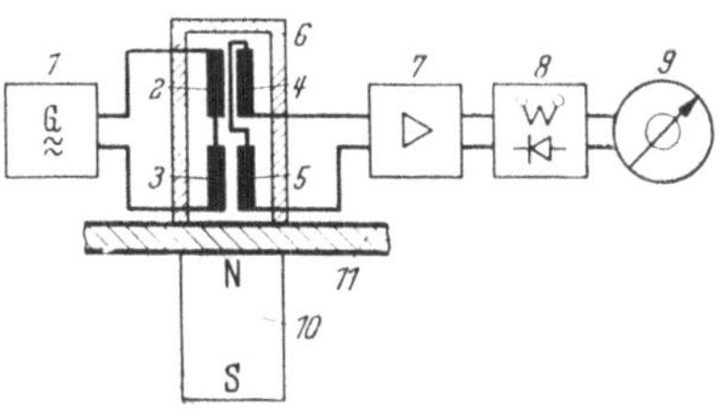

Abb. 201. Dickenmesser für unmagnetische Stoffe nach FÖRSTER.

1 Tonfrequenzgenerator; — *2*, *3* Primärwicklungen der Sonde; — *4*, *5* gegeneinandergeschaltete Sekundärwicklungen der Sonde; — *6* Gehäuse der Sonde; — *7* Verstärker; — *8* phasengesteuerter Gleichrichter; — *9* Anzeigeinstrument; — *10* Dauermagnet; — *11* Prüfling

während homogene Magnetfelder, etwa das Erdfeld, die Anzeige nicht beeinflussen. Der Tonfrequenzsender *1* speist die beiden in Reihe geschalteten Primärspulen *2* und *3*. Die Sekundärspulen *4* und *5* sind gegeneinander geschaltet und werden infolge ihres verschiedenen Abstandes von dem Permanentmagnet *10* verschieden stark vormagnetisiert. Die induzierten elektromotorischen Kräfte sind infolgedessen ungleich, ihre Differenz wird verstärkt, mit einem phasengesteuerten Gleichrichter gleichgerichtet und gemessen. In der Nähe befindliche Eisenteile stören selbstverständlich die Messung. Da Sonde und Permanentmagnet genau zentriert aufgesetzt werden müssen, baut man sie zweckmäßig in einen Meßbügel ein. Die Genauigkeit wird mit 2 . . . 3% angegeben.

Abb. 202. Schichtdickenmesser für Isolierstoffschichten auf metallischer Grundlage. Meßbereich 0 . . . 30 μ. [Aus FÖRSTER: Die zerstörungsfreie Messung der Dicke von nichtmetallischen und metallischen Oberflächenschichten. Metall Bd. 9, H. 10 (1953) S. 320 . . . 324.]

γ) Auftragsdickenmessung [*34*]. Die Auftragsdickenmesser arbeiten nach verschiedenen Verfahren, je nachdem es sich um leitende oder nichtleitende Überzüge auf einem magnetischen oder unmagnetischen Träger handelt.

αα) *Isolierschicht auf unmagnetischem Metall.* Bei dem Verfahren des National Bureau of Standards setzt man eine hochfrequenzgespeiste Prüfspule auf das Werkstück auf und mißt ihre Induktivität in einer Brückenschaltung. Die Prüfspule kann als Primärwicklung eines Trafos angesehen werden, dessen kurzgeschlossene Sekundärwicklung das Trägermetall ist. Durch die in dem Trägermetall induzierten Wirbelströme ändert sich die Stromaufnahme der Prüfspule nach Größe und Phase um so stärker, je näher die Prüfspule an die Metallplatte herangebracht wird. Man führt nacheinander zwei Messungen aus, eine mit dem Prüfling, die andere mit einer gleichen blanken Metallplatte; bei gleicher Induktivität der Prüfspule ist der Abstand von der blanken Metallplatte gleich der Auftragsdicke. Die Meßbrücke wird mit 500 kHz gespeist, der maximale Meßbereich ist 2,5 mm und die Genauigkeit 1% vom Meßbereichendwert.

Bei dem in Abb. 202 wiedergegebenen Gerät nach dem sogenannten Wirbelstromverfahren von FÖRSTER, das ebenfalls als induktives Verfahren angesehen werden kann, wird an Stelle der Induktivität der Scheinwiderstand einer Prüfspule gemessen, der sich mit dem Abstand von einem Metallkörper und mit der spezifischen Leitfähigkeit dieses Körpers ändert. Abb. 203 veranschaulicht die Verhältnisse. Der Scheinwiderstand Z der Spule in unendlicher Entfernung von allen Metallteilen ist in der komplexen Zahlenebene durch den nach dem Punkt ∞ gerichteten Vektor Z dargestellt. Bei den gewählten kleinen Abmessungen der Prüfspule sind bereits einige cm Abstand vom Prüfling als unendlich anzusehen. Nähert man nun die Prüfspule einer Zinnplatte, so ändert sich ihr Scheinwiderstand längs der Geraden *1* und erreicht bei Berührung mit der Zinnplatte den Wert Z', dargestellt durch den nach O' gerichteten Vektor. Nähert man die Spule einer Kupferplatte, so bewegt sich der Scheinwiderstand längs der Geraden *2* vom Punkt ∞ nach dem Punkt O''. Setzt man die Spule nacheinander auf Metalle wachsender Leitfähigkeit auf, so bewegt sich der Scheinwiderstand auf der Kurve *3* von O' nach O''. Man ist also in der Lage, aus dem Scheinwiderstand auf den Abstand von einem Metallkörper zu schließen, wenn der spezifische Widerstand dieses Metalls bekannt ist. Je höher nun die Frequenz ist, desto weniger dringt das Spulenfeld in den Prüfling ein, desto kleiner wird also der Winkel γ zwischen den Geraden *1* und *2*, und bei genügend hoher Frequenz kann man für alle unmagnetischen Metalle dieselbe Eichkurve verwenden. Das Gerät umfaßt die Meßbereiche von 0,03 bis 1,5 mm.

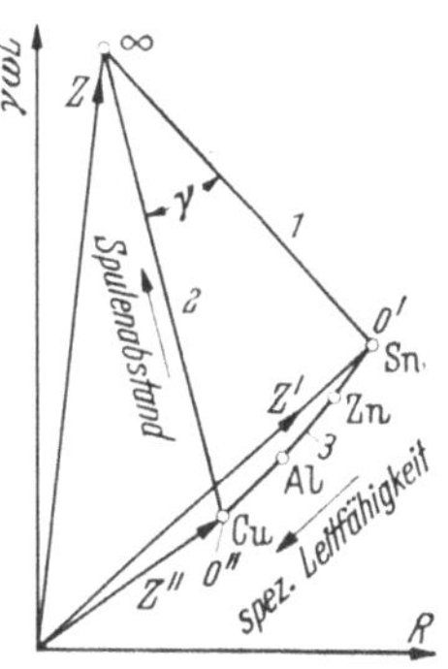

Abb. 203. Änderung des Scheinwiderstandes einer Spule mit der Leitfähigkeit des Prüflings und dem Abstand vom Prüfling. [Aus FÖRSTER: Die zerstörungsfreie Messung der Dicke von nichtmetallischen und metallischen Oberflächenschichten. Metall Bd. 9, H. 10 (1953) S. 320 ... 324.] R Wirkwiderstand; – $\gamma \omega L$ Blindwiderstand; — Z Scheinwiderstand der Spule

ββ) Bei *Isolierstoffüberzügen auf magnetischem Grundmaterial* verwendet man eine Prüfspule mit Primär- und Sekundärwicklung und mißt die in der Sekundärwicklung induzierte EMK, die sich mit dem Kopplungsgrad der beiden Wicklungen ändert (Abb. 204). Die Kopplung ist um so enger, je näher die Prüfspule an das magnetische Grundmaterial herangebracht wird, je dünner also die Isolierschicht ist. Die Meßfrequenz ist 3 MHz, das Grundmaterial muß mindestens 1 μ dick und 50% größer sein als der Prüf-

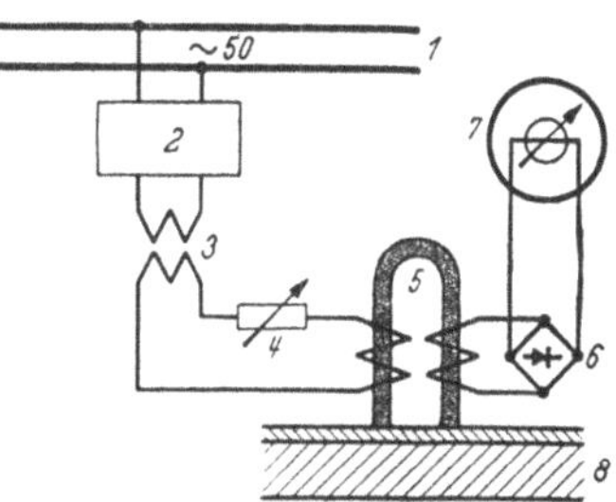

Abb. 204. Induktiver Schichtdickenmesser mit veränderbarer gegenseitiger Induktion. [Aus TAIT: An instrument for measuring the thickness of coatings on metals. J. sci. Instrum. Bd. 14 (1937) S. 341 ... 343.]

1 Wechselstromnetz; — *2* Spannungskonstanthalter; — *3* Isolierwandler; — *4* Empfindlichkeitsregler; — *5* induktiver Geber; — *6* Meßgleichrichter; — *7* Anzeigeinstrument; — *8* Prüfling

spulendurchmesser. Der Meßbereich ist 20 ... 200 μ, die Anzeigegenauigkeit $\pm 1\%$ vom Meßbereichendwert.

$\gamma\gamma$) *Unmagnetische Metallschicht auf unmagnetischem Grundmetall.* Die Dicke von Metallschichten auf einem Grundmetall, also z. B. die Dicke galvanischer Überzüge, läßt sich mit dem FÖRSTERschen Wirbelstromverfahren messen, wenn sich die Leitfähigkeiten der beiden Metalle wesentlich unterscheiden. Je größer die Leitfähigkeit ist, desto mehr Strom nimmt die Prüfspule auf und desto kleiner wird der Scheinwiderstand (Abb. 203). Setzt man die Prüfspule nacheinander auf die Metalle *1* und *2* mit den spezifischen Leitfähigkeiten λ_1 und λ_2 auf und mißt dabei die Scheinwiderstände Z' und Z'' und legt nun ein Blech aus dem Material *2* auf das Grundmaterial *1*, so wird man einen Scheinwiderstand der Prüfspule erhalten, der zwischen Z' und Z'' liegt, und zwar um so näher an Z', je dünner das Material *2* ist. Wird das Material *2* so dick, daß das Feld der Prüfspule infolge des Skineffekts gar nicht mehr in das Material *1* eindringt, dann erhält man den Scheinwiderstandswert Z''. Man kann also durch Wahl der Frequenz und damit der Eindringtiefe den Meßbereich und die Empfindlichkeit gegen Schwankungen in der Leitfähigkeit des Grundmaterials verändern.

Das ausgeführte Gerät hat für alle Grundmetalle mit Leitfähigkeiten zwischen 4 und 37 $\mathrm{m}/\Omega\mathrm{mm}^2$ (Neusilber ... Al) die gleiche Eichkurve. Es wird vor Beginn der Messung bei der Auftragsdicke Null auf den Ausschlag Null und mit einer Eichfolie aus dem Überzugsmaterial auf die richtige Empfindlichkeit für das betreffende Material (Ag oder Au) eingestellt. Es gestattet, Überzugsdicken von 0 ... 100 μ mit derselben Eichkurve zu messen; bei Überzugsdicken von 100 ... 200 μ treten Fehler bis zu 6% der Dicke bei verschiedenen Grundmaterialien auf.

$\delta\delta$) *Magnetische Schicht auf unmagnetischem Träger.* Zur Messung der Dicke von Nickelschichten auf unmagnetischem Grundmaterial verwendet FÖRSTER ein ähnliches Gerät wie für unmagnetische Schichten auf magnetischem Grundmaterial (Abb. 202). Der von der Primärwicklung erzeugte Fluß Φ durchsetzt die magnetische Nickelschicht und induziert in der Sekundärwicklung eine EMK

$$e = -K \cdot d\Phi/dt. \tag{270}$$

Das Integral der induzierten Spannung ist proportional dem Fluß

$$\int e\,dt = -K \cdot \Phi. \tag{271}$$

Wählt man die Magnetisierung so hoch, daß die Nickelschicht auf jeden Fall gesättigt ist, dann ist der Sättigungsfluß gleich dem Produkt aus Schichtdicke und Sättigungsinduktion $\Phi = d \cdot B_{\max}$ und man kann aus dem Wert $\int e\,dt$ auf die Schichtdicke d schließen, weil $B_{\max}$ konstant ist.

c) Kapazitives Verfahren [*35*]

Das kapazitive Verfahren eignet sich für Isolierstoffe, die bei der Messung nicht oder nur leicht berührt werden dürfen, also für Papier- und Kunststoffbahnen, Textilien, Gummi usw. Die Kapazität des Meßkondensators ändert sich mit der Dicke und der Dielektrizitätskonstanten des durchlaufenden Materials. Die Dielektrizitätskonstante hängt aber sehr stark vom Wassergehalt der Stoffbahn ab, da die Dielektrizitätskonstanten der üblichen Isolierstoffe zwischen *3* und *8* liegen, während Wasser eine Dielektrizitätskonstante von 80 hat. Demnach kann man entweder bei konstantem Wassergehalt die Dicke der Stoffbahn oder bei konstanter Dicke den Wassergehalt messen. Mit dem Verfahren wird beispielsweise in der Papierindustrie die Dicke der Papierbahn, in der Gummiindustrie die Dicke eines Gummiauftrags auf einer Faserstoffbahn, in der Textilindustrie der Substanzquerschnitt eines Faserbandes oder die Dicke eines Garnes gemessen. Dabei hat sich nach LOCHER gezeigt, daß bei Füllungsgraden des Meßkondensators unter 15 % der Wassergehalt keine wesentliche Rolle spielt und die Anzeige praktisch linear vom Substanzquerschnitt abhängt. Abb. 205 gibt das Blockschaltbild der Anlage wieder. Die beiden Hochfrequenzgeneratoren *2* und *3* haben bei leerem Meßkondensator die gleiche Frequenz von 25 MHz. Durch Änderung der Schwingkreiskapazität um 0,001 bis 0,01 pF ändert sich die Frequenz des Oszillators *2* um 2,5 . . . 25 kHz.

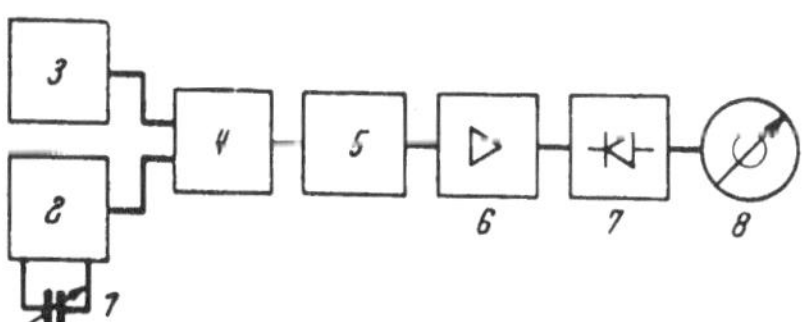

Abb. 205. Blockschaltbild eines kapazitiven Dickenmessers für Textilien. [Aus LOCHER: Hochfrequenzmeßmethoden in der Textiltechnik. Bull. schweiz. elektrotechn. Ver. Bd. 43, H. 16 (1952) S. 653 . . . 658.]

1 Meßkapazität; — *2*, *3* Hochfrequenzgenerator; — *4* Mischstufe; — *5* Diskriminator; — *6* Verstärker; — *7* Gleichrichter; — *8* Anzeigeinstrument

In der Mischstufe *4* werden die beiden Frequenzen überlagert, die Frequenzdifferenz im Diskriminator *5* in eine Spannungsdifferenz umgewandelt, verstärkt, demoduliert und angezeigt. Der Meßbereich reicht für Garne und Faserbänder von 4 mg/m bis 50 g/m Gewicht, die Anzeigegenauigkeit ist ±0,5%, die höchstzulässige Durchlaufgeschwindigkeit 100 m/min.

d) Magnetische Verfahren

α) Blechdickenmesser. Der magnetische Blechdickenmesser nach FÖRSTER besteht aus einem Dauermagnet mit einer Induktionswicklung. Der offene Dauermagnet erzeugt entsprechend seiner magnetomotorischen Kraft und dem Widerstand des magnetischen Kreises einen Fluß Φ_1. Setzt man den Magnet auf ein ferromagnetisches Material auf, so verringert sich der magnetische Widerstand des äußeren Kreises und man erhält einen größeren Fluß Φ_2. Die Flußänderung beim Aufsetzen oder Abheben des Magnets induziert in der Wicklung eine Spannung, die mit einem ballistischen Galvanometer oder einem Flußmesser gemessen werden kann. Die Flußänderung hängt also vom magnetischen Widerstand R_m des Prüflings ab, und dieser ist gegeben durch

$$R_m = \frac{l}{\mu \cdot F} = \frac{l}{\mu \cdot d \cdot b}, \tag{272}$$

worin bedeuten

l die magnetisierte Länge,
$F = d \cdot b$ den magnetisierten Querschnitt,
μ die Permeabilität.

Die Permeabilität ändert sich mit der Feldstärke, kann aber im Sättigungsbereich für normale Blechqualitäten mit genügender Genauigkeit als konstant angesehen werden. Die magnetisierte Länge l und Breite b des Prüflings wird durch die Abmessungen des Dauermagnets bestimmt. Wenn man also den Magnet so bemißt, daß der Prüfling auf jeden Fall bis zur Sättigung magnetisiert wird, hängt der magnetische Widerstand nur noch von der Dicke d des Prüflings ab und man kann demnach aus der gemessenen Flußänderung die Dicke bestimmen. Bei Blechen mit abweichender Sättigungsmagnetisierung kann man das Gerät mit einem Normal bekannter Dicke eichen.

Nach dem gleichen Prinzip, jedoch mit einem Elektromagnet, arbeitet der Wanddickenmesser von Berthold. Er besteht aus einer Gleichstrommagnetisierungsspule, die auf den Prüfling aufgesetzt wird und den durchfluteten Querschnitt des Prüflings bis zur Sättigung magnetisiert. Die Größe des Flusses Φ hängt vom magnetischen Widerstand R_m des Prüflings ab, und dieser wiederum von der Permeabilität μ, der magnetisierten Länge l und dem magnetisierten Querschnitt $F = d \cdot b$. Bezeichnet man die magnetische Spannung mit V, so ist

$$\Phi = \frac{V}{R_m} = \frac{V \cdot \mu \cdot d \cdot b}{l}. \tag{273}$$

Schaltet man nun den Elektromagnet plötzlich aus, dann wird in einer auf dem Magnetjoch angebrachten Induktionswicklung eine Spannung e induziert, deren Amplitude von der Größe des Flusses und somit auch von der Dicke des Prüflings abhängt, $e = -k \cdot d\Phi/dt$. Diese Spannung kann mit einem ballistischen Instrument gemessen werden; sie ist bei konstanter Permeabilität und Sättigungsmagnetisierung in gewissen Grenzen proportional der Dicke des Prüflings. Selbstverständlich wird auch durch den Anteil des Flusses, der sich durch die Luft schließt, also durch den Streufluß, der den Prüfling nicht durchsetzt, beim Abschalten eine Spannung induziert, sie entspricht der Prüflingsdicke Null und kann durch eine der Meßwicklung entgegengeschaltete Kompensationswicklung auf dem Joch ausgeschaltet werden. Beim Aufsetzen des Elektromagnets auf den Prüfling bleibt ein kleiner Luftspalt bestehen, dessen

Dicke von der Oberflächenbeschaffenheit des Prüflings abhängt und einen Meßfehler verursacht. Man kann seinen Einfluß verringern, indem man den Elektromagnet von vornherein nicht satt aufsetzt, sondern durch unmagnetische Polschuhe einen Luftspalt von etwa 1 mm einfügt. Da der Magnetisierungsfluß von der Permeabilität und der Form des Prüflings abhängt, müssen gleichartige Normalien mit bekannten Eigenschaften zur Eichung verwendet werden. Das Gerät arbeitet innerhalb gewisser Grenzen auf $\pm 2\%$ genau, es ist auf ferromagnetische Werkstoffe bis zu etwa 10 mm Dicke beschränkt.

β) **Auftragsdickenmesser.** Die Dicke einer unmagnetischen Schicht auf einem magnetischen Träger kann man nach BRENNER vom National Bureau of Standards aus der Abreißkraft eines Magnets bestimmen. Das Magnetstäbchen hat 1 . . . 2 mm ∅ und 30 mm Länge, ist am Ende halbkugelig poliert und an einer Drehmomentenwaage aufgehängt. Eine Glashülse schützt es vor Berührung mit Eisenteilen und verhindert seitliche Bewegungen. Da die Berührung zwischen Magnet und Prüfling nahezu punktförmig ist, läßt sich die Methode auch für gekrümmte Flächen und Prüflinge mit kleinen Abmessungen anwenden. Das Grundmaterial muß mindestens 0,25 mm dick sein, seine Eigenschaften beeinflussen das Meßergebnis, weshalb für stark verschiedene Trägerwerkstoffe besondere Eichkurven aufgestellt werden müssen. Der Meßbereich reicht von 1,5 . . . 400 μ, die Genauigkeit ist $\pm 1\%$. Auch Nickelüberzüge können mit dem Verfahren gemessen werden, weil Nickel nur etwa die halbe Zugkraft ausübt wie Stahl; die Genauigkeit ist jedoch geringer.

e) Ultraschallverfahren [*36*]

Bei der Ultraschalldickenmessung scheiden Amplituden- und Durchstrahlungsverfahren wegen der Veränderlichkeit der Ankopplung und der Energieverluste beim Auftreten stehender Wellen von vornherein aus, und es bleiben nur Reflexionsverfahren mit Laufzeit- oder Resonanzmessung übrig.

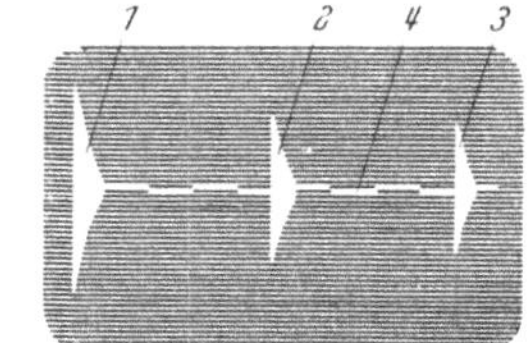

Abb. 206. Schirmbild des Sperry-Ultraschall-Dickenmessers.

1 Senderimpuls; — *2* Reflexion von einer Fehlerstelle; — *3* Rückwandecho; — *4* Zeitmarken

Bei den Resonanzverfahren stellt man die Frequenz fest, bei der stehende Wellen in dem Werkstück entstehen, und kann aus Resonanzwellenlänge und Fortpflanzungsgeschwindigkeit die Dicke des Prüflings ermitteln. Wenn man die Frequenzänderung, also die Drehung des Wobbelkondensator mit der Zeitablenkung des Kathodenoszillographen synchronisiert, erhält man auf dem Leuchtschirm die Dicke des Werkstückes unmittelbar angezeigt.

Beim Laufzeitverfahren sendet man in Abständen von etwa $^1/_{100}$ sek Ultraschallimpulse mit einer Frequenz von einigen MHz und einer Dauer von etwa 1 msek in das Werkstück und mißt die Zeit vom Beginn des Sendeimpulses bis zum Eintreffen des Rückwandechos.

Ein solcher Ultraschalldickenmesser wird von der Sperry-Products Inc. Danbury, Conn., hergestellt, er arbeitet mit Ultraschallimpulsen von 0,5 ... 10 MHz und registriert die Zeitdauer vom Ausgang des Impulses bis zur Rückkehr des Echos auf dem Schirm eines Kathodenoszillographen, auf dem außerdem Zeitmarken geschrieben werden (Abb. 206). Der Meßbereich ist in sechs Stufen umschaltbar, die Meßgenauigkeit $\pm 2\%$. Der Ultraschallsender wird mit einem Ölfilm an den Prüfling gekoppelt.

f) Dickenmessung mit Strahlen [*37*], [*38*]

Die Strahlungsmessung eignet sich besonders für Stoffe, die nicht berührt werden dürfen; sie liefert unabhängig vom Material das Flächengewicht, aus dem man bei bekanntem und konstantem spezifischem Gewicht die Dicke bestimmen kann. Je nach dem gewünschten Meßbereich werden β- oder γ-Strahler verschiedener Intensität verwendet. Abb. 208 gibt die Blockschaltung des Flächengewichtsmessers von Frieseke & Höpfner, Erlangen, wieder. Die Intensität der durch das Material *2* gedrungenen Strahlung des Strahlers *1* wird mit der Ionisationskammer *3* gemessen. Bei Nenndicke des Materials wird der vom Ionisationsstrom am Widerstand *4* hervorgerufene Spannungsabfall gegen die an dem Widerstand *7* abgegriffene Spannung kompensiert. Bei Schwankungen der Materialdicke tritt an dem Kondensator *8* eine Differenzspannung auf, die der Abweichung vom Sollwert proportional ist. Der Kondensator ist als Schwingkondensator ausgeführt und ändert seine Kapazität mit einer Schwingfrequenz von 1 kHz; dadurch entsteht eine Wechselspannung, die der Spannungsdifferenz ΔU proportional ist, sie wird über den Koppelkondensator *9* dem Verstärker *10* zugeführt und gibt, über den phasengesteuerten Gleichrichter *11* gleichgerichtet, auf dem Instrument *12* die Abweichung von der mit dem Potentiometer *7* eingestellten Sollstärke an. Das Gerät arbeitet auf ± 1 g/m² genau. Abb. 209 zeigt die Meßfehler als Funktion des Flächengewichts. Da die Strahlung nicht nur von dem zu messenden Stoff, sondern von der gesamten zwischen der Strahlenquelle und dem Strahlungsmesser befindlichen Materie absorbiert wird, zeigt das Instrument das Flächen-

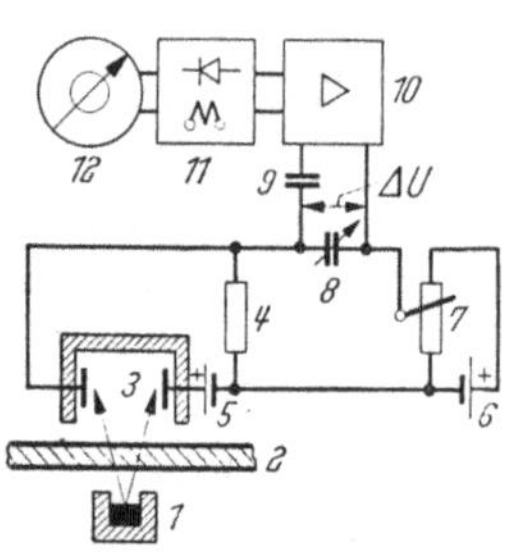

Abb. 208. Grundanordnung des Flächengewichtsmessers von Frieseke & Höpfner, Erlangen. [Aus BOSCH: Berührungslose Flächengewichts- oder Dickenmessung mit Hilfe der Strahlung radioaktiver Stoffe. Werkstattechn. u. Masch.-Bau Bd. 43, H. 2 (1953).]

1 radioaktiver Strahler; — *2* Stoffbahn; — *3* Ionisationskammer; — *4* Meßwiderstand; — *5* Spannungsquelle der Ionisationskammer; — *6* Spannungsquelle des Kompensationskreises; — *7* Kompensationswiderstand; — *8* Schwingkondensator; — *9* Kopplungskondensator; — *10* Verstärker; — *11* phasengesteuerter Gleichrichter; — *12* Anzeigeinstrument

gewicht dieser Materie, also das des Stoffes einschließlich eventueller Aufträge sowie der Luft an. Bei 100 mm Entfernung ist das Flächengewicht der Luft etwa 120 gm^{-2} und ändert sich mit der Temperatur um 4 $gm^{-2}/10°$. Bei leichten Folien können dadurch Fehlmessungen entstehen.

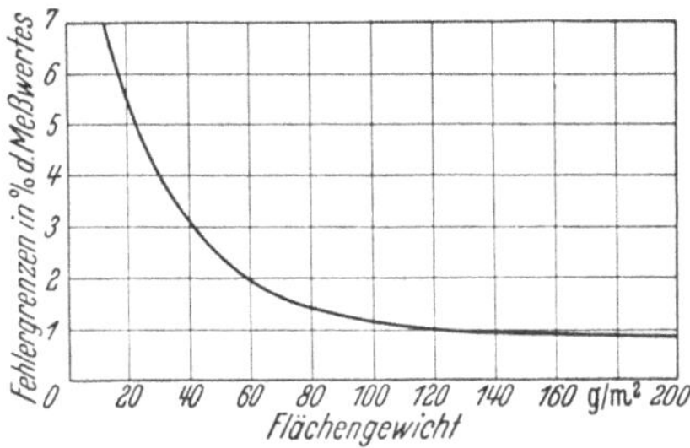

Abb. 209. Fehlergrenzen eines Strahlungsdickenmessers als Funktion des Flächengewichtes. [Aus VIEBIGER: Über die berührungslose Messung des Flächengewichtes bewegter Papierbahnen mit Hilfe von β-Strahlen. Wbl. Papierfabr. H. 11 (1954).]

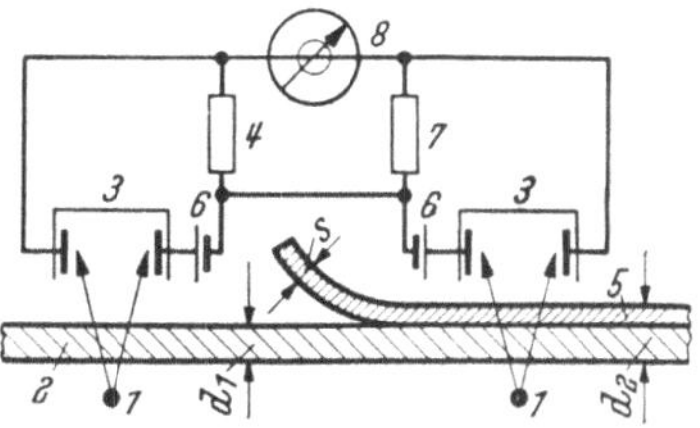

Abb. 210. Messung einer Auftragsdicke mit zwei Strahlungsmessern. (Frieseke & Höpfner, Erlangen.)

1 Strahler. — *2* Trägerstoff; — *3* Ionisationskammer; — *4*, *7* Meßwiderstände; — *5* Auftragsschicht; — *6* Spannungsquelle; — *8* Anzeigeinstrument; — d_1 Dicke des Trägers; — s Dicke des Auftrags; — d_2 Gesamtdicke

Mit zwei an einer Stoffbahn hintereinander angeordneten Meßstellen nach Abb. 210 kann man die Stärke einer Auftragsschicht ermitteln. Das erste Gerät mißt die Dicke des Trägers d_1, das zweite Gerät die Dicke des Trägers + Auftrag d_2 und man erhält für die Schichtdicke $s = d_2 - d_1$

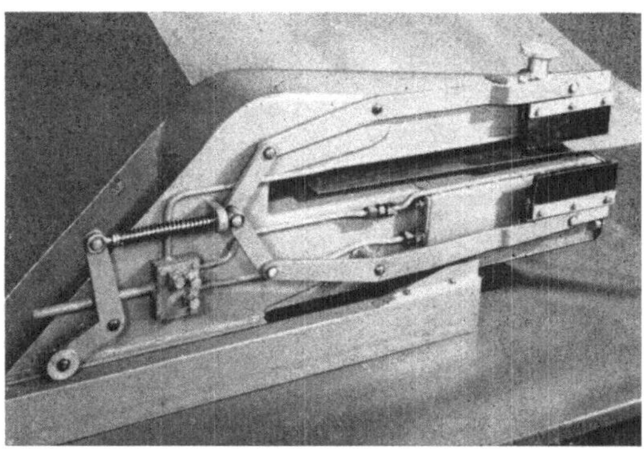

Abb. 211. Strahlungsmeßsonde für ein Kaltwalzwerk. Hersteller Frieseke & Höpfner, Erlangen. [Aus FASSBENDER: Banddickenmessung während des Fertigungsprozesses ohne Berührung des Walzgutes. Aluminium Bd. 30 (1954) S. 290 ... 297.]

oder, wenn man die Abweichungen Δd_1 und Δd_2 von den Sollwerten d_{1s} und d_{2s} anzeigt, die Abweichung Δs der Schicht von ihrer Solldicke s

$\Delta s = \Delta d_2 - \Delta d_1$.

Abb. 211 zeigt die Ausführung der Strahlungsmeßsonde für ein Kaltwalzwerk, Abb. 212 das Anzeige- und Sollwert-Einstellgerät in der Ausführung von Frieseke & Höpfner.

Das Prinzip eines gut durchgebildeten Röntgenstrahlen-Dickenmessers von CLAPP und POHL zeigt Abb. 213.

Die Röntgenröhre *1* sendet einen Meßstrahl und einen Vergleichsstrahl aus. Der Vergleichsstrahl *2* geht durch einen Normalkeil *4* und die Intensität des geschwächten Strahls wird mit dem Strahlungsmesser *8* gemessen. Die Abweichung des Ausgangsstromes des Strahlungsmessers von seinem Nennstrom steuert einen elektronischen Spannungsregler *9*, der die Spannung an der Röntgenröhre nachregelt, bis der Vergleichsstrahl *2* wieder

Abb. 212. Anzeigegerät mit Sollwerteinsteller für einen Strahlungsdickenmesser. Hersteller Frieseke & Höpfner, Erlangen. [Aus VIEBIGER: Über die berührungslose Messung des Flächengewichtes bewegter Papierbahnen mit Hilfe von β-Strahlen. Wbl. Papierfabr. H. 11 (1954).]

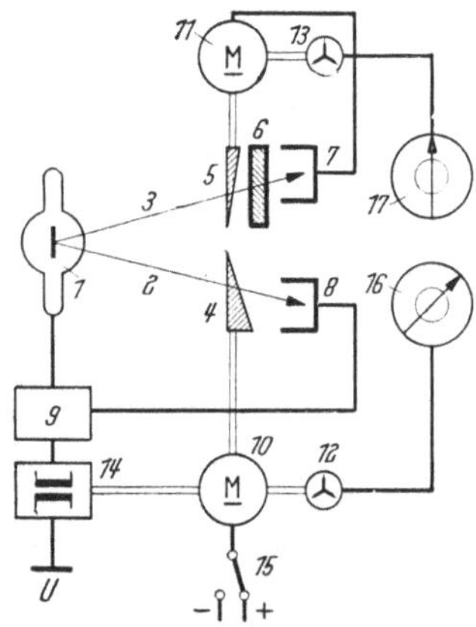

Abb. 213. Röntgenstrahlendickenmesser. [Aus CLAPP u. POHL: X-Ray thickness gauge for hot strip rolling mills. Electr. Engng. Mai 1948 S. 441 ... 444.]

1 Röntgenröhre; — *2* Vergleichsstrahl; — *3* Meßstrahl; — *4*, *5* Normalkeil; — *6* Prüfling; — *7*, *8* Strahlungsmesser; — *9* elektronischer Spannungsregler; — *10*, *11* Verstellmotoren; — *12*, *13* Selsyn-Geber; — *14* Regeltransformator; — *15* Handschalter; — *16* Anzeigeinstrument für die Nenndicke; — *17* Anzeigeinstrument für die Abweichung von der Nenndicke

die richtige Intensität hat. Der Meßstrahl *3* geht durch einen dünnen Normalkeil *5* und den Prüfling *6* und wird in dem Strahlungsmesser *7* gemessen. Weicht der Ausgangsstrom dieses Strahlenmessers von seinem Sollwert ab, so wird der Normalkeil *5* vom Motor *11* verschoben, bis der geschwächte Strahl *3* seinen Sollwert erreicht hat, dann ist die Dicke des Normalkeils *8* gleich der Summe der Dicken des Normalkeils *5* und des Prüflings *6*. Die Stellung der von den Motoren *10* und *11* angetriebenen Normalkeile wird nach dem Selsyn-Verfahren auf zwei Anzeigeinstrumente übertragen. Das vom Motor *10* über den Selsyn-Geber *12* gesteuerte Anzeigeinstrument zeigt die Nenndicke des Prüflings an; das vom Motor *11* über den Selsyn-Geber *13* gesteuerte die Abweichung vom Nennwert. Mit dem Handschalter *15* schaltet man den Motor *10* in dem einen oder anderen Drehsinn ein und stellt dadurch den Normalkeil *4* auf Nenndicke, gleichzeitig wählt der Motor *10* an dem Regeltrafo *14* eine für die Nenndicke passende Röntgenröhrenspannung, so daß der automatische Spannungsregler *9* nur die Spannungsschwankungen auszuregeln braucht. Die Einrichtung wurde für ein Warmwalzwerk entwickelt, Normalkeile und Prüfling sind aus dem gleichen Material, die Temperatur des Prüflings von etwa 850° muß berücksichtigt werden.

II. Kraftmessung

1. Dehnungsmessung

a) Widerstandsender

α) Dehnungsmeßstreifen [*39*]. Durch die Dehnungsmeßstreifen wird die Kraft auf eine Längenänderung zurückgeführt, die sich als Widerstandsänderung darstellt und mit den üblichen Verfahren gemessen werden kann. Die Technik der Dehnungsmeßstreifen wurde in Europa besonders von den Philipswerken zu großer Vollkommenheit durchgebildet und hat ein sehr weites Anwendungsgebiet gefunden, wie die umfangreiche Literatur beweist. Mit den Dehnungsmeßstreifen können statische und dynamische Spannungen an der Oberfläche von Körpern gemessen werden, man kann somit alle Größen messen, die eine solche

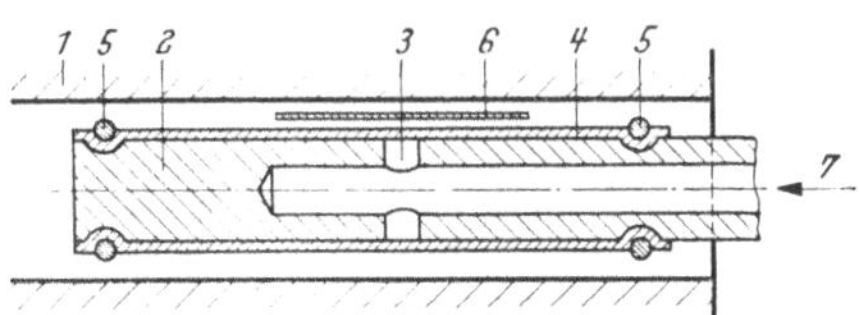

Abb. 214. Pneumatische Einrichtung zum Befestigen von Dehnungsmeßstreifen in Bohrungen. [Aus BÜHLER-SCHREIBER: Dehnungsmessungen in engen Bohrungen. Industrie-Elektronik Bd. 2, H. 5 (1954) S. 7 ... 8.]

1 Bohrung; — *2* durchbohrter Metallstab; — *3* Querbohrung; — *4* Gummischlauch; — *5* Schnurbund; — *6* Dehnungsmeßstreifen; — *7* Druckluftzuführung

Spannung herbeiführen, also außer Zug- und Druckkräften Torsion, Biegung, Beschleunigung, Erschütterungen sowie Gas- und Flüssigkeitsdruck, wozu die Meßstreifen unter Umständen in besonderen Gebern montiert werden müssen. Die Meßstreifen werden mit Araldit auf den Prüfling aufgeklebt und für länger dauernde Versuche in feuchter oder aggressiver Atmosphäre durch Lacküberzug oder Gummikappen mit einem eingelegten Trocknungsmittel gegen Korrosion geschützt. Sie müssen sehr sorgfältig auf der gereinigten Oberfläche befestigt werden, wenn man genaue Meßergebnisse erzielen will. In enge Bohrungen kann man die Streifen nach Abb. 214 einkleben, indem man sie mit einem gummiüberzogenen Stab einführt und durch Aufpumpen des Gummischlauches pneumatisch andrückt, bis der Klebstoff erhärtet ist. Abb. 215 zeigt verschiedene Ausführungsformen von Philips-Dehnungsmeßstreifen mit äußeren Abmessungen von $20 \times 8{,}5 \ldots 50 \times 16$ mm², Gewichten von 100 . . . 200 mg und Widerständen von 120, 300 und 600 Ω.

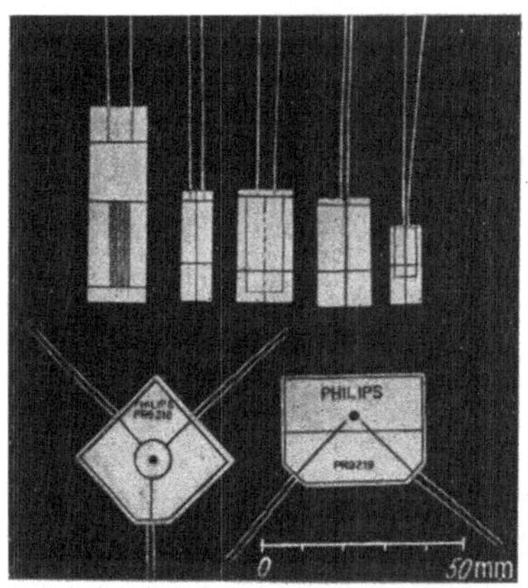

Abb. 215. Ausführungsformen der Philips-Dehnungsmeßstreifen. Oben Einfachstreifen in verschiedenen Abmessungen, unten links Streifen mit drei sternförmig angeordneten Widerstandselementen, unten rechts Streifen mit zwei rechtwinklig zueinander angeordneten Widerstandselementen. [Aus Industrie-Elektronik Bd. 1, H. 1 (1953) S. 3.]

Abb. 216 ist eine Ansicht des Anzeigegerätes sowie eines Umschalters auf 10 Meßstellen nebst den zugehörigen Abgleichwiderständen. Für besondere Zwecke können die Dehnungsstreifen in geeignete Geber eingebaut werden. Abb. 217 ist ein Schnitt durch einen Bodendruckmesser der Fa. Philips, mit dem der Bodendruck in beliebiger Tiefe festgestellt werden kann. Die Aufnahmemembran *1* hat eine wirksame Oberfläche von 530 cm² und nimmt den mittleren Druck über dieser Fläche

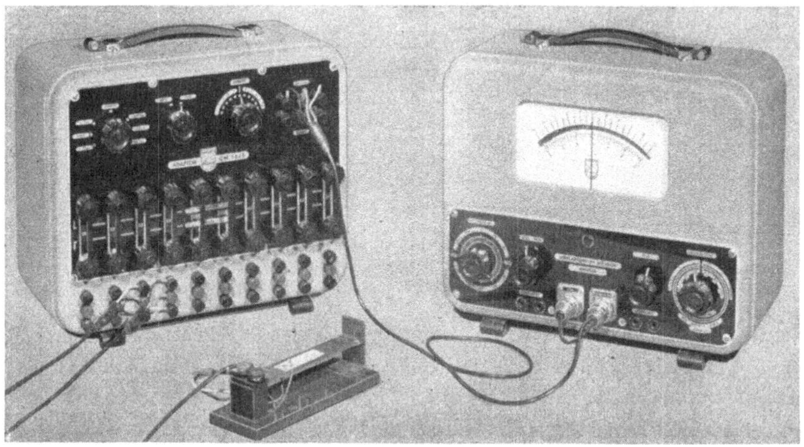

Abb. 216. Meßbrücke, Meßstellenumschalter und Anzeigeinstrument für Dehnungsmessungen mit Philips-Dehnungsmeßstreifen

auf. Das Gerät ist möglichst flach ausgeführt, damit es die Druckverhältnisse nur wenig beeinflußt. Der Raum *2* ist mit Öl gefüllt, das die Durchbiegung der Membran *1* auf die Meßmembran *3* überträgt, auf deren Unterseite ein

Dehnungsmeßstreifen *4* aufgeklebt ist. Der zweite Dehnungsmeßstreifen *5* an der Seitenwand ist unbelastet und kompensiert Temperaturschwankungen; in den Raum *6* der wasserdicht abgeschlossenen Dose bringt man etwas Silikagel, um Kondenswasserbildung zu verhindern. Der Meßbereich ist 2 bzw. 5 kg cm^{-2}, der Meßfehler 2%. Ganz ähnlich ist der in Abb. 218 gezeigte Flüssigkeitsdruckaufnehmer für Grundwasserdrücke

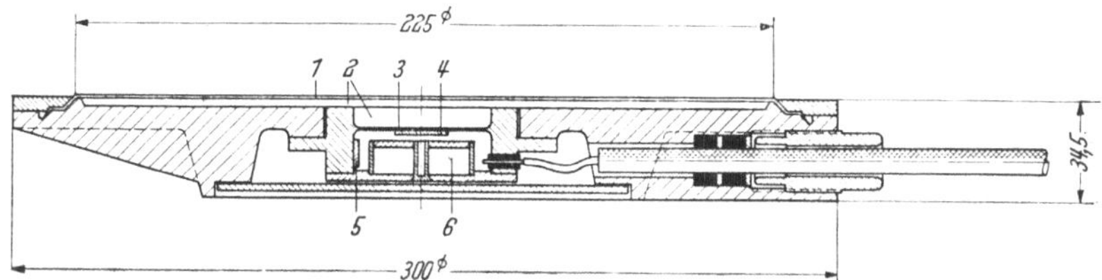

Abb. 217. Bodendruckaufnehmer mit Dehnungsmeßstreifen von Philips.
1 Abschlußmembran; — *2* ölgefüllter Raum; — *3* Meßmembran; — *4* aktiver Dehnungsmeßstreifen; — *5* unbelasteter Meßstreifen zur Temperaturkompensation; — *6* Silikagelfüllung

durchgebildet. Er hat die Form eines Geschoßkopfes, ist aus rostfreiem Stahl gefertigt und wird senkrecht in den Boden getrieben. Das Grundwasser dringt durch die Kanäle *1* in den Raum *3* vor der Meßmembran *4*, auf deren Rückseite der Meßstreifen *5* geklebt ist. Der unbelastete Meßstreifen *6* kompensiert Temperaturschwankungen, und der Silikagelbehälter *7* verhindert Schwitzwasserbildung. Abb. 219 ist eine Ansicht

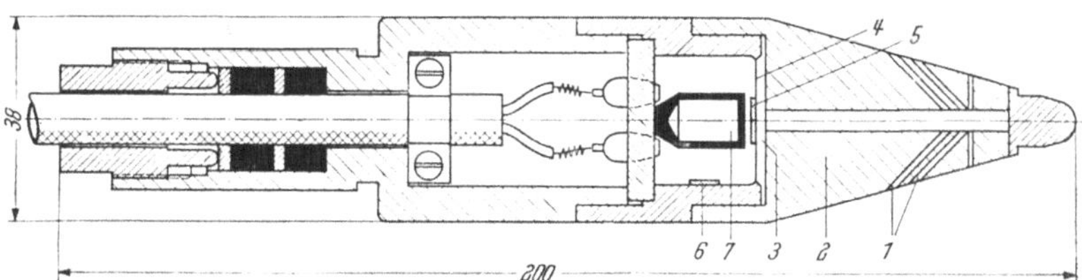

Abb. 218. Flüssigkeitsdruckaufnehmer für Grundwasserdruck mit Dehnungsmeßstreifen von Philips.
1 Zuleitungskanal; — *2* Hartstahlgehäuse; — *3* wassergefüllter Raum; — *4* Meßmembran; — *5* aktiver Dehnungsmeßstreifen; — *6* unbelasteter Temperaturkompensationsmeßstreifen; — *7* Behälter für Silikagel

des Gerätes. Die Meßbereiche sind 1,5 bzw. 3 kg cm^{-2}, die Anzeigegenauigkeit $\pm 2\%$.

Der in Abb. 220 gezeigte Druckkraftmesser besteht aus einem Stauchzylinder, an dessen Innenwand vier Dehnungsmeßstreifen geklebt sind, und eignet sich für große Kräfte, etwa zum Wägen von schweren Stücken. Die Meßbereiche sind 2, 5 und 10 t, die Widerstände der Meßstreifen $4 \times 300\ \Omega$ und die Genauigkeit $\pm 2\%$. Die Längenänderung des Stauchzylinders ist $1^0/_{00}$ beim Meßbereichendwert.

Der Zugkraftmesser nach Abb. 221 ist ein Stahlring, in den um je 90° versetzt vier Dehnungsmeßstreifen eingekittet sind und der in das zu beanspruchende Werkstück beispielsweise eine Zugkette eingehängt werden kann. Der Meßbereich ist 2 t, die Dehnung beim Meßbereichendwert 1‰ und die Genauigkeit 1%.

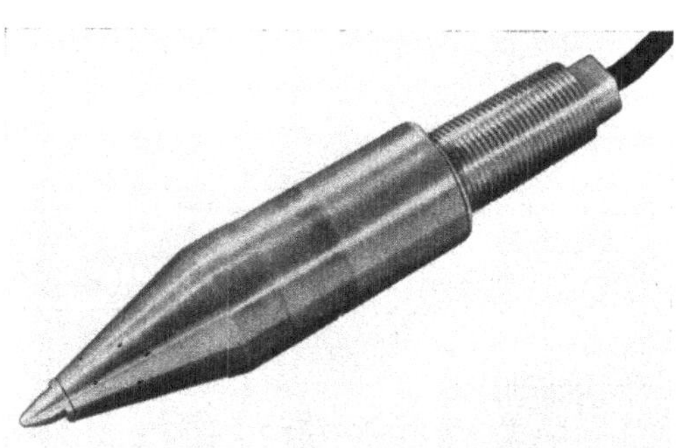

Abb. 219. Ansicht des Flüssigkeitsdruckaufnehmers für Grundwasserdruck von Philips

β) Andere Widerstandsender. Gegenüber den gut durchgebildeten und industriell gefertigten Meßstreifen haben die anderen Widerstandsender für Dehnungsmessungen ihre Bedeutung eingebüßt. Gleichwohl sollen die mit Kernerspitzen oder Schneiden auf den Prüfling aufgespannten Kohledruck- und Elektrolytdehnungsmesser erwähnt werden. Abb. 222 zeigt einen Schnitt durch den Elektrolytdehnungsmesser von Berg, der nur 6 g wiegt und mit zwei Schneiden auf den Prüfling aufgespannt wird; die bewegliche Schneide ist in einer Membran gelagert und steuert die Mittelelektrode eines elektrolytischen Spannungsteilers. Die erforderlichen Verstellkräfte sind sehr gering, doch

Abb. 220. Ansicht des Philips-Druckkraftmessers mit Dehnungsmeßstreifen

Abb. 221. Ansicht des Philips-Zugkraftmessers mit Dehnungsmeßstreifen

stört der große Temperaturkoeffizient der Elektrolyte. Die Kohledruckdehnungsmesser Abb. 223 erfordern eine größere Verstellkraft und müssen deshalb sorgfältiger aufgespannt werden, sie haben dafür aber einen kleineren Temperatureinfluß.

b) Induktive Dehnungsmesser [*44*]

Die induktiven Dehnungsmesser arbeiten mit festen, eisengeschlossenen Spulen und einem verstellbaren Eisenkern oder mit zwei gegeneinander verschiebbaren Spulen. Sie werden mit Schneiden auf den Prüfling aufgesetzt oder auf aufgelötete Meßböckchen geschraubt. Die Induktivitätsänderungen mißt man fast allgemein mit Trägerfrequenzmeßbrücken und Oszillographen. Abb. 224 und 225 zeigen Schnitt und Ansicht des Lehr-Askania-Dehnungsmessers. Das Gerät hat eine U-

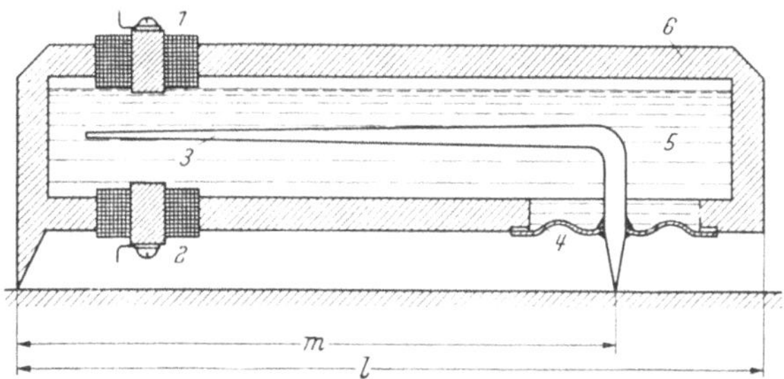

Abb. 222. Elektrolytdehnungsmesser. [Aus BERG: Dynamische Spannungsmessungen. Z. VDI Bd. 81 (1937) S. 295.]
1, 2 feste Elektroden; — *3* bewegliche Elektrode; — *4* Membran; — *5* Elektrolyt; — *6* Gehäuse; — *m* Meßlänge = 20 mm; — *l* Gesamtlänge = 25 mm

förmige Drosselspule mit einem verschiebbaren Flachanker; es wird auf zwei Kegelstifte geschraubt, die mit einer Meßlänge von 20 mm nach einer Lehre aufgelötet werden. Die Einrichtung wird von einem Hochfrequenzgenerator mit 16 kHz gespeist; die Induktivitätsänderungen werden in einer Brückenschaltung gemessen und von einem Oszillographen angezeigt.

Abb. 223. Kohledehnungsmesser nach MERZ-NIEPEL. Hersteller Siemens & Halske-AG.

Der dynamische Dehnungsmesser der früheren DVL (Abb. 110) besteht aus einer unmagnetischen Hülse *R*, in der ein Eisenröhrchen *r* verschiebbar ist. Die unmagnetische Hülse trägt den Eisenanker *a*, in das Eisenröhrchen sind die Spulen *c* eingebaut. Der Paßstift *e* sichert die Nullstellung und wird nach dem Aufspannen des Gebers mit den Tangentialkeilen *d* auf die Böckchen *b* entfernt, so daß sich die beiden Röhrchen gegeneinander verschieben können, wobei die Induktivität der einen Spule wächst, wenn die der anderen abnimmt. Der Luftspalt zwischen beiden Spulen ist $2 \times 100\,\mu$, der maximale Weg $\pm 12\,\mu$; innerhalb dieses Bereiches kann die Hyperbel, die den Zusammenhang zwischen Induktivität und Luftspalt wiedergibt, als Gerade angesehen werden. Der Geber arbeitet mit einer Meßlänge von 10 mm und wiegt

0,5 g, er kann mit Trägerfrequenzen von 5 oder 50 kHz betrieben werden und vermag dann Dehnungen bis zu Frequenzen von 1,2 bzw. 10 kHz

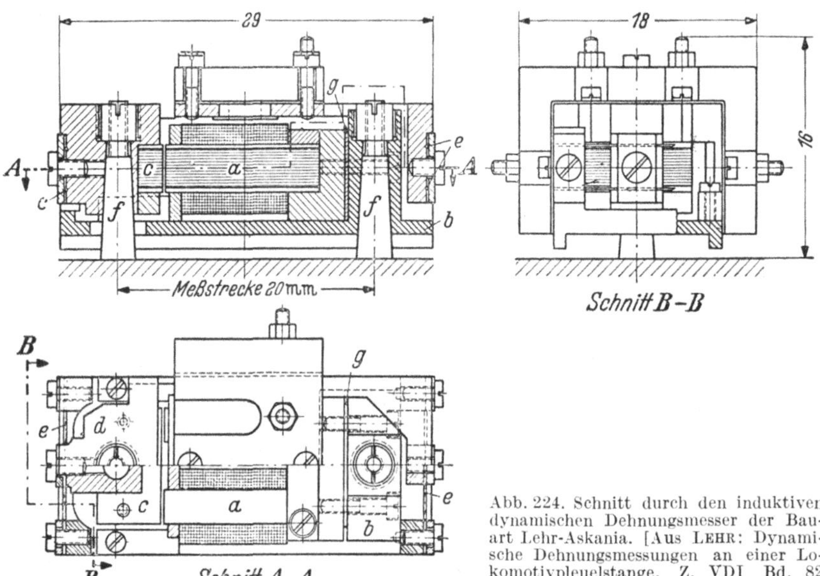

Abb. 224. Schnitt durch den induktiven dynamischen Dehnungsmesser der Bauart Lehr-Askania. [Aus LEHR: Dynamische Dehnungsmessungen an einer Lokomotivpleuelstange. Z. VDI Bd. 82 (1938) S. 541 ... 545.]

a U-förmiger Magnetkörper aus dünnen Eisenblechen; — *b* Gehäuse; — *c* Anker aus geblättertem Eisen; — *d* Führungsrahmen für den Anker; — *e* Stahldrähte zur elastischen Führung des Rahmens *d*; — *f* Kegelstifte, die an den Enden der Meßstrecke nach einer Lehre hart aufgelötet werden; — *g* geschliffene Beilageplättchen zum Einstellen des Luftspaltes

Abb. 225. Ansicht des induktiven dynamischen Dehnungsmessers mit 20 mm Meßstrecke nach LEHR. (Aus Askania-Druckschrift Schwing 521.)

verzerrungsfrei anzuzeigen. Das Gerät wird entweder in Verbindung mit einem Siemens-Kraftverlaufmesser oder in einer entsprechenden Trägerfrequenzbrückenschaltung gemäß dem Blockschaltbild Abb. 226 benutzt.

Ganz ähnlich ist der induktive Dehnungsmesser von Philips aufgebaut. Er arbeitet mit einem verschiebbaren Eisenkern in einer unmagnetischen Hülse, auf die drei Wicklungen aufgebracht sind. Die mittlere Wicklung wird mit der Trägerfrequenz gespeist, die in den beiden äußeren Spulen induzierten Spannungen sind in der Nullstellung gleich groß und ändern sich mit der Verschiebung des Eisenkernes. Der Geber ist sehr viel größer als das DVL-Gerät, er wird mit Schneiden auf den Prüfling aufgesetzt, hat eine Meßlänge von 50 mm und wiegt 90 g bei einem Gewicht des beweglichen Teiles von 7 g; Dehnungen bis zu 2% können mit einer Toleranz von $\pm 2\%$ gemessen werden. Nach dem gleichen Prinzip stellt Philips einen Amplitudenaufnehmer her mit einem Meßbereich bis zu 1 mm und einem Frequenzbereich bis 1000 Hz, der mit 4 kHz gespeist wird. Die Spannung an den induzierten Spulen beträgt 3 V und ändert sich um 0,25 mV/μ Ankerverschiebung. Dieses Gerät

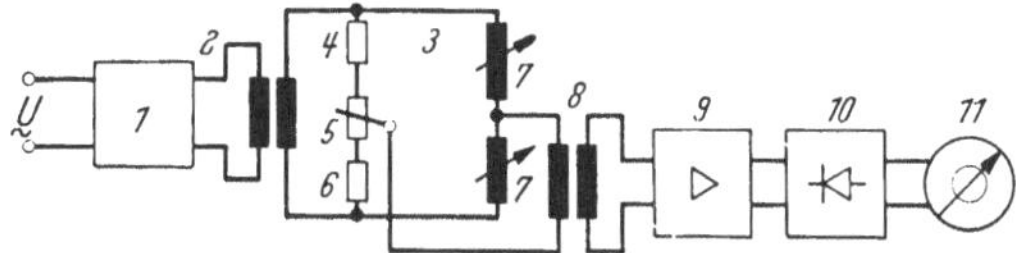

Abb. 226. Schaltung eines induktiven Dehnungsmessers in einer Trägerfrequenzbrücke. *1* Tonfrequenzgenerator; — *2* Eingangsübertrager; — *3* Meßbrücke; — *4* ... *6* Brückenwiderstände; — *7* veränderbare Induktivitäten; — *8* Ausgangsübertrager; — *9* Verstärker; — *10* Gleichrichter; — *11* Anzeigeinstrument

kann in verschiedenen Kombinationen zum Messen von Materialdicken, Oberflächenrauheit, Schwingungen und Beschleunigungen sowie in Verbindung mit Bourdonröhren, Meßbälgen oder Membranen zur Messung von Gas- und Flüssigkeitsdruck herangezogen werden.

c) Lichtelektrische Dehnungsmesser

Für statische Feindehnungsmessung wurde von LEHR ein von der Askania hergestelltes und in Abb. 227 gezeigtes lichtelektrisches Gerät mit der sehr kurzen Meßlänge von 2 mm entwickelt, mit dem die Spannungsverteilung an der Oberfläche stark gekrümmter Werkstücke wie in Winkelecken, Hohlkehlen usw. gemessen werden kann, sofern der Krümmungsradius $\geqq 4$ mm ist. Mit dem Gerät sind Längenänderungen von 0,1 μ bequem meßbar. Um den Dehnungsmesser einwandfrei aufzusetzen, werden mit einem Federschlagwerk auf dem Werkstück zwei Kerben in einer Entfernung von 2 mm $\pm 2\,\mu$ angekernt. In diese Kerben werden die Schneiden des Gerätes eingesetzt und mit einer Spannungsvorrichtung nach Abb. 228 mit einem Anpreßdruck von 1 kg gehalten. Die Bewegung der Meßspitze *g* wird über reibungsfrei gelagerte Hebel fünfzigfach vergrößert auf die Schlitzblende *10* übertragen. In der Blendenebene wird der Faden einer mit konstantem Strom gespeisten Soffittenlampe *17* mit der Optik *19* abgebildet. Der Nullpunkt wird mit der Schraube *18* justiert. Das Photoelement *21* wird der Spaltbreite entsprechend ausgeleuchtet und liefert einen der Schneidenbewegung proportionalen Strom, der mit einem Gleichstrominstrument gemessen werden kann. Einer Bewegung der Meßschneide um 1 μ entspricht bei Verwendung eines höchstempfindlichen Anzeigeinstrumentes ein Zeigerweg von 50 mm.

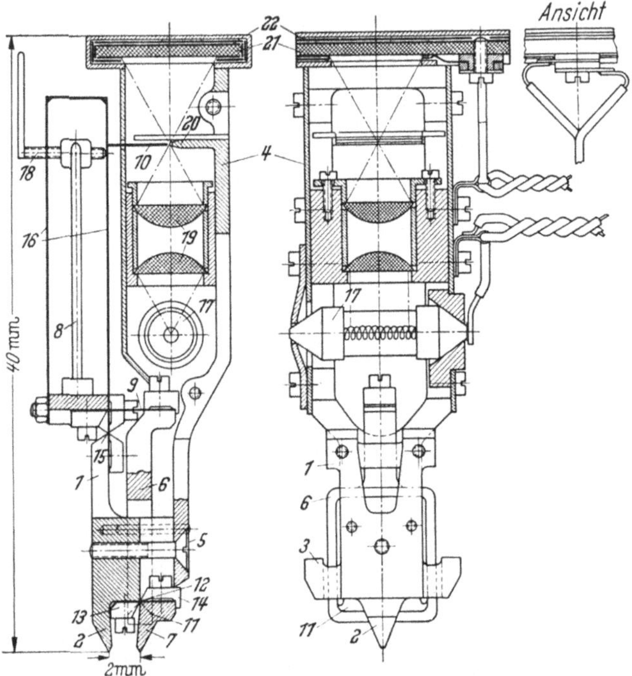

Abb. 227. Lichtelektrischer Dehnungsmesser der Bauart Lehr-Askania. [Aus LEHR-GRANACHER: Dehnungsmeßgerät mit sehr kleiner Meßstrecke und Anzeige mittels Sperrschichtphotozelle. Forsch.-Arb. Ing.-Wes. Bd. 7 (1936) S. 67.]

1 Grundgestell; — *2* feste Spitze; — *3* seitliche Schneiden für die Aufspannung; — *4* Gehäuse für die Optik; — *5* Befestigungsschraube für das Gehäuse *4*; — *6* Rähmchen; — *7* bewegliche Spitze; — *8* Anzeigehebel; — *9* Stoßband; — *10* Steuerfahne; — *11* Schneiden des Rähmchens; — *12* Querfederband für das Rähmchen; — *15* Federbandgelenk des Anzeigehebels *h*; *16* federnde Parallelführung für die Steuerfahne *10*; — *17* Soffittenlampe; — *18* Nullpunkteinstellung; — *19* Optik; — *20* feste Fahne mit Blende; — *21* Sperrschichtphotozelle; — *22* Glimmerisolierung

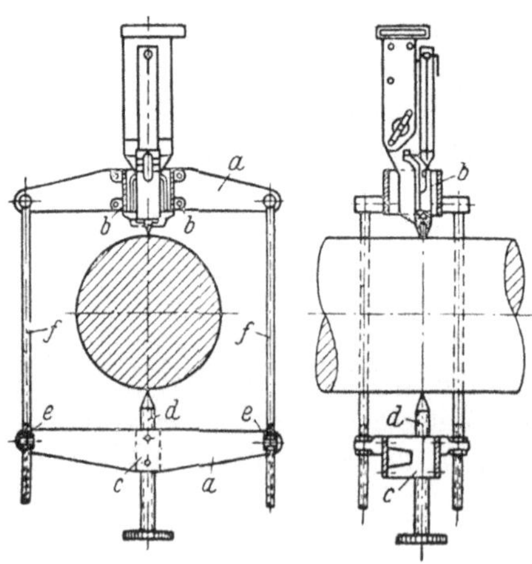

Abb. 228. Aufspannvorrichtung für den lichtelektrischen Dehnungsmesser. [Aus LEHR-GRANACHER: Dehnungsmeßgerät mit sehr kleiner Meßstrecke usw. Forsch.-Arb. Ing.-Wes. Bd. 7 (1936) S. 67.]

a Traverse; — *b* Pfannen für die Aufspannschneiden; — *c* Mutter für die Spannschraube *d*; — *d* Spannschraube; — *e* Querbolzen; — *f* Zugspeiche

2. Kraftmeßdosen [*40*]

Die Dehnungsmesser liegen mechanisch parallel zum Prüfling und sollen seinen Längenänderungen folgen, ohne seine Beanspruchung zu verändern, folglich müssen ihre Verstellkräfte klein sein, da sich die Prüflingsbeanspruchung um die Kraft vermindert, die über den Dehnungsmesser übertragen wird. Im Gegensatz zu den Dehnungsmessern liegen die Zug- und Druckmeßdosen mechanisch in Reihe mit dem Prüfling, müssen also die gesamte den Prüfling beanspruchende Kraft ohne wesentliche Längenänderung übertragen, weil sie sonst ebenfalls die Beanspruchungsverhältnisse ändern. Solche Kraftmeßdosen kann man durch Verbindung eines Dehnungsmessers mit einem Prüfkörper bekannter elastischer Eigenschaften herstellen. Der Prüfkörper kann als Biegeplatte, Stauchzylinder, Dehnungsstab oder Dehnungsring ausgebildet und mit Dehnungsmessern beliebiger Art kombiniert sein, etwa mit Dehnungsmeßstreifen, kapazitiven, induktiven oder lichtelektrischen Dehnungsmessern. Dieses Verfahren wendet zum Beispiel Philips bei seinen Zug- und Druckkraftmessern mit Dehnungsmeßstreifen (Abb. 220, 221) und induktiven Gebern sowie Hahn und Kolb bei seiner induktiven Kraftmeßdose nach Opitz an.

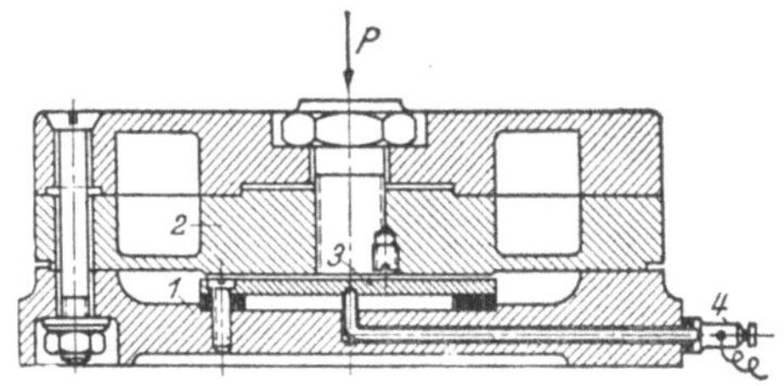

Abb. 229. Schnitt durch eine kapazitive Druckmeßdose mit Biegeplatte. (Aus Keinath: Druckmessung mit der Kondensatormeßdose. Arch. techn. Messen V 132-5.)

1 Grundplatte; — *2* Biegeplatte; — *3* isolierte Elektrode; — *4* Anschlußklemmen

Die Abb. 229 und 230 zeigen Schnitt und Ansicht einer kapazitiven Druckmeßdose in Biegeplattenausführung. Die Biegeplatte hat die Form einer Kreisringmembran, um eine genaue Parallelverschiebung der Elektrode zu erreichen. Die Stauchzylinderdose nach Abb. 94 kann anstatt als Plattenkondensator auch als Zylinderkondensator ausgeführt werden und hat dann ein sehr großes Durchgangsloch, was für manche Einbauarten erwünscht ist. Der Abstand zwischen den Kondensatorplatten ist sehr klein, die Elektrodenbewegung entspricht der elastischen Formänderung des Stahlkörpers, und es bestehen keine Bedenken, eine solche Druckdose in die

Abb. 230. Ansicht einer kapazitiven Druckmeßdose mit Biegeplatte für 100 Tonnen. Hersteller Siemens & Halske-AG.

Kraftleitung einzuschalten. Die Grundkapazität dieser Dosen liegt in der Größenordnung von 100 pF und die Kapazitätsänderungen bei 10 ... 15%. Abb. 231 zeigt die Kapazitätsänderung abhängig von der Belastung für eine 1-t-Druckdose. Die kapazitiven Druckmeßdosen nach diesem Prinzip umspannen einen außerordentlich großen Meßbereich, sie werden sowohl als Schalldruckmesser für einige Millibar wie als Walzdruckmesser für viele Tonnen Belastung hergestellt.

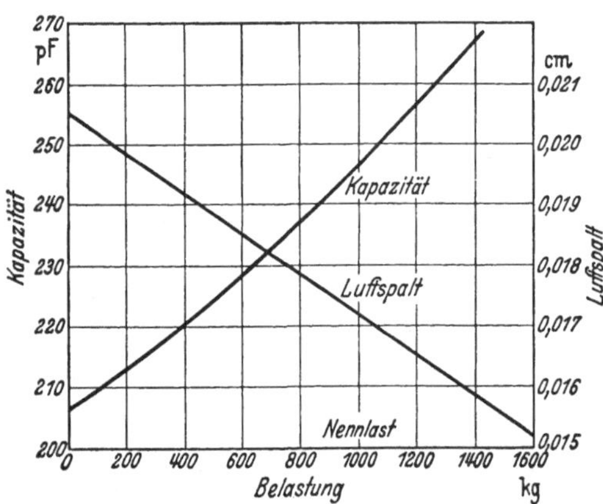

Abb. 231. Änderung der Kapazität und des Luftspaltes mit der Belastung bei der Druckmeßdose für 1 Tonne Nennlast. (Aus MÜLLER: Elektrische Druckmessung, kapazitive Druckmeßdosen. Arch. techn. Messen V 132-16.)

Neben diesen aus Prüfkörper und Dehnungsmesser kombinierten Kraftmeßdosen gibt es einige andere Ausführungen, bei denen die Kräfte direkt, also ohne den Umweg über die Längenänderung, gemessen werden, nämlich Kohle-, magnetoelastische und piezoelektrische Druckdosen.

a) Kohledruckdosen

Die Kohledruckdosen sind Kraftmeßdosen mit einer kreisförmigen Biegeplatte, deren Durchbiegung auf eine Kohlesäule übertragen wird. Sie weisen bis etwa 50° keinen merklichen Temperaturfehler auf und sind etwa 100% überlastbar, innerhalb des Meßbereiches verläuft die Eichkurve linear, bei höherer Überlastung krümmt sie sich und nähert sich asymptotisch einem Grenzwert. Zwischen steigender und fallender Belastung tritt ein Hysteresefehler von 1 ... 3% auf. Die Dosen werden mit niedriger Gleichspannung betrieben und ihr Widerstand in einer Differenzschaltung mit einem Normalwiderstand verglichen.

Abb. 232 zeigt einen Satz Kohledruckdosen mit den Meßbereichen 0,1 ... 1000 t.

b) Magnetoelastische Kraftmeßdosen [*41*]

Die magnetoelastischen Druckdosen arbeiten nach dem induktiven Verfahren, wobei die Änderung der Induktivität durch eine Permeabilitätsabnahme mit zunehmender elastischer Beanspruchung hervorgerufen wird. Die Druckdose besteht aus einem zylindrischen Permalloykörper, in den Ringnuten zur Aufnahme der Wicklungen eingestochen sind (Abb. 233), sie wird durch einen aufgepreßten Deckel verschlossen und stellt ein außerordentlich robustes Meßelement dar. Die Längenänderungen der Dose durch die Belastung sind durch die elastischen Eigenschaften des Materials gegeben. Bei gleicher Längenänderung ist die Scheinwiderstandsänderung $\Delta Z/Z$ der magnetoelastischen Dose etwa 100mal größer als die Widerstandsänderung $\Delta R/R$ eines Dehnungsmeßstreifens, weshalb man beim magnetoelastischen Verfahren im allgemeinen ohne Verstärker auskommt. Der massive Meßkörper hat eine sehr hohe Eigenfrequenz und vermag Belastungsänderungen mit einer Frequenz von 10 kHz noch einwandfrei zu folgen. Mit einer Trägerfrequenz von 50 kHz können demnach Druckvorgänge bis zu 10 kHz amplituden- und phasentreu aufgezeichnet werden.

Abb. 232. Kohledruckmeßdosen der Fa. Rumpff, Bonn, für 1000, 100, 10 und 0,1 Tonnen Meßbereich

Normal werden die Dosen jedoch aus dem 50-Hz-Netz gespeist und können dann noch Kraftänderungen mit einer Frequenz von 12,5 Hz einwandfrei anzeigen. Die Meßdosen sind temperaturkompensiert und weisen einen Hysteresefehler von weniger als 0,25% zwischen steigender und fallender Belastung auf.

Abb. 234 zeigt einen Satz von magnetoelastischen Dosen der Siemens & Halske-AG. mit den Meßbereichen 1 ... 100 t. Die Dosen können 50% überlastet und die Anzeigeinstrumente bereits mit 60% der Nennlast voll ausgesteuert werden, so daß dieser Meßsatz den Bereich 0,6 bis 150 t umfaßt. Selbstverständlich könnten auch größere Dosen hergestellt werden, es ist aber fast immer zweckmäßiger, die Kraft auf mehrere mechanisch parallel, elektrisch hintereinander geschaltete Dosen zu verteilen. Abb. 235 zeigt die Prinzipschaltung. Die Einrichtung wird über den Spannungskonstanthalter *1* mit dem konstanten Strom i gespeist, da der Vorwider-

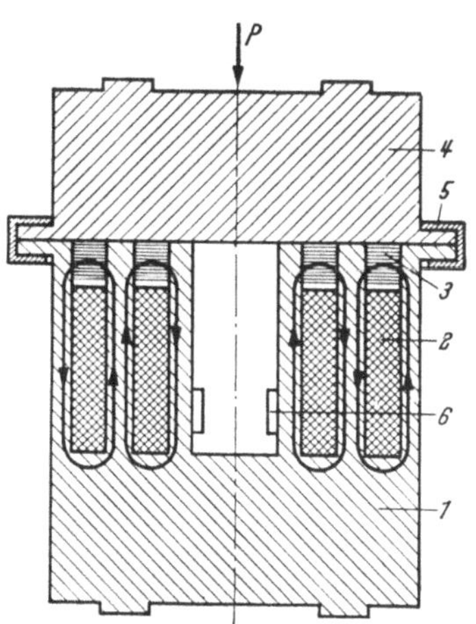

Abb. 233. Schnitt durch eine magnetoelastische Druckmeßdose der Siemens & Halske-AG. [Aus ENGL: Magnetoelastische Kraftmeßdosen. Siemens-Z. Bd. 29 (1955) S. 219 ... 222.]

1 Magnetoelastischer Körper; — *2* Nuten für die Wicklung; — *3* Ringe für den magnetischen Schluß; — *4* Abschlußdeckel; — *5* Eingerollter Ring; — *6* Heißleiter zur Temperaturkompensation

stand *2* sehr viel größer ist als der Scheinwiderstand des Stromwandlers *4*. Die Sekundärwicklungen des Stromwandlers speisen einerseits die Druckdose *5*, andererseits den Nullpunktregler *6* mit den im unbelasteten Zustand gleich großen Strömen i_1 und i_2, die gleichgerichtet und gegeneinander geschaltet werden; ihre Differenz $\Delta i = k\,(i_1 - i_2)$ ist ein Maß für die Belastung der Meßdose.

Abb. 234. Magnetoelastische Druckmeßdosen der Siemens & Halske-AG. mit den Meßbereichen 1, 3, 10, 20, 50 und 100 Tonnen

c) Piezoelektrische Kraftmeßdosen

Bei den piezoelektrischen Kraftmeßdosen liegt ebenso wie bei den magnetoelastischen Dosen die Eigenfrequenz sehr hoch, und der Federungsweg ist außerordentlich klein, sie eignen sich deshalb für rasch verlaufende Vorgänge. Abb. 236 und 237 zeigen Schnitt und Ansicht einer piezoelektrischen Druckdose der Zeiss-Ikon-AG. mit einem Meßbereich von 4 t. In das Stahlgehäuse *1* ist der Druckstempel *2* eingesetzt und durch die Feder *4* vorgespannt. In den Druckstempel ist eine Kugelkalotte geschliffen, um den Quarz *3* möglichst gleichmäßig zu belasten. Die gesamte Kraft wird bei dieser Ausführung über den Quarz übertragen, was man bei sehr großen Kräften vermeidet. Man legt dann gemäß Abb. 238 in den Kraftfluß einen Stahlzylinder und um den Zylinder einen Stahlring mit der eingesetzten Druckdose. Die Druckdose mißt nun die Ausbauchung des Stauchzylinders, aus der man auf die Größe der Druckkraft schließen kann.

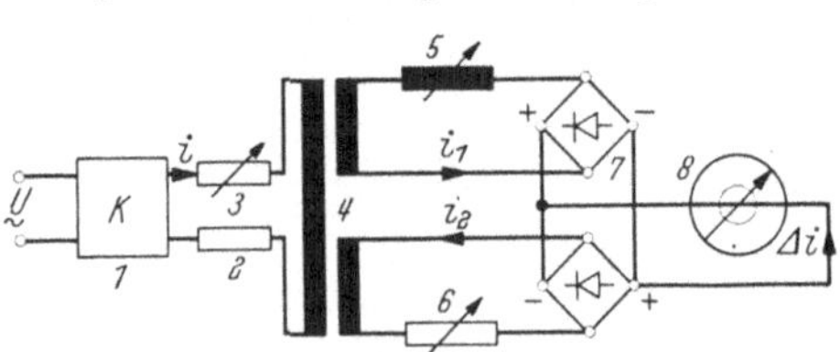

Abb. 235. Prinzipschaltung der magnetoelastischen Druckmeßdose von Siemens & Halske-AG.
1 Konstanthalter; — *2* Vorwiderstand; — *3* Empfindlichkeitsregler; — *4* Stromwandler; — *5* Druckmeßdose; — *6* Nullpunktregler; — *7* Gleichrichterbrücke; — *8* Anzeigeinstrument

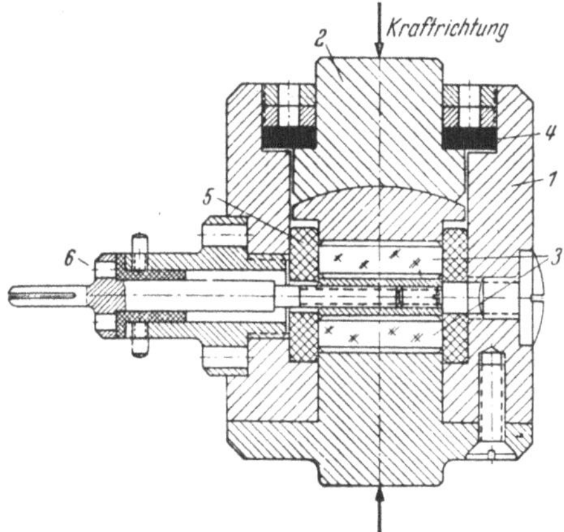

Abb. 236. Schnitt durch eine piezoelektrische Druckmeßdose der Zeiss-Ikon AG.
1 Gehäuse; — *2* Druckstempel; — *3* piezoelektrischer Kristall; — *4* Vorspannfeder; — *5* Bernsteinisolierung; — *6* Kabelanschluß

Abb. 237. Ansicht einer piezoelektrischen Druckmeßdose für unmittelbare Kraftmessung. Ausführung Zeiss-Ikon AG. Meßbereich 4 Tonnen, Empfindlichkeit $4 \cdot 10^{-11}$ Coul. · kg^{-1}, Eigenfrequenz 30 kHz, Temperaturbereich ± 50°

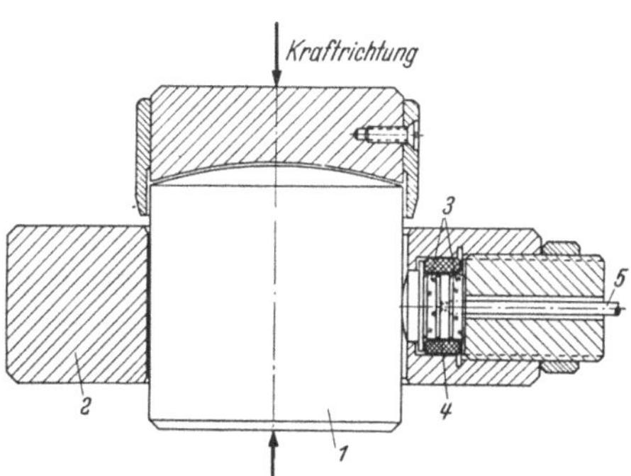

Abb. 238. Schnitt durch eine piezoelektrische Meßdose für Walzdrücke mit Druckübersetzung. Ausführung Zeiss-Ikon AG. Meßbereich 50 Tonnen, Empfindlichkeit $3 \cdot 10^{-13}$ Coul. · kg^{-1}, Eigenfrequenz 7 kHz, Temperaturbereich ± 30°.
1 Stauchzylinder; — *2* Stahlring zum Messen der Ausbauchung; — *3* piezoelektrischer Kristall; — *4* Bernsteinisolierung; — *5* Kabelanschluß

3. Elektrische Waagen

Die Druckmesser lassen sich natürlich auch zum Wägen ruhender oder bewegter Güter verwenden und haben sich in Verbindung mit Wägekartendruckern insbesondere in automatischen Waagen bewährt. Bei Gleiswaagen wird ein herausgeschnittenes Schienenstück auf vier Druckdosen gelagert und das darüberfahrende Fahrzeug automatisch gewogen, bei Kranwaagen wird eine Zugdose in einen Kranhaken eingebaut, um die angehängten Lasten zu wägen. Die Baldwin-Lima-Hamilton Corp. Philadelphia hat Wägezellen entwickelt, deren kraftaufnehmendes Glied ein Vierkantstahlstab ist, dessen vier Seiten mit Dehnungsmeßstreifen besetzt sind. Magnetoelastische Druckdosen werden von Siemens & Halske-AG. in Schienenwaagen eingebaut. Die Anzeigegenauigkeit beträgt etwa 0,25% vom Meßbereichendwert im Bereich von 0 . . . 120% der Nennlast.

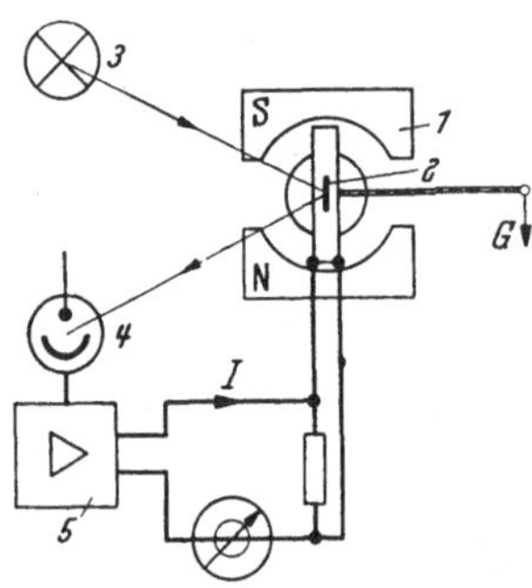

Abb. 239. Elektrische Feinwaage. [Aus v. BROCKDORFF/KIRSCH: Elektrische Feinstwaage. ETZ Bd. 71, H. 22 (1950) S. 611 . . . 612.] *1* Drehspulinstrument mit richtkraftloser Stromzuführung; — *2* Spiegel auf der Drehspulenachse; — *3* Lichtquelle; — *4* Photoelement; — *5* Verstärker; — *G* Gewicht

Eine lichtelektrische Feinwaage wurde von v. BROCKDORFF und KIRSCH angegeben, sie ist in Abb. 239 im Prinzip gezeigt.

Das messende Glied ist ein Drehspulinstrument *1* mit richtkraftlosen Stromzuführungen, das gegen das Drehmoment des zu wägenden Gegenstandes *G* arbeitet. Im unbelasteten Zustand fällt das Licht der Lampe *3* über den auf die Achse der Drehspule aufgekitteten Spiegel *2* auf das Photoelement *4* und leuchtet es voll aus. Die EMK des Photoelements liefert am Gitter der Eingangsverstärkerröhre eine starke negative Vorspannung, und der Ausgangsanodenstrom *J* des Verstärkers *5* ist Null. Wird ein Gewicht auf die Waagschale aufgelegt, dann wird das Photoelement dunkel, der nun einsetzende Anodenstrom dreht die Drehspule des Instrumentes entgegen der Uhrzeigerrichtung, wodurch einerseits die Photozelle wieder zunehmend ausgeleuchtet, anderseits die Waagschale angehoben wird, bis sich elektrisches und mechanisches Moment das Gleichgewicht halten. Der Anodenstrom im Gleichgewichtszustand ist ein Maß für das Gewicht des Prüflings. Die Waage wurde für Meßbereiche von 15 μg bis 300 mg ausgeführt, sie ist unabhängig von Spannungsschwankungen sowie von der Konstanz der Lichtquelle, der Photozelle und des Verstärkers.

4. Bandzugmesser

Die Zugspannung von Bändern, Drähten, Seilen und Fäden, beispielsweise den Walzenzug in Walzwerken oder die Fadenspannung in Spinnmaschinen, kann man mit elektrischen Kraftmessern aus der für eine bestimmte Auslenkung erforderlichen Kraft ermitteln.

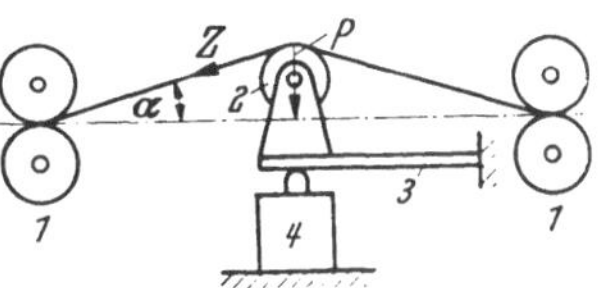

Abb. 240. Anordnung eines Bandzugmessers.

1 Führungswalzen; — *2* Ablenkwalze; — *3* Meßfeder; — *4* elektrisches Mikrometer

Bei den Walzen- oder Haspelzugmessern nach Abb. 240 wird das Walzgut durch eine zwischen zwei Führungswalzen *1* liegende Meßwalze *2* um einen bestimmten Betrag ausgelenkt und die auf die Meßwalze ausgeübte Kraft P gemessen. Bezeichnet Z den Bandzug und α den Auslenkwinkel, dann ist $P = Z \cdot \sin\alpha$. Die Führungswalze ist auf der Meßfeder *3* gelagert, deren Durchbiegung mit dem elektrischen Mikrometer *4* gemessen wird. Abb. 241 zeigt den Meßkopf des induktiven Bandzugmessers der AEG.

Abb. 241. Meßkopf des induktiven Bandzugmessers der AEG. [Aus HERMANN: Blechdicken- und Bandzugmessung mit induktivem Verfahren. AEG-Mitt. Bd. 44 (1954) S. 388 ... 392.]

1 Drosselspule; — *2* beweglicher Eisenanker; — *3* Parallelführung des Ankers

Beim Fadenspannungsmesser für Spinnmaschinen wird der Faden durch einen Fadenführer mit einer von 2 ... 500 g einstellbaren Kraft durchgebogen und die Bewegung des Fadenführers auf eine Bolometerlehre übertragen. Durch Messen des Fadenzuges soll die höchstmögliche Laufgeschwindigkeit ohne Vermehrung der Fadenbrüche erreicht werden (Siemens & Halske-AG.).

5. Schnittkraftmesser [*42*]

Entwicklung und Untersuchung spanabhebender Werkzeugmaschinen benötigt Verfahren zum Messen der Kräfte zwischen Werkzeug und Werkstück. Beispielsweise treten beim Drehen Kräfte in drei Richtungen auf, eine Hauptschnittkraft, eine Vorschub- und eine Rückdruckkraft, deren Verhältnis durch die Meißelform beeinflußt werden kann. Für eine völlige Untersuchung des Drehvorganges sind also Dreikomponenten-

Druckkraftmesser erforderlich, bei denen der Drehstahl in drei Ebenen auf Druckmeßdosen gelagert ist. Für laufende Untersuchungen begnügt man sich jedoch im allgemeinen damit, die Hauptschnittkraft zu messen. Abb. 242 zeigt einen induktiven Einkomponenten-Meßstahlhalter nach

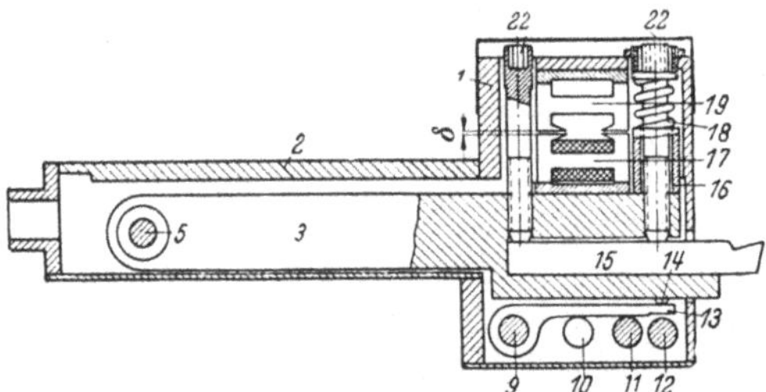

Abb. 242. Einkomponentenmeßstahlhalter nach SCHALLBROCH-SCHAUMANN.
1 Gehäuseoberteil; — *2* Gehäuse; — *3* Pendelkörper; — *5* Drehachse des Pendelkörpers; — *9* Drehachse der Membran *13*; — *10* Bohrung für den Bolzen *11* zur Meßbereichänderung; — *11* Stützbolzen der Membran *13*; — *12* Anschlagbolzen zur Begrenzung der Durchbiegung der Membran *13*; — *14* Druckstück; — *15* Drehstahl; — *16* Zwischenstück zur Übertragung des Druckes der Schraubenfeder *18*; — *17* Drosselkern mit Wicklung; — *19* Drosselkern ohne Wicklung; — *22* Halteschrauben für den Drehstahl

SCHALLBROCH und SCHAUMANN. In dem Gehäuse *2* ist der Stahlhalter *3* um den Bolzen *5* drehbar gelagert und wird durch die Schraubenfeder *18* gegen die Meßmembran *13* gedrückt.

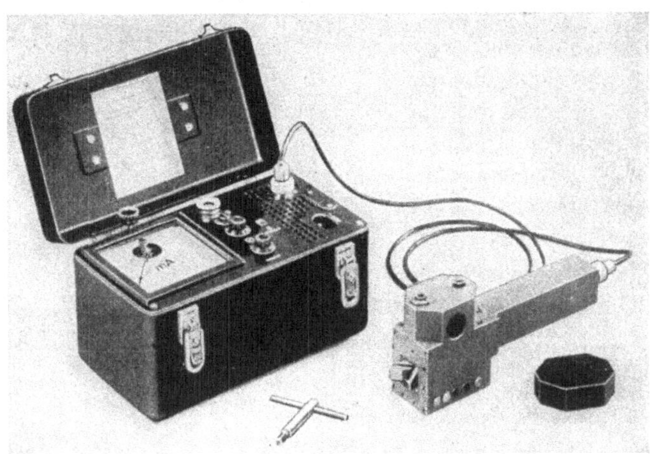

Abb. 243. Ansicht des Einkomponentenschnittkraftmessers und des Anzeigegerätes nach SCHALLBROCH-SCHAUMANN. Hersteller Siemens & Halske-AG.

Unter der Wirkung der Schnittkraft auf den Meißel *15* biegt sich die Meßmembran durch und es vergrößert sich der Luftspalt δ zwischen dem mit dem Stahlhalter verbundenen bewickelten Kern *17* und dem mit dem Gehäuse verbundenen Eisenanker *19*. Die Induktivitätsänderung wird gemessen. Durch Einstecken eines Stützbolzens *11* in das Loch *10* oder *11* wählt man die freie Länge der Biegefeder *13* und damit den Meßbereich. Die Meßfeder biegt sich maximal um 0,2 mm durch. Abb. 243 zeigt die Ausführung des Stahlhalters und das zugehörige Meßinstrument. Andere Schnittkraftmesser wurden nach dem kapazi-

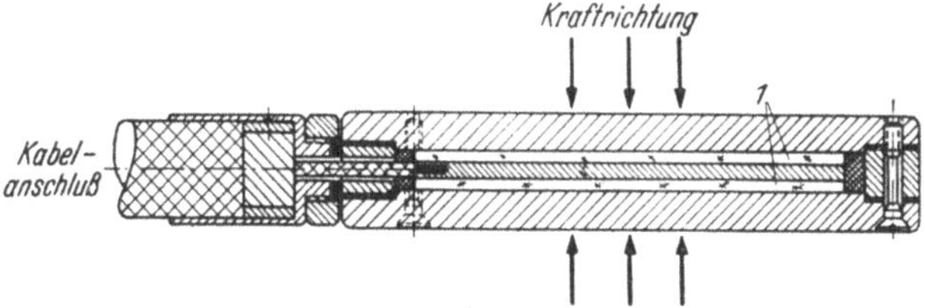

Abb. 244. Piezoelektrischer Druckmesser zum Messen der Schnittkraft an Werkzeugmaschinen. Ausführung Zeiss-Ikon AG. Meßbereich 500 kg, Empfindlichkeit $4 \cdot 10^{-11}$ Coul. $\cdot$ kg^{-1}, Eigenfrequenz größer als 30 kHz.

1 Piezoelektrischer Kristall

tiven Verfahren von MAUKSCH, nach dem piezoelektrischen Verfahren von KLUGE-LINCKH und der Zeiss-Ikon-AG. (Abb. 244), nach dem elektrolytischen bzw. induktiven Verfahren von OPITZ und SCHIESS-DEFRIES entwickelt, letzterer ist ein Dreikomponentenmesser.

6. Gasdruckmesser [*43*], [*45*]

Die Gasdruckmesser dienen in erster Linie der Erforschung des Druckverlaufs in Verbrennungskraftmaschinen und bei Explosionen. Sie müssen dementsprechend eine hohe Eigenfrequenz haben, dürfen den Druckraum nicht verändern und müssen den Begleitumständen, nämlich hoher Temperatur und starken Erschütterungen, gewachsen sein. Bei Druckdosen für einmalige Explosionsvorgänge genügt eine Wärmedämmung, die eine Erwärmung der Meßmembran verzögert, bis der Druckvorgang abgelaufen ist, Druckdosen für Dauerbeobachtungen müssen gekühlt werden. In der Mehrzahl der Fälle zeichnet man den Druckverlauf zeitabhängig auf, zuweilen jedoch auch als Funktion eines Drehwinkels oder eines Kolbenwegs, um das gewohnte Bild des Indikatordiagramms zu erhalten. Unter Umständen kann es auch zweckmäßig sein, eine elektrische Differentiation durchzuführen und die Druckänderung aufzuzeichnen. Der Gasdruck wird im allgemeinen an der Durchbiegung einer Membran oder an der Bewegung eines federbelasteten Kolbens gemessen. Beide Druckaufnehmer lassen sich mit den verschiedenen Arten elektrischer Mikrometer und Kraftmesser kombinieren. Für die Auswahl eines geeigneten Verfahrens kann man folgende allgemeinen Gesichtspunkte festlegen: Empfindlichkeit und Eigenfrequenz der Druckgeber sollen nicht höher gewählt werden als der Verwendungszweck fordert, da die Geräte gleichzeitig störanfälliger und schwieriger zu handhaben sind. Verstärkerlose Schaltungen und 50-Hz-Netzanschlußgeräte sind wegen der einfachen Bedienung zu bevorzugen.

Widerstandsgeber können mit niedriger Spannung und gewöhnlichen Drehspulinstrumenten arbeiten, bedürfen für langsam verlaufende Vorgänge keines Verstärkers und machen keine Isolationsschwierigkeiten. Die Kohledruckdosen sind jedoch verhältnismäßig unempfindlich, zeigen Hysterese- und Nachwirkungserscheinungen und Nullpunktwanderungen, sie sind beschleunigungs- und temperaturabhängig und zeigen Unterschiede zwischen statischer und dynamischer Eichung.

Induktive Druckmesser kommen meist ohne Verstärker aus und machen keine Isolationsschwierigkeiten, sie können weitgehend temperaturkompensiert werden.

Elektrodynamische Druckdosen brauchen fast immer einen Verstärker, sind wenig empfindlich und nicht statisch eichbar.

Die kapazitiven Druckmesser brauchen immer einen Verstärker und sind wegen der kleinen Plattenabstände empfindlich gegen Wärmedehnungen. Die Kapazität des Zuleitungskabels beeinflußt das Meßergebnis.

Induktive, kapazitive und elektrodynamische Druckgeber haben eine mittlere Empfindlichkeit und sind beschleunigungsabhängig.

Größte Empfindlichkeit und Eigenfrequenz erreicht man mit piezoelektrischen Dosen. Sie können weitgehend temperatur- und beschleunigungsunabhängig gemacht werden, sind aber empfindlich gegen Isolationsfehler und vertragen wegen der Kabelkapazität keine allzu langen Zuleitungen. Sie erfordern immer einen Verstärker.

a) Gasdruckmesser mit Widerstandsgebern

Die Durchbiegung der druckaufnehmenden Membran kann man mit einem aufgeklebten Dehnungsmeßstreifen ermitteln. Zwecks Temperaturkompensation wird in dem Druckaufnehmer ein zweiter nicht belasteter Meßstreifen untergebracht. Die Eigenfrequenz ist durch Dicke und Durchmesser der Membran sowie die Masse des aufgeklebten Meßstreifens bestimmt und kann in der Größenordnung von 30 . . . 40 kHz gehalten werden, womit Messungen bis etwa 10 kHz durchführbar sind. Um zu hohe Temperaturen von der Meßmembran fernzuhalten, kann man eine weiche Vormembran anordnen und den Raum zwischen den beiden Membranen mit einer nichtkompressiblen Flüssigkeit füllen. Abb. 245, 246 zeigen Schnitt und Ansicht einer solchen Druckdose. Anstatt mit einem Dehnungsmeßstreifen kann die Membran auch mit einem Kohledruckmesser kombiniert werden, wie Abb. 247 zeigt. Der Druck wird in Abb. 247b über die weiche Abschlußmembran *1* auf den Stempel *2* und die kreisringförmige Meßmembran *3* und von dieser auf die aus nur zwei Plättchen bestehende Kohlesäule übertragen. Gehäuse, Druckstempel und Membran bestehen aus einem Stück. Die Druckdose ist wassergekühlt und hat einen verhältnismäßig kleinen Temperaturfehler, weil die weiche Abschlußmembran, die den stärksten Temperaturschwankungen ausgesetzt ist, das Meßergebnis nicht beeinflußt und die Kohleplättchen ziemlich weit von der Druckkammer entfernt und wassergekühlt sind. In Abb. 248 ist der Widerstand

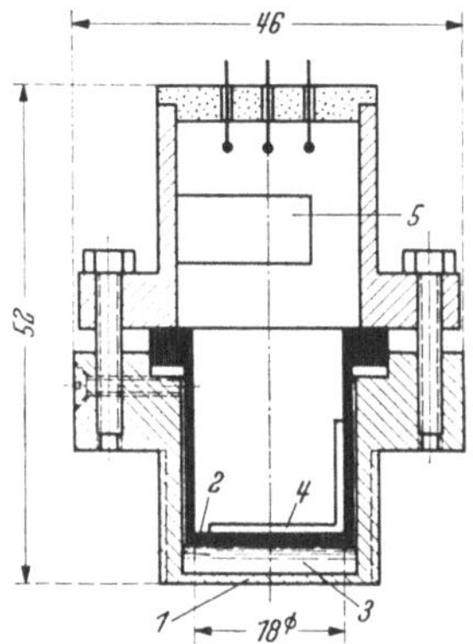

Abb. 245. Gasdruckmesser mit Dehnungsmeßstreifen von Philips. [Aus BARTKNECHT: Die Aufnahme des zeitlichen Druckverlaufs von Explosionen mit Hilfe von Dehnungsmeßstreifen. Industrie-Elektronik Bd. 2, H. 6 (1954) S. 3 ... 6.]
1 Vormembran; — *2* Meßmembran; — *3* Glyzerinfüllung; — *4* aktiver Meßstreifen; — *5* Temperaturkompensationsmeßstreifen

Abb. 246. Ansicht des Gasdruckmessers mit Dehnungsmeßstreifen von Philips. [Aus BARTKNECHT: Die Aufnahme des zeitlichen Druckverlaufs von Explosionen mit Hilfe von Dehnungsmeßstreifen. Industrie-Elektronik Bd. 2, H. 6 (1954) S. 3 ... 6.]

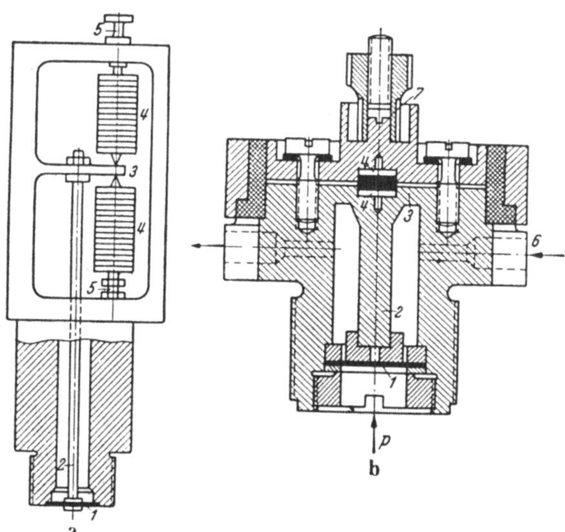

Abb. 247 a u. b. Schnitte durch verschiedene Ausführungen von Kohledruckmeßdosen. [Aus MEURER: Indikatoren für schnellaufende Verbrennungsmotoren. Z. VDI Bd. 80 (1936) S. 1451.]
1 weiche Abschlußmembran; — *2* Übertragungsstempel; — *3* Meßmembran; — *4* Kohlesäule; — *5* Einstellschraube; — *6* Kühlwasseranschluß; — *7* Anschlußschraube

einer Kohlesäule von 60 Plättchen abhängig vom Druck wiedergegeben. Der Widerstand der Kohlesäulen kann in einer Differenz- oder Brückenschaltung gemessen werden. Widerstandsdruckgeber werden mit Meßbereichen von einigen Kilogramm/cm² bis zu einigen Tonnen/cm² hergestellt.

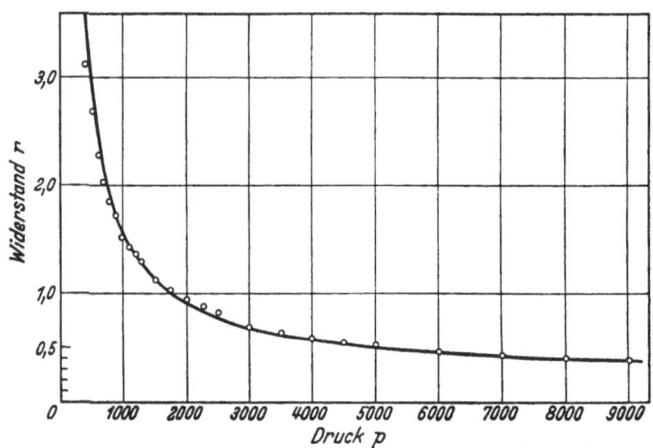

Abb. 248. Verlauf des Widerstandes einer Kohlesäule, abhängig vom Druck. 60 Kohleplättchen; Dicke 0,2 mm; ⌀ 7 mm. Gleichung des Druckverlaufs: $p \cdot (r - a)\, b =$ konst. $a = 0{,}244$, $b = 1336$

b) Induktive Gasdruckmesser

Zwei Beispiele induktiver Gasdruckmesser zeigen Abb. 249 und 250. In Abb. 249 wird der zu messende Druck von dem Indikatorkolben *1* über den Stößel *2* auf die allseitig eingespannte Kreismembran *3* übertragen. Mit der Durchbiegung der Membran nähert sich das Eisenplättchen *4* der Spule *5*, deren Induktivitätsänderung in einer Meßbrücke mit 2 kHz Trägerfrequenz gemessen wird. Der Wirkwiderstand der Spule ist gegenüber dem Gesamtwiderstand des Meßkreises vernachlässigbar, so daß auch seine Änderungen mit der Temperatur das Meßergebnis nicht beeinflussen. Die Membran biegt sich bei einem Druck von 30 at in der Mitte etwa 80 μ durch. In Abb. 250 ist ein Tauchankersystem mit einer Doppeldrossel gezeigt. Membran und Spulenhalterung sind unmagnetisch, den Eisenrückschluß der Drossel bildet das Gehäuse. Die beiden Hälften der Doppeldrossel bilden zwei Zweige einer Trägerfrequenzbrücke.

Ein Kompensationsgerät zum Messen kleiner Gasdrücke wurde von Siemens & Halske-AG. angegeben. Wie Abb. 251 zeigt, wirkt auf eine Waage einerseits der Gasdruck, anderseits eine elektromagnetisch erzeugte Kraft. Biegt sich die Membran *1* der Druckmeßdose bei einer Änderung des Druckes P durch, dann ändert sich der Luftspalt des induktiven Fühlers *3* und die Meßbrücke *5* kommt aus dem Gleichgewicht. Der verstärkte und gleichgerichtete Diagonalstrom der Brücke speist ein permanentdynamisches Tauchspulensystem *10*, das die Waage wieder ins Gleichgewicht bringt. Der zur Herstellung des Gleichgewichts erforderliche Strom J ist ein Maß für den Druck P.

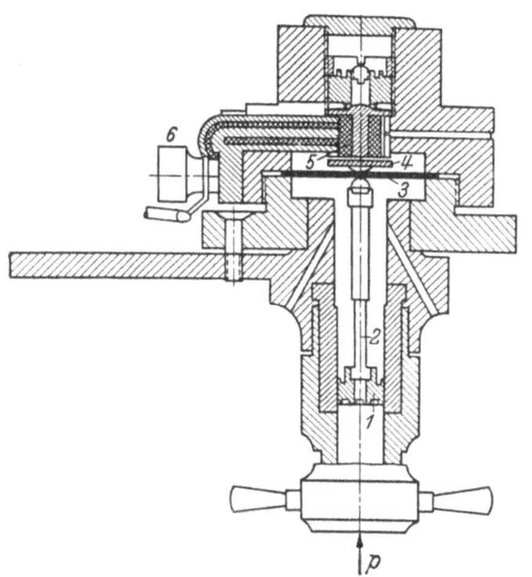

Abb. 249. Schnitt durch eine induktive Druckmeßdose.
1 Indikatorkolben; — *2* Übertragungsstempel; — *3* Meßmembran; — *4* Eisenanker; — *5* Drosselspule; — *6* Anschlußklemmen

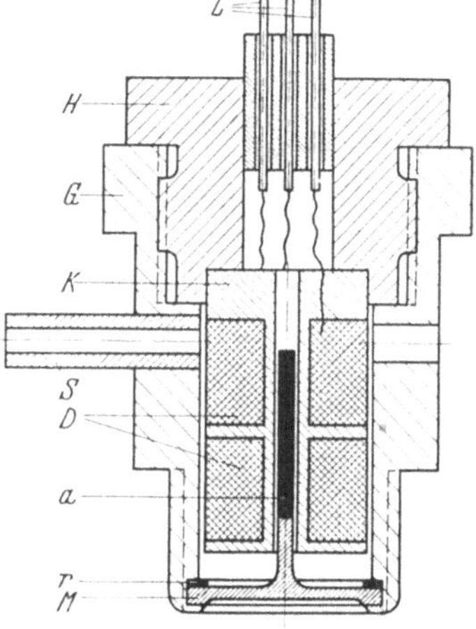

Abb. 250. Elektromagnetische Druckmeßdose mit Doppeldrossel Bauart DVL. [Aus RATZKE: Ein elektromagnetischer Indikator und Klopfmesser. Jb. dtsch. Luftfahrtforsch. II (1938) Triebwerk S. 368.]
a Tauchanker; — *r* Dichtungsring; — *D* Drosselspule; — *G* Gehäuse; — *H* Spulenhalterung; — *K* Spulenkern; — *L* Anschlußklemmen; — *M* Meßmembran; — *S* Kühlwasseranschluß

Das Gerät hat einen Meßbereich von 10 mm WS und ist bis 100 mm WS überlastbar, es spricht auf Druckänderungen von 0,02 mm WS an, hat eine Verzögerungszeit von 0,1 sek und ist auf $\pm$ 1% genau.

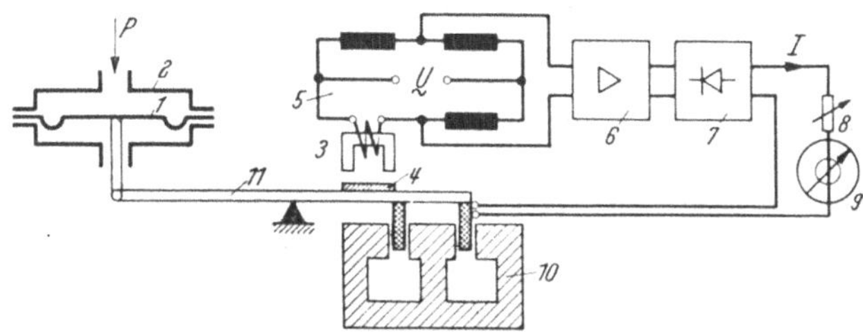

Abb. 251. Gasdruckmesser für kleine Drücke. Hersteller Siemens & Halske-AG.
1 Meßmembran; — *2* Gehäuse der Druckdose; — *3* induktiver Fühler; — *4* Anker des induktiven Fühlers; — *5* Induktivitätsmeßbrücke; — *6* Verstärker; — *7* Gleichrichter; — *8* Empfindlichkeitsregler; — *9* Anzeigeinstrument; — *10* permanentdynamisches Tauchspulensystem; — *11* Waagebalken

c) Elektrodynamische Druckmeßdosen

Bei der elektrodynamischen Druckdose nach Abb. 252 wird der Druck von der Membran *1* über den Stempel *2* auf eine zylindrische

Schwingspule *3* übertragen, die sich in dem ringförmigen Luftspalt eines mit konstanter Spannung erregten Elektromagnets bewegt. Die Einrichtung entspricht im Prinzip der Umkehrung eines elektrodynamischen Lautsprechers und liefert eine Spannung U, die der Druckänderung proportional ist,

$$U = k \cdot dp/dt. \tag{274}$$

Die elektrodynamische Druckmeßdose kann deshalb nicht statisch geeicht werden.

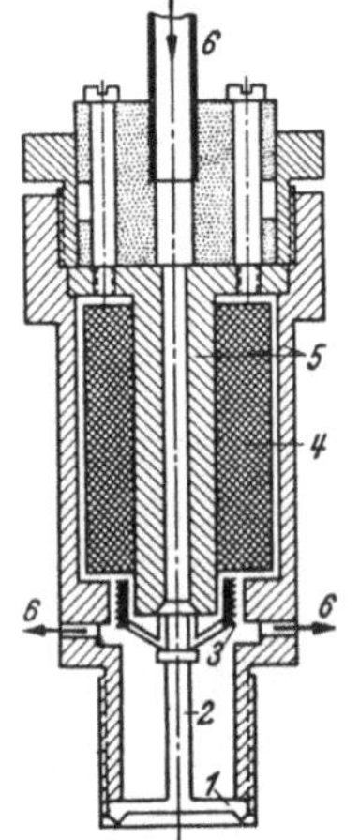

Abb. 252. Schnitt durch eine elektrodynamische Druckmeßdose.
1 Meßmembran; *2* Übertragungsstempel; *3* Schwingspule; *4* Erregerspule des Elektromagnetes; *5* Gehäuse; *6* Kühllufteín- und -austritt

d) Kapazitive Druckmeßdosen

Die Ausführung der kapazitiven Druckgeber wird an zwei Beispielen gezeigt.

Abb. 253 ist ein Ladedruckmesser für Verbrennungsmotoren mit kapazitivem Spannungsteiler. Der Druckkolben *1* arbeitet gegen die Kraft der auswechselbaren Meßfeder *5*, mit der man den Meßbereich wählt. Er bewegt dabei die Elektrode *2* zwischen den beiden festen Elektroden *4*. Die bewegliche Elektrode wird durch eine dünne Membran aus halbhartem Messing geführt und legt maximal einen Weg von 2,5 μ zurück. Die Kondensatorkapazität ist 80 ... 100 pF, das Gewicht der bewegten Teile 4 g. Mit dem Geber kann der Druck auf $\pm$ 2% genau gemessen werden.

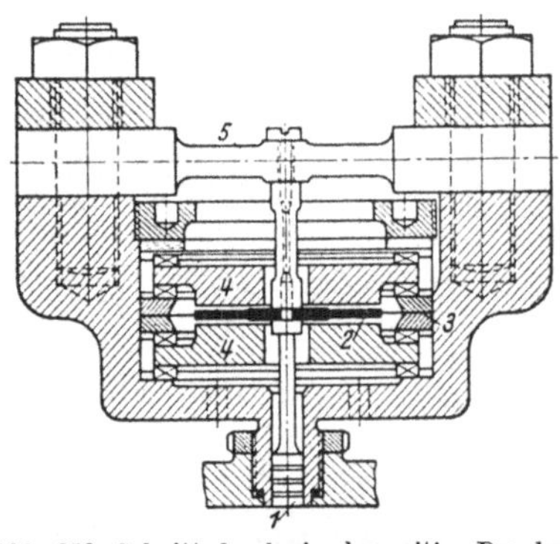

Abb. 253. Schnitt durch eine kapazitive Druckmeßdose. [Aus FIEBER: Ein neuer elektrischer Indikator für schnellaufende Verbrennungskraftmaschinen. Autom.-techn. Z. Bd. 37 (1934) S. 525.]
1 Kolben; — *2* Membran; — *3* Membraneinspannung; — *4* feste Elektroden; — *5* auswechselbare Gegenfeder

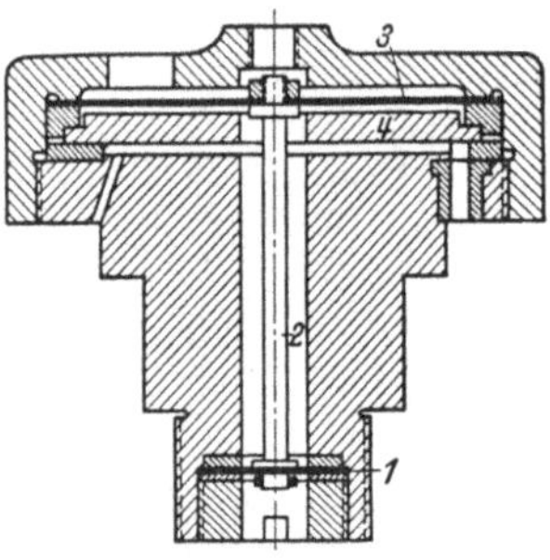

Abb. 254. Schnitt durch eine kapazitive Druckmeßdose. [Aus SCHNAUFFER: Aufzeichnung schnellverlaufender Druckvorgänge mittels des Verfahrens der halben Resonanzkurve. Luftf.-Forschg. Bd. 6 (1930) S. 126 ... 136.]
1 weiche Vormembran; — *2* Übertragungsbolzen; — *3* Meßmembran, zugleich geerdete Elektrode; — *4* isolierte Elektrode

Abb. 254 zeigt einen kapazitiven Indikator mit einer einfachen Kapazität für schnellaufende Verbrennungsmaschinen. Der Druckgeber ist gegen den Verbrennungsraum durch eine Messingmembran *1* von 1 . . . 30 μ Dicke abgeschlossen. Die vom Stempel *2* bewegte Meßmembran *3* bildet zugleich die bewegliche Elektrode des Kondensators. Sie besteht aus 0,1 . . . 0,5 mm starkem Federbandstahl und biegt sich maximal 50 μ durch. Die bewegliche Elektrode liegt auf der vom Zylinder abgekehrten Seite der festen Elektrode und ist dadurch gegen die Strahlungswärme geschützt, sie ist außerdem luftgekühlt. Der Plattenabstand wächst mit dem Druck. Es kann also auch bei Überlastung kein Kurzschluß auftreten. Die bewegten Teile wiegen 1,6 g, die Eigenfrequenz ist 2,5 kHz.

Kapazitive Druckdosen werden von einigen Gramm/cm² bis zu einigen Tonnen/cm² gefertigt. Gemessen wird entweder die Kapazitätsänderung oder die dadurch hervorgerufene Frequenzänderung eines Schwingkreises.

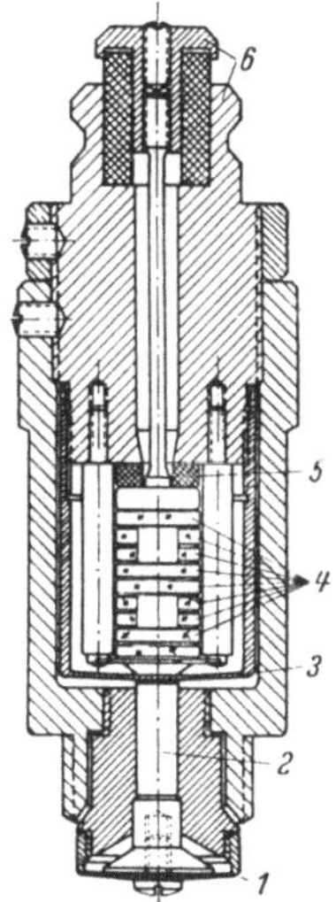

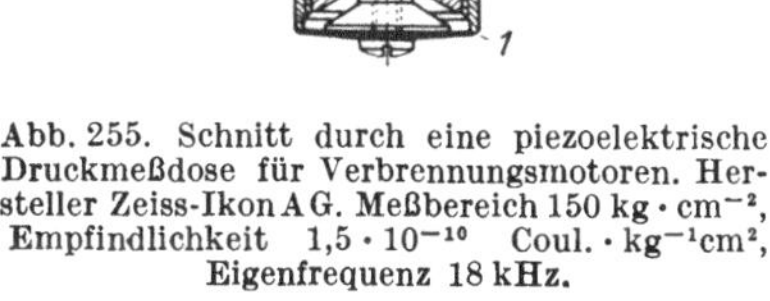

Abb. 255. Schnitt durch eine piezoelektrische Druckmeßdose für Verbrennungsmotoren. Hersteller Zeiss-Ikon AG. Meßbereich 150 kg · cm^{-2}, Empfindlichkeit 1,5 · 10^{-10} Coul. · kg^{-1}cm^{2}, Eigenfrequenz 18 kHz.

Abb. 256. Ansicht des piezoelektrischen Druckmessers für Verbrennungsmotoren. Hersteller Zeiss-Ikon AG.

1 weiche Vormembran; — *2* Druckübertragungsstempel; — *3* Vorspannfeder; — *4* piezoelektrischer Kristall; — *5* Isolation; — *6* Anschlußklemme.

e) Piezoelektrische Druckmeßdosen

Die piezoelektrischen Druckdosen sind höchst empfindlich und lassen sich infolge der kleinen bewegten Masse für sehr hohe Eigenfrequenzen herstellen, sie bedürfen sehr sorgsamer Isolation. Den Einfluß der

Schaltungskapazität hält man klein, indem man mehrere Quarzelemente elektrisch parallel, räumlich jedoch hintereinander schaltet, wie Abb. 255 zeigt. Die Druckdose hat eine weiche Abschlußmembran *1*, deren Bewegungen der Stempel *2* auf die Meßmembran *3* überträgt. Die Meßmembran ist der Boden eines Stahlzylinders, mit dem eine Vorspannung auf die Quarzelemente gegeben werden kann. Diese Vorspannung muß unbedingt konstant sein, weil sich die Empfindlichkeit der Quarzelemente mit der Vorspannung ändert. Abb. 256 ist die Ansicht dieses Gerätes, Abb. 257 zeigt einen wassergekühlten Niederdruck-Indiziergeber von Dr. Staiger und Mohilo.

Abb. 257. Piezoelektrischer Niederdruck-Indiziergeber mit Wasserkühlung. Dr. Staiger und Mohilo, Stuttgart-Cannstatt

7. Drehmomentmesser [*46*]

Wenn eine Welle ein Drehmoment überträgt, verdrehen sich infolge der elastischen Beanspruchung die einzelnen Wellenquerschnitte gegeneinander und man kann aus dem Verdrehungswinkel auf die Größe des übertragenen Momentes schließen. Darauf beruhen fast alle Drehmomentmesser.

Der Verdrehungswinkel ist

$$\psi = (M_d \cdot l)/(G \cdot J_t)\,. \tag{275}$$

Darin bedeuten:

ψ Verdrehungswinkel im Bogenmaß,
M_d übertragenes Drehmoment [cm kg],
l Abstand der betrachteten Wellenquerschnitte (Meßlänge) [cm],
G Schubmodul [kg cm^{-2}],
J_t Trägheitsmoment gegen Verdrehung [cm^4].

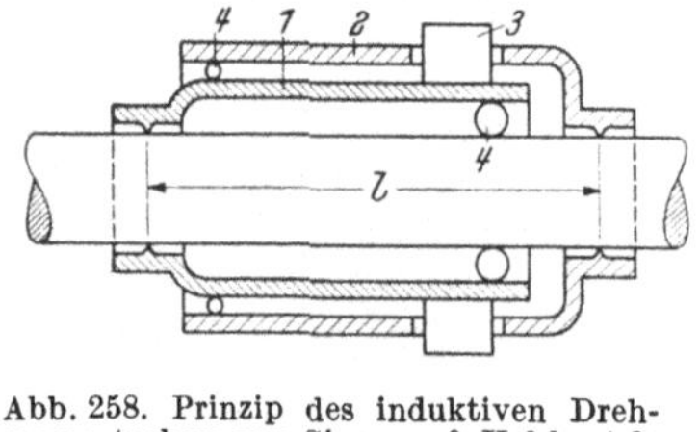

Abb. 258. Prinzip des induktiven Drehmomentgebers von Siemens & Halske-AG. *1* inneres Rohr; — *2* äußeres Rohr; — *3* Eisenkern auf dem inneren Rohr; — *4* Rollenlager; — *l* Meßlänge

Die Verdrehung kann mit irgendeinem elektrischen Mikrometer gemessen werden; falls die mechanischen Konstanten der Welle bekannt sind, errechnet sich daraus das übertragene Drehmoment, andernfalls muß man Geber und Welle durch statische Belastung zusammen eichen.

a) Induktiver Drehmomentmesser

Der induktive Drehmomentmesser von Siemens & Halske-AG. besteht nach Abb. 258 aus zwei konzentrischen Bronzeröhren, die an entgegengesetzten Enden mit Flanschen im Abstande *l* auf die Welle aufgesetzt werden und sich bei Belastung der Welle um einen kleinen Betrag tangential gegeneinander verdrehen. Das innere Rohr *1* trägt

Abb. 259. Induktiver Verdrehungsmesser von Siemens & Halske-AG.
1 inneres Rohr; — *2* äußeres Rohr; — *3* Eisenkern auf dem inneren Rohr; — *4* Doppeldrossel auf dem äußeren Rohr; — *5* verschiebbarer Spulenträger; — *6* Befestigungsschrauben; — *7* Löcher für die Kernerschrauben; — *8* Rollenlager; — *9* Schleifringe

einen Eisenkern *3* (Abb. 259), der den Luftspalt einer auf dem äußeren Rohr *2* sitzenden Doppeldrossel *4* bei unbelasteter Welle halbiert. Die beiden Meßrohre werden durch Spannschrauben *6* und gehärtete Kernerschrauben auf der Welle fixiert und sind mit den Rollenlagern *8*, gegeneinander und gegen die Welle abgestützt, um Unwuchtschwingungen zu verhindern. Der Strom wird über Schleifringe mit mehreren parallelen, gegeneinander versetzten Bürstensätzen zugeführt. Zur Untersuchung rasch verlaufender Drehmomentschwankungen wird das Gerät mit einem Kraftverlaufmesser zusammengeschaltet, für betriebsmäßige Überwachung kann man eine verstärkerlose Schaltung nach Abb. 260 benutzen.

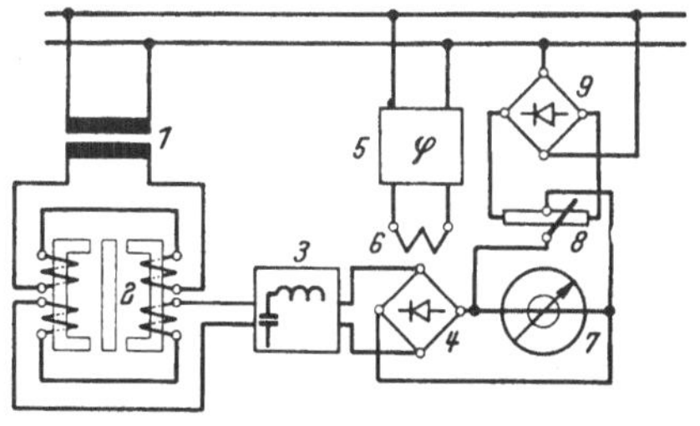

Abb. 260. Schaltung eines induktiven Drehmomentmessers.
1 Netzanschlußwandler; — *2* Doppeldrossel mit verstellbarem Eisenkern; — *3* Siebkette; — *4* phasengesteuerter Gleichrichter; — *5* Phasendreher; — *6* Gleichrichtererregung; — *7* Anzeigeinstrument; — *8* Potentiometer zur elektrischen Nullstellung; — *9* Gleichrichter

Der Netztrafo *1* speist die beiden in Reihe liegenden Primärwicklungen der Doppeldrossel *2*. In der Mittelstellung des Eisenkerns sind die in den Sekundärwicklungen induzierten elektromotorischen Kräfte entgegengesetzt gleich und heben sich auf. Die bei unsymmetrischer Lage des Eisenkerns verbleibende Restspannung wird in der Siebkette *3* von Oberwellen gereinigt, mit dem phasengesteuerten Gleichrichter *4* gleichgerichtet und mit dem Instrument *7* gemessen. Da die Geber manchmal schlecht zugänglich sind, verzichtet man auf eine genaue mechanische Nulleinstellung und stellt das Anzeigeinstrument durch eine mit dem Potentiometer *8* wählbare Überlagerungsgleichspannung elektrisch auf Null. Speist man die Einrichtung anstatt aus einem Netz konstanter Spannung mit einem von der Welle angetriebenen Drehzahlgeber, dann wird die Anzeige des Instruments proportional dem Produkt aus Drehmoment und Drehzahl, also proportional der Wellenleistung, die sich bei elektrischen Antrieben allerdings bequemer aus der Leistungsaufnahme des Antriebsmotors bestimmen läßt.

Ein schleifringloser Drehmomentmesser unter Verwendung von Meßgeneratoren wurde von Landis und Gyr angegeben. Auf die Welle werden in einem gewissen Abstand zwei Drehzahlgeber aufgesetzt, deren Spannungen gleich groß, proportional der Drehzahl und beim Drehmoment Null phasengleich sind. Die Spannung eines der beiden Geber kann man zunächst einem Drehzahlmesser zuführen. Wenn die Welle ein Drehmoment überträgt, wird sie um den mechanischen Winkel ψ verdrillt, und zwischen den Spannungen der beiden Drehzahlgeber tritt eine Phasenverschiebung um den Winkel $2\varphi = p \cdot \psi$ auf, wenn p die Polzahl der Generatoren bedeutet. Aus diesem Phasenwinkel oder aus dem Verhältnis der Differenzspannung ΔU zur Gesamtspannung U kann man auf die Größe des übertragenen Drehmoments schließen. Die Differenzspannung ist nach Abb. 261

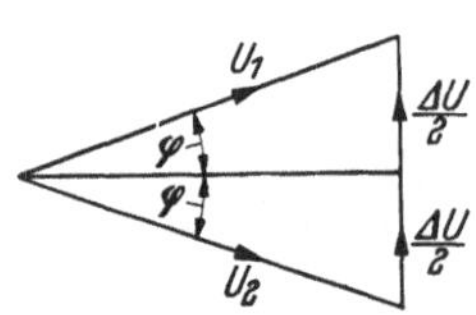

Abb. 261. Differenz zweier gleich großen phasenverschobenen Spannungen: $|U_1| = |U_2|$; $\overline{\Delta U} = \overline{U_1} - \overline{U_2}$

$$\overline{\Delta U} = \overline{U_1} - \overline{U_2}. \tag{276}$$

Da die Absolutbeträge der Spannungen U_1 und U_2 der beiden Drehzahlgeber gleich groß sind,

$$|U_1| = |U_2| = U, \text{ wird } \Delta U = 2U \cdot \sin\varphi. \tag{277}$$

Nun ist U proportional der Drehzahl n, φ proportional dem Torsionswinkel ψ und dieser dem Drehmoment Md, infolgedessen ist die Spannungsdifferenz ΔU ein Maß für die übertragene Leistung

$$\Delta U = k \cdot n \cdot \sin M_d \tag{278}$$

bzw. für kleine Winkel

$$\Delta U = k \cdot n \cdot M_d = k \cdot N. \tag{279}$$

Eine ausgeführte Anlage sollte die Leistung einer Wasserturbine messen. Auf die Turbinenwelle wurden in einem bestimmten Abstand zwei Drehzahlgeber mit unbewickelten 216poligen Läufern und 432 Ständerpolen aufgesetzt, von denen jeder zweite bewickelt war. Die Generatoren lieferten bei Nenndrehzahl eine Spannung von 40 V, 360 Hz, die einen Drehzahlmesser speiste. Die Differenz beider Generatorspannungen wurde einem Voltstundenzähler zugeführt, der annähernd die geleistete Arbeit registrierte. Die Welle verdrillte sich bei Nennlast auf 1,5 m Länge um 0,11°, wodurch die beiden Meßspannungen einen Phasenwinkel von $2\varphi = 216 \cdot 0{,}11° = 24°$ einschlossen und die Differenzspannung Werte von etwa 16 V annahm.

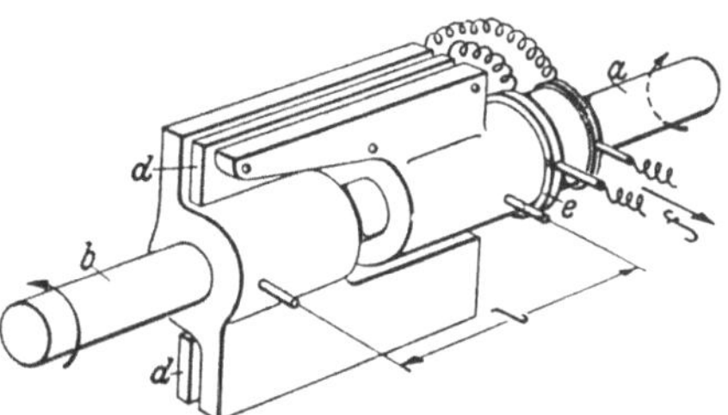

Abb. 262. Grundsätzliche Anordnung des kapazitiven Verdrehungsmessers von Siemens & Halske-AG. (Aus MERZ/SCHARWÄCHTER: Verdrehungsmessung. Arch. techn. Messen V 136-2.)
a Belastung; — *b* Antrieb; — *d* isolierte Platten; — *e* isolierte Schleifringe; — *f* Anschluß des Kraftverlaufmessers; — *l* Meßlänge

b) Kapazitiver Drehmomentmesser

Der kapazitive Drehmomentmesser entspricht in Aufbau und Wirkungsweise völlig dem induktiven, er besteht aus zwei um 180° gegeneinander versetzten Kondensatoren, deren Platten abwechselnd mit zwei

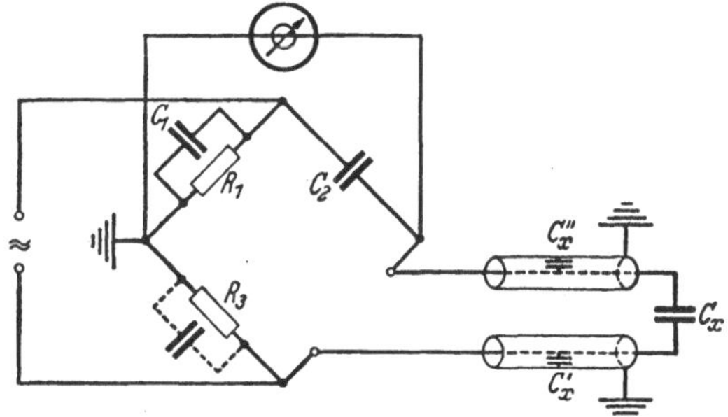

Abb. 263. Kapazitätsmeßbrücke für 500 Hz. (Aus MERZ/SCHARWÄCHTER: Verdrehungsmessung. Arch. techn. Messen V 136-2.)
C_x kapazitiver Geber; — C_x' C_x'' Schaltungskapazitäten; — R_1, R_3, C_1, C_2, C_x Kapazitätsmeßbrücke

um die Meßlänge l auseinanderliegenden Wellenquerschnitten fest verbunden sind, so daß sich der Plattenabstand mit der Torsion der Welle ändert (Abb. 262). Die Kapazitätsänderung wird mit Kraftverlaufmesser und Oszillographen registriert. Um den Einfluß der Schaltungs- und Kabelkapazität auszuschließen, wird die Kapazitätsmeßbrücke nach Abb. 263 geschaltet und geerdet. Die Kapazität C_x' erscheint dabei

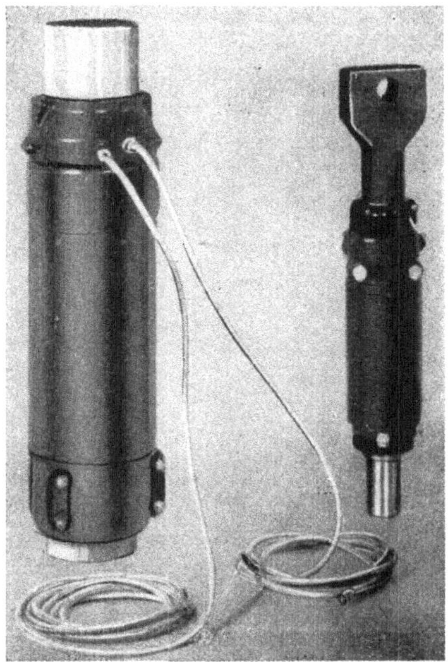

Abb. 264. Ansicht zweier kapazitiver Drehmomentmesser für verschiedene Meßbereiche. Hersteller Siemens & Halske-AG.

Abb. 265. Einzelteile eines kapazitiven Verdrehungsmessers von Siemens & Halske-AG., Bürstenhalter und Schutzhaube sind abgenommen. (Aus MERZ/SCHARWÄCHTER: Verdrehungsmessung. Arch. techn. Messen V 136-2.)

dem Widerstand R_3 parallel geschaltet und kann mit dem Kondensator C_1 kompensiert werden, die Kapazität C_x'' liegt parallel zum Anzeigeinstrument und beeinflußt die Brückenabstimmung nicht, sondern vermag nur die Empfindlichkeit zu ändern. Änderungen des Isolationszustandes und des Kabelwiderstandes macht man unwirksam, indem man einen phasengesteuerten Gleichrichter verwendet, der phasengleich mit den kapazitiven Strömen erregt wird. Die Einzelteile und eine Ansicht zweier Geräte für verschiedene Wellendurchmesser zeigen Abb. 264 und 265.

Bei der Ausführung von MILLS bildet die Meßkapazität ein Glied des Abstimmkreises eines Hochfrequenzgenerators, dessen Ausgangsfrequenz durch die Torsion der Welle frequenzmoduliert wird, gleichzeitig tritt infolge der veränderlichen Übergangswiderstände an den Schleifringen eine Amplitudenmodulation auf, die durch eine Begrenzerstufe ausgeschieden werden muß. Daran anschließend wandelt eine Diskriminatorstufe die Frequenzmodulation in eine Amplitudenmodulation um und speist das Anzeigegerät. Das Blockschema zeigt Abb. 266.

Das Gerät läßt sich statisch eichen und muß nach einigen Stunden nachgeeicht werden. Die Meßfrequenz ist 3 MHz, die Kapazität 150 pF, die Kapazitätsänderung bei Nennlast 2% bei einer Meßlänge von 100 mm.

Die kapazitiven Torsionsmesser eignen sich besonders bei schnell wechselndem Drehmoment, etwa zum Studium von Propeller- und Walzenantrieben, weniger für laufende Betriebsüberwachung.

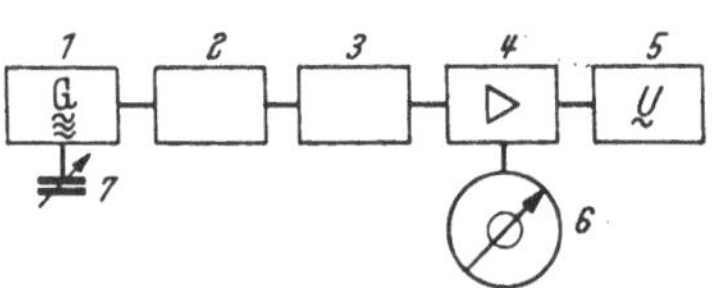

Abb. 266. Schema eines frequenzmodulierten Kapazitätsmessers.

1 Hochfrequenzgenerator; — *2* Amplitudenbegrenzer; — *3* Diskriminator; — *4* Verstärker; — *5* Energieversorgung; — *6* Anzeigeinstrument; — *7* Meßkapazität

c) Lichtelektrische Drehmomentmesser

Das Reibungsmoment feiner Lager messen VIEWEG und GOTTWALD mit einem lichtelektrischen Drehmomentmesser nach Abb. 267. Das geprüfte Lager *a* sitzt auf der treibenden Welle und ist mit dem Ringgewicht *b* belastet, das auf der Drehachse eines richtkraftlosen Drehspulinstrumentes sitzt. Durch die Lagerreibung wird das Belastungsgewicht mitgenommen und dadurch das Photoelement *e*, das in der Nullage voll ausgeleuchtet ist, mehr oder weniger abgedunkelt. Der Anodenstrom des Verstärkers *f* wächst mit zunehmender Verdunklung der Photozelle und entwikkelt in dem Drehspulinstrument *c* ein Gegendrehmoment, das dem Reibungsmoment entgegenwirkt. Da die Zusammenhänge zwischen Reibungsmoment, Photozellenstrom und Anodenstrom einerseits, zwischen dem Anodenstrom und dem elektrischen Drehmoment anderseits linear sind, kann man den Strommesser *g* direkt in Reibungsmomenten eichen. Die Einrichtung entspricht völlig der elektrischen Feinwaage (S. 182), es ist lediglich an die Stelle der Schwerkraft eine Reibungskraft getreten.

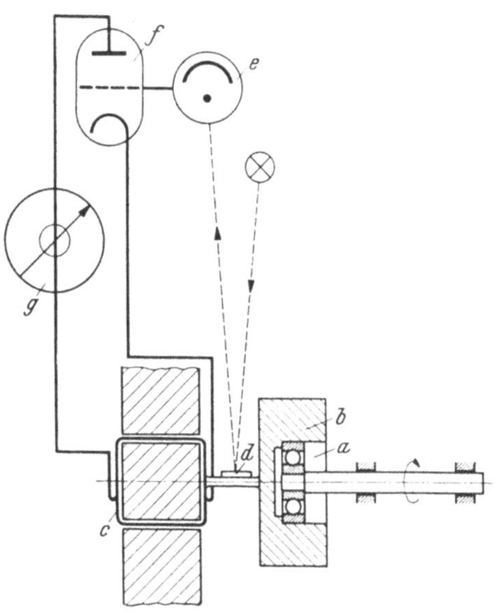

Abb. 267. Einrichtung zum Messen des Reibungsmomentes eines Kugellagers. [Aus VIEWEG/GOTTWALD: Meßverfahren zum Bestimmen kleiner Reibungsmomente. Z. VDI Bd. 85 (1941) S. 417.]

a zu prüfendes Kugellager; — *b* Belastung des Kugellagers; — *c* Drehspule des Kompensationsinstrumentes; — *d* Spiegel auf der Drehspulenachse; — *e* Photoelement; — *f* Verstärker; — *g* Anzeigeinstrument

III. Geschwindigkeitsmessung

Die Geschwindigkeit wird als erster Differentialquotient eines Weges nach der Zeit vorzugsweise auf eine Weg- und eine Zeitmessung zurückgeführt, der Differentialquotient dieser beiden Größen gibt den Augenblickswert, ihr Quotient den Mittelwert der Geschwindigkeit an. Ebensogut könnte man die Geschwindigkeit als Zeitintegral der aufgetretenen Beschleunigungen bestimmen. Daneben gibt es eine Anzahl von Meßverfahren, bei denen die Geschwindigkeit unmittelbar, also ohne Zeitmessung, bestimmt wird, und nur diese sollen hier besprochen werden; die Weg-Zeit-Meßverfahren findet man in dem Abschnitt über Zeitmessungen. Wir unterscheiden zunächst zwischen fortschreitender und rotierender Bewegung und sind uns dabei im klaren, daß die Geschwindigkeit von Räderfahrzeugen aus einer Drehzahlmessung ermittelt werden kann.

1. Drehzahlmesser [*47*], [*48*]

Mit Drehzahlmessern wird die Umlaufgeschwindigkeit rotierender Teile sowie die Fortschrittsgeschwindigkeit rollender Körper unter der Voraussetzung schlupflosen Abrollens bestimmt.

a) Tachometerdynamos

Tachometermaschinen können Gleich- oder Wechselstromgeneratoren sein, sie werden je nach dem Verwendungszweck verschieden ausgeführt. Für große Drehzahlbereiche verwendet man Meßgeneratoren, deren Spannung möglichst linear mit der Drehzahl steigt, in Verbindung mit Gleich- oder Wechselspannungsmessern, für enge Drehzahlbereiche verwendet man Frequenzgeber, deren Spannung innerhalb des Meßbereiches möglichst wenig schwankt, in Verbindung mit Frequenzmessern. Spannung und Leistung der Tachometermaschinen hängen von dem Verwendungszweck ab, sie liegen bei 10 . . . 100 V und einigen mW bis zu einigen Hundert Watt. Die Anzeigefehler liegen zwischen 0,3 und 1,5%.

α) Gleichstromgeneratoren. Die Gleichstromgeneratoren liefern eine drehzahlproportionale Gleichspannung, sie werden im allgemeinen mit einem umlaufenden Dauermagnet-Polrad und ruhender Wicklung ausgeführt, weil nur selten eine hinreichend konstante Erregerspannung zur Verfügung steht. Fremderregte Drehzahlgeneratoren erhalten eine Spannungskompensation, wie Abb. 268 am Beispiel eines AEG-Tachometerdynamos zeigt.

Das wirksame Erregerfeld dieser Maschine setzt sich aus den beiden Teilfeldern *I* und *II* zusammen. Die Wicklung *1* auf dem stark gesättigten Mittelsteg *2* des Ständers erzeugt das Haupterregerfeld *I*, das gemäß Abb. 269 mit der Erregerspannung nach einer gesättigten Magnetisierungslinie ansteigt. Dem Haupterregerfeld *I* ist das schwächere Feld *II* der Kompensationsspulen *3* entgegengeschaltet, es durchsetzt die Luftspalte *4* und steigt linear mit der Erregerspannung. Das resultierende Feld *III* ist innerhalb des Meßbereiches konstant.

Bei Belastung sinkt die Klemmenspannung dieser Maschinen mit steigender Betriebstemperatur infolge der Erhöhung des Wicklungswiderstandes, der Temperatureinfluß kann durch einen magnetischen Nebenschluß aus einem Material mit temperaturabhängiger Permeabilität kompensiert werden.

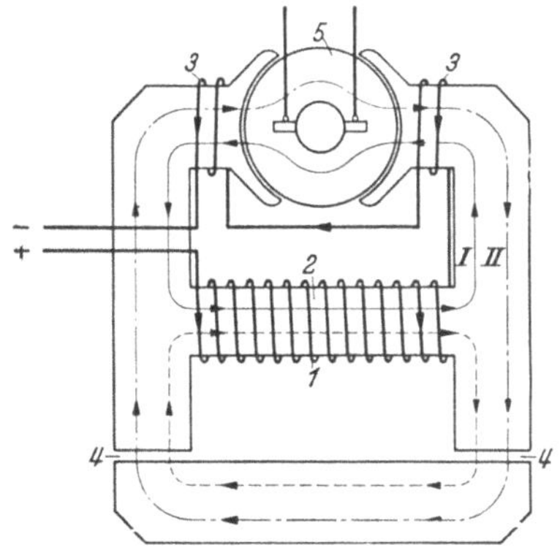

Abb. 268. Umdrehungsfernanzeiger mit Fremderregung. Hersteller AEG.

1 Erregerspule; — *2* Mittelsteg des Eisenjoches; — *3* Kompensationswicklung; — *4* Luftspalt im magnetischen Kreis des Gegenfeldes; — *5* Anker; — *I* Hauptfeld; — *II* Gegenfeld

β) Wechselstromgeneratoren. Die Wechselstrom-Tachometermaschinen haben keine der Abnutzung unterworfenen stromführenden Teile und bedürfen deshalb keiner Pflege; sie werden in Verbindung mit Gleichrichterinstrumenten oder Frequenzmessern verwendet. Zungenfrequenzmesser verbrauchen eine sehr kleine Leistung, sind unabhängig von Spannungsschwankungen und Widerstandsänderungen, aber erschütterungsempfindlich, Zeigerfrequenzmesser haben einen größeren Eigenverbrauch und eignen sich besonders für kleine Drehzahlbereiche, insbesondere zur genauesten Überwachung der Abweichungen von der Nenndrehzahl. Abb. 270 zeigt die Einzelteile eines Wechselstromdrehzahlgebers von Hartmann & Braun. Die entsprechenden Siemens-Wechselstromdrehzahlgeber wiegen 400 g, bei einer Leistung von 70 ... 100 mW und einer Spannung von 20 V, 50 Hz bei 1000 U/min, der Meßbereichendwert liegt zwischen 800 und 4000 U/min, die Genauigkeit bei 1 bis 1,5%; der Temperatureinfluß beträgt − 0,4 ... + + 0,3%/10°. Abb. 271 zeigt einen Spannungsmesser und einen Zungenfrequenzmesser von Hartmann & Braun als Drehzahlzeiger.

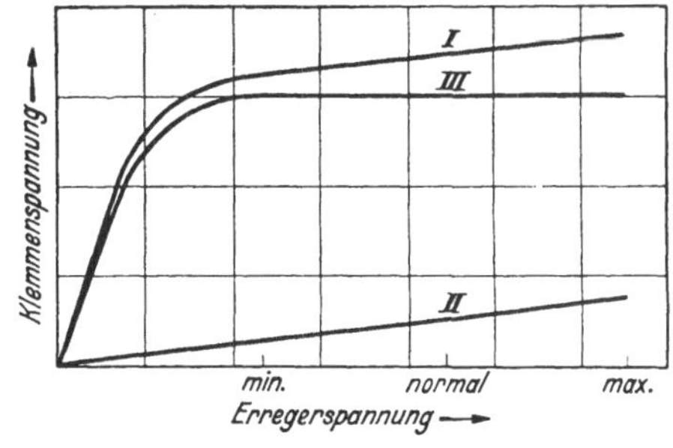

Abb. 269. Verlauf der Klemmenspannung des AEG-Umdrehungszeigers mit Fremderregung, abhängig von der Erregerspannung.

I Hauptfeld; — *II* Gegenfeld; — *III* resultierendes Feld

Für kleine Drehzahlschwankungen wurden Geber mit mehreren Wicklungen gebaut, von denen die eine über einen Wirkwiderstand die Feldspule, die andere über einen Resonanzkreis die Drehspule eines elektrodynamischen Zeigerfrequenzmessers speist. Bei Nenndrehzahl be-

Abb. 270. Geöffneter Wechselstromdrehzahlmesser von Hartmann & Braun. *1* feststehende Statorwicklung; — *2* Polrad aus Magnetstahl

steht Resonanz, und Feldspulen- und Drehspulenstrom sind phasengleich, bei Abweichungen von der Nenndrehzahl tritt zwischen den Instrumentenströmen eine Phasenverschiebung auf, die das elektrodynamische Instrument anzeigt. Das Gerät ist in der Nähe des Resonanzpunktes sehr empfindlich und vermag bereits kleine Drehzahlabweichungen anzuzeigen.

a

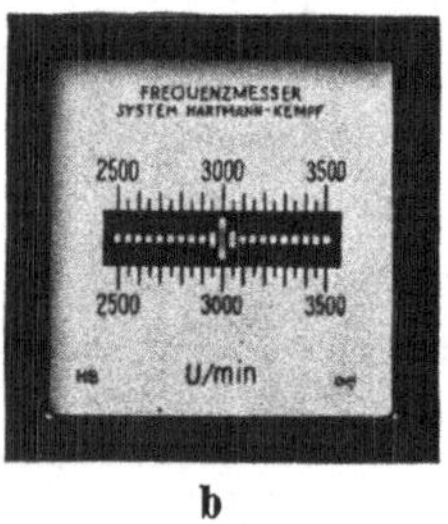

b

Abb. 271 a u. b. Spannungsmesser und Zungenfrequenzmesser von Hartmann & Braun als Drehzahlzeiger

b) Wirbelstromdrehzahlmesser

Bei den Ferraris-Drehzahlmessern induziert ein umlaufender Dauermagnet Wirbelströme in einer drehbar gelagerten Metalltrommel und nimmt sie gegen die Richtkraft einer Feder im Umlaufsinn mit, bis sich das elektrische Moment der Wirbelströme und das Drehmoment der Feder das Gleichgewicht halten. Die Geräte eignen sich zunächst nur für Nahanzeige, da sie in der Nähe der Meßwelle aufgestellt werden müssen, für Fernanzeige wird auf die Drehachse ein Widerstandsender, etwa ein Drehpotentiometer, aufgesetzt. Das in Abb. 272 dargestellte Gerät hat ein achtpoliges Magnetrad und eine Manganintrommel, wodurch der Temperatureinfluß sehr klein gehalten wird, während er bei einer Kupfer- oder Aluminiumtrommel 4%/10° betragen würde und besonders kompensiert werden müßte. Entsprechend der geringen spezifischen Leitfähigkeit des Manganins müssen dafür größere Abmessungen gewählt werden. Der gezeigte Geber erfordert eine Antriebsleistung von 20 W, wiegt 16 kg und entwickelt bei der Nenndrehzahl von 2000 U/min ein Drehmoment von 500 cmg bei einem Reibungsmoment von 4 cmg. Der Anzeigefehler ist $\pm$ 1%, der Temperatureinfluß 0,1%/10°.

Abb. 272. Einzelteile eines Ferraris-Drehzahlmessers mit angebautem Fernsender. Hersteller Siemens & Halske-AG.
1 Polrad aus Magnetstahl; — *2* Eisenjoch; — *3* Manganintrommel; — *4* Lagerschild; — *5* Ringrohrfernsender; — *6* Feder; — *7* Zeiger

c) Impulsdrehzahlmesser

Bringt man am Umfang einer rotierenden Welle eine Anzahl von Kontakten beliebiger Art an, so ist die Impulshäufigkeit proportional der Umlaufgeschwindigkeit der Welle. Die Impulse können mechanisch, magnetisch, induktiv, kapazitiv oder lichtelektrisch gegeben werden, ihre Anzahl richtet sich nach der Drehzahl, der verlangten Genauigkeit und nach dem Aufnahmevermögen des Impulshäufigkeitsmessers.

Auch bei diesem Verfahren kann man die Geschwindigkeit auf eine Weg-Zeit-Messung zurückführen, indem man die in einer bestimmten Zeit angekommenen Impulse zählt. Das ist das Prinzip der Stichdrehzähler mit einem mechanischen Zählwerk, das 30 . . . 50 Impulse/sek aufzunehmen vermag und von Hand oder durch eine Uhr eine bestimmte Zeit eingeschaltet wird. Der Stichdrehzähler liefert die mittlere Geschwindigkeit während der Meßdauer, er arbeitet bei allen Drehzahlen gleich genau und ist unabhängig von der Temperatur und sonstigen Einflüssen, weshalb er für Abnahmeprüfungen beliebt ist. Der Impulsdrehzahlmesser der AEG liefert die mittlere Drehzahl während einer Sekunde. Nach Abb. 273 werden von der zu untersuchenden Welle sechs lichtelektrische Impulse je Umdrehung gegeben, bei 10000 U/min also 1000 Stromstöße/sek, die mit einem elektronischen Dreidekadenzählwerk gezählt werden. Das elektronische Zählwerk erhält seinen Start- und Stoppimpuls von einer Normalfrequenz von 1000 Hz mit einer Genauigkeit von $\pm$ 1 Hz über einen Frequenzteiler 1 : 1000, es werden demnach bei jeder Messung die innerhalb einer Sekunde angekommenen Impulse gezählt, sodann die Anzeige des elektronischen Zählwerks gelöscht und in der nächsten Sekunde wieder gezählt. Mit der Einrichtung kann man auch den Schlupf zweier Wellen messen, indem man anstatt der Normalfrequenz einen zweiten photoelektrischen Geber auf der anderen Welle anbringt und durch jeden tausendsten Impuls das Elektronenzählwerk ein- bzw. ausschaltet. Das Zählwerk gibt dann an, wie viele Umdrehungen der Welle *1* auf 1000 Umdrehungen der Welle *2* entfielen, die Differenz entspricht dem prozentualen Schlupf

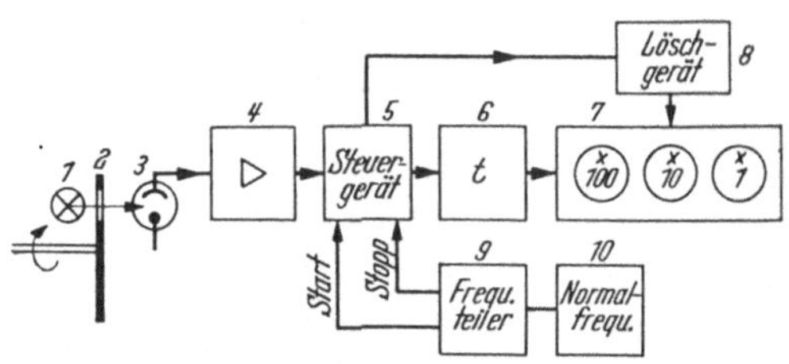

Abb. 273. Blockschema des lichtelektrischen Impulsdrehzahlmessers der AEG.

1 Lichtquelle; — *2* Lochscheibe; — *3* Photoelement; — *4* Verstärker; — *5* Steuergerät; — *6* Verzögerungskreis; — *7* elektronisches Dreidekadenzählwerk; — *8* Löschgerät für das elektronische Zählwerk; — *9* Frequenzteiler; — *10* Normalfrequenzgenerator. [Aus MARTENS: Drehzahlmessung nach dem Zählprinzip. Funktechn. H. 13 (1954) S. 353.]

$$s_{\%} = \frac{n_2 - n_1}{n_2} \cdot 100. \quad (280)$$

Den Schlupf von Asynchronmotoren erhält man, wenn man das Start-Stopp-Kommando des Zählwerks von der Netzfrequenz ableitet.

Zur Bestimmung der Augenblicksgeschwindigkeit mißt man die Impulshäufigkeit etwa nach dem Kondensatorladeverfahren. Abb. 149 zeigt die Schaltung des Impulsfrequenzmessers von Siemens & Halske-AG. Der Kontakt *1* auf der rotierenden Welle betreibt das Empfangsrelais *3*, das die Kondensatoren *4* abwechselnd lädt und entlädt. Der Mittelwert des Ladestroms ist durch die Impulshäufigkeit und die Höhe der Meßspannung gegeben; da die Richtkraft des Instrumentes *6* ebenfalls von der Spannung abhängt, ist seine Anzeige allein durch die Impulshäufigkeit bestimmt. Der Meßbereich ist nach unten durch die Zeigerschwankungen des Anzeigeinstruments bei zu kleiner Impulszahl, nach oben durch die Umschaltgeschwindigkeit des Relais und die Ladedauer der Kondensatoren begrenzt, er kann nach oben erweitert werden, wenn man an Stelle des mechanischen Relais eine Schaltröhre verwendet, wie es bei dem Impulsdrehzahlmesser der AEG (Abb. 274) geschehen ist.

Die Impulse gehen von der Kontakteinrichtung *1* auf einen Übertrager *2*, von dessen Sekundärwicklungen *3* die Entladungsröhren *5* und *6* abwechselnd geöffnet und gesperrt werden. Beim ersten Impuls wird der Meßkondensator *7* über die Röhre *5* geladen, beim nächsten Impuls entlädt er sich über die Röhre *6* und das Anzeigeinstrument *9*, das den Strommittelwert anzeigt. Mit der Einrichtung kann man gemäß Abb. 275 mehrere Drehzahlen addieren oder subtrahieren, indem man die Kondensatorladeströme addiert bzw. subtrahiert.

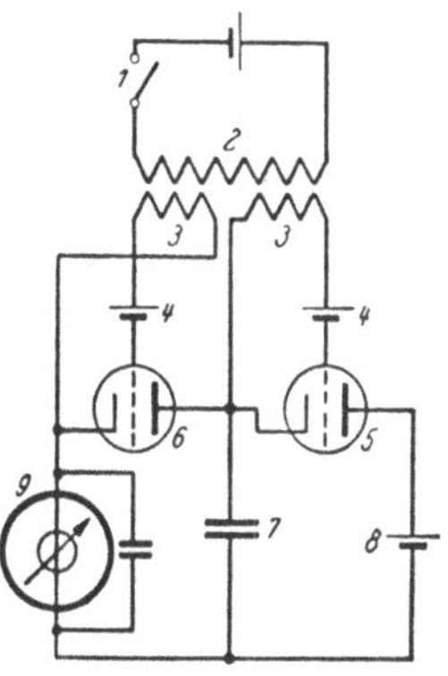

Abb. 274. Schaltung des Impulsdrehzahlmessers der AEG.

1 Impulsgeber; — *2* Primärwicklung des Eingangsübertragers; — *3* Sekundärwicklungen des Eingangsübertragers; — *4* Gitterbatterien; — *5*, *6* gittergesteuerte Entladungsröhren; — *7* Meßkapazität; — *8* Anodenbatterie; — *9* Anzeigeinstrument

Besonders einfach ist der Impulsdrehzahlmesser von Hartmann & Braun für Ottomotoren mit Batteriezündung (Abb. 276). Man schaltet in die Zündstromleitung zwischen Zündschloß *2* und Zündspule *4* einen übersättigten Wandler *3*, auf dessen Sekundärseite bei jedem Schließen und Öffnen des Zündstromkreises entgegengesetzt gerichtete Stromstöße induziert werden. Infolge der Sättigung des Wandlers ist die Größe dieser Stromstöße unabhängig von der Größe des Primärstromes und der Schaltgeschwindigkeit, und der gleichgerichtete Se-

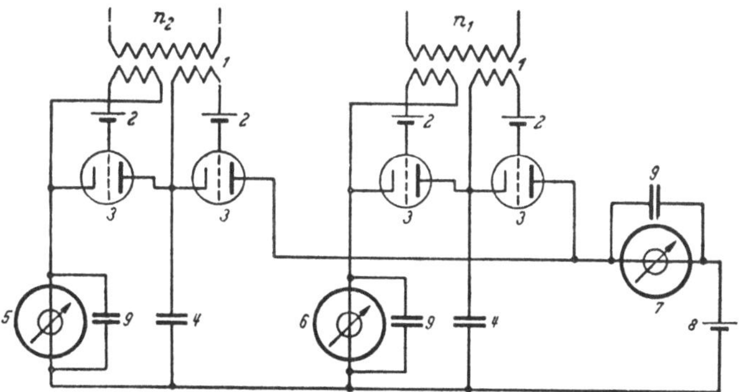

Abb. 275. Drehzahlsummierung mit dem Impulsverfahren der AEG.

n_1, n_2 Eingang von den beiden Drehzahlgebern; — *1* Eingangsübertrager; — *2* Gitterbatterien; — *3* gittergesteuerte Entladungsröhren; — *4* Meßkapazitäten; — *5* Anzeigeinstrument für die Drehzahl n_2; — *6* Anzeigeinstrument für die Drehzahl n_1; — *7* Anzeigeinstrument für die Summe der Drehzahlen $n_1 + n_2$; — *8* Anodenbatterie; — *9* Dämpfungskondensator

kundärstrom ist proportional der Zahl der Unterbrechungen und damit der Motordrehzahl. Er wird von einem Drehspulinstrument angezeigt. Das Verfahren arbeitet auf $\pm 1{,}5\%$ genau.

d) Lichtelektrische Drehzahlmesser

Einen lichtelektrischen Drehzahlmesser für kleine Abweichungen von der Nenndrehzahl hat BARTLES angegeben. Der in Abb. 277 im Prinzip gezeigte Geber enthält eine durchsichtige Scheibe mit 6000 photographisch aufgebrachten radialen Marken; sie werden auf dem Gitter *3* abgebildet, das die Kopie eines Scheibensektors darstellt. Die Lichtquelle *1* leuchtet über rotierende Scheibe und Gitter die Photozelle *4* mit Wechsellicht aus, dessen Frequenz der Winkelgeschwindigkeit der Scheibe entspricht. Der Frequenzgeber wird durch das Reibrad *5* von der untersuchten Welle angetrieben.

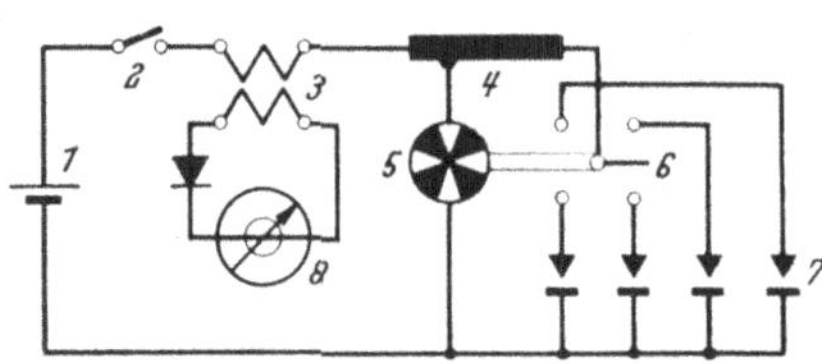

Abb. 276. Drehzahlmesser für Ottomotoren mit Batteriezündung. Hersteller Hartmann & Braun. *1* Batterie; — *2* Zündschloß; — *3* übersättigter Wandler; — *4* Zündspule; — *5* Unterbrecher; — *6* Verteiler; — *7* Zündkerzen; — *8* Anzeigeinstrument

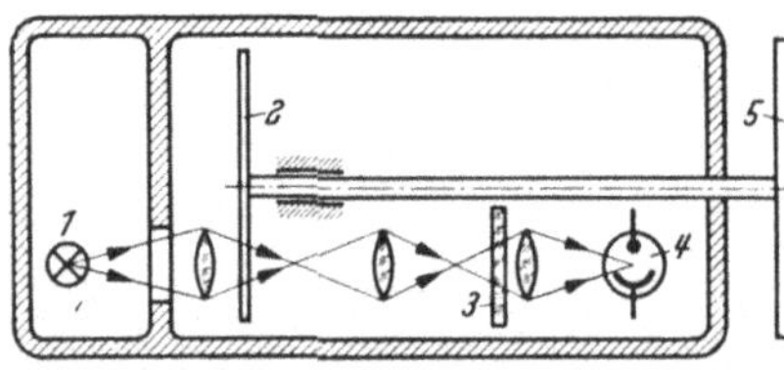

Abb. 277. Lichtelektrischer Drehzahlmesser. [Aus BARTLES: A recording tachometer for measuring instantaneous angular speed variations. Electr. Engng. Bd. 70, H. 9 (1951) S. 816 ... 819.] *1* Lichtquelle; — *2* rotierende Scheibe mit Strichmarken; — *3* Strichgitter; — *4* Photoelement; — *5* Antriebsrad

Das Frequenzsignal wird verstärkt und in der Amplitude begrenzt, sodann die Frequenzmodulation in eine Amplitudenschwankung umgeformt, der Wechselstromanteil herausgesiebt, durch einen Tiefpaß die Trägerfrequenz unterdrückt und nach nochmaliger Gleichstromverstärkung auf das Anzeigeinstrument gegeben, wie das Blockschaltbild Abb. 278 zeigt. Mit dem Gerät können Umfangsgeschwindigkeiten von 2,5 ... 50 cm/sek und Geschwindigkeitsänderungen bis zu Frequenzen von 70 Hz gemessen werden; die kleinste meßbare Geschwindigkeitsänderung ist 0,05 ‰, die Trägerfrequenz liegt je nach der Nenndrehzahl zwischen 500 und 10000 Hz. Das Gerät wird mit einem frequenzmodulierbaren Tonfrequenzsender geeicht.

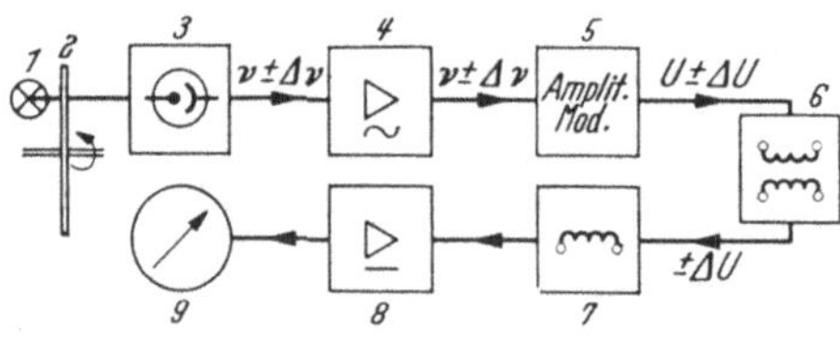

Abb. 278. Blockschaltbild des lichtelektrischen Drehzahlmessers. *1* Lichtquelle; — *2* rotierende Scheibe; — *3* Photoelement; — *4* Wechselstromverstärker; — *5* Frequenz-Amplitudenumformer und Amplitudenbegrenzer; — *6* Ausscheiden des Gleichspannungsanteiles; — *7* Tiefpaß zum Ausscheiden der Trägerfrequenz; — *8* Gleichstromverstärker; *9* Anzeigeinstrument

e) Kompensationsverfahren

Ein Kompensationsverfahren für kleine Drehzahlen und geringe Drehmomente wurde von GEYGER angegeben. Nach Abb. 279 wird von der Meßwelle das eine Sonnenrad eines Differentials mit der Drehzahl n_x, von einem spannungsunabhängigen Induktionszähler das andere mit der Drehzahl n_k angetrieben. Bei gleichen Geschwindigkeiten $n_x = n_k$ steht das Planetenrad still. Mit seiner Achse ist der Abgriff des Potentiometers *6* verbunden, über das die beiden gegeneinandergeschalteten Stromspulen des Induktionszählers gespeist werden. Weichen die Geschwindigkeiten n_x und n_k voneinander ab, dann verstellt sich das Planetenrad und ändert das Stromverhältnis i_1/i_2, bis die Geschwindigkeiten wieder übereinstimmen. Das Verhältnis der Ströme i_1/i_2 wird vom Quotientenmesser *7* angezeigt, es ist ein Maß für die Drehzahl n_k.

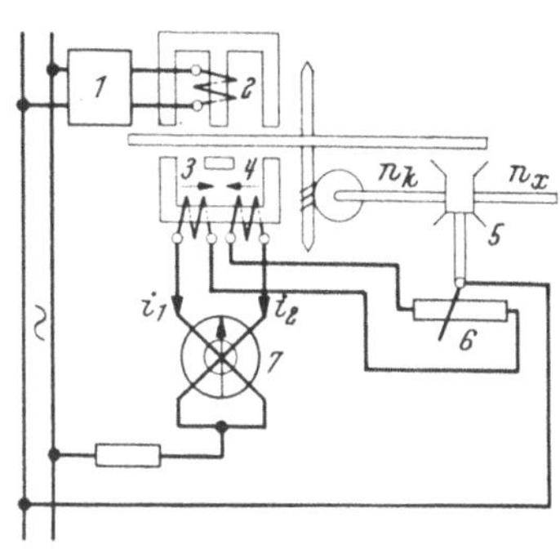

Abb. 279. Drehzahlmessung nach dem Kompensationsverfahren. [Aus GEYGER: Messung von Drehgeschwindigkeiten mit ohmmetrischen Anzeige- und Schreibgeräten. Arch. Elektrotechn. Bd. 27 (1933) S. 505 ... 510.]
1 Spannungskonstanthalter; — *2* Zählerspannungsspule; — *3*, *4* Zählerstromspule; — *5* Differentialgetriebe; — *6* Potentiometer; — *7* Quotientenmesser

f) Messung des Ungleichförmigkeitsgrades

Kurzzeitige Drehzahlschwankungen kann man nach ECKEL mit einer lichtelektrischen Einrichtung nach der Methode der halben Resonanzkurve anzeigen. Gemäß Abb. 280 erzeugt eine Photozelleneinrichtung eine Spannung, deren Frequenz der Drehzahl entspricht, und speist über einen Verstärker einen Resonanzkreis, dessen Eigenfrequenz so gewählt wurde, daß die Frequenz des Photozellenstromes bei Nenndrehzahl etwa in der Mitte des ansteigenden Astes der Resonanzkurve liegt. In diesem Fall ändert sich der Ausgangsstrom des Verstärkers proportional mit der Drehzahl, er wird nach weiterer Verstärkung oszillographisch registriert. Die Lochscheibe muß selbstverständlich außerordentlich genau geteilt sein, weil eine ungleiche Teilung einen ungleichförmigen Lauf vortäuscht.

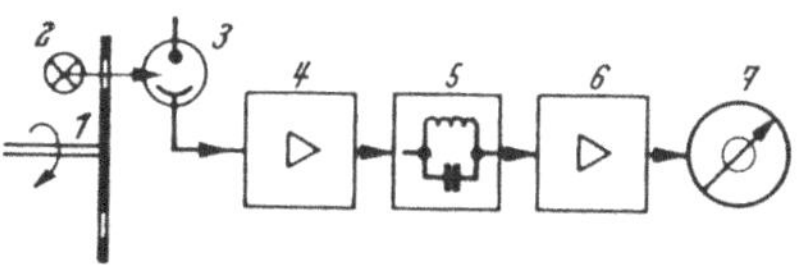

Abb. 280. Ungleichförmigkeitsgradmesser.
1 Lochscheibe; — *2* Lichtquelle; — *3* Photoelement; — *4*, *6* Verstärker; — *5* Resonanzkreis; — *7* Oszillograph

Beispiel. Nenndrehzahl 1500 U/min, Drehzahlschwankung $\pm$ 50 Umdrehungen; Frequenz der Drehzahlschwankungen 100 Hz. Lochscheibe mit 48 Löchern.

Die Frequenz des Photozellenstromes ist

$$\nu = \frac{48 \cdot (1500 \pm 50)}{60} = 1160 \ldots 1240 \text{ Hz}.$$

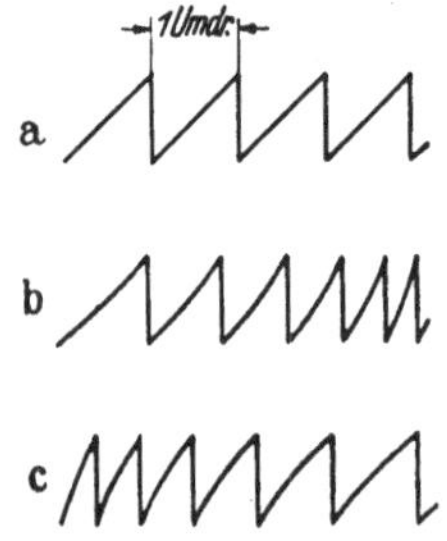

Abb. 281a bis c. Diagramm des lichtelektrischen Drehzahlmessers der Gen. Electr. Co. a gleichförmige Umdrehungsgeschwindigkeit; — b Beschleunigung; — c Bremsung

Dementsprechend wird man den Resonanzkreis auf etwa 1300 Hz abstimmen.

Bei dem Gerät der General Electric wird die Photozelle wie beim Kurbelwinkelübertrager (s. S. 138) durch eine spiralig begrenzte Abdeckscheibe proportional dem Drehwinkel ausgeleuchtet, und man erhält auf einem Oszillographen Sägezahnkurven nach Abb. 281. Bei Beschleunigungen rücken die Sägezähne zusammen, bei Verzögerungen auseinander, und man kann aus dem Abstand der Zähne die Geschwindigkeitsänderungen ermitteln.

2. Drehzahldifferenz- und Schlupfmessung [50]

Die Schlupfdrehzahl oder Drehzahldifferenz ist

$$\Delta n = n_2 - n_1, \tag{281}$$

die Schlupffrequenz

$$\nu_s = p \cdot \frac{(n_2 - n_1)}{60}, \tag{282}$$

wobei p die Polpaarzahl bedeutet, und der prozentuale Schlupf ist

$$s_{\%} = \frac{n_2 - n_1}{n_1} \cdot 100 \quad \text{bzw.} \quad \frac{\nu_2 - \nu_1}{\nu_2} \cdot 100. \tag{283}$$

Da bei Wechselstromdrehzahlgebern Spannung und Frequenz proportional der Drehzahl sind, kann man Drehzahldifferenz und Schlupf aus einer Spannungs- oder Frequenzdifferenzmessung ableiten.

a) Spannungsdifferenzmessung

Zur Drehzahldifferenzmessung werden die beiden Drehzahlgeber gegeneinandergeschaltet und die Differenzspannung mit einem Drehspulinstrument gemessen; das Verhältnis der beiden Drehzahlen erhält man mit einem Quotientenmesser nach Abb. 282b; zur Schlupfmessung verwendet man einen Quotientenmesser, dessen Ablenkspule von der Spannungsdifferenz und dessen Richtspule gemäß Abb. 282c von der Spannung eines Gebers gespeist wird. Das Verfahren ist ungenau, wenn der Schlupf klein gegenüber der Drehzahl ist, wie ja alle Messungen, bei denen eine kleine Differenz zweier großen Zahlen gebildet wird große Fehler ergeben, wesentlich günstiger sind unmittelbar arbeitende Differenzmesser. Die entsprechende Schaltung mit Gleichspannungs-Drehzahlgebern zeigt Abb. 283.

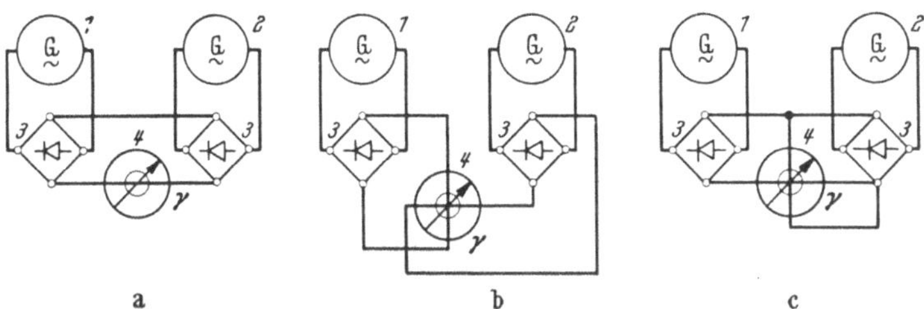

Abb. 282a bis c. Drehzahldifferenz-, Drehzahlverhältnis- und Schlupfmessung mit Wechselstromdrehzahlgebern.
a Drehzahldifferenzmessung: $\gamma = n_2 - n_1$; — b Drehzahlverhältnismessung: $\gamma = n_2/n_1$; — c Schlupfmessung: $\gamma = (n_2 - n_1)/n_2$.
1, 2 Wechselstromdrehzahlgeber; — *3* Gleichrichter; — *4* Anzeigeinstrument

b) Frequenzdifferenzmessung

Treibt man von den beiden Wellen zwei Wechselstromdrehzahlgeber an, so kann man mit den üblichen Synchronisiergeräten, nämlich Phasenlampen, Nullspannungsmessern und Synchronoskopen, die Schwebungen anzeigen und durch eine Zeitmessung die Schlupffrequenz bzw. den Schlupf bestimmen.

Auch mit Gleichstrom kann man Schwebungen erzeugen und mit Synchronisiergeräten anzeigen, wenn man nach Abb. 284 zwei Ring-

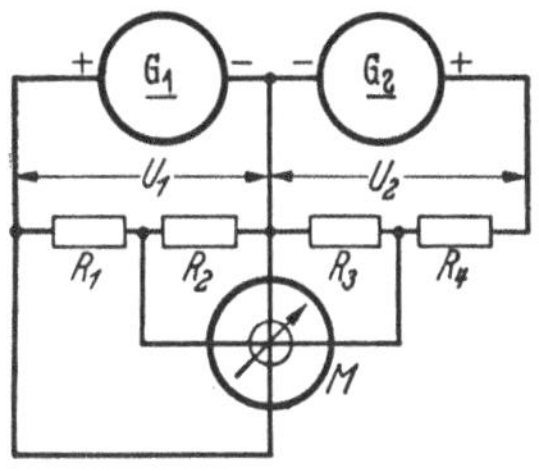

Abb. 283. Schlupfmeßschaltung mit zwei Gleichstromdrehzahlgebern.
G_1, G_2 Gleichstromdrehzahlgeber; — M Kreuzspulanzeigeinstrument; — U_1, U_2 Geberspannungen; — $R_1 \ldots R_4$ Belastungswiderstände

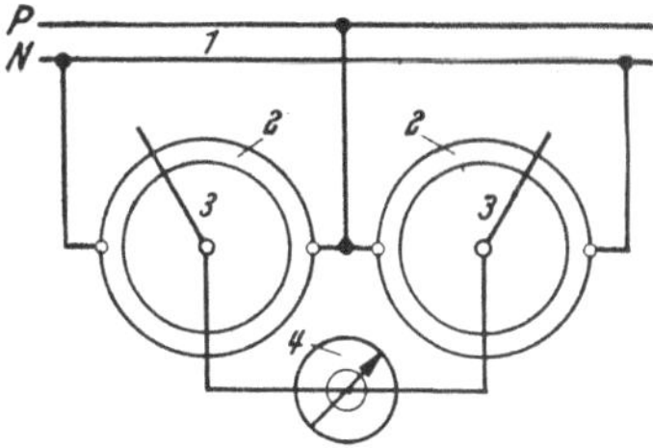

Abb. 284. Gleichstromschlupfmesser.
1 konstante Gleichspannungsquelle; — *2* Ringwiderstände; — *3* von den Meßwellen angetriebene Schleifer; — *4* Anzeigeinstrument

widerstände mit konstanter Gleichspannung speist und die Abgriffe von den beiden Meßwellen antreibt. Bei Synchronismus ist die abgegriffene Spannung konstant, bei einem Schlupf zwischen beiden Wellen entstehen Schwebungen, deren Häufigkeit der Drehzahldifferenz entspricht und mit der Stoppuhr bestimmt werden kann. Eine direkte Schlupfanzeige erhält man nach Oesterlin und Bopp in der Schaltung gemäß Abb. 285. Die beiden Wechselstromdrehzahlgeber sind in Reihe geschaltet, ihre Spannungen überlagern sich und die gleichgerichtete Schwebungsspannung speist das Relais *4*, das die Meßkondensatoren *5* im Takt der Schwebungsfrequenz auflädt und entlädt. Bei konstanter Hilfsspannungsquelle *8* ist der Ladestrom proportional der Schwebungsfrequenz, also der Drehzahldifferenz und unabhängig von der absoluten Höhe der Drehzahl. Das Verfahren ist wesentlich genauer

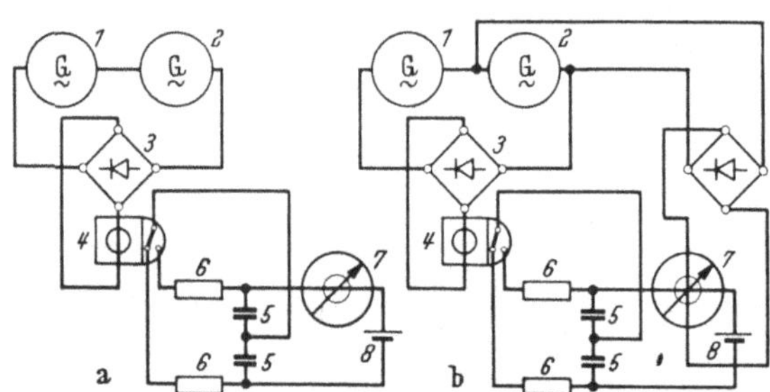

Abb. 285a u. b. Drehzahldifferenz- und Schlupfmessung mit der Schwebungsfrequenz nach dem Impulsfrequenzverfahren.
a mit Drehspulanzeigeinstrument; — b mit Quotientenmesser.
1, *2* Wechselstromgenerator; — *3* Gleichrichter; — *4* Umschaltrelais; — *5* Meßkapazitäten; — *6* Entladewiderstand; — *7* Anzeigeinstrument; — *8* konstante Spannungsquelle

als die Spannungsdifferenzmessung, weil die Meßgröße unmittelbar gebildet und nicht aus einer Differenzmessung ermittelt wird. In Abb. 285b ist an die Stelle des Drehspulinstrumentes ein Quotientenmesser getreten, dessen Richtspule an einer Generatorspannung liegt und der somit das Verhältnis $(n_2 - n_1)/n_2$, also den Schlupf anzeigt.

c) Schlupfmessung bei Asynchronmaschinen

Von besonderem Interesse ist der Schlupf bei Asynchronmaschinen, weil er im Arbeitsbereich der Belastung proportional ist; deshalb wurde von Reinhardt, SSW, ein stetig zeigender lichtelektrischer Schlupfmesser für diese Maschinen entwickelt (Abb. 286). Vom Asynchronmotor *1* wird über die Lochscheibe *2* und das Photoelement *4* eine Wechselspannung erzeugt, deren Frequenz der Drehzahl des Asynchronmotors entspricht. Der Verstärker *6* wird über einen Verzerrer *5* aus dem gleichen Netz mit Wechselstrom von sehr spitzer Kurvenform betrieben und ist deshalb nur während der Spannungsspitze betriebsbereit. Er vermag nur die von dem Photo-

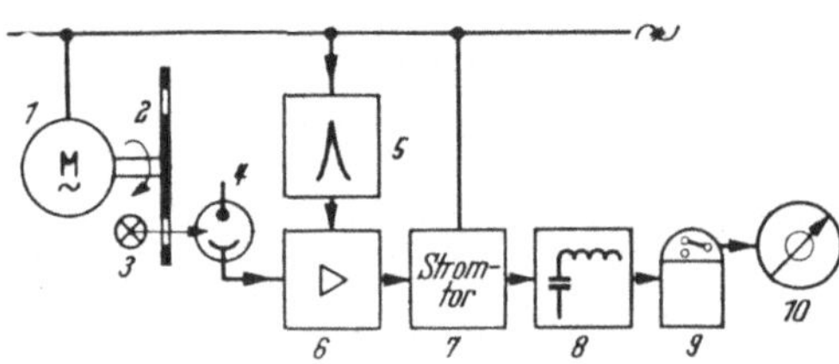

Abb. 286. Schlupfmesser für Asynchronmaschinen. [Aus Reinhardt: Stroboskopisches Feinmeßgerät für Schlupf und Drehzahl. ETZ Bd. 59 (1938) S. 957 ... 960.]
1 Synchronmotor; — *2* Lochscheibe; — *3* Lichtquelle; — *4* Photoelement; — *5* Verzerrer; — *6* Verstärker; — *7* Stromtor; — *8* Siebkette; — *9* Empfangsrelais; — *10* Impulsfrequenzmeßeinrichtung

element *4* gelieferten Impulse zu verstärken, die ihn während der Betriebsbereitschaft treffen, liefert also nur einen Anodenstrom, wenn Lichtblitz und Anodenspannungsspitze zusammenfallen, das heißt, sein Ausgangsstrom pulsiert mit der Schlupffrequenz. Diese Frequenz steuert das Stromtor *7*, das beim Maximum der Anodenspannung zündet und beim Nulldurchgang erlischt, es liefert also Stromstöße konstanter Dauer unabhängig von der Drehzahl und Lochzahl der Lochscheibe. Die geglätteten Stromstöße speisen das Empfangsrelais *9* eines Impulsfrequenzanzeigegerätes nach Abb. 149.

Der Meßbereich des Gerätes ist

$$s_{\%} = \pm \frac{f_{\max}}{2\,p \cdot \nu} \cdot 100\,. \tag{284}$$

Darin ist $f_{\max}$ der Höchstwert der Impulsfrequenz, dem das Relais *9* zu folgen vermag, ν die Betriebsfrequenz, p die Anzahl der Löcher der Lochscheibe je Pol der Asynchronmaschine.

Beispiel. Bei einer vierpoligen 50-Hz-Maschine mit 1500 U/min, 6 Löchern je Pol und einer maximalen Impulsfrequenz von 12 Impulsen/sek ist der Schlupfmeßbereich

$$s = \pm \frac{12}{2 \cdot 6 \cdot 50} \cdot 100 = \pm 2\,\% = \pm 30 \text{ U/min}.$$

Bei einer kleinsten Impulsfrequenz von $f_{\min} = 0{,}5$ Hz, die mit Rücksicht auf die Zeigerschwankungen des Anzeigeinstrumentes nicht unterschritten werden soll, ergibt sich bei denselben Verhältnissen als kleinster noch feststellbarer Schlupf

$$s = \pm \frac{0{,}5}{2 \cdot 6 \cdot 50} \cdot 100 = \pm 0{,}083\,\% \sim \pm 0{,}1\,\%.$$

3. Messung von Fahrzeuggeschwindigkeiten [*51*]

a) Räderfahrzeuge

Bei rollender Fortbewegung kann man die Geschwindigkeit v auf eine Drehzahl n zurückführen, wenn das Rad auf der Fahrbahn nicht rutscht und der Raddurchmesser d bekannt und konstant ist.

$$v = d \cdot \pi \cdot n\,. \tag{285}$$

Obwohl die beiden Voraussetzungen nie streng erfüllt sind, ist dies das gebräuchlichste Verfahren der Geschwindigkeitsmessung bei Landfahrzeugen.

Die mittlere Geschwindigkeit erhält man durch Division des zurückgelegten Weges durch die dafür benötigte Zeit. Diese Verfahren sind außerordentlich genau, sie werden in dem Abschnitt über Zeitmessung näher beschrieben.

b) Gleitfahrzeuge

Bei gleitender Fortbewegung läßt sich die Geschwindigkeit auch bei Schraubenantrieben nicht auf eine Drehzahl zurückführen, weil der

Wirkungsgrad der Propeller und der Gleitwiderstand nicht konstant, sondern geschwindigkeitsabhängig sind.

Man mißt die relative Augenblicksgeschwindigkeit von See- und Luftfahzeugen gegenüber dem umgebenden Medium mit den Geräten für die Messung von Strömungsgeschwindigkeiten, das sind Flügelradgeräte, Hitzdrahtgeräte und Staudruckmesser, sie werden im Abschnitt über Strömungsmesser behandelt.

Die mittlere absolute Geschwindigkeit wird ebenso wie bei Räderfahrzeugen aus einer Weg-Zeit-Messung bestimmt.

4. Strömungsmesser [*49*]

Mit Strömungsmeßgeräten ermittelt man die Geschwindigkeit einer Gas- oder Flüssigkeitsströmung in bezug auf einen ruhenden oder bewegten Beobachter, also auch die Relativgeschwindigkeit von See- und Luftfahrzeugen gegenüber dem umgebenden Medium.

a) Rotierende Strömungsmesser

Mit Drehflügelgeräten, das sind Schalenanemometer und Woltmannflügel, deren Drehzahl in weiten Grenzen proportional der Strömungsgeschwindigkeit ist, kann man die Geschwindigkeit auf eine Drehzahl zurückführen und mit elektrischen Drehzahlmessern bestimmen. Die Umdrehungszahl u ist proportional dem relativen Weg s des strömenden Mediums gegenüber dem Meßgerät

$$u = k \cdot s, \qquad (286)$$

die Drehzahl bzw. Winkelgeschwindigkeit ω_1 proportional der mittleren Geschwindigkeit v während der Meßdauer t

$$n = \omega_1/2\pi = u/t = k \cdot s/t = k \cdot v. \qquad (287)$$

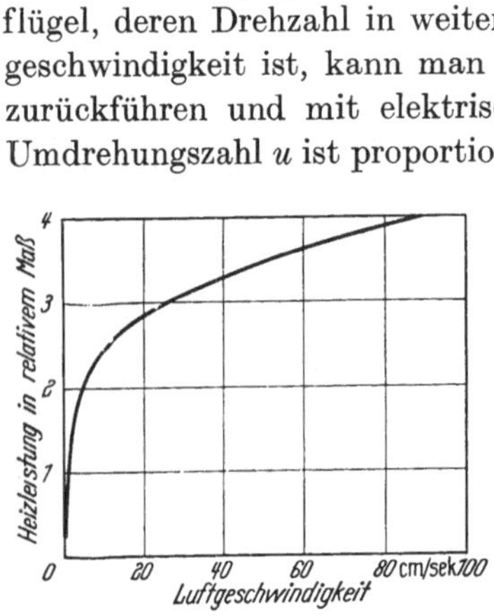

Abb. 287. Zusammenhang zwischen Heizleistung und Strömungsgeschwindigkeit für einen Hitzdrahtströmungsmesser bei konstanter Temperatur des Hitzdrahtes. [Nach EUJEN: Das Messen kleiner Strömungsgeschwindigkeiten. Z. VDI Bd. 93, H. 21 (1951) S. 669 . . . 674.]

b) Thermische Strömungsmesser

Ein beheizter Körper wird durch eine Gas- oder Flüssigkeitsströmung um so stärker gekühlt, je größer die Strömungsgeschwindigkeit ist. Der Zusammenhang ist nicht linear, vielmehr nimmt die Empfindlichkeit mit zunehmender Strömungsgeschwindigkeit ab, wie Abb. 287 zeigt. Auf diesem Prinzip beruhen die thermischen Strömungsmesser, sie arbeiten entweder mit einem beheizten Widerstandsdraht oder mit einem beheizten Thermoelement.

α) Widerstandsthermometer. Bei Gasen und nicht leitenden Flüssigkeiten bringt man in die Strömung einen beheizten Körper, meist in Form einer Drahtwendel geringer Wärmekapazität, und mißt entweder die Widerstandsänderung bei konstanter Heizleistung oder die zum Aufrechterhalten einer bestimmten Temperatur erforderliche Heizleistung. Änderungen in der Temperatur des strömenden Mediums kompensiert man durch einen zweiten ungeheizten Widerstand gleicher Art und Ohmzahl und Messung der Temperaturdifferenz in einer Schaltung nach Abb. 288. Je nach der Wärmekapazität des Temperaturfühlers muß man mit einer Anzeigeverzögerung von einigen Sekunden bis zu etwa 0,5 Min. rechnen. Das Verfahren eignet sich speziell für Gase mit Strömungsgeschwindigkeiten von etwa 5 cm/sek bis 30 m/sek. Bei leitenden Flüssigkeiten müssen die Widerstandsthermometer gekapselt werden, wodurch sich ihre Wärmekapazität erhöht und die Anzeige stärker verzögert.

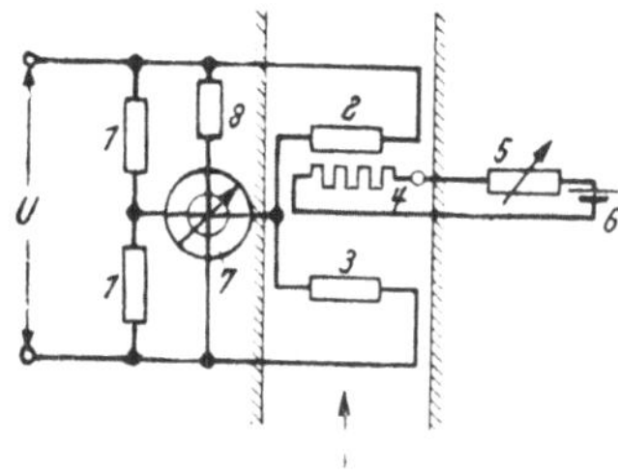

Abb. 288. Schaltung des Hitzdrahtströmungsmessers mit spannungsunabhängigem Anzeigeinstrument.
1 feste Brückenwiderstände; — *2* beheizter Brückenwiderstand im Gasstrom; — *3* unbeheizter Brückenwiderstand im Gasstrom; — *4* Heizwicklung; — *5* Heizstromregler; — *6* Heizstromquelle; — *7* Kreuzspulinstrument; — *8* Vorwiderstand im Richtkreis des Instrumentes

β) Thermoelement. Anstatt eines beheizten Widerstandes wird bei diesem Verfahren nach Abb. 289a ein Thermoelement in die Strömung gebracht, dessen warme Lötstelle beheizt ist und dessen kalte Lötstelle ebenfalls in der Strömung liegt.

Bei konstanter Heizleistung ist die Temperaturdifferenz zwischen warmer und kalter Lötstelle und damit die Thermo-EMK um so kleiner, je höher die Strömungsgeschwindigkeit ist, und man kann entweder diese veränderliche Thermokraft messen oder man kann die Thermo-EMK konstant halten und die dafür notwendige Heizleistung bestimmen. Die Messung ist unabhängig von der Temperatur des strömenden Mediums, weil beide Lötstellen in der Strömung liegen und die Thermo-EMK der Temperaturdifferenz proportional ist. Infolge der verschiedenen Wärmekapazitäten von kalter und warmer Lötstelle treten dennoch bei schnellen Temperaturänderungen vorübergehende Anzeigefehler auf, zu deren Kompensation man nach

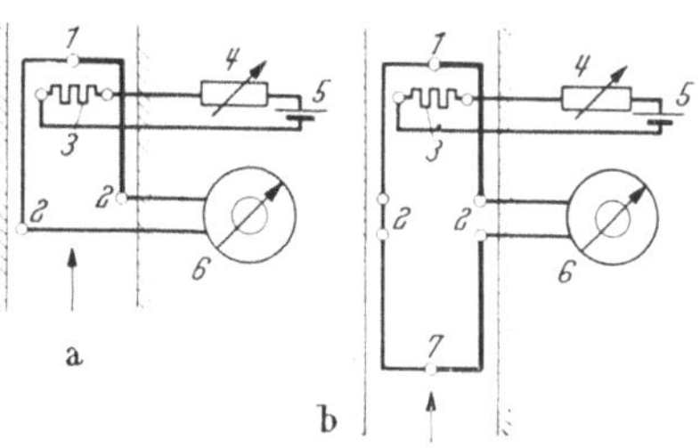

Abb. 289. Messung von Strömungsgeschwindigkeiten mit Thermoelement.
a mit einem Thermoelement. — b mit zwei Thermoelementen zur Kompensation schneller Temperaturschwankungen.
1 warme Lötstelle des Thermoelementes; — *2* kalte Lötstelle des Thermoelementes; — *3* Heizwicklung; — *4* Heizstromregler; — *5* Heizstromquelle; — *6* Anzeigeinstrument; — *7* unbeheiztes Thermoelement zur Kompensation rascher Temperaturänderungen

Abb. 289b ein zweites gleichgebautes und unbeheiztes Thermoelement in die Strömung bringt und dem beheizten entgegenschaltet. Die Einrichtung arbeitet einwandfrei bei Strömungstemperaturen von -50 bis $+150°$ und Strömungsgeschwindigkeiten von etwa 2 cm/sek bis 200 m/sek. Die thermische Trägheit liegt in derselben Größenordnung wie beim Hitzdrahtanemometer und steigt, wenn das Thermoelement bei leitenden Flüssigkeiten gekapselt werden muß.

Der Strömungsmesser zeigt Gasgeschwindigkeiten auf $\pm 2\%$, Flüssigkeitsströmungen auf $\pm 3\%$ genau an; seine Empfindlichkeit läßt sich durch Hintereinanderschalten mehrerer Thermoelemente erhöhen.

c) Staudruckströmungsmesser

Jede Strömung staut sich an entgegenstehenden Hindernissen und übt dabei auf das Hindernis einen Staudruck aus, der von der Form des Hindernisses, der Geschwindigkeit und der Dichte des strömenden

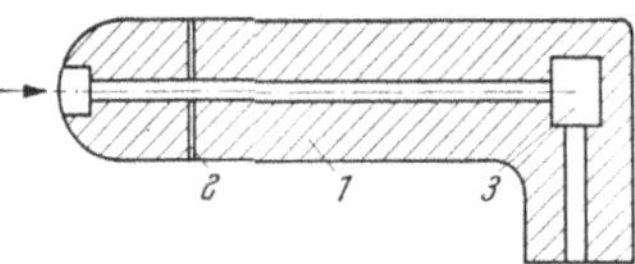

Abb. 290. Staurohr nach PRANDTL.
1 Staukörper; — 2 Öffnung zum Ausgleich des statischen Drucks; — 3 Druckmeßdose

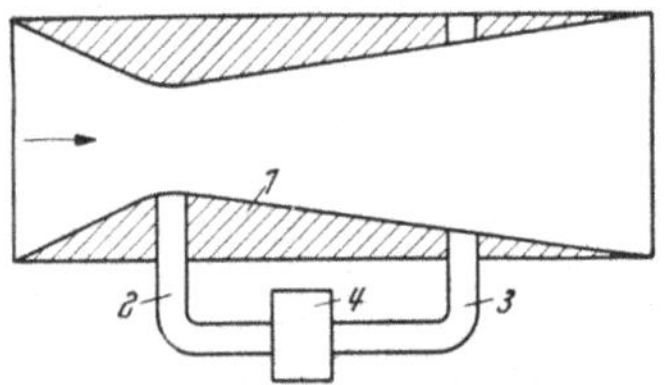

Abb. 291. Venturirohr.
1 Düsenkörper; — 2 Entnahme des dynamischen Drucks; — 3 Entnahme des statischen Drucks; — 4 Druckdifferenzmeßdose

Mediums abhängt. Ebenso kann man eine Stauung und einen Staudruck erzielen, wenn man den Fluß der Strömung an einer Stelle einengt. Nach beiden Verfahren kann man die Strömungsgeschwindigkeit messen, in dem einen Fall verwendet man ein Staurohr nach PRANDTL (Abb. 290), im anderen ein Venturirohr (Abb. 291) und erhält in beiden Fällen die Beziehung

$$v = k\sqrt{\frac{p \cdot 2g}{\gamma}}. \tag{288}$$

Darin ist:

k eine Konstante,
p der Staudruck,
g die Erdbeschleunigung,
γ das spezifische Gewicht des strömenden Mediums,
v die Strömungsgeschwindigkeit.

Den Staudruck kann man mit elektrischen Druckdifferenzmessern für kleine Drucke messen, die Anzeige muß man korrigieren, weil das spezifische Gewicht temperaturabhängig und bei Gasen auch druckabhängig ist.

Das Verfahren eignet sich für Gase und Flüssigkeiten. Bei Geschwindigkeiten unter 100 m/sek ist das Venturirohr empfindlicher.

d) Elektromagnetischer Strömungsmesser

Fließt ein Elektrolyt durch ein senkrecht zur Flußrichtung wirkendes Magnetfeld, dann kann man die Ionenströmung als einen Leiter auffassen, in dem eine EMK der Bewegung induziert wird. Zwischen zwei senkrecht zur Strömungsrichtung und zur Feldrichtung angeordneten Elektroden entsteht nach dem Induktionsgesetz eine EMK von der Größe

$$E = \mu \cdot H \cdot v \cdot d. \tag{289}$$

Darin bedeutet (Abb. 292):

μ die Permeabilität des strömenden Mediums,
H die Feldstärke,
v die Bewegungsgeschwindigkeit,
d den Elektrodenabstand.

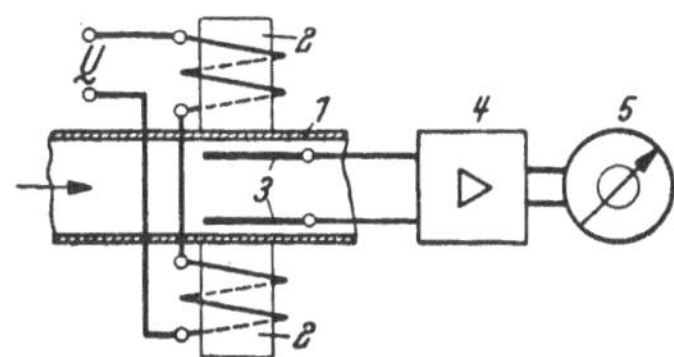

Abb. 292. Elektromagnetischer Strömungsgeschwindigkeitsmesser für Elektrolyte. [Nach SAVASTANO/CARRAVETTA: Elektromagnetisches Gerät zum Messen der Strömungsgeschwindigkeit von Flüssigkeiten. Energia elettr. Bd. 31 (1954) S. 81 ... 89.] 1 Isolierstoffrohr; — 2 Elektromagnet; — 3 Elektroden; — 4 Verstärker; — 5 Anzeigeinstrument

Das Prinzip wurde von SAVASTANO und CARRAVETTA zur Messung der Strömungsgeschwindigkeit herangezogen. Die Einrichtung lieferte bei einer Strömungsgeschwindigkeit von 1 $\mathrm{m\,sek^{-1}}$ eine EMK von etwa 4 mV, die nach entsprechender Verstärkung mit einem Kathodenoszillographen angezeigt werden kann. Um Polarisationserscheinungen zu unterbinden, wurde ein Wechselfeld angewendet und die transformatorische EMK im Verstärker kompensiert. Die Anzeigefehler lagen bei 1% und stiegen nur ausnahmsweise bis zu 5%. Der elektromagnetische Strömungsmesser kann auch in eine Meßdüse eingebaut werden, die man wie einen Woltmann-Messer in den Flüssigkeitsstrom taucht.

IV. Beschleunigungs-, Schwingungs- und Erschütterungsmessung

1. Allgemeines

Die Beschleunigung kann auf eine Kraft, eine Geschwindigkeit oder auf eine Länge zurückgeführt werden.

Wirkt auf eine Masse M eine Kraft P, so erfährt die Masse eine Beschleunigung $b = P/M$. Ein drehbar gelagerter Körper vom Trägheitsmoment J erfährt durch ein Drehmoment D eine Winkelbeschleunigung $\varepsilon = D/J$.

Bei bekannter Masse bzw. bekanntem Trägheitsmoment kann man also die Beschleunigung aus der Beschleunigungskraft bzw. dem Beschleunigungsmoment bestimmen.

Kraft und Drehmoment mißt man entweder unmittelbar oder aus dem Federungsweg a einer durch die Kraft gespannten Feder $a = f(P)$.

Anderseits ergibt sich die Beschleunigung b als erster Differentialquotient der Geschwindigkeit v nach der Zeit t oder als zweiter Differentialquotient des Weges s nach der Zeit

$$b = dv/dt = d^2 s/dt^2, \tag{290}$$

bzw. bei Drehbeschleunigungen

$$\varepsilon = d\omega/dt = d^2\alpha/dt^2, \tag{291}$$

wenn ω die Winkelgeschwindigkeit und α den Drehwinkel bedeuten.

Die Beschleunigung läßt sich also auf eine Kraft, eine Geschwindigkeit oder auf eine Länge zurückführen, und nach allen drei Verfahren werden Beschleunigungsmesser gebaut.

Die Differentialgleichung für die Bewegung der schwingungsfähigen Masse eines Schwingungsmessers unter dem Einfluß einer Bewegung x bzw. einer Beschleunigung b lautet

$$\frac{d^2 s}{dt^2} + 2\beta \cdot \frac{ds}{dt} + \omega^2 s = -C_1 \cdot \frac{d^2 x}{dt^2} = b. \tag{292}$$

Darin ist:

x die auf den Schwingungsmesser übertragene Bewegung bzw. die Amplitude der aufzuzeichnenden Schwingung,
b die Beschleunigung,
s der Weg der schwingungsfähigen Masse,
β die Dämpfungskonstante des Schwingungsmessers,
ω_0 die ungedämpfte Eigenfrequenz des Schwingungsmessers.

Die aufzuzeichnende Schwingung sei sinusförmig und habe die Frequenz ω, es sei also

$$x = C \cdot \sin \omega t. \tag{293}$$

Man kann nun drei Fälle unterscheiden:

a) Bei großer Masse und einer weichen Feder ist die Eigenfrequenz ω_0 des Schwingungsmessers klein. Die Dämpfungskonstante β sei ebenfalls klein, dann ist

$$\frac{d^2 s}{dt^2} = -C_1 \cdot \frac{d^2 x}{dt^2}; \quad s = -C_1 \cdot x. \tag{294}$$

Der relative Weg der trägen Masse ist proportional der Amplitude der aufzuzeichnenden Schwingung. Das Gerät ist ein Schwingwegmesser.

b) Bei kleiner Masse und weicher Feder, also niedriger Eigenfrequenz des schwingungsfähigen Systems und großem Dämpfungsfaktor β, wird

$$2\beta \cdot \frac{ds}{dt} = -C_1 \cdot \frac{d^2 x}{dt^2}; \quad 2\beta \cdot s = -C_1 \frac{dx}{dt}. \tag{295}$$

Das heißt, der relative Weg der schwingungsfähigen Masse ist proportional der Geschwindigkeit. Der Geber ist ein Schwingungsgeschwindigkeitsmesser.

c) Bei kleiner Masse und harter Feder, also großer Eigenfrequenz ω_0 und kleiner Dämpfung, wird

$$\omega_0^2 \cdot s = -C_1 \cdot \frac{d^2 x}{d t^2} = -C_1 b. \tag{296}$$

Der relative Weg der schwingungsfähigen Masse ist proportional der Beschleunigung. Der Geber ist ein Schwingungskraftmesser.

2. Drehbeschleunigungsmesser [52]

a) Kraftmessung

Auf die Welle, deren Beschleunigung festgestellt werden soll, setzt man eine Hilfsmasse auf und mißt die von der Meßwelle auf die Hilfsmasse übertragenen Kräfte, wozu die verschiedenen Verfahren der Drehmomentmessung herangezogen werden können.

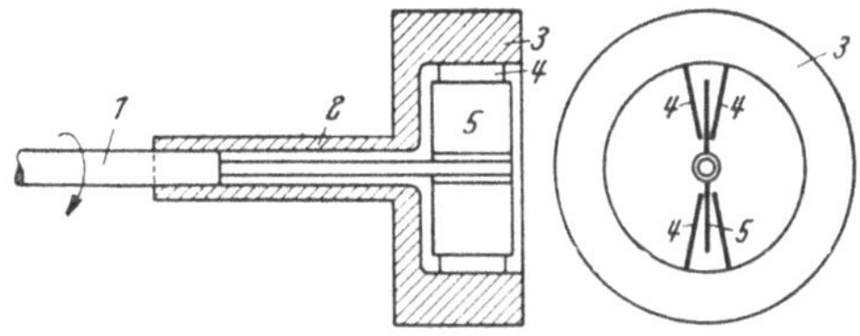

Abb. 293. Kapazitiver Drehbeschleunigungsmesser nach KLUGE/LINCKH.

1 Meßwelle; — *2* Hohlwelle; — *3* Schwungmasse; — *4* feste Elektrode; — *5* bewegliche Elektrode

KLUGE/LINCKH haben das kapazitive Verfahren nach Abb. 293 angewendet. Die Schwungmasse *3* wird mit der Meßwelle über eine Hohlachse *2* verbunden, deren Drillwinkel durch statische Messung bestimmt wurde. Mit der Meßwelle werden die festen, mit der Schwungmasse die beweglichen Platten eines Meßkondensators verbunden und die bei Beschleunigungen auftretenden Kapazitätsänderungen in einer der bekannten Schaltungen gemessen.

LUND mißt die von der Meßwelle auf eine lose Hilfsmasse übertragenen Kräfte mit Piezo-Druckmeßdosen, wobei die optische Achse der Meßquarze in die Richtung der Zentrifugalkraft gelegt wird, so daß deren Änderungen das Meßergebnis nicht beeinflussen (Abb. 294).

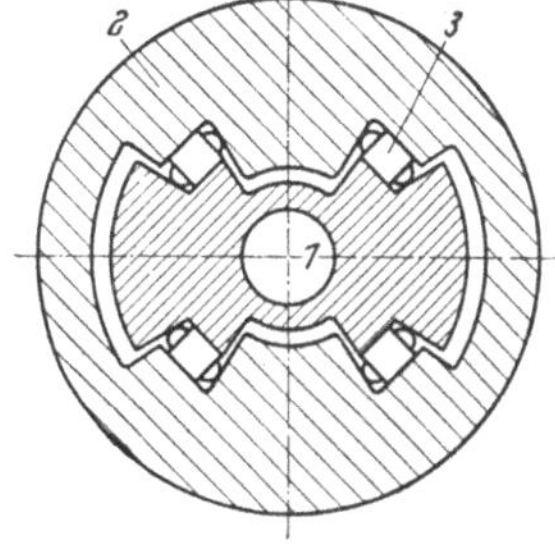

Abb. 294. Piezoelektrischer Drehmomentmesser.

1 Meßwelle; — *2* Schwungmasse; — *3* Kraftmeßdosen

Beide Verfahren sind unabhängig von dem veränderlichen Übergangswiderstand an den Schleifringen.

b) Geschwindigkeitsmessung

Die Meßwelle treibt einen Gleichstromgenerator mit linearer Drehzahlcharakteristik und möglichst geringer Welligkeit, der über einen Kondensator oder eine Induktivität bzw. einen Wandler den Meßkreis speist. Solange sich die Drehzahl der Meßwelle nicht ändert, ist der Meßkreis stromlos, weil die konstante Gleichspannung des Generators weder den Kondensator noch den Wandler zu überwinden vermag. Bei Drehzahländerungen treten im Meßkreis Ströme auf, die der Beschleunigung entsprechen. Bei dem von YTTERBERG angegebenen Kondensatorverfahren nach Abb. 295 gilt für den Meßkreis

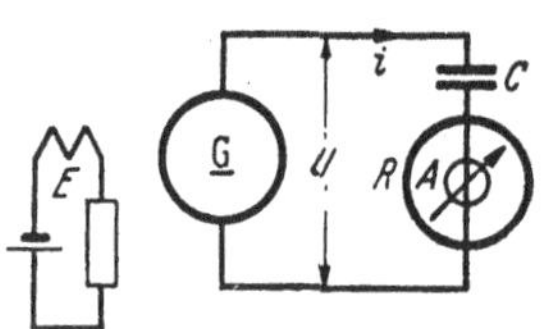

Abb. 295. Schaltung des kapazitiven Drehbeschleunigungsmessers von YTTERBERG. G Gleichstromgenerator; — E konstante Erregung des Gleichstromgenerators; — A Anzeigeinstrument; — C Meßkapazität; — R Widerstand des Meßkreises

$$\frac{dU}{dt} = \frac{i}{C} + R \cdot \frac{di}{dt} = k \cdot \frac{d\omega}{dt}, \qquad (297)$$

weil für den Drehzahlgenerator $U = k \cdot \omega$ ist. Die Lösung der Differentialgleichung lautet

$$\frac{d\omega}{dt} = \frac{i}{k \cdot C\left(1 - e^{-\frac{t}{RC}}\right)} = \varepsilon. \qquad (298)$$

In den Gleichungen bedeutet:

U die Generatorspannung,
R den Widerstand des Meßkreises,
C die Kapazität des Meßkondensators,
L die Induktivität des Meßkreises,
i den Strom im Meßkreis,
t die Zeit,
ω die Winkelgeschwindigkeit,
e die Basis der natürlichen Logarithmen,
k eine Konstante.

Die Beschleunigung ε ist also durch den Strom i im Meßkreis und die Konstanten des Meßkreises ausgedrückt. Das Fehlerglied $e^{-t/RC}$ stellt die auf den Wirkwiderstand des Meßkreises zurückzuführende Zeitverzögerung dar, es verschwindet für $R = 0$ und man erhält die einfache Lösung

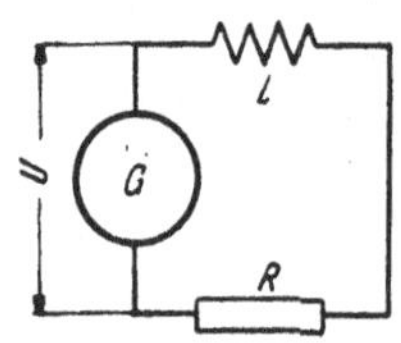

Abb. 296. Schaltung des induktiven Drehbeschleunigungsmessers nach LOMONOSOFF. G Generator; — L Induktivität des Meßkreises; — R Widerstand des Meßkreises

$$d\omega/dt = i/kC. \qquad (299)$$

Das Fehlerglied verschwindet, wie die Differentialgleichung zeigt, auch für $di/dt = 0$, das heißt für alle Strommaxima, die somit direkt proportional der Beschleunigung sind.

Bei dem induktiven Verfahren von LOMONOSOFF nach Abb. 296 gilt

$$U = L \cdot \frac{di}{dt} + R \cdot i \qquad (300)$$

mit der Lösung

$$i = \frac{U}{R}\left(1 - e^{-\frac{R}{L} \cdot t}\right), \qquad (301)$$

für $L = 0$ ist $i = \frac{U}{R}$.

Der Spannungsabfall U_L an der Induktivität ist proportional der Winkelbeschleunigung, da

$$U_L = L \cdot \frac{di}{dt} = \frac{L}{R} \cdot \frac{dU}{dt} = k_2 \cdot \frac{d\omega}{dt} = k_2 \cdot \varepsilon. \qquad (302)$$

In der praktischen Ausführung tritt an die Stelle der Induktivität nach Abb. 297 ein Wandler, dessen Sekundärspannung gemessen wird.

Einwandfreie Ergebnisse erhält man, wenn der gesamte induktive Widerstand des Primärkreises klein gegen den Wirkwiderstand ist und der Wandler im geradlinigen Teil der Magnetisierungskurve arbeitet.

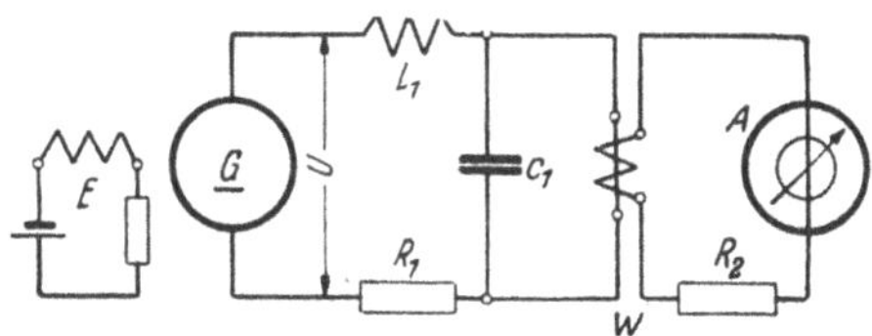

Abb. 297. Schaltung eines induktiven Drehbeschleunigungsmessers. (Aus TREUSCH: Über eine Gruppe von elektrischen Drehbeschleunigungsmessern. Techn. Mitt. Krupp 1940 S. 161 ... 189.)

G Gleichstromgenerator; — L_1, C_1 Glättungskreis; — R_1, R_2 Widerstände; — *W* Meßwandler; — *A* Anzeigeinstrument; — *E* konstante Erregung des Gleichstromgenerators

c) Elektrodynamischer Drehbeschleunigungsmesser

Der elektrodynamische Drehbeschleunigungsmesser von FRIEDRICH besteht aus einem mit konstantem Strom fremderregten Gleichstromgenerator, dessen Magnetgestell mit der Feldwicklung von der zu untersuchenden Welle angetrieben wird, während der Anker frei beweglich und reibungsfrei gelagert ist (Abb. 298). Der rotierende Ständer nimmt den Anker in der Drehrichtung mit und der Strom im Ankerkreis ist eine Funktion der Beschleunigung des Ständers, wie die nachfolgende Rechnung zeigt. Der Ständer werde mit der Winkelgeschwindigkeit ω_1 angetrieben, der Anker nehme die Winkelgeschwindigkeit ω_2 an, die relative Winkelgeschwindigkeit zwischen beiden sei $\omega_r = \omega_1 - \omega_2$. Auf den Anker wird ein Drehmoment ausgeübt

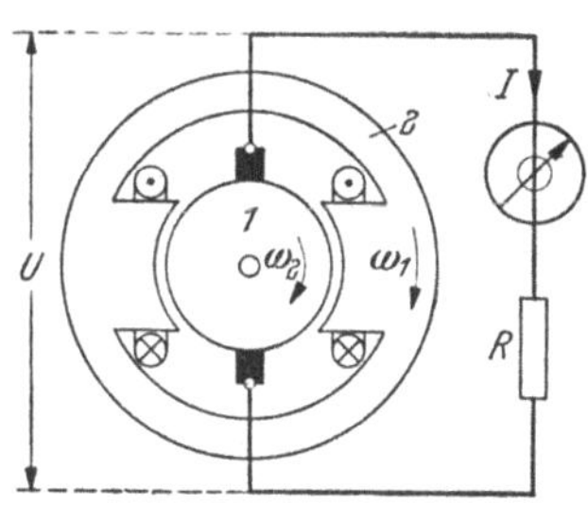

Abb. 298. Elektrodynamischer Drehbeschleunigungsmesser. [Aus FRIEDRICH: Elektrodynamischer Beschleunigungsmesser. Arch. Elektrotechn. Bd. 41 (1954) S. 312 ... 320.]

1 reibungsfrei gelagerter Anker; — *2* von der Meßwelle angetriebener Ständer mit Feldwicklung; — *U* Meßspannung; — *J* Meßstrom; — *R* Widerstand des Meßkreises

$$M = K_2 \cdot J = \Theta \cdot \frac{d\omega_2}{dt} = \Theta \frac{d(\omega_1 - \omega_r)}{dt}. \quad (303)$$

Darin ist J der Ankerstrom und Θ das Trägheitsmoment des Ankers. Der Ankerstrom J ist gegeben durch die im Anker induzierte Spannung U und den Widerstand des Ankerkreises

$$J = \frac{U}{R} = \frac{K_1 \omega_r}{R}, \quad (304)$$

$$\omega_r = \frac{J \cdot R}{K_1}, \quad \frac{d\omega_r}{dt} = \frac{R}{K_1} \cdot \frac{dJ}{dt}, \quad (305)$$

$$\Theta \cdot \left(\frac{d\omega_1}{dt} - \frac{d\omega_r}{dt}\right) = K_2 \cdot J, \quad (306)$$

$$\Theta \frac{d\omega_1}{dt} - \Theta \cdot \frac{R}{K_1} \cdot \frac{dJ}{dt} = K_2 J, \qquad (307)$$

$$J + \Theta \frac{R}{K_1 K_2} \cdot \frac{dJ}{dt} = \frac{\Theta}{K_2} \frac{d\omega_1}{dt}, \quad J + K_3 \cdot \frac{dJ}{dt} = K_4 \frac{d\omega_1}{dt}. \qquad (308)$$

Die Differentialgleichung beschreibt den Zusammenhang zwischen der zu messenden Beschleunigung $\varepsilon = d\omega_1/dt$ und dem Ankerstrom J, sie ist identisch mit Gl. (297) für den Drehbeschleunigungsmesser von YTTERBERG.

In weiterer Vervollkommnung der Einrichtung wird dem Anker ein konstanter Strom zugeführt, so daß die Maschine als Motor läuft, der durch das umlaufende Feld zusätzlich beschleunigt oder gebremst wird. Der Beschleunigungsmesser wird dadurch erheblich komplizierter als die Tachometermaschine mit Kondensator nach YTTERBERG, vermag aber eine größere Leistung abzugeben, was für Regelzwecke erwünscht sein kann.

Das Anwendungsgebiet für Drehbeschleunigungsmesser ist die Maschinenüberwachung und die Beschleunigungsmessung bei Räderfahrzeugen und bei Antrieben durch rotierende Wellen.

3. Beschleunigungsmesser [*53*], [*54*]

Beschleunigungsmesser für geradlinige Beschleunigung braucht man zur Messung der Beschleunigung von Fahrzeugen, die nicht durch rotierende Wellen angetrieben werden, bei denen zwischen der Beschleunigung der Triebwelle und des Fahrzeugs kein einfacher Zusammenhang besteht und wenn der rotierende Antrieb der Messung nicht zugänglich ist.

Auch bei ruhenden Körpern sind Beschleunigungsmessungen sehr häufig erforderlich, nämlich dann, wenn Wechselbeschleunigungen zu Erschütterungen und Schwingungen führen, und gerade die Messung dieser Beschleunigungen ist außerordentlich wichtig und interessant.

Die Beschleunigungsmesser bestehen im wesentlichen aus einer trägen Masse, die mit dem Beobachtungsgegenstand fest oder federnd verbunden ist und deren Kraftwirkung, Geschwindigkeit oder Weg gemessen wird. Geschwindigkeits- und Wegmessung setzen voraus, daß die träge Masse über eine Meßfeder mit dem Beobachtungskörper verbunden ist; in diesem Fall bildet Masse und Feder ein schwingungsfähiges System, dessen Eigenfrequenz und Dämpfung den Beschleunigungsmesser charakterisieren; insbesondere bei Wechselbeschleunigungen, also bei den Schwingungsmessern, spielen Eigenfrequenz und Dämpfung eine bedeutende Rolle.

Ist die Eigenfrequenz des Schwingungsmessers klein gegen die Frequenz der zu messenden Schwingung und die Dämpfung gering, dann bleibt die federnd aufgehängte Masse während der Schwingung in Ruhe und ihre Relativbewegung gegenüber dem schwingenden Meßobjekt gibt die Schwingungsamplitude unmittelbar an. Man erhält also den Schwingungsweg und daraus durch zweimalige Differentiation die Beschleunigung. Die Schwingung wird mit hinreichender Genauigkeit wiedergegeben, wenn bei richtiger Dämpfung das Verhältnis der kleinsten zu messenden Frequenz f zur Eigenfrequenz f_0 des Schwingungsmessers $f/f_0 \geqq 4$ ist. Die Eigenfrequenzen der Übertragungs- und Wiedergabeeinrichtungen müssen dagegen wesentlich höher als die größte zu messende Frequenz liegen. Solche Schwingwegmesser eignen sich besonders für stetige Vorgänge, für Erschütterungsmessungen sind sie wenig geeignet, weil durch Einschwingerscheinungen beträchtliche Fehler auftreten können.

Ist die Eigenfrequenz des Schwingungsmessers groß gegen die Frequenz der zu messenden Schwingungen und die Dämpfung gering, so folgt die Masse des Schwingungsmessers den Schwingungen des Meßobjektes und es treten dabei zwischen beiden Kräfte auf, die der Beschleunigung proportional sind. Diese Kräfte kann man unmittelbar oder auf dem Umweg über die Durchbiegung der Aufhängung messen. Bei günstigster Dämpfung darf das Frequenzverhältnis f/f_0 den Wert 0,5 nicht überschreiten, wenn Amplituden- und Phasenfehler in erträglichen Grenzen bleiben sollen. Bei ungünstigerer Dämpfung ist das Frequenzverhältnis kleiner zu halten. Die Eigenfrequenz der Übertragungs- und Anzeigeeinrichtungen soll so hoch wie möglich sein, auf jeden Fall aber größer als f_0. Je nach dem Frequenzverhältnis f/f_0 wirken also dieselben Geräte als Schwingweg- oder als Beschleunigungsmesser. Bei beiden Geräten ist die Dämpfung von wesentlichem Einfluß auf eine richtige Wiedergabe der Schwingung bzw. Beschleunigung, und deshalb muß der Dämpfungsgrad bequem einstellbar und unabhängig von der Umwelt, insbesondere temperaturunabhängig sein.

a) Beschleunigungsmesser nach dem Widerstandsverfahren [*55*]

α) Kohledruckbeschleunigungsmesser. Abb. 90 ist ein Schnitt durch einen Kohledruckbeschleunigungsmesser der Siemens & Halske-AG. Die schwingende Masse ist zwischen zwei vorgespannten Bronzemembranen *2* federnd aufgehängt und durch die Flüssigkeit im Raume *13* gedämpft. Sie ist von beiden Seiten her bis beinahe zur Mitte eingedreht und trägt in jeder Eindrehung eine Kohlesäule aus mehreren Plättchen. Die Kohleringe sind auf dem Stift *12* geführt und stützen sich über die Isolierstücke *11* einerseits auf die Schwungmasse, anderseits auf das Gehäuse. Mit der Überwurfmutter *8* stellt man die erforderliche Vorspannung ein. Bei axialer Beschleunigung werden die Kohleplättchen der einen Seite belastet, die der anderen entlastet und die Widerstandsänderung in einer Wheatstonebrücke oder einer Differenzschaltung gemessen. Infolge des geringen Abstandes der beiden Kohlesäulen voneinander vermögen Querbeschleunigungen die Anzeige der in der Achsrichtung auftretenden Beschleunigungskräfte nicht wesentlich zu beeinflussen. Das Gerät wird mit seiner Grundplatte *9* fest auf das Prüfobjekt aufgeschraubt, es hat 50 mm ∅, ist 85 mm hoch und wiegt je nach dem Meßbereich 280 ... 380 g. Es wird für die Meßbereiche 2 ... 25 g und 8 ... 50 g ausgeführt, hat eine Eigenfrequenz von 400 ... 600 Hz und ist auf ± 5% genau. Wegen der Inkonstanz der Kohlesäulen ist der Schwingungsmesser ab und zu nachzueichen. Er eignet sich für große Beschleunigungen (über 2 g) und große bewegte Massen, da sonst sein erhebliches Eigengewicht den Schwingungsvorhang erheblich zu fälschen vermag. Ähnliche Kohledruckbeschleunigungsmesser werden von den Askania-Werken hergestellt.

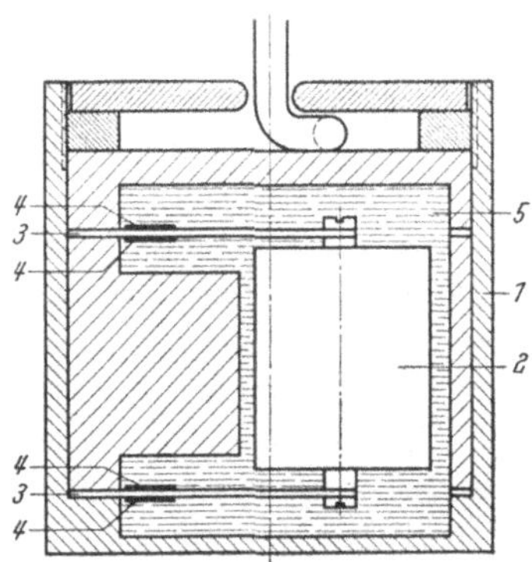

Abb. 299. Schnitt durch einen Philips-Beschleunigungsmesser mit Dehnungsmeßstreifen.
1 Stahlgehäuse; — *2* schwingungsfähige Masse; — *3* Meßfedern; — *4* Dehnungsmeßstreifen; — *5* Dämpfungsflüssigkeit

β) Dehnungsmeßstreifen-Beschleunigungsmesser. Die Fa. Philips stellt unter Verwendung ihrer Dehnungsmeßstreifen den in Abb. 299 im Schnitt gezeigten Beschleunigungsmesser her. In dem Stahlgehäuse *1* ist die Masse *2* zwischen den Blattfedern *3* aufgehängt und ihre Bewegung durch Silikonöl gedämpft. Auf die Blattfedern sind beiderseits Dehnungsmeßstreifen *4* aufgeklebt, von denen bei Durchbiegung zwei gestaucht und zwei gedehnt werden. Die Meßstreifen sind 8 mm lang und haben einen Ruhewiderstand von 300 Ω, die Widerstandsänderung wird in einer Wheatstonebrücke gemessen. Der Meßbereich ist 15 g, die Eigenfrequenz 65 Hz, so daß Beschleunigungen bis zu Frequenzen von 35 Hz mit einem maximalen Fehler von 10% gemessen werden können; statische Messungen lassen sich mit einer Genauigkeit von ± 3% ausführen. Infolge der Änderung der Dämpfung mit der Zähigkeit des Dämpfungsöls und infolge der Änderung der elastischen Eigenschaften der Meßfedern macht sich ein Temperaturfehler bemerkbar, der in Abb. 300 abhängig von der Schwingungsfrequenz dargestellt ist. Die höchstzulässige Betriebstemperatur beträgt 60°.

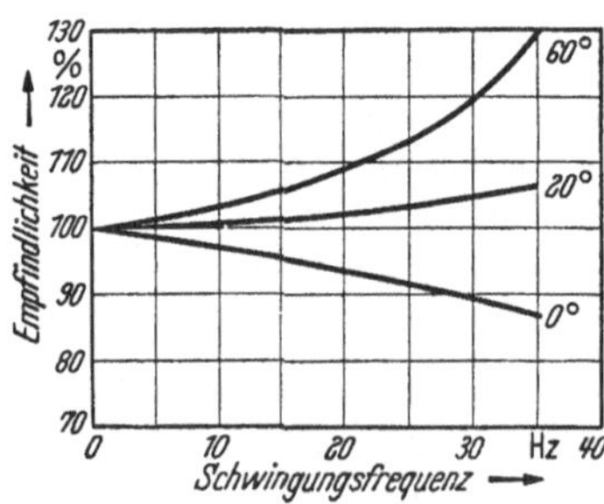

Abb. 300. Empfindlichkeit eines Philips-Beschleunigungsmessers mit Dehnungsmeßstreifen als Funktion der Schwingungsfrequenz

γ) **Widerstandsbeschleunigungsmesser von Gerloff.** Beim Widerstandsbeschleunigungsmesser von GERLOFF ist eine träge Masse zwischen drei Aufhängungen in einem steifen Rahmen federnd befestigt. Jede Aufhängung besteht aus einer Anzahl paralleler, elektrisch in Reihe geschalteter Widerstandsdrähte mit mechanischer Vorspannung. Bei Beschleunigungen werden die Aufhängungen durch die Massenkräfte zusätzlich belastet oder entlastet und es entstehen Widerstandsänderungen in der Größenordnung von 1%/g. Die träge Masse wiegt etwa 400 g, das Schwingungssystem hat eine Eigenfrequenz von 200 Hz und der Meßbereich reicht von $1 \cdot 10^{-3} \ldots 3$ g.

δ) **Vakuumröhren-Beschleunigungsmesser.** Der Beschleunigungsgeber ist eine Vakuumröhre mit zwei fest miteinander verbundenen Anoden, die gegenüber der Kathode federnd angeordnet sind und bei Beschleunigungen senkrecht zur Anodenfläche ihren Abstand von der Kathode verringern bzw. vergrößern. Die Änderung des Widerstandes der Gasstrecken wird in einer Wheatstone- oder Thomson-Brücke gemessen (Abb. 301). Der Geber arbeitet bis zu Beschleunigungen von 160 g linear, der maximale Meßbereich einer von Philips hergestellten Beschleunigungsröhre ist 100 g, bei einer Empfindlichkeit von 7,5 mV/g und einer Resonanzfrequenz von 1 kHz. Vor dem Anzeigeinstrument siebt ein Tiefpaß die von den Resonanzschwingungen der Röhre herrührenden Stromänderungen heraus. Beschleunigungen in der Richtung der Anodenebene haben nur einen geringen Einfluß auf die Anzeige. Der Nullpunkt ist nicht völlig konstant und man muß mit kurzfristigen Nullpunktwanderungen rechnen, die eine Beschleunigung von 1 g vorzutäuschen vermögen.

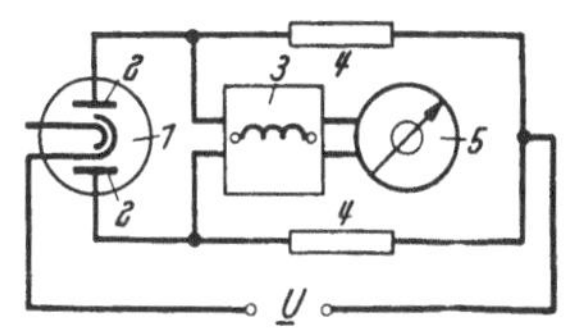

Abb. 301. Vakuumröhrenbeschleunigungsmesser von Kretzmann-Philips. *1* Doppelanodenröhre; — *2* Anode; — *3* Tiefpaß; — *4* Brückenwiderstände; — *5* Anzeigeinstrument

Das Verfahren wurde angewendet, um sehr hohe Beschleunigungen bei Fahrzeugen und Flugzeugen zu messen.

b) Elektrodynamische Beschleunigungsmesser [56]

Der elektrodynamische Beschleunigungsmesser beruht auf dem Induktionsgesetz, wonach in einem Leiter, der sich in einem Magnetfeld bewegt, elektromotorische Kräfte U induziert werden, die proportional der Feldstärke H, der induzierten Leiterlänge l und der Bewegungsgeschwindigkeit v sind. Unter sonst konstanten Verhältnissen ist also die Induktionsspannung proportional der Relativgeschwindigkeit zwischen Leiter und Magnetfeld.

$$U = k \cdot H \cdot l \cdot v = k_1 \cdot v = k_1 \cdot ds/dt, \tag{309}$$

wobei s den Weg der Spule in der Zeit t darstellt. Durch Differentiation erhält man aus der induzierten Spannung U die Beschleunigung, durch Integration den Weg.

Abb. 302 ist ein Schnitt durch den elektrodynamischen Schwingungsgeber von Philips. Mit dem Gehäuse fest verbunden ist der Magnet *1*, er folgt somit den Schwingungen des Untersuchungsobjektes. Die träge Masse wird dargestellt durch die beiden Spulen *2* und *4*, die fest miteinander verbunden zwischen den Membranfedern *3* und *5* aufgehängt sind. Die Masse des schwingungsfähigen Systems ist 50 g, die Resonanzfrequenz 12 Hz; es handelt sich also um ein tief abgestimmtes System, ähnlich dem Seismographen, dessen ruhende Masse den festen Punkt darstellt, auf den man die Bewegungen des Untersuchungsobjektes bezieht.

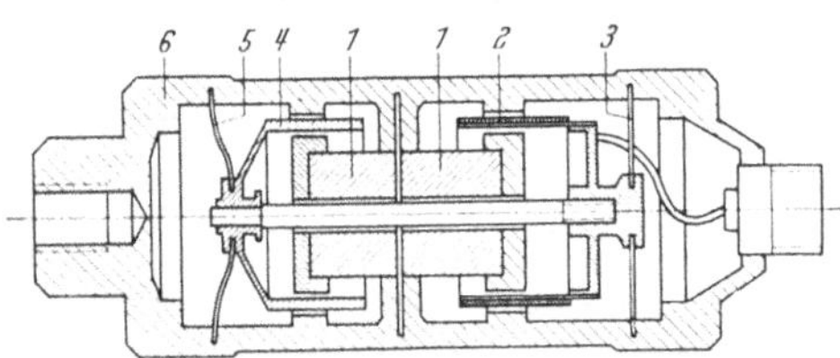

Abb. 302. Schnitt durch einen elektrodynamischen Beschleunigungsmesser von Philips.
1 Permanentmagnet; — *2* Induktionsspule; — *3*, *5* Aufhängefeder; — *4* Dämpfungskörper der Wirbelstromdämpfung; — *6* Gehäuse

In der Schwingspule *2* wird bei Bewegungen eine Spannung induziert, die proportional der Geschwindigkeit der Spule gegenüber dem Magnet *1*

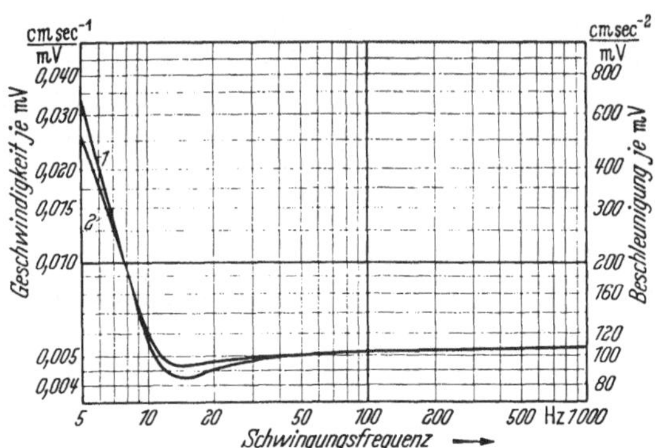

Abb. 303. Eichkurven des elektrodynamischen Beschleunigungsmessers von Philips, abhängig von der Schwingungsfrequenz.
Linke Ordinate: Geschwindigkeit je mV Geberspannung; — rechte Ordinate: Beschleunigung je mV Geberspannung; — Eichtemperatur 23°; — Kurve *1* bei 20° Neigung der Geräteachse gegen die Vertikale; — Kurve *2* bei 70° Neigung der Geräteachse gegen die Vertikale

ist, die erste Ableitung dieser Spannung nach der Zeit ergibt die Beschleunigung. Die Spule *4* ist ein Kurzschlußring, in dem Wirbelströme induziert werden, die der Bewegung entgegenwirken und das System dämpfen. Die Dämpfung wurde etwa halbaperiodisch gewählt. Abb. 303 zeigt die Eichkurve des Geräts abhängig von der Frequenz der Schwingungen. Die Ordinatenmaßstäbe geben die für die Induktion von 1 mV erforderliche Geschwindigkeit bzw. Beschleunigung bei einer Neigung des Gerätes von 20° und 70° gegen die Senkrechte an. Die eine Eichkurve wird bei Neigungen von 0° ... 45°, die andere für Neigungen von 45° ... 90° verwendet. Wie man aus der Kurve sieht, ist der Schwingungsaufnehmer von etwa 30 ... 1000 Hz verwendbar und liefert in diesem Teil der Charakteristik als Geschwindigkeitsmesser 200 mV/cm

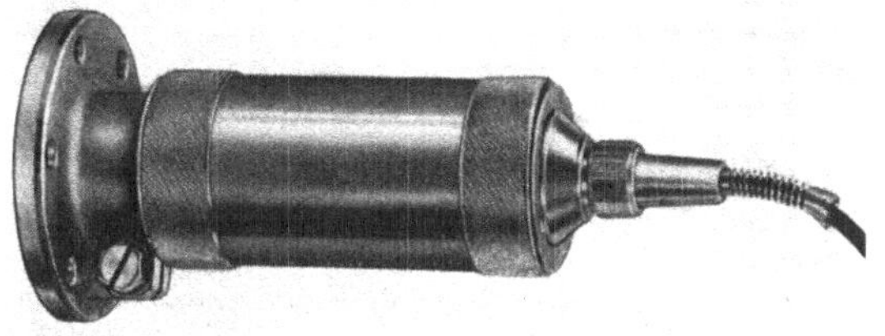

Abb. 304. Ansicht des elektrodynamischen Beschleunigungsmessers von Philips

sek^{-1} bzw. als Beschleunigungsmesser 1 mV/100 cm sek^{-2} oder etwa 1 mV/0,1 g. Die Eichkurven sind unterhalb 12 Hz auf $\pm$ 5%, oberhalb auf $\pm$ 2% genau, sie beziehen sich auf eine bestimmte Temperatur. Bei Temperaturänderungen ändert sich einerseits der Dämpfungsgrad, anderseits der Widerstand der Induktionsspule, und man muß mit einem frequenzabhängigen Temperatureinfluß rechnen. Oberhalb 50 Hz Schwingungsfrequenz liegt der Temperatureinfluß bei etwa $-$ 1%/10°.

Das Gerät wiegt 600 g, es kann deshalb nur bei Objekten angewendet werden, bei denen diese Zusatzmasse den Schwingungsvorgang nicht verändert, es kann fest auf das Untersuchungsobjekt aufgeschraubt oder mit einem Taststift angehalten werden. Abb. 304 ist eine Ansicht des Gerätes.

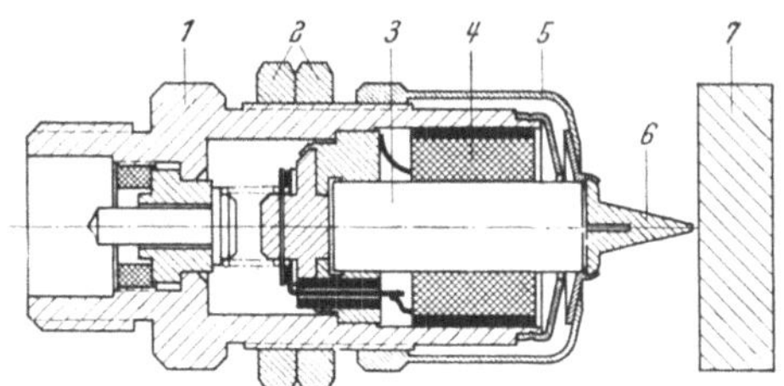

Abb. 305. Elektromagnetischer Beschleunigungsmesser von Philips.
1 Gehäuse; — *2* Befestigungsmutter; — *3* Permanentmagnet; — *4* Induktionsspule; — *5* unmagnetische Kappe; — *6* federnde Spitze; — *7* Meßobjekt

c) Induktive Beschleunigungsmesser [*56*]

Beim induktiven Beschleunigungsmesser von Philips sitzt eine Induktionsspule fest auf einem Permanentmagnet, dessen Fluß durch die Bewegung eines Eisenankers geändert wird, wie Abb. 305 zeigt. Das Gerät besteht aus dem im Gehäuse *1* fest montierten Dauermagnet *3* mit der Wicklung *4*. Über das freie Magnetende ist eine unmagnetische Abdeckkappe *5* gezogen, sie hält eine federnde Spitze *6*. Wird das Gerät auf einen ferromagnetischen Prüfling *7* aufgesetzt, so ändert sich bei Schwingungen des Prüflings der Abstand zwischen dem ruhenden Schwingungsaufnehmer und dem schwingenden Prüfling und die dadurch hervorgerufenen Flußänderungen induzieren in der Spule *4* eine Spannung, die der Änderungsgeschwindigkeit des Flusses Φ proportional ist; der Fluß wiederum ändert sich mit dem Abstand des Eisenankers bzw. mit der Luftspaltlänge. Es ergibt sich somit

$$u = -k \cdot \frac{d\Phi}{dt} = -k \cdot \frac{d\Phi}{da} \cdot \frac{da}{dt}. \tag{310}$$

Den Abstand a kann man darstellen aus Grundabstand a_0 und dem Weg s des Eisenankers: $a = a_0 \pm s$, und man erhält dann

$$u = -k \cdot \frac{d\Phi}{da} \cdot \frac{d(a_0 \pm s)}{dt} = -k \cdot \frac{d\Phi}{da} \cdot \frac{ds}{dt}, \tag{311}$$

da a_0 konstant ist. Auf unmagnetische Prüflinge klebt man für die Messung ein Eisenplättchen auf.

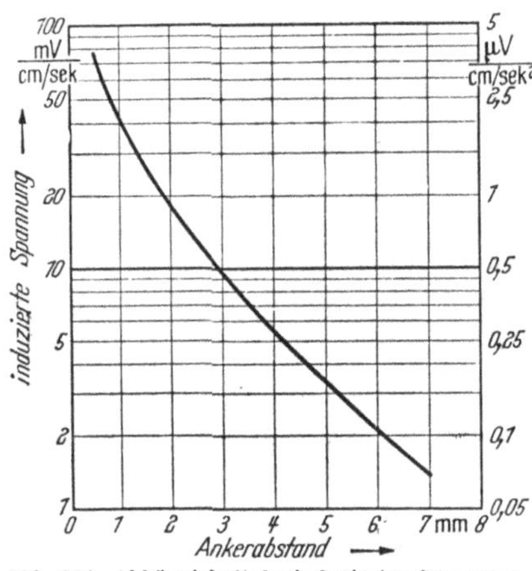

Abb. 306. Abhängigkeit der induzierten Spannung vom Ankerabstand beim elektromagnetischen Beschleunigungsmesser von Philips

Das Instrument eignet sich nur für Frequenzen bis zu einigen 100 Hz und nicht für genaue Messungen, seine Aufgabe ist es, das Vorhandensein von Schwingungen, ihre annähernde Größe oder eine Änderung des Schwingungszustandes festzustellen. Da der magnetische Kreis einseitig völlig offen ist, wird das Gerät durch Fremdfelder erheblich gestört, diesen Einfluß kann man durch eine feldkonzentrierende Kappe verringern. Abb. 306 zeigt die Größe der induzierten Spannung für verschiedene Abstände von dem schwingenden Objekt; die Empfindlichkeit ändert sich außerdem mit Größe, Form und magnetischen Eigenschaften des Prüflings sowie mit der Schwingungsfrequenz.

Der Vibrograph von Sieber (Abb. 307) ist ein tief abgestimmter induktiver Beschleunigungsmesser mit aperiodischer Öldämpfung, er mißt die relative Verschiebung zwischen einer federnd aufgehängten Masse und dem Gehäuse, ist also ein Wegmesser. Die federnde Masse wird durch ein Bleigewicht und zwei Transformatorkerne dargestellt, denen am Gehäuse zwei Eisenanker gegenüberstehen. Im Ruhezustand sind die Luftspalte der beiden Transformatoren gleich groß, bei Beschleunigungen vergrößert sich der eine, während der andere abnimmt. Die

Differenz der in den Sekundärwicklungen induzierten elektromotorischen Kräfte wird verstärkt, gleichgerichtet und gemessen. Die Eigenfrequenz des Schwingungssystems beträgt 3 Hz, der Frequenzbereich reicht von 4 . . . 250 Hz.

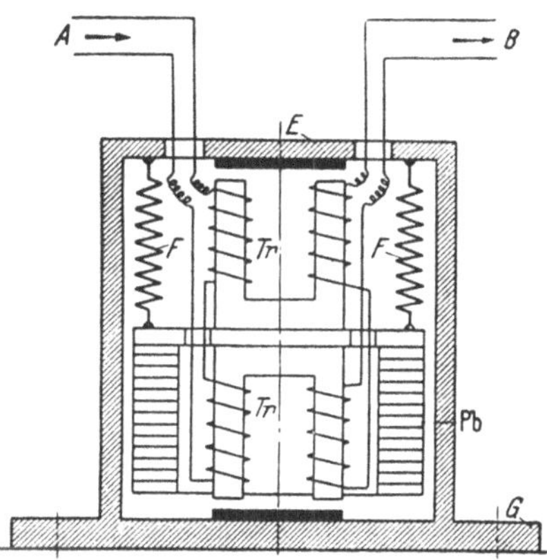

Abb. 307. Schnitt durch den elektromagnetischen Beschleunigungsmesser von SIEBER. (Aus SIEBER: Erschütterungsmessung an Maschinen. Arch. techn. Messen V 171-2.)

A Anschluß des Röhrengenerators; — *B* zum Verstärker; — *E* Gehäuse; — *F* Gegenfedern; — *G* Grundplatte; — *Tr* Transformator; — *Pb* schwingende Masse

d) Kapazitive Beschleunigungsmesser [*57*]

Der kapazitive Beschleunigungsmesser von KLUGE-LINCKH nach Abb. 308 besteht aus einem festen Stahlgehäuse *1* mit einer gewichtsbeschwerten Membran *4*. Zwischen den Isolatoren *2* liegt der Kondensator *5* mit dem festen Dielektrikum *6*, das kleine Plattenabstände ohne die Gefahr einer Überbrückung ermöglicht. Die Kapazität des Kondensators ändert sich mit der Durchbiegung der Membran, das Gerät mißt also den Schwingweg, aus dem durch doppelte Differentiation die Beschleunigung abgeleitet werden kann. Der Meßbereich beginnt bei Beschleunigungen von einigen cm sek^{-2} mit Frequenzen bis zu 1 kHz, die Betriebsspannung beträgt 1000 V.

e) Piezoelektrische Beschleunigungsmesser [*58*]

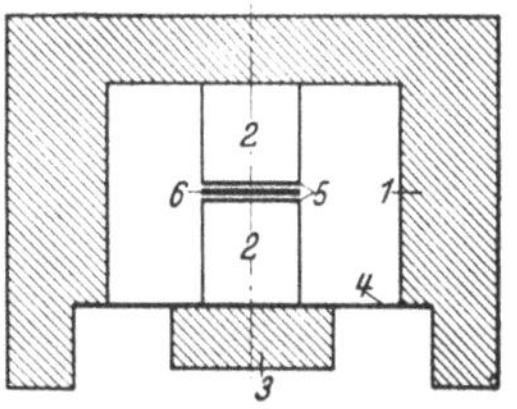

Abb. 308. Kapazitiver Beschleunigungsmesser von KLUGE/LINCKH.

1 Gehäuse; — *2* Isolatoren; — *3* träge Masse; — *4* Membran; — *5* Kondensatorbeläge; — *6* festes Dielektrikum

Abb. 309 zeigt einen ungedämpften piezoelektrischen Beschleunigungsmesser der PTR mit einer Eigenfrequenz von 4 kHz. Die träge Masse *2* mit einem Gewicht von 5 kg wird von der Membran *1* getragen und stützt sich über die Quarzscheiben *3* auf den Bock *5* ab. Bei senkrechter Beschleunigung entsteht auf den Quarzen eine Ladung, die der Beschleunigungskraft proportional ist und nach entsprechender Verstärkung gemessen werden kann. In ähnlicher Form werden piezoelektrische Beschleunigungsmesser von verschiedenen Firmen hergestellt, so von der Zeiß-Ikon AG., AEG, Rohde & Schwarz, Steeg & Reuter, Brush Electronics Co. und anderen. Sie arbeiten entweder mit Piezoquarzen oder einem der anderen piezoelektrischen Werkstoffe und sind die empfindlichsten Beschleunigungsmesser mit einer linearen

Vergrößerung von $10^6 \ldots 10^7$. Quarzsäulen werden vorzugsweise auf Druck, die anderen Piezowerkstoffe vorzugsweise auf Biegung bean-

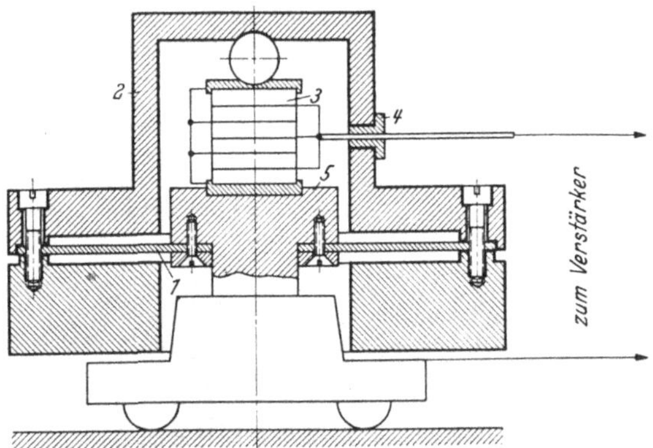

Abb. 309. Piezoquarzbeschleunigungsmesser der PTR. (Aus TURETSCHEK: Beschleunigungsmeßgeräte. Arch. techn. Messen J 163-1.)
1 Membran; — 2 träge Masse; — 3 Quarzsäule; — 4 Bernsteinisolation; — 5 Stempel

sprucht. Abb. 310 zeigt den Schnitt eines Quarz-Beschleunigungsmessers der Zeiß-Ikon AG. mit einer Eigenfrequenz von 24 kHz und einem Meßbereich von 5 . . . 10000 g.

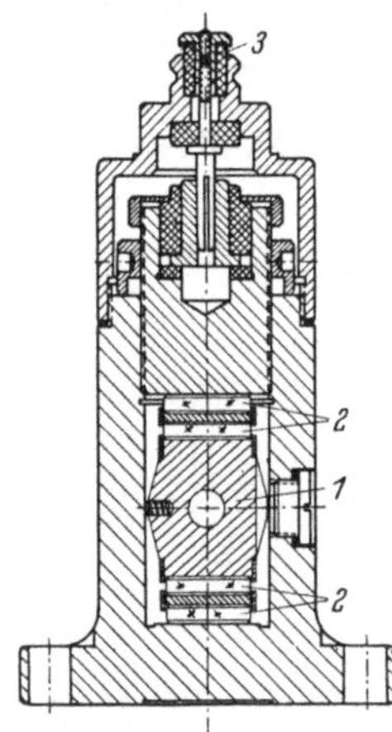

Abb. 310. Schnitt durch einen piezoelektrischen Beschleunigungsmesser der Zeiß-Ikon AG. Meßbereich 5 . . . 10000 g, Empfindlichkeit 10^{-14} Coul. · cm^{-1} sek^2, Eigenfrequenz etwa 24 kHz, Dämpfungsgrad $\alpha = 0{,}03$.
1 Hilfsmasse; — 2 Meßquarze; — 3 Kabelanschluß

Der Beschleunigungsmesser von Rohde & Schwarz verwendet auf Biegung beanspruchte Streifen aus Ammonium-Dihydrogenphosphat, er hat eine Eigenfrequenz von 8 kHz und erfaßt den Frequenzbereich von 10 . . . 5000 Hz. Das Gerät wiegt nur 12 g und liefert eine EMK von 1 mV/m sek^{-2}.

Beim piezoelektrischen Beschleunigungsmesser nach LOESER von Steeg & Reuter wird die Abhängigkeit der Frequenz eines Schwingquarzes vom Luftspalt zwischen Quarz und Elektrode zu einer drahtlosen Übertragung der Beschleunigungswerte benutzt (Abb. 311). Der Quarz Q ist an drei Punkten gehalten, E_1 ist die feste, E_2 die mit der Masse verbundene und an der Membran m aufgehängte, bewegliche Elektrode, Abb. 312 zeigt die Abhängigkeit der Schwingfrequenz vom Luftspalt. Der Quarzgeber liegt in dem einen Schwingkreis eines Schwebungssummers, dessen anderer Schwingkreis ein fest eingestelltes Quarzelement enthält, die tonfrequente Schwebungsfrequenz moduliert einen Kurzwellensender, der die Beschleunigungswerte drahtlos überträgt. Die Eigenfrequenz des Gerätes ist 50 Hz, und es wurde verwendet, um die Beschleunigungen eines Pilotballons in der Größenordnung von $\pm 0{,}5$ g bei Frequenzen von 0,01 ... 0,5 Hz zur Beobachtungsstation zu übertragen. Abb. 313 zeigt die Schwebungsfrequenz abhängig von der Beschleunigung. Abb. 314 zeigt einen Beschleunigungsmesser aus zwei Bariumtitanatringen mit aufgegossenen Bleielektroden. Die Ringe werden mit einem aufgesetzten Gewicht mit dem Meßobjekt verschraubt, sie wiegen 8 g, haben eine Kapazität von einigen Tausend Picofarad und eine Eigenfrequenz zwischen 20 und 60 kHz. Der Beschleunigungsmesser ist bis zu Frequenzen von 15 kHz und Temperaturen bis 100° brauchbar, er liefert eine EMK von 20 mV/g.

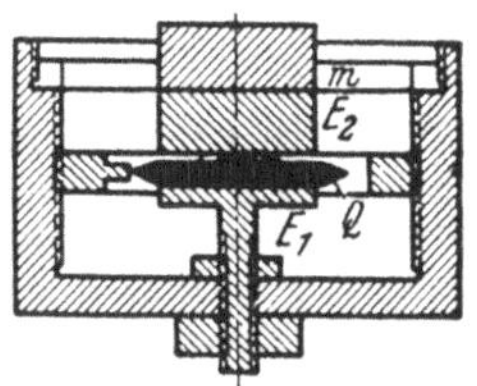

Abb. 311. Schnitt durch einen piezoelektrischen Beschleunigungsmesser von Steeg & Reuter. [Aus LOESER: Beschleunigungsmessung auf drahtlosem Weg. Z. Instrumentenkde. Bd. 64 (1944) S. 30.]

E_1 feste Elektrode; — E_2 träge Masse und bewegliche Elektrode; — m Membran; — Q piezoelektrischer Kristall

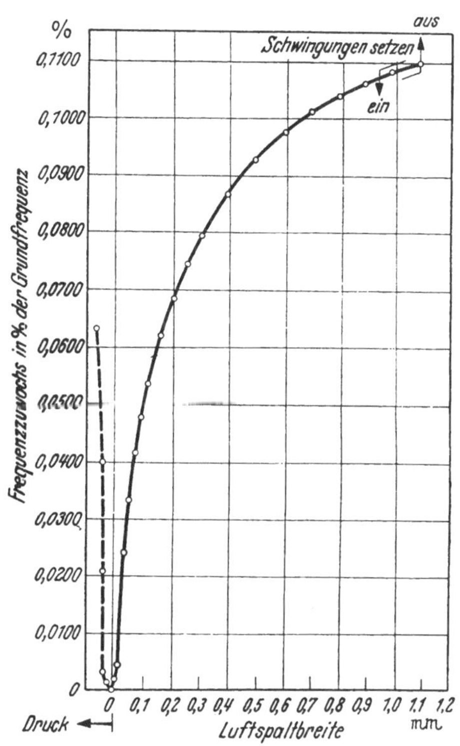

Abb. 312. Frequenzänderung als Funktion der Luftspaltbreite beim piezoelektrischen Beschleunigungsmesser von Steeg & Reuter

V. Zeitmessung [59]

1. Langzeitmesser

Synchronmotoren mit Getriebe und Zähl- oder Zeigerwerk können als Uhren verwendet werden, ihre sekundliche Drehzahl ist

$$n = \nu / p, \tag{312}$$

sie stimmt also bei einer doppelpoligen Maschine (Polpaarzahl $p = 1$) mit der Frequenz ν der Speisespannung überein.

Bei konstanter Frequenz kann man aus dem Läuferweg des Synchronmotors auf die Einschaltedauer t schließen, denn es ist die Umdrehungszahl

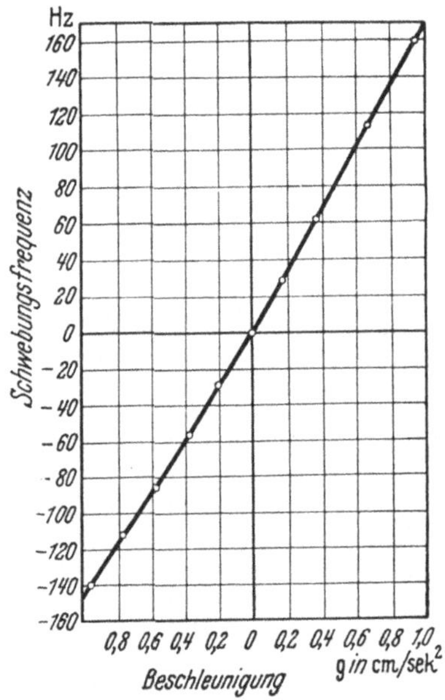

Abb. 313. Abhängigkeit der Schwebungsfrequenz von der Beschleunigung beim piezoelektrischen Beschleunigungsmesser von Steeg & Reuter

$$u = n \cdot t = \nu \cdot t/p. \quad (313)$$

Die Mehrzahl der Energieversorgungsnetze wird zeitgenau gefahren, das heißt, einmal aufgetretene Frequenzabweichungen werden im Lauf eines Tages ausgeglichen, so daß die Synchronzeit auf längere Sicht mit der astronomischen Zeit übereinstimmt. Vorübergehend kann die Frequenz von ihrem Nor-

Abb. 314. Grundsätzliche Anordnung eines Bariumtitanatbeschleunigungsmessers.
1 Ringe aus Bariumtitanat; — *2* Bleielektroden

malwert (50 Hz) abweichen, wodurch Kurzzeitmessungen mit Synchronstoppuhren fehlerhaft werden. Diese vorübergehenden Frequenzabweichungen liegen in der Größenordnung von $\pm 0{,}1$ Hz, bedeuten also einen Zeitfehler von $\pm 0{,}2\%$, weshalb man für genauere Messungen eine geregelte Normalfrequenz verwenden muß.

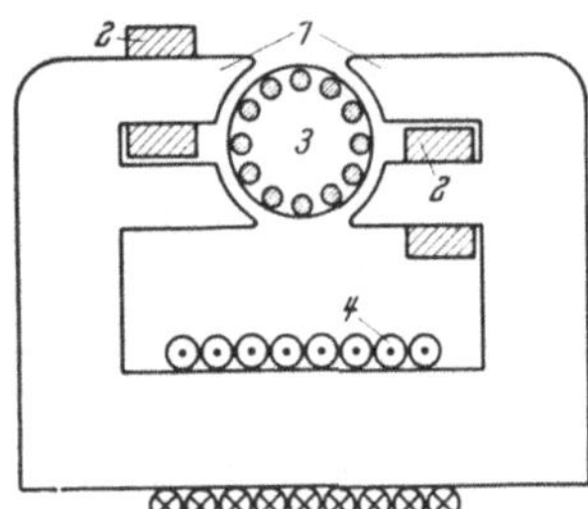

Abb. 315. Schnitt durch einen Synchroninduktionsmotor.
1 Spaltpole; — *2* Kurzschlußringe; — *3* Läufer mit eingespritzten Stäben; — *4* Feldwicklung

a) Synchronuhren [*60*]

Selbstanlaufende Synchronmotoren zum Antrieb von Uhrwerken werden als Spaltpol-Wanderfeldmotoren hergestellt, und zwar entweder als Induktionsmotoren mit einem Kurzschlußläufer oder als Hysteresemotoren. Die Phasenverschiebung des einen Flußteiles erzeugt man durch Kurzschlußringe auf der betreffenden Polhälfte. Der Induktionsmotor nach Abb. 315 hat einen Kurzschlußläufer und entwickelt ein asynchrones und ein synchrones Drehmoment, seine Asynchrondrehzahl liegt über der synchronen, er läuft als Asynchronmotor an und wird beim Durchschreiten der Synchrondrehzahl durch das bei dieser Drehzahl überwiegende synchrone Drehmoment festgehalten.

Der Ständer des Hysteresemotors nach Abb. 316 hat vier von einer gemeinsamen Wicklung erregte Polsterne. Je zwei aufeinanderfolgende Teilpole sind gleichsinnig magnetisiert, doch besteht zwischen ihren Flüssen eine Phasenverschiebung, hervorgerufen durch einen Kurzschlußring. Der Läufer ist eine Aluminiumtrommel mit einem eingelegten Stahlband. Durch das umlaufende Feld wird das Stahlband ständig ummagnetisiert und läuft infolge der Hystereseverluste synchron mit dem Erregerfeld um. Abb. 317 zeigt die Abwicklung der Polsterne, Abb. 318 die Einzelteile des Motors.

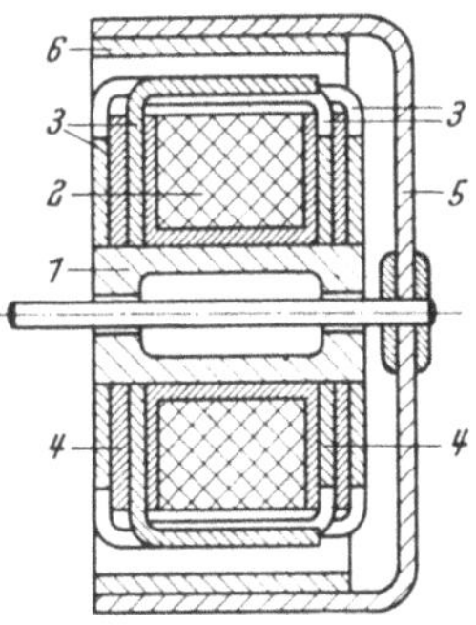

Abb. 316. Schnitt durch einen Hysteresesynchronmotor der Siemens-Schuckertwerke-AG.
1 Ständereisen; — *2* Ständerwicklung; — *3* Polrad; — *4* Kupferscheibe; — *5* Läufertrommel; — *6* hysteretisches Material

b) Stoppuhren

Die elektrische Stoppuhr der Favag, Neuchâtel (Abb. 319), hat einen Getriebesynchronmotor, der über die elektromagnetische Kupplung *3* mit dem Zeigerwerk *4* gekuppelt

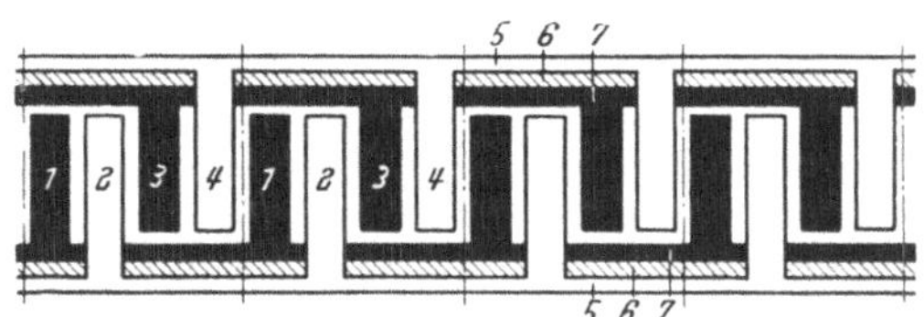

Abb. 317. Abwicklung der Polsterne des Hysteresemotors.
1, *2* positiver Pol; — *3*, *4* negativer Pol; — *5* durch Kurzschlußring belasteter Polstern; — *6* Kurzschlußring; — *7* unbelasteter Polstern

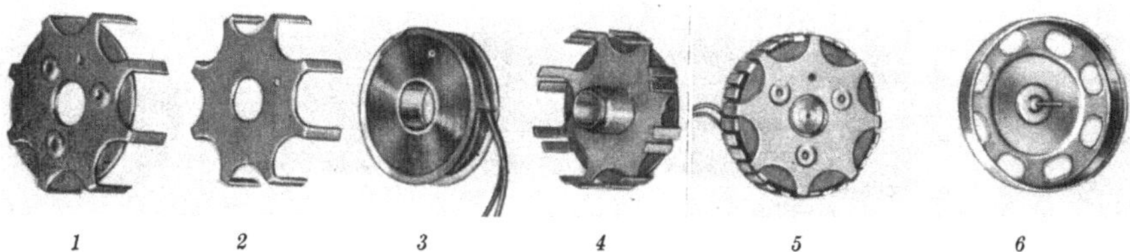

Abb. 318. Einzelteile des Hysteresesynchronmotors der Siemens-Schuckertwerke-AG.
1 Polstern mit Kupferscheibe; — *2* unbelasteter Polstern; — *3* Feldspule; — *4* belasteter und unbelasteter Polstern vereinigt; — *5* fertig montierter Ständer; — *6* Läufer

werden kann. Nach dem Anschluß des Gerätes an das Wechselstromnetz läuft der Motor *1* mit seinem Getriebe *2* ständig um und wird durch Bedienung der Schalter *10 . . . 12* mit dem Zeigerwerk gekuppelt. Die Stoppuhr kann in verschiedener Weise betrieben werden (Abb. 320).

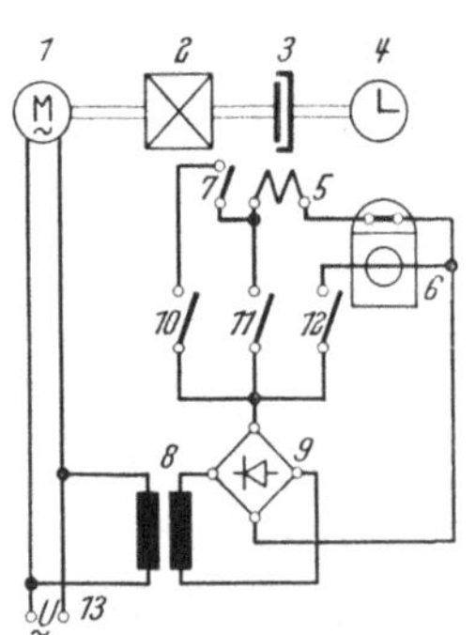

Abb. 319. Schaltung der Synchronstoppuhr der Favag, Neuchâtel.

1 Synchronmotor; — *2* Getriebe; — *3* elektromagnetische Kupplung; — *4* Zeigerwerk; — *5* Kupplungsrelais; — *6* Hilfsrelais; — *7* Selbsthaltekontakt des Kupplungsrelais; — *8* Wandler; — *9* Gleichrichter; — 10 . . . *12* Bedienungsschalter; — *13* Netzanschluß

α) Alle Schalter (*10, 11, 12*) sind offen. Wird Schalter *11* geschlossen und wieder geöffnet, dann registriert das Zeigerwerk die Schließungsdauer t_a des Schalters *11*.

β) Alle Schalter sind offen. Wird Schalter *11* eingelegt, beginnt das Zeigerwerk zu registrieren, bis auch der Schalter *12* eingelegt wird. Gemessen wird die Zeit t_b zwischen dem Schließen von Schalter *11* und *12*.

γ) Schalter *10* ist offen, *11* und *12* sind geschlossen. Schalter *12* wird vorübergehend geöffnet, und das Zeigerwerk registriert die Öffnungszeit t_c.

δ) Schalter *10* ist offen, *11* und *12* sind geschlossen. Das Zeigerwerk beginnt mit dem Öffnen des Schalters *12* zu registrieren, bis Schalter *11* geöffnet wird, gemessen wird die Zeit t_d zwischen dem Öffnen der Schalter *12* und *11*.

ε) Schalter *10* ist geschlossen, Schalter *11* und *12* sind offen. Beim Schließen des Schalters *11* beginnt das Zeigerwerk zu zählen, bis der

		Schalter	
α	t_a	10 11 12	Messung der Schließungszeit t_a des Schalters 11
β	t_b	10 11 12	Messung des Zeitintervalls t_b zwischen dem Schließen der Schalter 11 und 12
γ	t_c	10 11 12	Messen der Öffnungszeit t_c des Schalters 12
δ	t_d	10 11 12	Messen des Zeitintervalls t_d zwischen dem Öffnen der Schalter 11 und 12
ε	t_e	10 11 12	Messen des Zeitintervalls t_e zwischen dem Schließen der Schalter 11 u. 12, unabhängig von der Kontaktdauer

Abb. 320. Meßmöglichkeiten mit der elektrischen Stoppuhr der Favag, Neuchâtel.

α Messung der Schließungszeit t_a des Schalters *11*; — β Messung des Zeitintervalls t_b zwischen dem Schließen der Schalter *11* und *12*; — γ Messen der Öffnungszeit t_c des Schalters *12*; — δ Messen des Zeitintervalls t_d zwischen dem Öffnen der Schalter *12* und *11*; — ε Messen des Zeitintervalls t_e zwischen dem Schließen der Schalter *11* und *12*, unabhängig von der Schließungsdauer

Schalter *12* geschlossen wird. Es wird unabhängig von der Kontaktdauer der Schalter *11* und *12* die Zeit t_e zwischen dem Schließen der Schalter *11* und *12* registriert, weil sich nach dem Schließen von Schalter *11* das

Kupplungsrelais über seinen Selbsthaltekontakt *7* hält, bis Schalter *12* geschlossen wird.

Der Sekundenzeiger des Zeigerwerks macht 1 U/sek, der Minutenzeiger 1 U/min, die Zeiger werden von Hand auf Null zurückgestellt. Die Anzeigegenauigkeit ist ± 6 msek bei 50 Hz; bei Frequenzabweichungen sind die Angaben des Zeigerwerks entsprechend der Frequenzabweichung zu korrigieren durch Multiplikation mit dem Faktor

$$f = \nu_{\text{soll}}/\nu_{\text{ist}}.$$

Beispielsweise bei 52 Hz mit

$$f = 50/52 = 0{,}96.$$

a

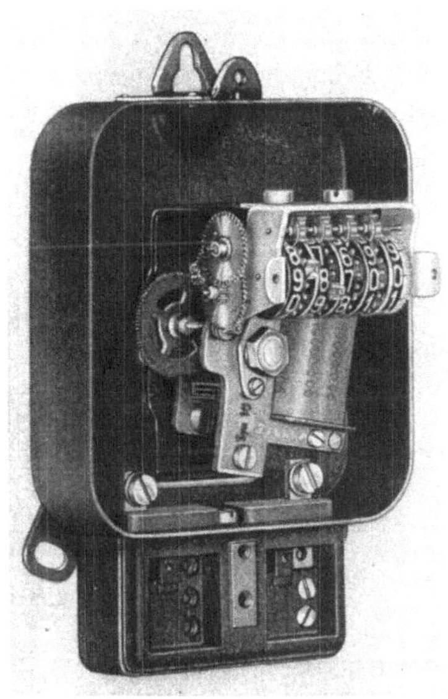

b

Abb. 321 a u. b. Ansicht eines Zeitzählers mit Synchronmotor der Siemens-Schuckertwerke-AG in geschlossenem und geöffnetem Zustand

c) Zeitzähler

Zeitzähler sind Synchronuhren, bei denen an die Stelle des Uhrenzifferblattes ein Zeiger- oder Rollenzählwerk getreten ist, sie werden für Langzeitmessungen verwendet, etwa zur Überwachung der Betriebsdauer von Anlagen. Abb. 321 zeigt Außen- und Innenansicht eines Zeitzählers von SSW.

d) Normalfrequenzgeber

Als Normalfrequenzgeber kommen Stimmgabelgeneratoren und Schwingquarze in Frage. Bei mäßigen Ansprüchen kann man die Normalfrequenz durch eine elektrisch erregte Stimmgabel erzeugen, deren mechanisch oder lichtelektrisch abgenommene Impulse nach entsprechender Verstärkung und Glättung die Uhrenmotoren speisen. Mit einer solchen Einrichtung kann man eine Genauigkeit von etwa 10^{-4} erzielen und kann sie noch weiter steigern, wenn man Temperatur und Luftdruck konstant hält.

Die genaueste Frequenz liefert der Schwingquarz, das ist ein Quarzstäbchen, das an seinen Schwingungsknoten gehalten und durch ein Wechselfeld zu Längsschwingungen mit seiner longitudinalen Eigenfrequenz angeregt wird. Die Eigenfrequenz der Quarzoszillatoren wird zu einigen . . . zig Kilohertz gewählt. Um äußere Einflüsse möglichst auszuschalten, werden die Schwingquarze in einer Wasserstoffatmosphäre von geringem Druck und bei konstanter Temperatur betrieben. Obwohl der Temperatureinfluß auf die Eigenfrequenz, wie Abb. 322 zeigt, sehr gering ist, werden die Quarze in Thermostaten betrieben, deren Temperatur auf mindestens 0,01° konstant gehalten wird. Der

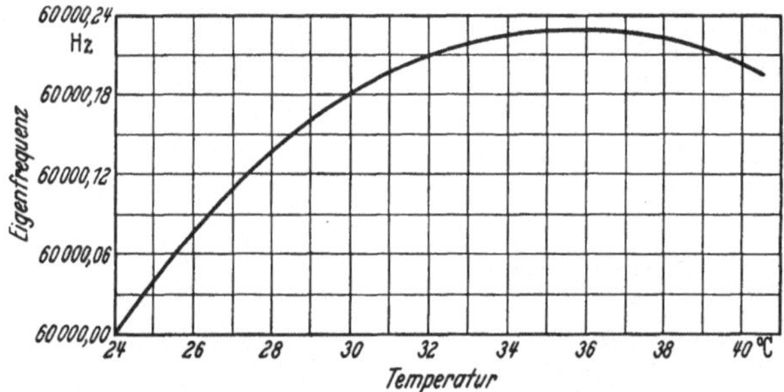

Abb. 322. Abhängigkeit der Eigenfrequenz eines Steuerquarzes von der Temperatur; Betriebstemperatur 36°. [Aus SCHEIBE/ADELSBERGER: Die technischen Einrichtungen der Quarzuhren der PTR. Hochfrequenztechn. Bd. 43 (1934) S. 37 . . . 47.]

Steuerquarz liegt am Gitter eines Senderohres, dessen Anodenkreis er zu ungedämpften Schwingungen mit der Quarzfrequenz erregt, die dann in mehreren Frequenzteilerstufen auf die gewünschte Endfrequenz von meist 50 Hz herabgesetzt wird. Den einzelnen Teilerstufen können die entsprechenden Normalfrequenzen entnommen werden, mit der Endfrequenz werden die Uhrenmotoren, Zeitmarkengeber und sonstige Kontrollgeräte gespeist. Werden alle Speisespannungen des Verstärkers sowie die Temperatur des Schwingquarzes konstant gehalten, so kann man mit einer Frequenzgenauigkeit von 10^{-8} rechnen, was einem Gangfehler der Uhren von 1 msek/d entspricht.

2. Zeitschreiber [*61*]

Mit Zeitschreibern überwacht man den zeitlichen Ablauf von Vorgängen, indem man Zeitmarken auf einen bewegten Registrierstreifen zeichnet, wofür die üblichen Verfahren, wie Schreiben, Drucken, Lochen, Ritzen, Magnetisieren, angewendet werden können. Die Art der Aufzeichnung hängt in erster Linie von der Laufgeschwindigkeit der Registriervorrichtung ab, bei kleinen Geschwindigkeiten kann man mit Tinte schreiben oder drucken, bei größeren Geschwindigkeiten ritzt man in Wachs- oder Kohlepapier oder brennt Löcher aus, und bei ganz großen Geschwindigkeiten registriert man optisch auf einem lichtempfindlichen Film oder magnetisch auf einem Tonband.

Die Zeitschreiber haben ein sehr umfangreiches Anwendungsgebiet, sie eignen sich für statistische Erhebungen und Betriebskontrollen aller Art, da sie die zeitliche Lage, die gegenseitige Lage, die Dauer und die Häufigkeit irgendwelcher Ereignisse festzuhalten vermögen. Das Ereignis kann man in sehr verschiedener Weise registrieren (Abb. 323).

α) Durch Aufzeichnung während der Dauer des Ereignisses. Das hat den Nachteil, daß „keine Aufzeichnung" sowohl „kein Ereignis" wie auch „Versagen der Registriervorrichtung" bedeuten kann.

β) Diesen Nachteil vermeidet man durch Verwendung zweier Registriervorrichtungen für jedes Ereignis, wovon die eine „kein Ereignis", die andere „Ereignis" anzeigt.

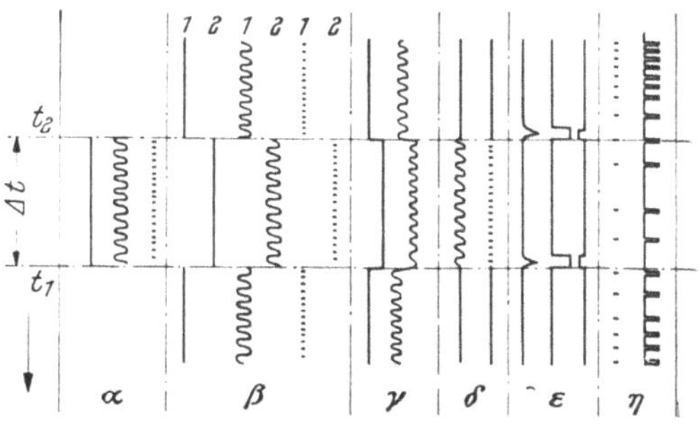

Abb. 323. Verschiedene Aufzeichnungsmethoden beim Zeitschreiber. Ereignisdauer $\Delta t = t_2 - t_1$.

α Registrierung während der Dauer des Ereignisses; — β Registrierung mit zwei getrennten Registriereinrichtungen während der Ereignisdauer und während der Ereignispause; — γ seitliche Versetzung der Registrierung während der Dauer des Ereignisses; — δ Änderung der Art der Registrierung während der Dauer des Ereignisses; — ε Kennzeichnung von Beginn und Ende eines Ereignisses durch Impulse; — η Angabe der Häufigkeit eines Ereignisses durch die Zahl von Impulsen konstanter Dauer

γ) Das gleiche kann man mit einer ständig schreibenden Registriervorrichtung erzielen, wenn man die Aufzeichnung während der Ereignisdauer verändert; in dieser Weise arbeitet die Mehrzahl der Zeitschreiber.

Die Veränderung der Registrierung kann entweder in einer Änderung der Aufzeichnungsstelle unter Beibehaltung der Art der Registrierung oder in einer anderen Registrierung an der gleichen Stelle des Diagramms bestehen. Bei den Zeitschreibern, bei denen das Ereignis unmittelbar eine Zeitmarke schreibt, muß die Transportgeschwindigkeit der Registriereinrichtung bekannt und konstant sein, schaltet man dagegen durch das Ereignis eine Normalfrequenz ein oder um, dann braucht der Ablauf der Registriereinrichtung nicht konstant zu sein, doch erleichtert eine konstante Vorschubgeschwindigkeit auch in diesem Fall das Auswerten der Diagramme. Die Ansprechzeit der Registrierglieder muß klein sein gegenüber der Dauer der Ereignisse, oder es müssen Ein- und Ausschaltverzögerung gleich groß sein, so daß sie sich aufheben.

Die Zeitschreiber mit mechanischer und chemischer Aufzeichnung werden bis zu Laufgeschwindigkeiten von etwa 0,5 m/sek hergestellt, während man bei elektrischer, magnetischer und optischer Aufzeichnung bis zu 50 m/sek geht.

a) Chronographen mit Liniendiagramm

Die Chronographen mit Liniendiagramm schreiben einen fortlaufenden Linienzug, aus dessen Marken Zeitpunkt, Dauer, Beginn und Ende, zeitliche Folge und Häufigkeit von Vorgängen erkennbar sind; es waren ursprünglich Telegraphieempfänger, wie etwa der einsystemige Morse-Schnellschreiber von Siemens & Halske-AG., dessen Drehspulmeßwerk

Abb. 324. Drehspulmorseschnellschreiber von Siemens & Halske-AG.
1 Vorratsrolle; — 2 Schreibwalze; — 3 Führungsrolle; — 4 Schreibsystem; — 5 Tintenbehälter; — 6 Aufwickeltrommel; — 7 Geschwindigkeitsregler

den Verlauf der Telegraphierströme in Tintenschrift aufzeichnet. Die lange, schmale Drehspule ist zwischen kräftigen Spannbändern aufgehängt und erreicht eine Eigenfrequenz von 150 Hz, sie vermag also auch sehr kurzen Impulsen zu folgen. Der Registrierstreifen ist nur 10 mm breit und wird von einem Gleichstrommotor mit einer maximalen Geschwindigkeit von 5 m/sek von einer Vorratsrolle abgezogen und auf eine Aufwickelrolle gespult. Die Ablaufgeschwindigkeit läßt sich mit einem Reibscheibengetriebe stetig einstellen und wird durch einen Fliehkraftregler konstant gehalten.

Abb. 324, 325, 326 geben eine Ansicht des kompletten Gerätes, das Schreibsystem und einen Diagrammausschnitt wieder.

Eine neuere Ausführung ist der Trocken-Schnellschreiber von Siemens & Halske-AG., dessen Drehmagnetmeßwerk Vorgänge mit Frequenzen bis zu 100 Hz auf einem 50 mm breiten Wachspapierstreifen aufzunehmen vermag und dabei ein so hohes Drehmoment entwickelt, daß man das Diagramm aus dem Wachspapier auskratzen kann. Zu diesem Zweck wird das Wachspapier über eine Schreibkante geführt, über die der Zeiger mit seiner harten Unterseite aus Widia gleitet. Das zum Auskratzen der Wachsschicht erforderliche Drehmoment würde jedoch erhebliche Meßfehler bedingen, wenn man nicht das Meßwerk mit einer Rüttelfrequenz von 250 Hz vibrieren ließe, so daß der Zeiger gewissermaßen die Reibungshindernisse überspringt. Das Gerät ist mit einem Verstärker ausgerüstet und hat somit eine sehr kleine Steuerleistung. Das Registrierpapier ist mit einem Koordinatennetz bedruckt und wird durch einen Asynchronmotor mit Fliehkraftregler mit einer Höchstgeschwindigkeit von 50 mm/sek angetrieben. Abb. 327 zeigt das vollständige Gerät.

Die Drehspul- bzw. Drehmagnetsysteme der Schnellschreiber zeichnen amplitudentreu auf, was für die Zeitüberwachung ohne Interesse ist. Deshalb arbeiten fast alle Zeitschreiber, insbesondere die Mehr-

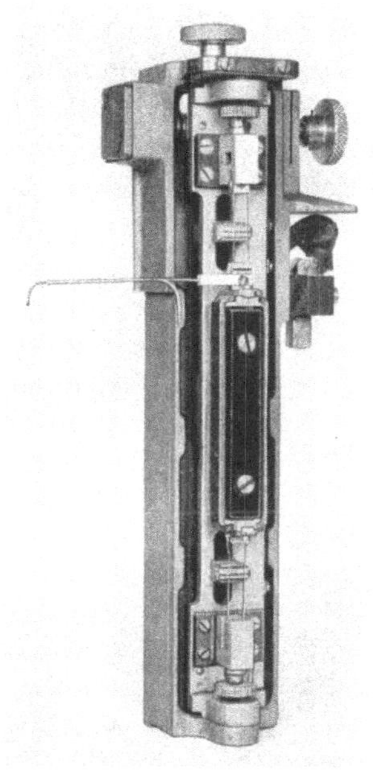

Abb. 325. Einsatzsystem des Siemens-Morseschnellschreibers

Abb. 326. Diagramm des Siemens-Morseschnellschreibers

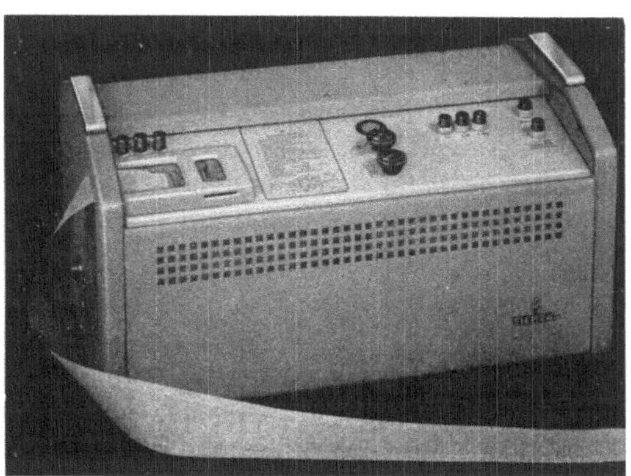

Abb. 327. Siemens-Schnellschreiber mit tintenloser Registrierung. [Aus KÜBLER/BOESEL: Der neue Siemens-Schnellschreiber. Siemens-Z. Bd. 27, H. 5 (1953) S. 246 . . . 251.]

fachschreiber, mit den wesentlich billigeren elektromagnetischen Relais, deren Anker nur zwei feste Stellungen einzunehmen vermag. Die Zeitschreiber von Siemens & Halske-AG., Hartmann & Braun, H. Wetzer, Pfronten, Favag, Neuchâtel, und anderen sind alle ähnlich gebaut, sie können bis zu sechsunddreißig Schreibrelais aufnehmen und zeichnen die „Ein“- und „Aus“-Zeiten mit Tinte in einem gebrochenen Linienzug auf. Das Papier kann durch Uhrwerke oder Motoren mit einer Höchstgeschwindigkeit von etwa 25 cm/sek angetrieben werden. Abb. 328 zeigt als Beispiel einen Zeitschreiber von Hartmann & Braun mit vierundzwanzig Schreibstellen auf 120 mm Papierbreite.

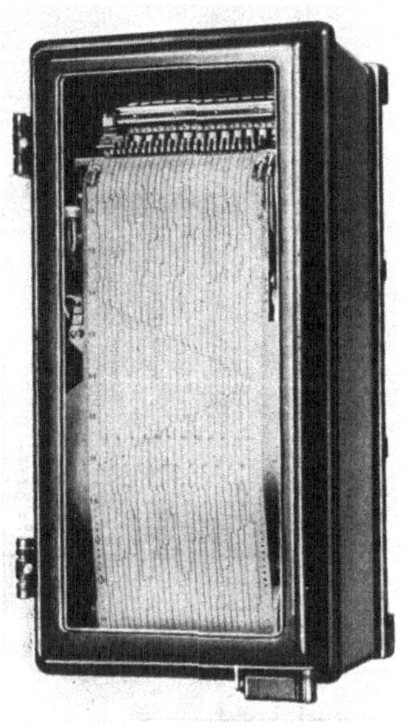

Abb. 328. Zeitschreiber von Hartmann & Braun mit vierundzwanzig Schreibstellen auf 120 mm Papierbreite

Bei sehr hohen Papiergeschwindigkeiten macht die Tintenschrift zuweilen Schwierigkeiten und man arbeitet lieber mit Ruß- oder Wachspapier, aus dem die Zeitmarken ausgekratzt oder ausgeschmolzen werden, so daß der farbige Träger unter der weißen Wachsschicht sichtbar wird.

b) Chronographen mit Punktdiagramm

Bei den Linienschreibern wird das Schreibgerät durch das Ereignis in der Schreibebene abgelenkt, und es entsteht eine Ecke im Diagramm; bei den Punktschreibern wird das Schreibgerät durch das Ereignis senkrecht zur Schreibebene bewegt, die es vorher nicht berührte, und schreibt eine einzelne Marke für jedes Ereignis. Die Marken werden mit Stempelfarbe aufgetupft oder über ein Farbband geschrieben und geben die Häufigkeit und den Zeitpunkt eines Ereignisses an. Will man die Dauer eines Ereignisses registrieren, dann gibt man während dieser Dauer eine Normalfrequenz auf das Schreibgerät und schreibt somit eine Markenreihe, deren Länge der Dauer des Ereignisses entspricht.

Abb. 329 und 330 zeigen Ansicht und Diagramm eines Farbband-Zeitschreibers, des Centralographen von Ericsson. Der Centralograph schreibt bei jedem Ereignis einen kleinen waagrechten Strich. Aus dem Abstand und der Zahl dieser Striche kann man Häufigkeit, zeitliche Folge und Gesamtzahl der Ereignisse ablesen. Zur Überwachung der Dauer eines Ereignisses, beispielsweise der Betriebsdauer einer Maschine, wird an dem überwachten Gerät ein Impulsgeber montiert, der in konstantem Rhythmus Impulse gibt, solange das überwachte Gerät in Betrieb ist. Diese Art der Aufzeichnung hat den Nachteil, daß die Meldungen „kein Ereignis" und „Störung am Centralographen" dasselbe Bild ergeben, deshalb wird in der Nähe des überwachten Gerätes eine zehnteilige Wählerapparatur angebracht, und der Centralograph erhält eine zusätzliche Druckeinrichtung für die Ziffern 0...9, die neben dem registrierten Band erscheinen können. Nunmehr ist das Bedienungspersonal

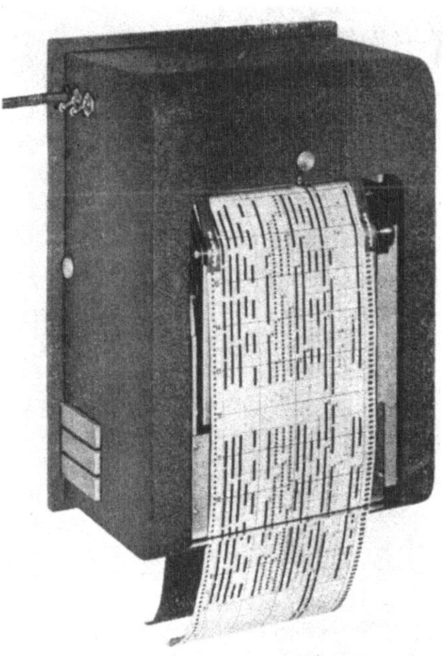

Abb. 329. Zeitschreiber der Firma Ericsson, Stockholm

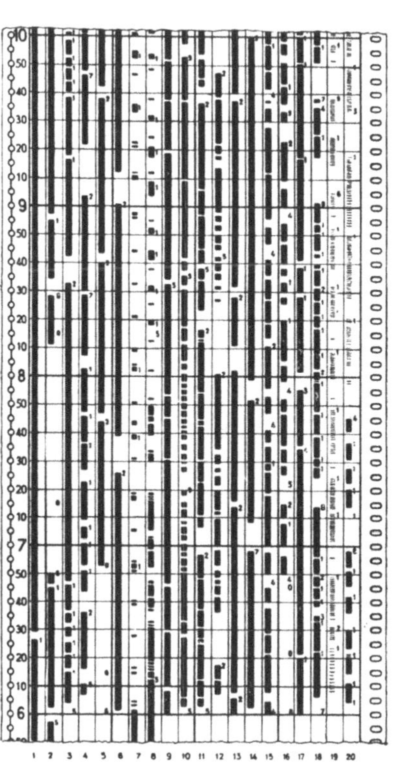

Abb. 330. Diagramm des Ericsson-Zeitschreibers

des überwachten Gerätes in der Lage, durch Wahl einer der Ziffern 0...9 der Zentrale zehn verschiedene Gründe für den Ausfall der Ereignisse bzw. den Stillstand des überwachten Gerätes zu signalisieren. Wird von dem Bedienungspersonal nichts gemeldet, dann bedeutet das Ausfallen des Diagramms eine Störung an der Centralographeneinrichtung. Man könnte natürlich auch jeden Vorgang mit zwei Schreibeinrichtungen überwachen, wovon die eine bei Betrieb, die andere bei Stillstand des überwachten Gerätes arbeitet, würde jedoch in diesem Fall aus dem Diagramm den Grund für den Stillstand nicht erkennen können.

c) Stückzeitschreiber

Die Stückzeitschreiber geben für jedes Ereignis eine Marke auf dem Registrierpapier und verschieben gleichzeitig die Schreibeinrichtung senkrecht zur Bewegungsrichtung des Papiers. Sie geben also einerseits den Zeitpunkt für den Eintritt eines Ereignisses an, unterscheiden aber die Ereignisse noch durch den Abstand der Markierung vom Papierrand bzw. zählen die Ereignisse und zeigen die Summe an. Man braucht die Stückzeitschreiber zum Überwachen von Fabrikationsvorgängen, insbesondere auf Häufigkeit und Regelmäßigkeit der Wiederkehr eines Ereignisses.

Beim Stückzeitschreiber von Siemens & Halske-AG. wird die Schreibeinrichtung durch jeden ankommenden Stromstoß um einen Schritt horizontal weiterbewegt und hat mit 100 Schritten die ganze Papierbreite zurückgelegt, während der nächsten 100 Stromstöße wandert sie wieder nach dem Anfangspunkt zurück. Die Anzahl der Papierüberschreibungen gibt also die Zahl der Ereignisse an. Die Neigung des geschriebenen Linienzuges ist ein Maß für die Häufigkeit, also die Zahl der Ereignisse je Zeiteinheit, und aus dem Verlauf des Linienzuges kann man die Gleichmäßigkeit des überwachten Vorganges erkennen.

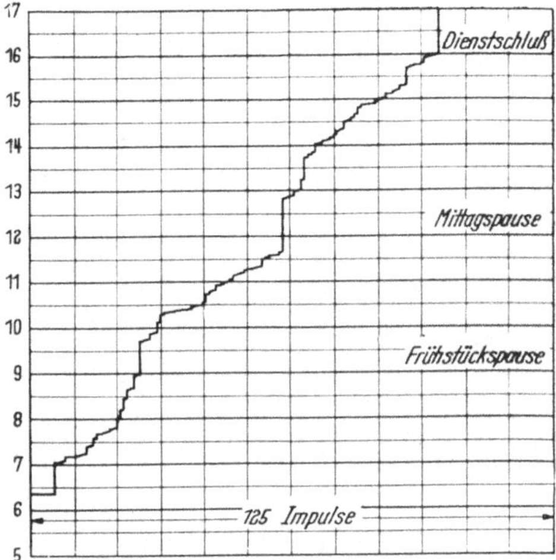

Abb. 331. Diagramm eines registrierenden Maximumzählwerks der Siemens-Schuckertwerke AG. als Gesprächszähler an einem Telephon. Eine Papierbreite entspricht 125 Impulsen

Bei den registrierenden Maximumzählern der SSW wird nicht die Gesamtstückzahl, sondern die Anzahl von Ereignissen innerhalb einer Zählperiode registriert. Die Zählperioden können von 5 min bis 24 h beliebig gewählt werden. Die Registriereinrichtung wird bei jedem Impuls um einen bestimmten Betrag verschoben und fällt nach Ablauf der Registrierperiode frei in die Nullage zurück. Abb. 331 ist der Schrieb eines Gesprächszählers mit einer Zählperiode von 24 h. Aus dem Diagramm ist die Anzahl und die Verteilung der Gespräche auf einer Leitung ersichtlich, die Verkehrsdichte war zwischen 11.00 und 11.30 mit 21 Gesprächen/h am größten.

d) Funkenchronographen

Sehr schnell verlaufende Vorgänge kann man wegen der Massenträgheit nicht mit mechanischen Schreibgeräten aufnehmen und geht deshalb zur Funkenaufzeichnung über. Dabei werden eine oder mehrere Elektroden über dem Diagrammstreifen angeordnet und das Registrierpapier durch spitze Spannungsstöße durchschlagen. Diese Spannungsstöße können beim Eintritt eines Ereignisses einmalig gegeben oder während der Dauer eines Ereignisses periodisch wiederholt werden. Die Durchschlagstellen sind bei gewöhnlichem Papier nur im durchfallenden Licht gut zu erkennen, bei Verwendung von Wachspapier oder metallisiertem Papier entsteht dagegen um jede Durchschlagstelle ein kleiner Hof und macht das Diagramm auch im auffallenden Licht deutlich. Abb. 332 zeigt die grundsätzliche Anordnung eines einsystemigen Wachsfunkenschreibers, Abb. 333 und 334 geben das Diagramm sowie einen vergrößerten Ausschnitt daraus wieder.

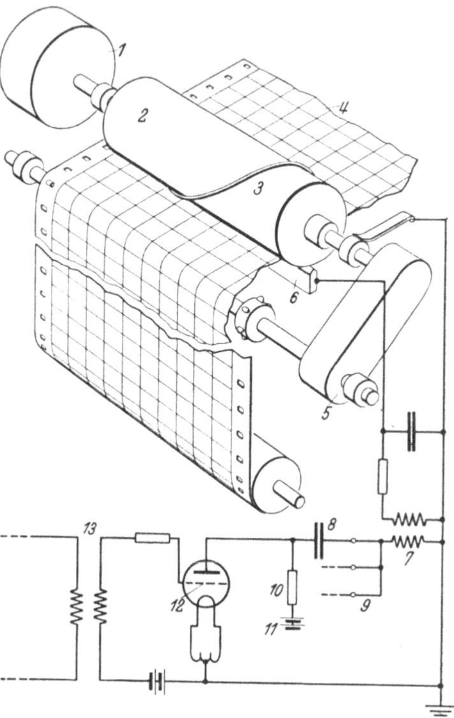

Abb. 332. Anordnung des Wachsfunkenchronographen der Bell Laboratories. [Aus MARRISON: The spark chronograph. Bell Labor. Rec. Bd. 18 (1939) S. 55.] *1* Antrieb; — *2* Schreibtrommel; — *3* spiralförmige Elektrode; — *4* Wachspapier; — *5* Papierantrieb; — *6* schneidenförmige Hochspannungselektrode; — *7* Übertrager; — *8* Kondensator; — *9* Anschlüsse für weitere Impulsgeber; — *10* Vorwiderstand; — *11* Anodenbatterie; — *12* Schaltröhre; — *13* Eingangsübertrager

Der Anodenkondensator *8* wird von der Batterie *11* über den Widerstand *10* aufgeladen. Beim Eingang eines Impulses über den Übertrager *13* entlädt er sich über die nunmehr gezündete Schaltröhre *12* und den Übertrager *7*. Der auf der Sekundärseite dieses Übertragers induzierte Spannungsstoß durchschlägt die Funkenstrecke. Die Funkenstrecke wird einerseits durch eine feste, über die ganze Papierbreite reichende Metallkante, anderseits durch eine Blechkante in Form einer Schraubenlinie auf einer rotierenden Trommel gebildet.

Diese Schraubenlinie stellt eine bei jeder Umdrehung der Trommel über die Papierbreite wandernde Elektrode dar. Das Papier läuft ohne Berührung der Wachsschicht zwischen den Elektroden durch und wird bei jedem Impuls durchschlagen, wobei eine kleine Kreisfläche aus dem Wachs geschmolzen wird; die Durchschlagstelle wandert mit der Schraubenlinie über die Papierbreite, und man kann aus ihrem Abstand vom Papierrand auf die Lage der rotierenden Trommel im Augenblick des Durchschlages schließen. Bei Synchronismus zwischen der Umlaufzeit der Trommelelektrode und dem Abstand der Spannungsstöße läuft die Registrierung parallel zur Papierkante, aus der Neigung des Diagramms gegen die Senkrechte kann man auf die Abweichung der Zeitdifferenz zwischen den Spannungsstößen von ihrem Sollwert schließen.

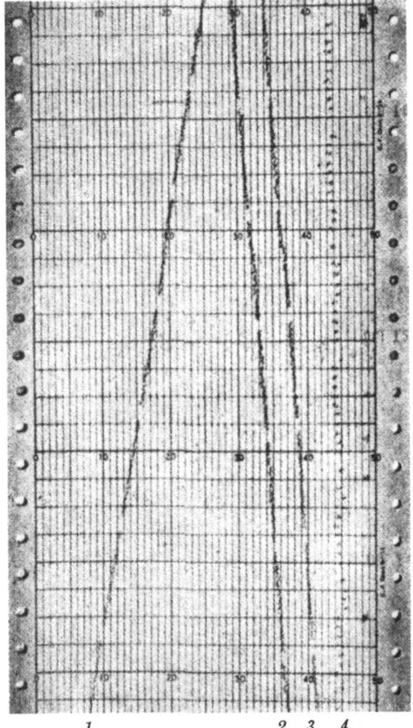

Abb. 333. Diagramm des Wachsfunkenchronographen der Bell Laboratories. [Aus MARRISON: The spark chronograph. Bell Labor. Rec. Bd. 18 (1939) S. 55.]

1 . . . 3 Aufzeichnungen des Gangs von Quarzuhren; — *4* Rundfunkzeitsignal

e) Oszillographen

Bei sehr kurzen Meßzeiten und entsprechend großer Vorschubgeschwindigkeit zeichnet man mit Oszillographenschleifen von hoher Eigenfrequenz auf lichtempfindlichem Papier auf. Oszillographenschleifen sind im Prinzip Drehspulmeßwerke, deren Drehspule sehr langgestreckt ist und nur aus einer halben Windung besteht, sie trägt an

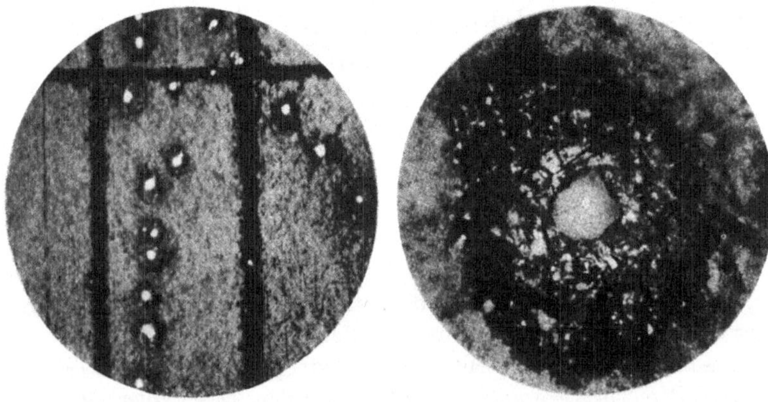

Abb. 334. Mikrophotographien des Diagramms des Wachsfunkenschreibers der Bell Laboratories. [Aus MARRISON: The spark chronograph. Bell Labor. Rec. Bd. 18 (1939) S. 55.]

Stelle des Zeigers einen kleinen Spiegel und schwingt in einer Dämpfungsflüssigkeit. Die Oszillographenschleifen sind durch Empfindlichkeit und Eigenfrequenz gekennzeichnet, je höher die Eigenfrequenz ist, desto geringer ist die Empfindlichkeit. Die Eigenfrequenzen gebräuchlicher Schleifen liegen zwischen 700 Hz und 17 kHz, ihr Eigenverbrauch bei 1 m Lichtzeigerlänge zwischen 0,5 und 150 μW/mm Diagrammhöhe. Die Oszillographen werden in zahlreichen Formen hergestellt, sie unterscheiden sich durch die Anzahl der Meßwerke, Registrierbreite, Vor-

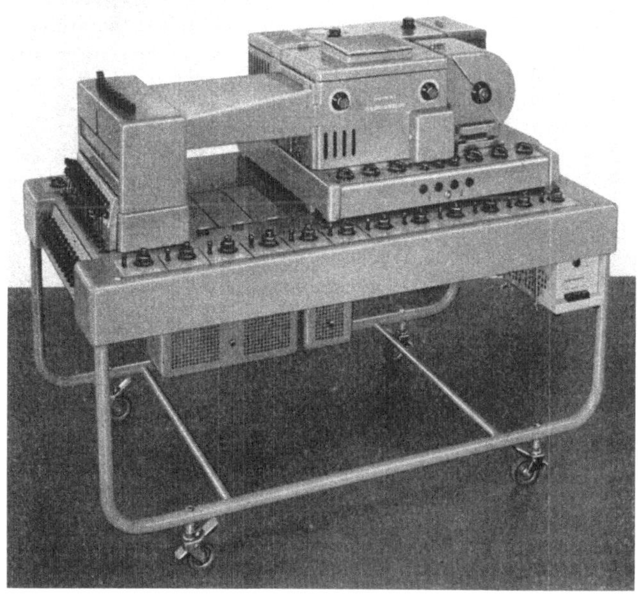

Abb. 335. Ansicht des Hochleistungsoszillographen Oszillogrand von Siemens & Halske-AG. [Aus HÄRTEL/SÖRENSEN: Neuere Entwicklungen von Lichtstrahloszillographen. ETZ Bd. 6, H. 34 (1954) S. 109 . . . 113.]

schubgeschwindigkeit und die Bequemlichkeit der Bedienung. Die leistungsfähigsten Geräte, wie Abb. 335 eines zeigt, haben zwölf Meßwerke, eine Registrierbreite von 120 mm, eine maximale Papiergeschwindigkeit von 10 m/sek, eingebaute Zeitmarkengeber für 100 und 1000 Hz und können von Hand oder durch den aufzunehmenden Vorgang eingeschaltet werden. Die Oszillographen werden nur nebenbei als Zeitmeßgeräte verwendet, wichtiger sind sie, wenn nicht nur die Dauer, sondern auch der Verlauf eines Vorganges festgestellt werden soll. Die Anwendung des Oszillographen beschränkt sich dabei nicht auf elektrische Vorgänge; wie die folgenden Abbildungen zeigen, kann man mit den Geräten auch mechanische Vorgänge aufnehmen.

Auf diese Weise entstand Abb. 336, die den Einschwingvorgang des beweglichen Organs eines Meßinstrumentes wiedergibt. Für die Aufnahme wurde ein Spiegel auf die Instrumentenachse gekittet. Wenn dies aus irgendwelchen Gründen nicht möglich ist, kann man auch den Schatten eines bewegten Körpers oszillographieren, wie es in Abb. 337 geschehen ist. Dabei wurde die ganze Breite des Registrierpapiers mit engliegenden Sinuslinien bekannter Frequenz überschrieben, die unmittelbar als Zeitmaßstab dienen können. Der bewegte Körper, nämlich der Zeiger eines Meßinstrumentes mit Gradführung, wurde nun in den Strahlengang gebracht und unterbrach die Sinuslinien durch seinen Schatten, dessen Bewegung den Einschwingvorgang wiedergibt.

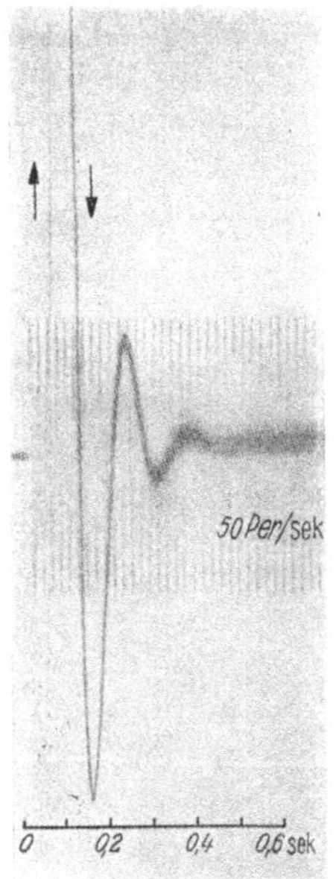

Abb. 336. Messen der Beruhigungszeit eines schnellschwingenden Systems mit dem Oszillographen durch Aufkitten eines Spiegels auf die Drehachse

3. Elektronische Zeitmesser

a) Kondensatorladeverfahren [*62*]

Einige Zeitmeßverfahren beruhen auf der Messung der Elektrizitätsmenge, sie gehen auf elektrolytische oder elektrostatische Vorgänge bzw. auf die Anzeige eines ballistischen Instruments zurück und sind auf S. 99 ... 103 erläutert.

Im folgenden sind einige nach dem Kondensatorladeverfahren arbeitende Geräte beschrieben. Das Verfahren von Püschel arbeitet mit Kondensatorentladung. Zunächst wird nach Abb. 338 der Meßkondensator C von der Batterie *1*

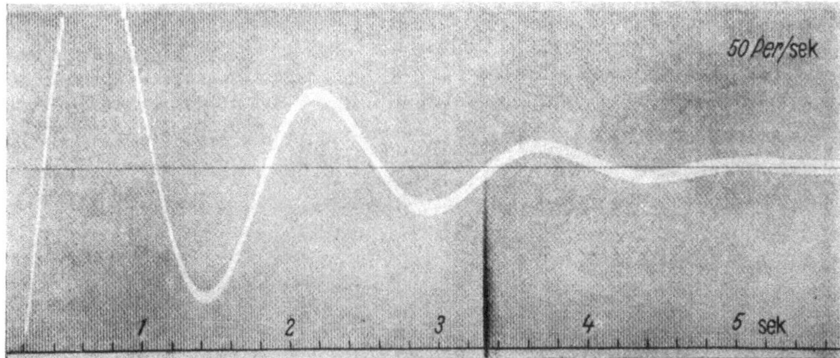

Abb. 337. Bewegung der Drehspule eines Flachprofilmeßinstrumentes bei einem Einschwingvorgang. Überschreiben des Diagramms mit einer Sinuslinie zur Zeitbestimmung. Unterbrechung der Sinusschwingung durch den Schatten des Zeigers

auf die Spannung U_1 aufgeladen und danach der Schalter *2* geöffnet. Die Ionenröhren *3* und *4* sind gesperrt, sie haben einen sehr hohen Widerstand, und die Kapazität C behält praktisch ihre Spannung. Zu Beginn der Zeitmessung wird das Ionenrohr *3* durch einen Gitterimpuls gezündet, so daß sich der Kondensator C über den Widerstand R_1 und das Ionenrohr entladen kann, am Ende der Meßzeit wird die Röhre *3* durch einen Impuls auf das Gitter der Röhre *4* wieder gelöscht und die Entladung der Kapazität C unterbrochen. Aus der mit dem elektrostatischen Spannungsmesser *5* gemessenen Anfangs- und Endspannung des Kondensators C kann man die Entladedauer bestimmen. Der Widerstand des Entladekreises setzt sich aus dem Festwiderstand R_1 und dem spannungsabhängigen inneren Widerstand der Ionenröhre *3* zusammen, weshalb das Gerät empirisch geeicht werden muß. Der Meßbereich umfaßt etwa das Gebiet von 50 μsek ... 10 msek mit einer Anzeigegenauigkeit von $\pm 10\%$, er ist nach unten durch die Zündverzögerung der gasgefüllten Ionenröhren begrenzt.

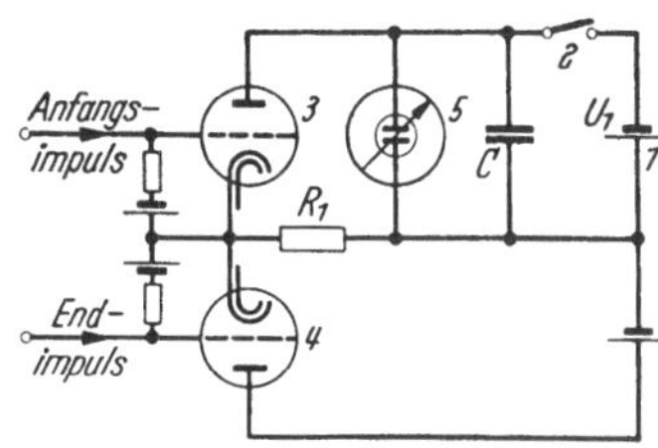

Abb. 338. Kurzzeitmessung durch Kondensatorentladung nach PÜSCHEL. [Aus PÜSCHEL: Elektrische Kurzzeitmessung mittels Kondensator und Thyratron. Arch. techn. Messen V 152—5 (1941).]

1 Meßspannungsquelle; — *2* Ladeschalter; — *3, 4* Ionenröhre; — *5* statischer Spannungsmesser; — R_1 Entladewiderstand

Mit Kondensatorladung arbeitet die Methode von MELZER nach Abb. 339.

Zu Beginn der Zeitmessung erhält die Ionenröhre *1* einen Impuls, sie zündet und der Spannungsabfall am Anodenwiderstand R_1 lädt den Meßkondensator C über den Widerstand R_3 auf. Durch einen Impuls auf die Ionenröhre *2* bricht die Spannung an dem Widerstand R_1 zusammen, der Kondensator wird also nur in der Zeit zwischen den beiden Impulsen geladen. Die Röhre *3* verhindert die Entladung des Kondensators, ihr Gitterstrom i_g ist ein Maß für die Kondensatorspannung, nachdem der Gitterruhestrom vor der Messung bei entladenem Meßkondensator mit dem Potentiometer *4* auf Null eingestellt wurde. Nach der Messung wird der Kondensator über den Schalter *5* entladen, und die Ionenröhren werden durch Öffnen des Schalters *6* gelöscht. Die

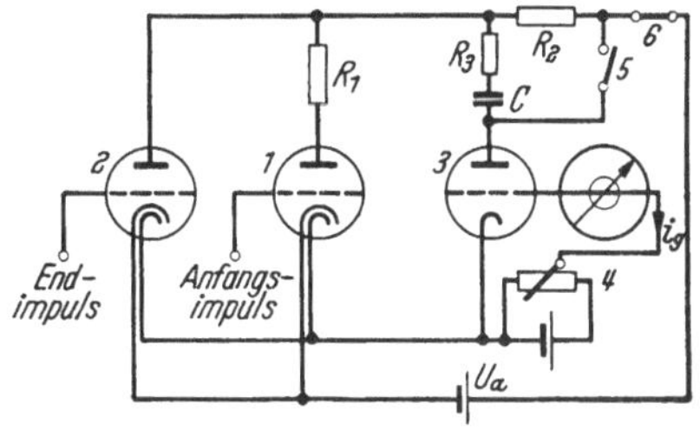

Abb. 339. Kurzzeitmessung mit Kondensatorladung nach MELZER. [Aus MELZER: Lichtelektrische Messungen von Zeit und Geschwindigkeit. Elektrotechn. u. Masch.-Bau Bd. 55 (1937) S. 173 ... 176.]

1, 2 Ionenröhre; — *3* Röhrenspannungsmesser; — *4* Potentiometer für Nulleinstellung; — *5* Entladeschalter; — *6* Einschalter; — U_a Anodenspannung; — R_1 Anodenwiderstand; — R_2 Entladewiderstand; — R_3 Ladewiderstand; — C Meßkapazität; — i_g Gitterstrom

Schaltung von REICH-TOOMIM arbeitet mit zwei Röhren in Gegentaktschaltung (Abb. 340). Gitter und Anoden der beiden Verstärkerröhren V_1 und V_2 sind kreuzweise über Photozellen und Widerstände miteinander verbunden und blockieren sich gegenseitig. Durch Kurzschließen eines der Gitterwiderstände W_1, W_2 oder Änderung der Gitterspannung geht der Strom sprunghaft von einer Röhre auf die andere über; diese Umschaltung wird entweder mechanisch durch die Schalter S_1 und S_2 oder lichtelektrisch über die Photozellen P_1 und P_2 gesteuert. Durch Schließen von S_1 oder Verdunklung von P_1 springt der Strom nach der Röhre V_1, während V_2 gesperrt wird; durch Schließen von S_2 oder Verdunklung von P_2 springt er nach V_2 zurück. Zwischen den beiden Schaltvorgängen ist die Röhre V_2 stromlos und gibt das Steuergitter der

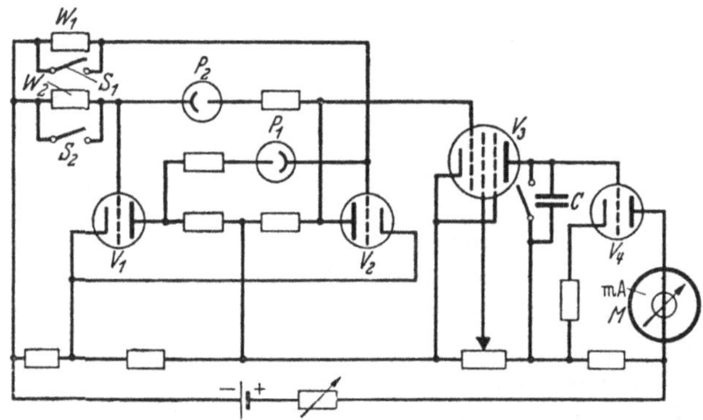

Abb. 340. Messung von Geschoßgeschwindigkeiten durch Kondensatorladung. [Aus REICH-TOOMIM: Electronic circuits for the measurement of time and speed. Rev. sci. Instrum. Bd. 8 (1937) S. 502.] S_1, S_2 Schalter; — V_1, V_2 Dreipolröhre; — P_1, P_2 lichtelektrische Zelle; — V_3 Verstärkerspannungsmesser; — V_4 Röhrenspannungsmesser; — C Meßkondensator; — M Drehspul-Instrument; — W_1, W_2 Gitterwiderstand

Röhre V_3 frei, deren Anodenstrom den Kondensator C auflädt. Die Kondensatorspannung wird mit dem Röhrenspannungsmesser V_4 gemessen, sie ist proportional der Zeit zwischen den beiden Schaltvorgängen.

Der Zeittransformator von STEENBECK-STRIGEL beruht ebenfalls auf der Kondensatorladung (Abb. 341). Während der Meßzeit t_1 wird der Kondensator C mit dem konstanten Strom i_1 aufgeladen und während der Zeit t_2 mit dem ebenfalls konstanten, aber wesentlich kleineren Strom i_2 entladen. Dann ist

$$i_1 t_1 = i_2 t_2$$

oder das Übersetzungsverhältnis $ü$ des Zeittransformators

$$ü = i_1/i_2 = t_2/t_1 . \tag{314}$$

Durch Wahl des Verhältnisses von Lade- und Entladestrom kann man also die Meßzeit beliebig dehnen. Nach dem Schließen des Schalters S_1

lädt die Spannung U_1 den Meßkondensator C über das mit seinem Sättigungsstrom arbeitende Ventil T_1 auf.

Der Spannung U_1 wirkt die Spannung U_2 entgegen, und es fließt nur ein Ladestrom, solange $U_1 > U_2$ ist. Mit dem Schließen des Schalters S_2 wird die Ladung unterbrochen und der Meßkondensator entlädt sich über das Ventil T_2, dessen Sättigungsstrom i_2 sehr viel kleiner als i_1 ist. Die Hilfsspannung U_3 treibt den Sättigungsstrom i_2 auch noch durch das Ventil, wenn die Kondensatorspannung allein nicht mehr dazu in der Lage wäre; ein Zeitschreiber zeichnet die Entladedauer t_2 auf.

Durch den endlichen Isolationswiderstand R_1 des Kondensators entsteht ein Fehler von der Größe Δt_1 und es ist

$$\Delta t_1 = \frac{t_1 \cdot t_2}{2 \cdot R_i C}. \tag{315}$$

In der praktischen Ausführung werden anstatt Batterien Spannungskonstanthalter verwendet. Mit der Einrichtung können Zeiten bis herab zu 1 μsek auf $\pm 10\%$ genau gemessen werden. Das Zeitübersetzungsverhältnis $\ddot{u}$ kann bis zu 10^8 betragen.

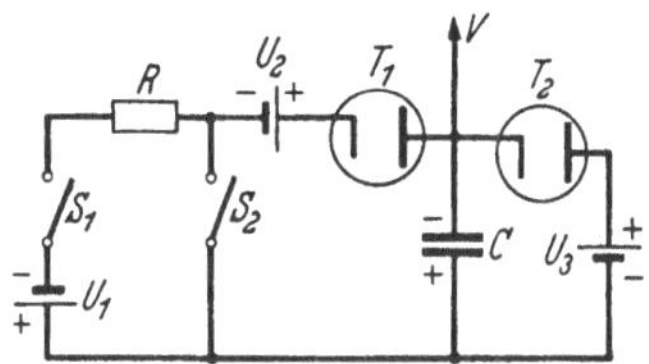

Abb. 341. Zeittransformator. [Aus STEENBECK und STRIGEL: Ein Zeittransformator zur automatischen Registrierung kurzer Zeiten. Arch. Elektrotechn. Bd. 26 (1932) S. 831 ... 840.] S_1, S_2 Schalter; — U_1 Hauptspannung; — U_2 Gegenspannung; — U_3 Hilfsspannung; — C Meßkondensator; — T_1, T_2 Ventilröhren; — V zum Verstärker; — R Vorwiderstand

Der Kurzzeitmesser von SCHAAFFS beruht auf einer ähnlichen Überlegung. Für die Ladung des Kondensators gilt

$$Q = U \cdot C\left(1 - e^{-\frac{t}{RC}}\right). \tag{316}$$

Wenn man eine Kapazität C während einer sehr kurzen Zeit t_1 mit der Spannung U auflädt, erhält man am Kondensator eine Spannung U_1, und die Ladung des Kondensators ist

$$Q = U_1 C_1. \tag{317}$$

Verringert man nun die Kapazität des Kondensators, ohne daß Ladung abfließen kann, dann muß die Spannung entsprechend ansteigen, da Q konstant bleibt.

Man erhält also bei gleicher Ladespannung eine Kondensatorspannung, die im Verhältnis der Kapazitätsverringerung größer ist, d. h. eine Spannung, der bei unveränderten Größen eine längere Ladezeit entspräche. In der praktischen Ausführung wird die Meßkapazität als Drehkondensator ausgeführt und die Spannung mit einem elektrostatischen Instrument gemessen. Das Verfahren ist nur sinnvoll, wenn weder die Ladespannung erhöht werden kann, noch ein hinreichend empfindliches elektrostatisches Instrument zur Verfügung steht.

b) Zählröhrenverfahren [63]

Die Zählröhrengeräte arbeiten mit Impulsen, deren Länge, Abstand oder Anzahl registriert wird, ihr Grundelement ist die dekadische Zählröhre, das ist eine Kathodenstrahlröhre mit bandförmigem Kathodenstrahl, der zehn stabile Stellungen einnehmen kann und bei jedem ankommenden Impuls um einen Schritt weiterspringt. Beim zehnten Impuls springt der Kathodenstrahl in die Ausgangsstellung zurück, während die Zählröhre gleichzeitig einen Impuls weitergibt.

Wenn man die zehn stabilen Stellungen des Kathodenstrahls auf einem Leuchtschirm sichtbar macht und mit 0 . . . 9 bezeichnet, kann man aus mehreren solchen Röhren Mehrdekadenzählwerke zusammenbauen, wie in Abb. 342 an einem mechanischen Analogon gezeigt ist.

Die Eingangsimpulse schalten über den Antriebsmagnet *a* den Drehschalter weiter, jeder zehnte Impuls wird an den Antriebsmechanismus der folgenden Dekade weitergegeben und schaltet sie um eine Stelle

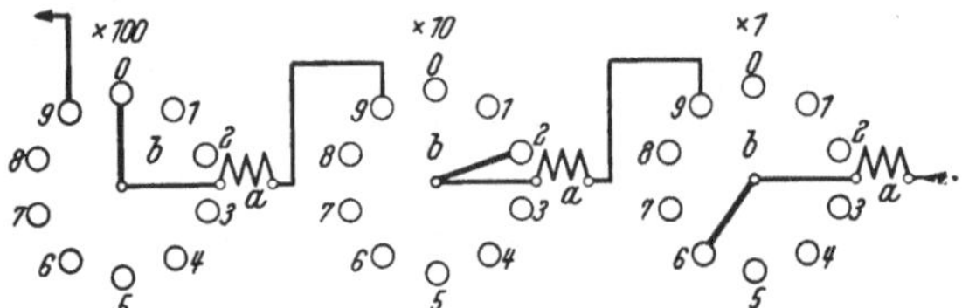

Abb. 342. Mechanisches Impulszählwerk mit drei Dekaden. *a* Antriebsmagnet; — *b* rotierender Umschalter

weiter. Nach Beendigung der Messung kann man durch einen Tastendruck die Nullstellung wiederherstellen. Ein solches Zählwerk kann auf mannigfache Art verwendet werden.

α) Man kann alle ankommenden Impulse zählen, bis das Zählwerk durchgelaufen ist und von neuem zu zählen beginnt. Gibt man an Stelle der Impulse eine Wechselspannung auf das Gerät, dann werden die Perioden gezählt, und man kann bei bekannter Frequenz daraus die Zeit ermitteln.

β) Man kann die in einer bestimmten Zeit angekommenen Impulse zählen. Dazu verwendet man ein Zeitlaufwerk, das vom ersten Impuls eingeschaltet wird und das Gerät nach einer eingestellten Zeit stillsetzt.

γ) Man kann die für eine bestimmte Impulszahl vergangene Zeit feststellen. Dazu schaltet man ein Zeitlaufwerk mit dem ersten Impuls ein. Ferner gibt man in der Stellung der umlaufenden Schaltarme, die der gewünschten Impulszahl entspricht, einen Strom auf einen Hilfskreis, der die Stoppuhr wieder ausschaltet.

δ) Die Dauer eines Impulses mißt man, indem man eine Normalfrequenz bei Impulsbeginn ein- und bei Impulsende ausschaltet. Auf diese Weise ermittelt man z. B. die Kontaktdauer von Relais.

ε) Den Abstand zweier Impulse bestimmt man, indem man durch den ersten Impuls die Normalfrequenz ein-, durch den zweiten ausschaltet. In dieser Weise mißt man z. B. die Umschlagdauer von Relais.

Geräte dieser Art werden von Philips, Rohde & Schwarz, Siemens & Halske, Funktechnik und anderen hergestellt, sie enthalten außer der Zähleinrichtung einen Normalfrequenzgenerator und Frequenzteiler für verschiedene Stufen, daneben zuweilen noch eine Stoppuhr; Abb. 343 zeigt eine Ausführung der Fa. Philips mit vier Dekaden. Die Zählröhren können z. Z. bis zu 30000 Impulse/sek aufnehmen, mit anderen Zählschaltungen lassen sich selbst 200000 Perioden/sek noch zählen; die

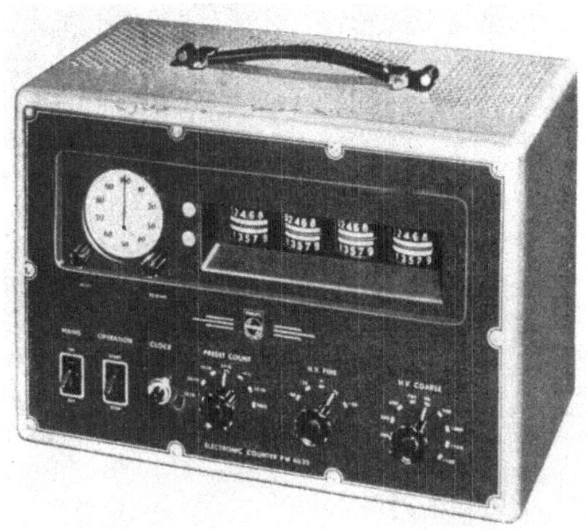

Abb. 343. Elektronisches Zählgerät von Philips mit vier Dekaden und eingebauter Stoppuhr

kleinste meßbare Zeit entspricht dem Abstand zweier Impulse, sie beträgt demnach 5 μsek; die längste Meßdauer ist durch die Durchlaufzeit, also die Dekadenzahl und die niedrigste Teilfrequenz, gegeben.

Die Geräte werden vorzugsweise für Kurzzeitmessungen eingesetzt.

c) Kathodenoszillographen [*64*]

In den Kathodenoszillographen wird ein gebündelter und auf einen Bildschirm fokussierter Elektronenstrahl durch zwei Plattenpaare nach zwei Koordinaten abgelenkt. Eine Kippspannung bewegt den Strahl entweder horizontal oder kreisförmig mit konstanter Geschwindigkeit über den Bildschirm, eine zweite Spannung lenkt ihn vertikal oder radial ab. Der Verlauf der zweiten Spannung wird demnach in rechtwinkeligen oder in Polarkoordinaten angezeigt. Dabei kann die Kippspannung entweder einmal angelegt werden und den Strahl einmalig über die Bildebene bewegen, oder sie kann periodisch wiederkehren und den Strahl in schneller Folge wiederholt über den Bildschirm bewegen, so daß dem Auge ein kontinuierliches Bild vorgetäuscht wird. Mit einem solchen Kathodenoszillographen kann man auf verschiedene Weise Zeitmessungen durchführen.

α) Bei den reinen Zeitmeßverfahren wird der Kathodenstrahl durch die Kippspannung mit einer bekannten Geschwindigkeit über den Bildschirm bewegt. Die Zeitsignale werden auf das zweite Plattenpaar gegeben und lenken den Kathodenstrahl senkrecht zu seiner Bewegungsrichtung ab. Die Dauer eines Signals oder der zeitliche Abstand mehrerer Signale kann aus dem Weg ermittelt werden, den der Kathodenstrahl inzwischen zurückgelegt hat. Bei diesem Verfahren muß die Geschwindigkeit des Kathodenstrahles bekannt sein, d. h. die Kippfrequenz muß bekannt und während der Meßdauer konstant sein (Abb. 344a).

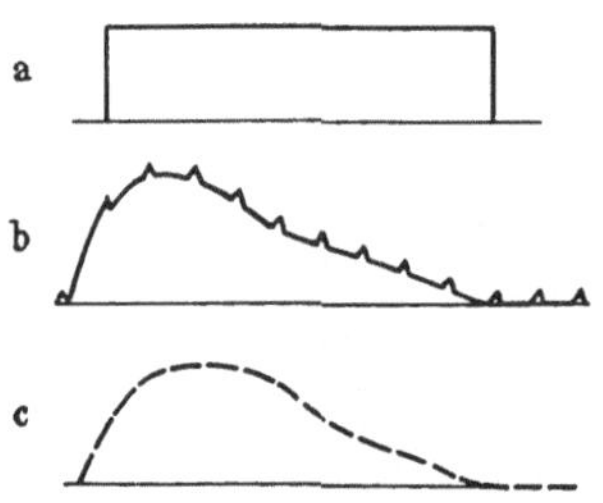

Abb. 344a ... c. Zeitmessung mit dem Kathodenoszillographen. a bekannte Ablenkgeschwindigkeit; — b Überlagerung des Meßvorgangs mit Zeitmarken bei unbekannter Ablenkgeschwindigkeit; — c Verdunklung des Kathodenstrahles in gleichmäßigen Zeitintervallen bei unbekannter Ablenkgeschwindigkeit

β) Am Kathodenoszillographen liegt außer der Kippspannung eine Meßspannung, deren Verlauf angezeigt wird. Dieser Meßspannung überlagert man Zeitsignale mit einer bekannten Frequenz, so daß der Meßspannung kleine Zacken als Zeitmarkierungen aufsitzen, wie Abb. 344b zeigt. In diesem Fall braucht die Geschwindigkeit des Kathodenstrahles in der Kipprichtung nicht bekannt zu sein, weil man die Zeitdifferenz zwischen den einzelnen Marken kennt.

γ) Anstatt der Meßspannung Zeitmarken zu überlagern, kann man auch den Kathodenstrahl durch Zeitsignale vorübergehend verdunkeln, so daß gewissermaßen eine strichpunktierte Linie entsteht, in der die Abstände zwischen den dunklen Punkten einer bestimmten Zeitdifferenz entsprechen (Abb. 344c).

Die Zeitablenkung kann von Hand oder durch einen Anfangsimpuls für eine Auslenkung oder für periodisch wiederkehrende Auslenkungen eingeschaltet werden. Die Kippfrequenz kann zwischen wenigen Hertz und einigen Hundert Kilohertz liegen, wodurch sich Strahlgeschwindigkeiten von etwa 10 cm/sek bis 100 km/sek, d. h. bis zu 10 cm/μsek ergeben.

Der Kathodenoszillograph erfordert verhältnismäßig hohe Spannungen für die Auslenkung des Strahles, nämlich größenordnungsmäßig 10 V/cm. Spannungen dieser Größe stehen nur selten zur Verfügung, weshalb die Kathodenoszillographen durchwegs über Verstärker betrieben werden, wodurch nur noch 0,1 mV/cm Auslenkung erforderlich sind.

Diese Verstärker müssen in einem Frequenzbereich von einigen Hertz bis zu einigen Megahertz linear arbeiten.

Abb. 345 zeigt das Schirmbild eines Polarkoordinaten-Oszillographen mit einer kreisförmigen Nullinie und zwei radialen Zeitmarken.

Die Bewegung des Kathodenstrahls kann man auf zweierlei Weise registrieren, entweder photographiert man bei eingeschalteter Zeitablenkung das Schirmbild mit einer gewöhnlichen Kamera oder man schaltet die Zeitablenkung aus und photographiert mit einem bewegten

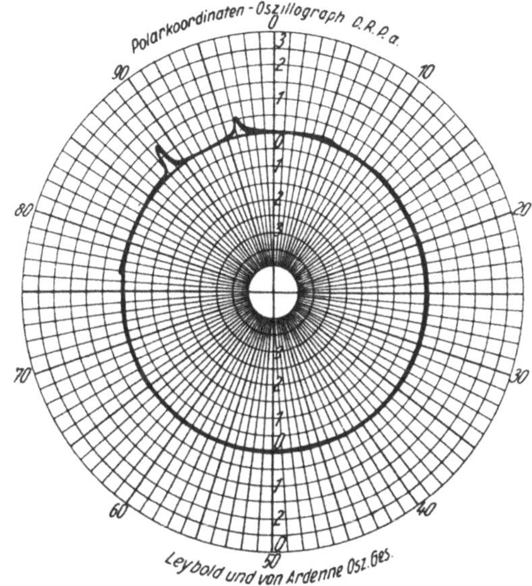

Abb. 345. Bestimmung des zeitlichen Abstandes zweier Impulse mit dem Polaroszillographen. [Aus v. ARDENNE: Ein neuer Polarkoordinaten-Elektronenstrahloszillograph mit linearem Zeitmaßstab. Z. techn. Phys. Bd. 17 (1936) S. 660 ... 666.] Ein Umlauf des Elektronenstrahls entspricht 5 μsek

Aufnahmegerät, dessen Geschwindigkeit der Zeitablenkung entspricht, vorzugsweise mit einer Trommelkassette. Bei periodisch wiederkehrenden Vorgängen muß man nach jeder Aufnahme den Nullpunkt des Aufnahmegerätes verlagern, damit man die einzelnen Aufnahmen auseinanderhalten kann.

4. Zeitwaagen [*65*]

Aufgabe der Zeitwaagen ist es, den augenblicklichen Gang einer Uhr festzustellen. Dazu vergleicht man die Häufigkeit des Uhrenschlages mit einer Normalfrequenz, die von einer Normaluhr, einer Stimmgabel oder von einem Quarzoszillator abgeleitet werden kann. Im Prinzip stimmen die bekannten Zeitwaagen weitgehend überein, weshalb im folgenden nur der Vibrograph der Reno SA in La Chaux de Fonds als typisches Beispiel beschrieben wird (Abb. 346, 347).

Die Frequenz eines Quarzoszillators *1* wird geteilt und treibt nach entsprechender Verstärkung einen Synchronmotor *4*. Mit dem Synchronmotor ist eine Trommel *6* über ein Umschaltgetriebe gekuppelt. In die Trommel sind schmale spiralige Stahlstege erhaben eingesetzt. Über der Trommel läuft mit passender Geschwindigkeit ein Registrierstreifen *11*, der durch einen Fallbügel *10* unter Zwischenlage eines Farbbandes auf die Trommel gedrückt werden kann. Der Fallbügel wird bei jedem Schlag der zu untersuchenden Uhr kurzzeitig niedergedrückt. Den Schlag der Uhr *7* nimmt ein piezoelektrisches Mikrophon *8* ab und steuert nach entsprechender Verstärkung das Fallbügelrelais *9*. Mit dem Getriebe *5* wird die Drehzahl der Trommel so gewählt, daß sie zwischen zwei Uhrenschlägen eine ganze Anzahl von Umdrehungen macht. Geht nun die Uhr richtig, dann wird der Fallbügel stets in der gleichen Lage der umlaufenden Trommel niedergeschlagen und trifft stets dieselbe Spirale an derselben Stelle, so daß auf dem Diagramm eine senkrechte Punktfolge entsteht, wie die Abwicklung der Registriertrommel (Abb. 348) zeigt. Geht die Uhr vor, so wird der Fallbügel bereits heruntergedrückt, bevor die Trommel eine volle Umdrehung gemacht hat. Der zweite Punkt wird also nicht senkrecht über dem ersten, sondern um so mehr seitlich verschoben liegen, je mehr die Uhr vorgeht, und es entsteht eine geneigte Gerade, deren Neigung ein Maß für den augenblicklichen

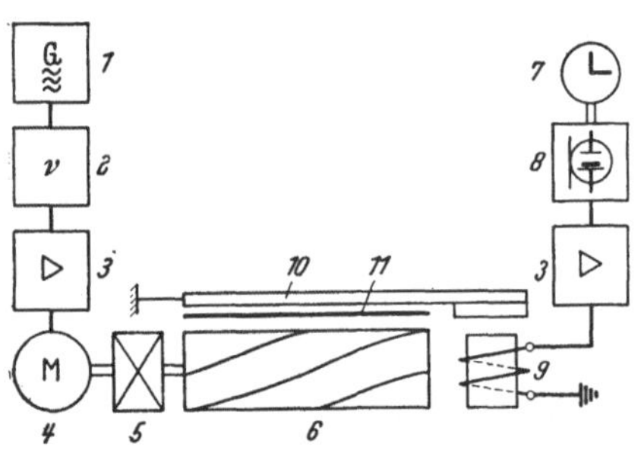

Abb. 346. Grundsätzliche Anordnung des Vibrographen der Reno S. A., La Chaux-de-Fonds.
1 Quarzoszillator; — *2* Frequenzteiler; — *3* Verstärker; — *4* Synchronmotor; — *5* Umschaltgetriebe; — *6* Schreibtrommel; — *7* geprüfte Uhr; — *8* piezoelektrisches Mikrophon; — *9* Fallbügelmagnet; — *10* Fallbügel; — *11* Schreibstreifen und Kohlepapier

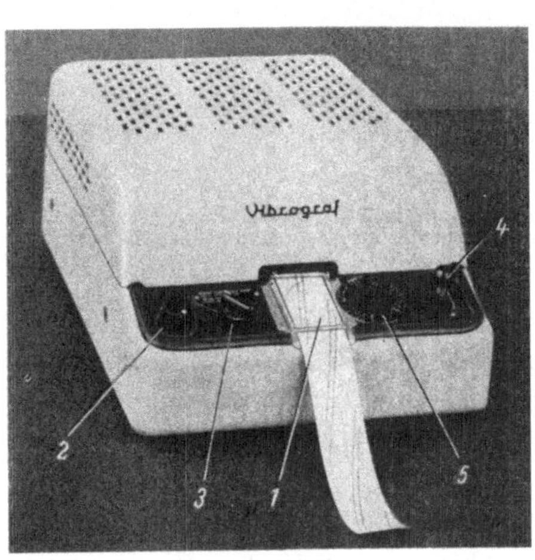

Abb. 347. Ansicht des Uhrenprüfgerätes- „Vibrograph". (Aus Druckschrift der Reno S. A., La Chaux-de-Fonds.)
1 Diagrammstreifen; — *2* Verstärkungsregler; — *3* Umschaltgetriebe; — *4* Einschalter für den Papiertransport; — *5* Ableseskala

Gang der Uhr ist. Bei einer nachgehenden Uhr neigt sich das Diagramm nach der anderen Seite.

Mit dem Gerät kann man den augenblicklichen Gang einer Uhr auf 1 sek genau feststellen. Man kann daraus aber bei Taschen- und Armbanduhren nicht ohne weiteres auf die Ganggenauigkeit während längerer Zeit schließen, weil der Gang der meisten Uhren vom Aufzugszustand, der Lage und der Temperatur mehr oder weniger beeinflußt wird. Dagegen kann man Fehler am Uhrwerk, die sich auf den augenblicklichen Gang auswirken, erkennen. Abb. 349 zeigt den Gang einer Antriebsuhr mit Handaufzug abhängig vom Aufzugszustand.

Ähnliche Geräte werden hergestellt von der Elog GmbH., Berlin-

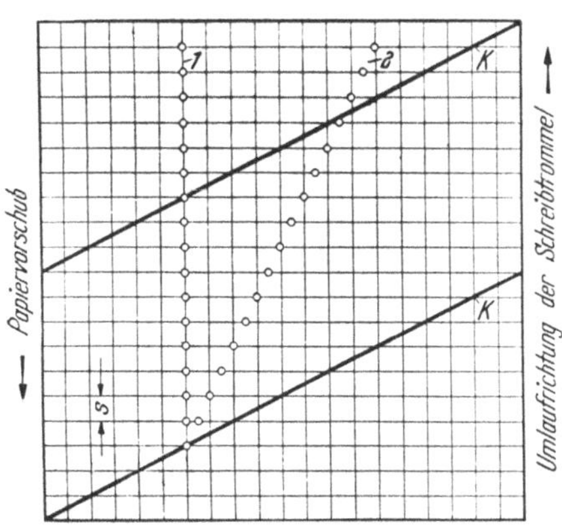

Abb. 348. Abwicklung der Schreibtrommel und Diagramm des Vibrographen.
s Papiervorschub je Trommelumdrehung; — *K* in die Schreibtrommel eingelegte Stahlkante; — *1* richtiggehende Uhr; — *2* vorgehende Uhr

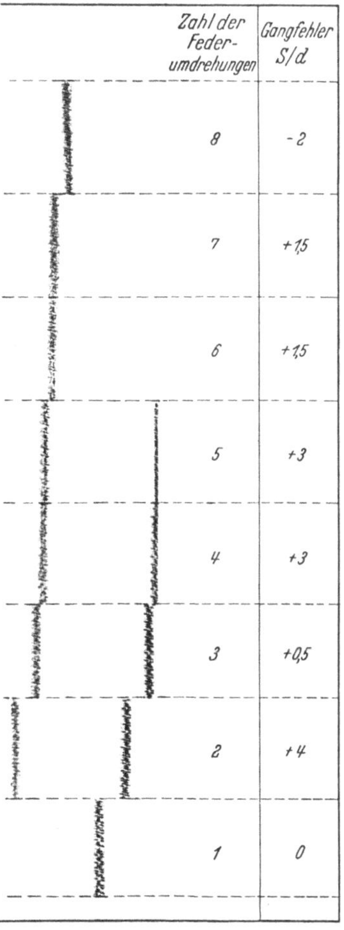

Abb. 349. Diagramm einer Antriebsuhr mit Handaufzug für ein Registriergerät. Aufzeichnung des Gangfehlers abhängig vom Aufzugszustand. Gut regulierte Uhr mit geringem Isochronismusfehler, aufgenommen mit dem Vibrographen der Reno S. A.

Steglitz, der American Time Products Inc., New York, der Westrex Corp., New York, und H. Paulson u. Co., Chicago.

Literaturverzeichnis

[1] *Röhrenregler.* BERTHOLD, R. G., u. A. v. ENGEL: Neuere Entwicklung der Elektronenröhren-Feinregler und ihre Anwendung. Siemens-Z. Bd. 14 (1934) S. 214 ... 222. — BERTHOLD, R. G.: Spannungsfeinregelung von Maschinen mit Elektronenröhren. Arch. techn. Messen J 062—1. — BORDEN, P. A., u. M. F. BEHAR: Automatic control of voltage and current. Instruments Pittsb. Pa. Bd. 9 (1936) S. 201 ... 210, 235 ... 238, 259 ... 262. — HAUKE, H.: Röhrenregler für Zählereichstationen. ETZ Bd. 57 (1936) S. 873 ... 876. — HÜBNER, W.: Die unabhängige Speisung mehrerer Verbraucher aus derselben Spannungsquelle mit Hilfe einer Brückenschaltung. Arch. techn. Messen Z 40—1 (Dez. 1952). — HUNT, F. V., u. R. W. HICKMAN: On electronic voltage stabilizers. Rev. sci. Instrum. Bd. 10 (1939) S. 6 ... 21. — KELLER, F.: Röhrengesteuerte Spannungsgleichhalte-Einrichtung. AEG-Mitt. 1936 S. 329 ... 333. — LUDWIG, E. H.: Die neuen Einheits-Röhrenfeinregler mit Elektronenröhrenendstufe. Siemens-Z. Bd. 21 (1941) S. 61 ... 67. — PATCHETT, G. N.: A new precision a. c. voltage stabilizer. Electr. Engng. Bd. 97, Teil II, Paper Nr. 929 Measurementssection. — SCHMIEDEL, K.: Die Prüfung der Elektrizitätszähler, 4. Aufl. Berlin/Göttingen/Heidelberg: Springer 1954.

[2] *Glimmlampen-Konstanthalter. Cerberus GmbH.* Bad Ragaz: Spannungsstabilisierungsröhren. — HELKE, H.: Eine hochkonstante Meßspannungsquelle. ETZ Bd. 71 (1950) S. 171 ... 172. — Ein einfaches Netzanschlußgerät für hochkonstante Wechselspannungen und Ströme. ETZ Bd. 75 (1954) S. 11 ... 13. — KÖRÖS, L., u. R. SEIDELBACH: Die Grundlagen der durch Glimmteiler stabilisierten Stromquellen. Arch. Elektrotechn. Bd. 26 (1932) S. 539 ... 552. — *Stabilovolt GmbH.* Berlin: Stabilisierte Stromquellen, 6. Ausgabe.

[3] *Thermische Konstanthalter.* GEYGER, W.: Selbsttätige Strom- und Spannungsregler, thermische Verfahren. Arch. techn. Messen J 062—6. — Selbsttätige Konstanthaltung von Meßspannungen mit gewöhnlichen Metalldraht-Glühlampen. Arch. Elektrotechn. Bd. 28 (1934) S. 270 ... 273.

[4] *Photoelektrische Konstanthalter.* GILBERT, R. W.: A potentiometric d. c. amplifier and its applications. Proc. Inst. Radio Engrs., N. Y. Bd. 24 (1936) S. 1239 ... 1246. — Practical standardization of power sources for instrument calibration. Instruments Bd. 11 (1938) S. 111 ... 114.

[5] *Magnetische Konstanthalter.* BECK, E.: Die Erweiterung des Regelbereichs magnetischer Spannungsgleichhalter. ETZ Bd. 63 (1942) S. 57 ... 60. — GEYGER, W.: Elektromagnetische Spannungsgleichhalter für Meßzwecke. Siemens-Z. Bd. 15 (1935) S. 464 ... 467. — GREINER, R.: Über einen magnetischen Netzspannungs-Gleichhalter. ETZ Bd. 57 (1936) S. 489 ... 491.

[6] *Kohledruckregler.* HOFFMANN, F.: Kohledruckwiderstände. ETZ Bd. 58 (1937) S. 1111 ... 1115, 1138 ... 1142.

[7] *Kreuzspul-Meßgeräte.* BLAMBERG, E.: Kreuzspul-Instrumente. Arch. techn. Messen J 726—2. — DALLMANN, H.: Die Anpassung von Quotienten-Meßgeräten. Arch. Elektrotechn. Bd. 28 (1934) S. 265 ... 269. — GRÜSS, H.: Eine neue Form

von Kreuzspul-Instrumenten. Wiss. Veröff. Siemens-Werk Bd. 10 (1931) S. 137... 152. — Elektrische Quotienten-Meßgeräte. Meßtechn. Bd. 9 (1933) S. 233 . . . 238. — LORENZ, J.: Kreuzspul-Instrumente. Arch. techn. Messen J 726—3 u. 4 (1939). — Fernübertragung von Meßwerten mit Widerstandsgeber und Kreuzspulgerät. Arch. techn. Messen V 3821—4 u. 5. — Ein Kreuzspulgerät zur photographischen Aufzeichnung. ETZ Bd. 60 (1939) S. 864. — PALM, A.: Elektrische Meßgeräte und Meßeinrichtungen, 3. Aufl. S. 44 . . . 48. Berlin/Göttingen/Heidelberg: Springer 1948.

[8] *Spannungsunabhängige Dynamometer.* KAFKA, H.: Über elektrische Meßinstrumente für Wechselstrom mit elektromagnetischem Richtmoment. Elektrotechn. u. Masch.-Bau Bd. 42 (1924) S. 1 . . . 5. — PALM, A.: Elektrische Meßgeräte und Meßeinrichtungen, 3. Aufl. S. 85 . . . 88. Berlin/Göttingen/Heidelberg: Springer 1948. — PFLIER, P. M.: Elektrische Meßgeräte und Meßverfahren. Berlin/Göttingen/Heidelberg: Springer 1951.

[9] *Dreheisen-Quotientenmesser.* GEYGER, W.: Dreheisen-Quotientenmesser. Arch. techn. Messen J 733—2. — Ein neuer Dreheisen-Quotientenmesser für Wechselstrom und seine Verwendung in wärmetechnischen Überwachungsanlagen. Arch. Elektrotechn. Bd. 25 (1931) S. 1 . . . 16. — Neue Anwendungen des Ringeisen-Quotientenmessers. Arch. Elektrotechn. Bd. 25 (1931) S. 655 . . . 658. — JOENS, W. H.: Ringeisen-Quotientenmesser. Arch. techn. Messen J 733—3.

[10] *Auflösungsvermögen.* GEIGER, J.: Messung von zeitlich rasch veränderlichen mechanischen Größen. Elektrotechn. u. Masch.-Bau Bd. 59 (1941) S. 190... 201. — HOFMANN, W.: Dämpfung von Meßgeräten. Arch. techn. Messen J 014—1, 5 usw. — ZÖLLICH, H.: Aufzeichnung schnell veränderlicher Vorgänge. Arch. techn. Messen V 365—1 . . . 7. — Dämpfungsbeeinflussung. Arch. techn. Messen J 014—6.

[11] *Fernübertragung.* SCHLEICHER, M.: Die elektrische Fernüberwachung und Fernbedienung für Starkstromanlagen und Kraftbetriebe. Berlin: Springer 1932. — SCHLEICHER, M., u. W. THAL: Die Verstärker in der elektrischen Meßtechnik. ETZ Bd. 60 (1939) S. 257 . . . 260.

[12] *Ausführung von Rechenoperationen.* GARDNER, G. F.: Simple mathematical operations performed by electrical instruments. Gen. Electr. Rev. Bd. 37 (1934) S. 148 . . . 154. — GEYGER, W.: Summen- und Differenzbildung. Arch. techn. Messen J 0821—2. — GÖRNER, J.: Differentiation einer elektrischen Spannung. Arch. techn. Messen J 082—3 (1940). — HARTEL, W.: Anwendung der Hallgeneratoren. Siemens-Z. Bd. 28 (1954) S. 376 . . . 384. — HERR, D. L., u. R. S. GRAHAM: An electrical algebraic equation solver. Rev. sci. Instrum. Bd. 9 (1938) S. 310 . . . 315. — *Int. Stand. Electric. Co. N. Y.* DRP. 704559: Schaltung zum Bilden von Differential- und Integralwerten. — KUHRT, F.: Eigenschaften der Hallgeneratoren. Siemens-Z. Bd. 28 (1954) S. 370 . . . 376. — LANGE, H., u. H. FRANSSEN: Ein elektrisches Verfahren zur Quotientenbildung von mechanischen Kräften. ETZ Bd. 65 (1944) S. 113 . . . 114. — LIENEWEG, F.: Darstellung von Parameterfunktionen mittels elektrischer Meßanordnungen. Wiss. Veröff. Siemens-Werk Bd. 15, H. 3 (1936) S. 92 . . . 108. — SCHEMMRICH, O.: Integral- und Mittelwertbestimmung durch ein elektrisches Meßverfahren. Arch. techn. Messen J 082—4 (1941); Arch. Elektrotechn. Bd. 34 (1940) S. 415 . . . 423. — SEWIG, R.: Durchführung von Rechenaufgaben auf elektrischem Wege. Z. Instrumentenkde. Bd. 55 (1935) S. 34 . . . 36. — SKALICKY, M.: Meßeinrichtungen zur Erfassung der Rohwasserleistung in Wasserkraftwerken (Produktbildung von zwei Widerständen). E. u. M. Bd. 72 (1955) S. 97 . . . 99. — STROBEL, CH.: Elektrische Darstellung mathematischer Funktionen. Arch. Elektrotechn. Bd. 34 (1940) S. 334.

[13] *Piezoelektrizität. Anonym:* Fortschritte bei Kristallgitterkonstruktionen. Elektrotechnik Bd. 1 (1947) S. 71. — ARONS, A. B., u. R. H. COLE: Design and use of piezoelectric gauges for measurements of large transient pressures. Rev. sci,

Instrum. Bd. 21, H. 1 (1950) S. 31 ... 38. — BALDWIN, C. F.: Quartz crystals, their piezoelectric properties and use in control of high frequencies. Gen. Electr. Rev. Bd. 43 (1940) S. 237. — BAXTER, H. W.: Piezoelectricity. Electrician Bd. 113 (1934) S. 121 ... 122. — *Bell Lab.:* Synthetische Quarzkristalle. Bell Labor. Rec. Bd. 26 (1948) S. 384 ... 385. — BERLIT, G.: Das piezoelektrische Meßverfahren, Aufbau und Wirkungsweise. Z. VDI Bd. 92 (1950) S. 96 ... 100. — Fehlerquellen, Prüfung und Eichung der Geräte. Ebd. S. 231 ... 236. — CADY, W. G.: Natur und Gebrauch der Piezoelektrizität. Electr. Engng. Bd. 66 (1947) S. 758 ... 762. — GOHLKE, W.: Einführung in die piezoelektrische Meßtechnik. Leipzig: Akad. Verlagsgesellschaft 1954. — JONKER, G. H., u. I. H. SANTEN: Die Seignette-Elektrizität bei Titanaten. Philips techn. Rdsch. Bd. 11 (1949) S. 176 ... 185. — LANGEVIN, A.: Utilisation du quartz piézoélectrique pour l'étude des pressions variables et des vibrations à fréquences élevées. Rev. gén. Électr. Bd. 37 (1935) S. 3 ... 10. — MACEK, O.: Neues synthetisches piezoelektrisches Material. Frequenz Bd. 3 (1949) S. 84 ... 86. — MISSEL, I. C. B.: Piezoelektrische Stoffe. Philips techn. Rdsch. Bd. 11 (1949) S. 145 ... 151. — PÜSCHEL, B.: Über Spannungsmessungen an Seignettesalz. Arch. techn. Messen V 943—1 (Sept. 1952). — SCHULZE, W. M. H.: Erdalkalititanate als Dielektrika und eine neue Gruppe von Seignetteelektrika. Elektrotechnik Bd. 3 (1949) S. 365 ... 373. Ref. ETZ Bd. 71 (1950) S. 501. — WALKER, A. C.: Piezoelectric crystal culture. Bell Labor. Rec. Bd. 25 (1947) S. 357 ... 362.

[*14*] *Lichtelektrizität.* Allgemeines. BRÜCHE, E., u. A. RECKNAGEL: Elektronengeräte, S. 149. Berlin: Springer 1941. — KOCH, H.: Photozellen, ihre Eigenschaften und Anwendung. Elektronik Bd. 4, H. 8 (1955) S. 185 ... 188.

[*15*] *Alkaliphotozellen.* BAY, Z.: Electronic multiplier as an electronic counting device. Rev. sci. Instrum. Bd. 12 (1941) S. 127 ... 133. — GEEST, H.: Laufzeiterscheinungen an Photozellen. Hochfrequenztechn. Bd. 57 (1941) S. 75 ... 83. — GEHLHOFF, K.: Photozellen. Feinmech. u. Präz. Bd. 47 (1939) S. 284 ... 287. — KEINATH, G.: Anwendungen der Photozellen in der Industrie. Arch. techn. Messen J 291—4 (August 1939). — KLEIN, P. E.: Photoelektrischer Geber für die Darstellung mechanischer Bewegungen auf dem Leuchtschirm von Elektronenstrahloszillographen. Elektronik Bd. 4 (1955) S. 123 ... 125. — MICHEL, G.: Alkali-Photozellen. Arch. techn. Messen J 391—3. — PLOKE, M.: Alkaliphotozellen. Ebd. J 391—5/6 (Nov. 1953, Jan. 1954). — SEWIG, R.: Photozellen. Arch. techn. Messen J 391—1. — TEVES, M. C.: Der lichtelektrische Effekt und seine Anwendung in lichtelektrischen Zellen. Philips techn. Rdsch. 1937 S. 13 ... 17. — Eine Photozelle mit Verstärkung durch Sekundäremission. Daselbst Bd. 5 (1940) S. 261 ... 266.

[*16*] *Sperrschichtzellen.* BEHRENDT, W.: Zur Erklärung des lichtelektrischen Effektes an Kupferoxydul. Phys. Z. Bd. 37 (1936) S. 886 ... 901. — GEIST, D.: Sperrschicht-Fotoelemente. Arch. techn. Messen J 392—2 (Dez. 1954). — GÖRLICH, P.: Über die spektralen Empfindlichkeitsverteilungen von Selensperrschichtzellen. Z. Phys. Bd. 112 (1939) S. 490 ... 500. — Zur Frequenzabhängigkeit der Sperrschichtphotozellen. Z. techn. Phys. Bd. 14 (1933) S. 144 ... 145. — NENTWIG, K.: Vom Photo-Transistor. Elektronik Bd. 4, H. 8 (1955) S. 189 ... 191. — RIEDER, W.: Germanium-Photozelle. Engrs. Digest Bd. 15, H. 12 (1954) S. 501; — E. u. M. Bd. 72, H. 13 (1955) S. 298. —SANDSTRÖM, A. E.: Änderungen des inneren Widerstandes von Selensperrschichtzellen bei Belichtung. Phil. Mag. Bd. 28 (1939) S. 642 ... 648. — SEWIG, R.: Sperrschicht-Photoelemente. Arch. techn. Messen J 392—1; Selenzellen ebd. J 393—1.

[*17*] *Widerstandszellen.* FUCHS, O. P., u. H. KOTTAS: Über die Gesetzmäßigkeiten und Eigenschaftskennwerte von Widerstandszellen. Z. techn. Phys. Bd. 17 (1936) S. 47 ... 54.

[18] *Induktive Sender.* COFFMAN, M. C., u. C. H. BORNEMAN: Measuring millionths of an inch in the gage room. Gen. Electr. Rev. Bd. 41 (1938) S. 502. Ref. ETZ Bd. 60 (1939) S. 369. — CORBY, R. A.: The versatility of application of selsyn equipment. Gen. Electr. Rev. Bd. 33 (1930) S. 706 ... 711. — GEYGER, W.: Induktive Fernübertragung von Bewegungsvorgängen. Arch. techn. Messen V 3822—1/2. — MÜLLER, M.: Fernmeß- und Fernwirkanlagen mit Synchros. Bull. schweiz. elektrotechn. Ver. Bd. 47 (1956) S. 37 ... 45. — SCHEUBLE, W.: Grundlagen der zerstörungsfreien Werkstoffprüfung mit elektronischen Verfahren. Elektronik Bd. 4, H. 10 (1955) S. 241 ... 243.

[19] *Widerstandssender. Anonym:* Electronic micrometer and its use in mechanical measurements. Electronics 1940 (Sept.) S. 72. — GEYGER, W.: Fernübertragung von Meßwerten mit Widerstandsgebern. Arch. techn. Messen V 3821—1 u. 3. — GUNN, R.: A convenient electrical micrometer and its use in mechanical measurement. J. appl. mech. Bd. 7 (1940) Nr. 2 A, S. 49 ... 52. — KLEIN, P. E.: Geber mit Widerstandssystemen zur elektrischen und elektronischen Messung nichtelektrischer Größen. Elektronik Bd. 4, H. 10/11 (1955) S. 272. — LORENZ, J.: Fernübertragung von Meßwerten mit Widerstandsgeber und Kreuzspulgerät. Arch. techn. Messen V 3821—4 u. 5. — SAMAL, E.: Meßwert-Fernübertragung mit AEG-Widerstandsgebern. AEG-Mitt. Bd. 41, H. 3 u. 4 (1951). — ZEILINGER, K.: Ein neues Gleichspannungs-Fernübertragungssystem. Arch. techn. Messen V 3821—8 (Nov. 1955).

[20] *Thermoelastizität.* BAEDEKER, K., u. W. VEHRIGS: Die durch Deformation hervorgerufenen Thermokräfte und ihre Benutzung zur Messung der elastischen Hysteresis. Ann. Phys. Bd. 44 (1914) S. 783 ... 800. — LICHTENBERGER, F.: Thermoelastische Spannungsmessung. Arch. techn. Messen V 1376—1 (1941).

[21] *Dehnungsmessung. Anonym:* Magnetic strain gauge for cable sheath. Bell Labor. Rec. Bd. 18 (1940) S. 181. — BALL, N. DE: Messung und Aufzeichnung von Walzdrücken. Stahl u. Eisen Bd. 64 (1944) S. 716 ... 727. — BRUIN, L. S. DE: Die Untersuchung schnell wechselnder mechanischer Spannungen mittels des Kathodenstrahloszillographen. Philips techn. Rdsch. Bd. 5 (1940) S. 25 ... 28. — FINK, K.: Zweckmäßige Auswahl von Dehnungsmeßverfahren. Z. VDI Bd. 94 (1952) S. 1037 ... 1038. — FUCHS, R.: Elektromagnetische Betondehnungsmesser und Erddruckmeßdosen. Elektrotechn. u. Masch.-Bau Bd. 59 (1941) S. 224 ... 226. — LEHR, E., u. H. GRANACHER: Dehnungsmeßgerät mit sehr kleiner Meßstrecke und Anzeige mittels Sperrschicht-Photozelle. Forsch. Ing.-Wes. Bd. 7 (1936) S. 66 ... 74. — Ein neuer lichtelektrischer statischer Feindehnungsmesser mit 2 mm Meßstrecke. Askania-Warte H. 11 (1938) S. 18 ... 20. — MEBUS, H. G.: Dehnungsmesser zur gleichzeitigen Messung aller Bestimmungsgrößen der in einem Meßpunkt vorhandenen Dehnungsellipse. Feinmech. u. Präz. Bd. 51 (1943) S. 235 ... 237. — RATZKE, J.: Ein neuer elektrischer dynamischer Dehnungsmesser. Jb. dtsch. Luftfahrtforsch. 1937, Ausgabe Triebwerk II, S. 278 ... 282. — Vereinfachtes Trägerfrequenz-Meßverfahren. Meßtechn. Bd. 20 (1944) S. 217 ... 222. — SCHMIDT, R., u. H. KLEIN: Zwei neue dynamische Dehnungsmeßgeräte. Luftwissen Bd. 9 (1942) S. 313 ... 316. — SCHWAIGERER, S.: Experimentelle Ermittlung der Spannungen in Bauteilen. Z. VDI Bd. 94 (1952) S. 1025 ... 1036.

[22] *Bolometergeber.* Gen. Radiocorp.: Bolometer bridge. Electr. Engng. Bd. 69, H. 9 (1950) S. 20 A. — MERZ, L., u. H. NIEPEL: Messung kleiner Ströme und Spannungen und kleiner Längenänderungen mit dem bolometrischen Kompensator. Wiss. Veröff. Siemens-Werk Bd. 18 (1939) S. 148 ... 160. — PFLIER, P. M.: Bolometer-Anordnung zur Meldung und Messung von Bewegungen. Arch. techn. Messen J 23—1.

[23] *Elastischer Spannungszustand und spezifischer Widerstand.* CZERLINSKY, E.: Untersuchungen über die Widerstandsänderung von Drähten durch Zug. Jb. dtsch. Luftfahrtforsch. Bd. 2 (1938) S. 377 . . . 381. Ref. ETZ Bd. 60 (1939) S. 520.

[24] *Härte und spezifischer Widerstand von Leitern.* FÖRSTER, F., u. H. BREITFELD: Zerstörungsfreie Prüfverfahren auf elektrischer Grundlage. Aluminium Bd. 25 (1943) S. 130 . . . 133. — MATTHAES, K.: Abnahmeprüfung von Aluminium-Legierungen mit den elektroinduktiven Prüfgeräten von Dr. Schirp. Aluminium Bd. 25 (1943) S. 106 . . . 110. — SCHMIDT, E. K. O., u. H. MUSTER: Erprobung eines magnetinduktiven Prüfgeräts, Bauart Dr. Schirp, für die Abnahmeprüfung von Leichtmetall. Ebd. S. 110 . . . 112.

[25] *Druckabhängige Halbleiterwiderstände.* GLAMANN, W.: Druckmessung mit Halbleitern. Arch. techn. Messen V 132—12.

[26] *Kapazitive Sender.* BROOKES-SMITH, C. H. W., u. J. A. COLLS: The measurement of pressure, movement, acceleration and other mechanical quantities by electrostatic systems. J. sci. Instrum. Bd. 16 (1939) S. 361 . . . 366. — HARDUNG, V.: Mikrometrische Messungen mit elektrischen Wellen. Bull. schweiz. elektrotechn. Ver. Bd. 30 (1939) S. 188 . . . 191. — LÖFFLER, K.: Kapazitive Geber mit geradlinigem Kapazitätsverlauf über großen Meßbereich. Meßtechn. Bd. 13 (1937) S. 61 . . . 64. — MELCHERT, F.: Verfahren zur Messung von Bewegungsvorgängen mit hohen Anfangsbeschleunigungen. Arch. techn. Messen V 1122—3 (Febr. 56). — SELL, H.: Eine neue kapazitive Methode zur Umwandlung mechanischer Schwingungen in elektrische und umgekehrt. Z. techn. Phys. Bd. 18 (1937) S. 3 . . . 10.

[27] *Stellungsanzeige. AEG:* Stellungsferngeber. Arch. techn. Messen V 3821—7 (Jan. 1953). — *Brush Electronics Company,* Cleveland 14, Ohio: Displacement-Recorder. Firmendruckschrift: Instruments for modern measurements. — CLAPARÈDE, P. DE: Téléindicateur de niveau radioélectrique. Bull. schweiz. elektrotechn. Ver. Bd. 35 (1944) S. 487 . . . 490. — COYLE, M. B., u. F. G. HAYNES: Ein Zeigermikrometer mit Fernanzeige. J. sci. Instrum. Bd. 25 (1948) S. 275 . . . 276. — CZERLINSKY, E., u. J. ZEYNS: Kraftstoffvorratsmesser für Flugzeuge. Luftf.-Forschg. Bd. 20 (1943) S. 263 . . . 267. — DEHMLOW, R.: Elektrische Fernanzeigen und automatische Anstellungen für Walzgerüste. AEG-Mitt. Bd. 44 (1954) S. 393 . . . 398. — Elektrische Fernanzeige mit Folgeregelung. AEG-Druckschrift. — HAZEN, H. L.: Electrical water-level control and recording equipment for model of Cape Cod canal. Electr. Engng. Bd. 56 (1937) S. 237 . . . 244. — KINSCHER, H. J.: Die induktive Regelung. System Schoppe und Faeser, Hartmann & Braun-Druckschrift. — KURTZ, E. B.: Oszillographische Lastwinkelmessung an Synchronmaschinen. Gen. Electr. Rev. Bd. 43 (1940) S. 406 . . . 410. Ref. ETZ Bd. 62 (1941) S. 613. — NIER, M.: Neuartiger lichtelektrischer Kolbenweg- und Kurbelwinkelübertrager. Motortechn. Z. Bd. 4 (1942) S. 42 . . . 46. — PERLS, T. A., u. W. A. WILDHACK: Elektrische Messung von Längenänderungen. Umschau in Wiss. u. Techn. Bd. 52 (1952) S. 215. — REICHEL, W. A., u. R. C. SYLVANDER: Anwendung des Autosyn-Systems für Fernanzeige von Luftfahrtgeräten. Aeronaut. Sci. Bd. 6 (1939) Nr. 11. — SAMAL, E.: Meßwert-Fernübertragung mit AEG-Widerstandsgeber. AEG-Mitt. Bd. 41, H. 3 (1951) S. 53 . . . 56. — Stellungsferngeber. Ebd. S. 57 . . . 60. — Der AEG-Stellungsferngeber. AEG-Druckschrift Meßwesen, Betriebskontrolle. — UMLAUFT, H.: Über die Eigenschaften und die Anwendung von Drehmeldern in Schaltungen mit Hilfskraft. Feinwerktechnik Bd. 59 (1955) S. 188 . . . 196. — Aus Theorie und Praxis der Fernübertragungssysteme für unmittelbare Winkelwertübertragung. Feinwerktechnik Bd. 59, H. 1 (1955) S. 1 . . . 10.

[28] *Längenmessung.* STEFFENHAGEN, K.: Elektrische Streckenmessung mit Hilfe des Relais-Sendeverfahrens. Funk u. Ton H. 6 (1947) S. 318; ETZ Bd. 69 (1948) S. 337.

[29] *Behälterstandanzeige. FAVAG*, Neuchâtel: Wasserstand-Meßanlagen, Firmendruckschrift. — MARTENS, J., u. H. R. EGGERS: Induktive Längengeber, Firmendruckschrift; AEG, Meßwesen, Betriebskontrolle. — MARZULF, I. M.: Induktivitätsmesser (Füllhöhe von Behältern). Electronics Bd. 27 (1950) S. 90 ... 91. — OESTERLEIN, W.: Gerät zur Messung oder Registrierung von Wasserspiegelschwankungen. Arch. techn. Messen V 1123—12 (Nov. 1952). — RUST, H. H.: Messung von Flüssigkeitspegeln in Großbehältern mit Ultraschall. Z. VDI Bd. 96 (1954) S. 57 ... 58. — THIEDE, H.: Behälterstandsmessungen mit Hilfe von Echolotungen. Umschau in Wiss. u. Techn. Bd. 54 (1954) S. 698. — WEBER, E.: Wasserstand-Fernmessung nach dem Impuls-Telegrammverfahren. Siemens-Z. Bd. 27 (1953) S. 369 ... 375.

[30] *Elektrische Mikrometer. Anonym:* Calibri, Minimetri e Micrometri elettrici. Rad. Televis. Bd. 5 (1941) S. 130 ... 134. — BENDA, E. B.: Die Anwendung lichtelektrischer Einrichtungen in der Fertigung. Siemens-Z. Bd. 19 (1939) S. 283 ... 287. — BROWN, E. B.: Zwei nützliche elektromagnetische Lehren. J. sci. Instrum. Bd. 25 (1948) S. 4 ... 5. — FROBÖSE, E.: Elektrische Meßlehre. AEG-Mitt. 1937 S. 405 ... 411. — FROBÖSE, E., u. K. SCHÖNBACHER: Elektrische Messung kleiner Längenunterschiede. Arch. Elektrotechn. Bd. 33 (1939) S. 341 ... 346. — HERMANN, P. K.: Anwendung der elektrischen Meßlehre zum Messen und Steuern. AEG-Mitt. 1937, H. 11. — Selbsttätige Steuerung zur Ersparung von Meßarbeit in der Massenfertigung. Werkstattstechnik Bd. 34 (1940) S. 202 ... 206. — JANZEN, S.: Neuzeitliche Meßgeräte in der Feinmechanik. Feinmech. u. Präz. Bd. 48 (1940) S. 191 ... 198. — KOHAUT, A.: Messen und Prüfen technischer Oberflächen. Ein Bericht über die Meßmöglichkeiten der Feingestalt technischer Oberflächen. Feinmech. u. Präz. Bd. 52 (1944) S. 57 ... 73. — LEHMANN, R.: Deux nouveaux procédés de mesure pour les petits et très petits alésages. Microtechnic Bd. 4 (1950) S. 97 ... 106. — PERTHEN, I.: Die Oberflächen-Feingestalt. Z. VDI Bd. 96 (1954) S. 855 ... 863. — POTTHOF, K., u. F. KESER: Ein elektrisches Feinmeßverfahren für Bohrungen. Z. angew. Phys. Bd. 1, H. 2 (1948) S. 61 ... 66. — RUF, H. A.: Ein direkt anzeigendes Gerät zur Messung des Spieles von Kolben in Zylindern ebd. S. 66. — SANTEN, G. W. v.: Elektrisches Rauhigkeitsmeßgerät für die Werkstatt (Philips-Druckschrift IM-N 10). Ref. Z. VDI Bd. 93 (1951) S. 1102. — TROTT, K.: Die neue Eltas-Feinmeßlehre. Meßtechn. Bd. 19 (1943) S. 210 ... 211.

[31] *Dickenmessung. Anonym:* Measurement of thickness. Electr. Rev. Bd. 128, H. 3285 (1940) S. 3 ... 5. — *Anonym:* Gauging steel plates and pipes. Electr. Tms. Bd. 97 (1940) S. 427 ... 428. — BALL, N. DE: Blechdickenmeßgeräte. Arch. techn. Messen V 1124—4 (Okt. 1953). — BILLIGMANN, I.: Über das Messen und Regeln in neuzeitlichen Kalt-Bandwalzwerken. Stahl u. Eisen 1953 S. 1394 ... 1409. — Banddickenmessung in Blechwalzwerken. VDI-Nachr. Bd. 8, H. 5 (1954). — DUBOIS, L.: Dickenmesser für Bandkaltwalzwerke. Metallwirtsch. Bd. 19 (1940) S. 28 ... 29. — HAIDECKER, A.: Fortlaufend arbeitende Banddickenmeßgeräte. Feinwerktechnik Bd. 59 (1955) S. 196 ... 199. — JELLINGHAUS, W.: Neuere Entwicklung in der zerstörungsfreien Werkstoffprüfung nach elektrischen und magnetischen Verfahren. Stahl u. Eisen Bd. 70 (1950) S. 552 ... 561. — Neue Geräte zur zerstörungsfreien Prüfung auf magnetischer Grundlage. Arch. Eisenhüttenw. Bd. 22 (1951) S. 111 ... 115. — JELLINGHAUS, W., u. F. STÄBLEIN: Zerstörungsfreie Feststellung von Dopplungen in Blechen. Techn. Mitt. Krupp H. 3 (1941) S. 31 ... 36. — SCHNEIDER, PH., u. P. DECKER: Wandstärkemessung von Leichtmetallgußteilen. Metall Bd. 3, H. 19 (1949) S. 321 ... 326. Ref. ETZ Bd. 72 (1951) Nr. 14 S. 444. — Dieselben: Wandstärkemessung mit einem Hochfrequenzgerät. Elektrotechn. Z. Bd. 71 (1951) S. 249; Metall Bd. 3 (1949) S. 321 ... 327. — SMITH, B. M., u. W. E. ABBOTT: A gage for measuring the thickness of sheet

steel. Gen. Electr. Rev. Bd. 44 (1941) S. 125 . . . 127. — STROTHER, F. P.: Gerät zum Einstufen von Garn. Electronics Bd. 25, H. 7 (1952) S. 110. — THORNTON, B. M., u. W. M. THORNTON: An electromagnetic method of measuring the thickness of boiler tubes in situ. Proc. Instn. mech. Engrs., Lond. Bd. 123 (1932) S. 745 . . . 760. — Measurement of the thickness of metal walls from one surface only. Engineering Bd. 146 (1938) S. 715 . . . 717. Ref. ETZ Bd. 60 (1939) S. 1403. — TROST, A.: Betriebsmäßige Wanddickenmessung mit Röntgendurchstrahlung und Zählrohr. Stahl u. Eisen Bd. 58 (1938) S. 668 . . . 670. Ref. ETZ Bd. 59 (1938) S. 1098. — VOSSBERG, C. A.: Photoelectric Gage sorts pencil crayons. Electronics Bd. 27 (1954) S. 150 . . . 152. Ref. GIBAS, H.: Bull. schweiz. elektrotechn. Ver. Bd. 46, H. 1 (1955). — WARREN, A. G.: Measurement of the thickness of metal plates from one side. J. Instn. electr. Engrs, Bd. 84 (1939) S. 91 . . . 95. Ref. ETZ Bd. 60 (1939) S. 1079.

[*32*] *Induktive Dickenmesser.* GORDON, C. C., u. I. C. RICHMOND (Nat. Bur. Stand.): Thickness Gauge. Mech. Engng. Bd. 73 (1951) S. 575 . . . 576. — Das Elektron (1948) S. 126. — *Hahn & Kolb:* Leptoskop, Meßgerät für Schichtdicken. Firmendruckschrift. — HERMANN, P. K.: Blechdicken und Bandzugmessung an Bandwalzwerken mit induktiven Verfahren. AEG-Mitt. Bd. 44 (1954) S. 388 . . . 392. — KOOTSTRA, N. A. S. I.: Kontinuierliche Dickenmessung in der Industrie. Industrie-Elektronik Bd. 3, H. 2 (1955) S. 9 . . . 12. — *Philips:* Dickenmesser. Firmendruckschrift EA 2—Y 3. — Dickentoleranzmeßgerät. Firmendruckschrift JM 4—P 20. — *Reishauer:* Banddickenmeßgeräte. Z. VDI Bd. 96 (1954) S. 1074; Firmendruckschrift.

[*33*] *Dickenmessung mit Wirbelströmen.* BOVEY, D. E.: Metallvergleicher mit veränderbarer Frequenz. Gen. Electr. Rev. Bd. 50 (1947) S. 45 . . . 49. — BREITFELD, H.: Die zerstörungsfreie Prüfung von Metallen mit dem magnetinduktiven Tastspulgerät. Metall 1955 S. 14 . . . 22. — FÖRSTER, F.: Theoretische und experimentelle Grundlagen der zerstörungsfreien Werkstoffprüfung mit Wirbelstromverfahren. Z. Metallkde. Bd. 45 (1954) S. 197 . . . 199. — Die zerstörungsfreie elektronische Sortierung von Metallen nach physikalischen Eigenschaften. Schweizer Arch. angew. Wiss. Techn. Bd. 19, H. 2 (1953). — Die zerstörungsfreie Messung der Dicke von nichtmetallischen und metallischen Oberflächenschichten. Metall Bd. 9 (1953) S. 320 . . . 324. — Die betriebsmäßige, schnelle und genaue Messung der Blechstärke von einer Seite her. Blech Bd. 1, H. 1 (1954). — FÖRSTER, F., u. G. ZIZELMANN: Qualitätssortierung von Blechen mit magnetischen und elektrischen Verfahren. Blech Bd. 1, H. 3 (1954). — HADFIELD, D.: Magnetic measurement of mechanical hardness. Proc. Instn. electr. Engrs. Bd. 101, Teil II (1954) S. 529 . . . 540. Ref. Bull. schweiz. elektrotechn. Ver. Bd. 46 (1955) S. 730 . . . 731. — KEIL, A., u. G. OFFNER: Über die Prüfung von Metallbelägen auf Isolierstoffen mit einem Wirbelstromverfahren. Z. Metallkde. Bd. 45 (1954) S. 200 . . . 203.

[*34*] *Messung von Auftragsdicken. AEG:* Dickenmessung mit der AEG-Schichtlehre. AEG-Druckschrift TPW S. 42 (1940). — *Anonym:* Procédés pour la détermination de l'épaisseur des revêtements protecteurs contre les corrosions et en particulier des revêtements de 10 μ. Électricité Bd. 27 (1943) S. 134 . . . 136. — Die Prüfung der Schichtdicke von Korrosions-Schutzüberzügen mit der magnetischen Antenne. Helios Lpz. Bd. 41 (1935) S. 527. — BRENNER, A.: Magnetic method for measuring the thickness of nonmagnetic coatings on iron and steel. J. Res. Nat. Bur. Stand. Bd. 20 (1938) S. 357 . . . 368. — ELLWOOD, W. B.: Magnetic Ultra-Micrometer. Bell Labor. Rec. Bd. 19 (1940) S. 37 . . . 38. — FÖRSTER, F.: Die Messung der Dicke von Oberflächenschichten. Metall Bd. 9, H. 10 (1953) S. 320 . . . 324. — Die betriebsmäßige, schnelle und genaue Messung der Blechstärke von einer Seite her. Blech H. 1 (1954). — Die berührungsfreie Messung der Dicke und Leitfähigkeit

von metallischen Oberflächenschichten, Folien und Blechen. Z. Metallkde. Bd. 45, H. 4 (1954). — Nat. Bur. Stand.: Measuring copper-nickel coatings magnetically. Electr. Engng. Bd. 68 (1949) S. 400. — RUSHER, M. A.: Varied applications of thickness gages for thin non magnetic layers. Gen. Electr. Rev. Bd. 42 (1939) S. 486 ... 487. — SCHENK, D.: Zerstörungsfreie Bestimmung der Dicke korrosionsschützender Überzüge. Metallwarenind. Bd. 41 (1943) S. 257 ... 260. — TROTT, K.: Elektromagnetische Messungen an aufgetragenen Deckschichten. Metallwarenind. Bd. 41 (1943) S. 338.

[35] *Kapazitive Dickenmesser.* SOCHER, H.: Hochfrequenz-Meßmethoden in der Textilindustrie. Bull. schweiz. elektrotechn. Ver. Bd. 43 (1952) S. 653 ... 658.

[36] *Ultraschalldickenmesser.* BERGMANN, L.: Anwendung von Ultraschall bei der Werkstoffprüfung. Z. VDI Bd. 92 (1950) S. 711 ... 717. — BRANSON, G.: Metal wall thickness measurement from one side by the ultrasonic method. Electr. Engng. 1951 S. 619 ... 623. — Electronics Bd. 23, H. 29 (1950) S. 1 ... 4. — ERWIN, W. S., u. G. M. RASSWEILER: Ultraschall-Resonanz zum zerstörungsfreien Prüfen. Rev. sci. Instrum. Bd. 18 (1947) S. 750 ... 753. — PTACNIK, E.: Ein Ultraschall-Echolotgerät für die Materialprüfung. Elektronik Bd. 4 (1955) S. 28 ... 32. — Dickenmessung mit Ultraschall. Elektronik Bd. 4 (1955) S. 145 ... 146. — RÜDIGER, O.: Fortschritte in der zerstörungsfreien Werkstoffprüfung mit Überschall. Stahl u. Eisen Bd. 70 (1950) S. 561 ... 565. — *Sperry* products Hoboken: Dickenmessung mit Ultraschall Reflectogage. Electr. Wld. Bd. 128, H. 14 (1947) S. 29; Sperry-Druckschriften, Bull. 53—105, 50—105. — VAUPEL, G.: Die neueste Entwicklung der zerstörungsfreien Werkstoffprüfung. Technik Bd. 5 (1950) S. 155 ... 159.

[37] *Dickenmessung mit Strahlungsverfahren. Anonym:* Radioaktive Strahlen in der Werkstoffkunde. Z. VDI Bd. 97 (1955) S. 121 ... 152. — *Anonym:* Kontinuierliche Dickenmessung mit Hilfe radioaktiver Isotope. Brit. Plastics 1950 S. 319 ... 320; Brit. Plastics (Aug. 1950) S. 77. — *Anonym:* Dickenmessung an dünnen Filmen mit Hilfe radioaktiver Strahlung. Bull. schweiz. elektrotechn. Ver. Bd. 42, H. 22 (1951) S. 893. — *Anonym:* Strahlungsmeßgerät mit Mittelwertanzeige. Industrie-Elektronik Bd. 3 (1954). — *Anonym:* Neuere Baueinheiten für die Strahlungsmeßtechnik. Industrie-Elektronik Bd. 3, H. 5 (1955) S. 3 ... 6. — BERTHOLD, R.: Schichtdickenmessungen mit β-Strahlen und Zählrohr. Z. VDI Bd. 95 (1953) S. 207 ... 210. — Ein neuer Wanddickenmesser für ferromagnetische Werkstoffe. Stahl u. Eisen Bd. 70 (1950) S. 232 ... 234. — BERTHOLD, R., u. A. TROST: Geiger-Müller-Zählrohre und ihre Anwendung in der Technik. Z. VDI Bd. 93, H. 4 (1951) S. 73 ... 81. — BLAU, M., u. I. CARLIN: Ionisationsströme von ausgedehnten α-Quellen. Rev. sci. Instrum. Bd. 18 (1947) S. 715 ... 721. — BÖHM, H.: Das Zählrohr als Element der Strahlungsmeßtechnik. Siemens-Z. Bd. 29, H. 8 (1955) S. 324 ... 333. — BOSCH, I.: Radioaktive Isotope in der industriellen Meßtechnik. Arch. techn. Messen Bd. 8 (1955) S. 57 ... 64. — Berührungslose Flächengewichts- oder Dickenmessungen mit Hilfe der Strahlung radioaktiver Stoffe. Werkstattechn. u. Masch.-Bau Bd. 43, H. 2 (1953). — CARLIN, J. R.: Radioactive thickness gage for moving materials. Electronics (Okt. 1949) S. 110. — CLAPP, C. W., u. S. BERNSTEIN: Noncontacting thickness gauge using β-rays. Electr. Engng. Bd. 69 (April 1950) S. 308 ... 310. — Noncontacting β-ray thickness gage. Gen. Electr. Rev. Bd. 53, H. 11 (1950) S. 31 ... 34. — CLAPP, C. W., u. R. V. POHL: An X-Ray thickness gauge for hot strip rolling mills. Electr. Engng. 1948 S. 441. — CLARKE, E., J. R. CARLIN u. W. E. BARBOUR: Measuring the thickness of thin coatings with radiation backscattering. Electr. Engng. Bd. 70 (1951) S. 35 ... 37. Auszug SCHAETTI, N., in Bull. schweiz. elektrotechn. Ver. Bd. 42, H. 22 (1951) S. 893 ... 894. — FASSBENDER, H.: Banddickenmessung während des Fertigungsprozesses ohne Berührung des Walzgutes. Aluminium Bd. 30 (1954) S. 290 ... 297. — FIEBIGER, H.: Über die berührungslose

Messung des Flächengewichts bewegter Papierbahnen mit Hilfe von β-Strahlen. Wbl. Papierfabr. Bd. 82 (1954) S. 11. — *Frieseke & Höpfner:* Neues Dickenmeßverfahren. Industrie u. Wirtschaft Bd. 56, H. 5 (1952) S. 154 ... 155. — Flächengewichtsmeßanlagen. Firmendruckschrift FH 46. — *Isotope products Ltd.:* Dikkenmessung. Electr. Engng. Bd. 73 (1954) S. 347. — LEIGHTON, G. I.: Radioaktiver Dickenmesser für Papiergewichtskontrollen. Electronics Bd. 25 (1952) S. 112 ... 113. Ref. HECK, H.: Bull. schweiz. elektrotechn. Ver. Bd. 44 (1953) S. 466. — LUNDAHL, N. N.: X-Ray thickness gauge for cold-rolled strip steel. Trans. Amer. Inst. electr. Engrs. Bd. 67 (1948) S. 83. — MORRIS, DR.: New principle in thickness gauge. India Rubber Wld. 1948 S. 118, 387; India Rubber J. (Aug. 1948) S. 291. — MÜLLER, P.: Die Bedeutung radioaktiver Strahlung für die Werkstoffkunde. Z. VDI Bd. 97, H. 5 (1955) S. 138 ... 144. — *Philips:* Strahlungsmeßgerät mit Mittelwertanzeige. Industrie-Elektronik Bd. 3 (1954) S. 8 ... 9. — REPPISCH, I. u. H.: Der Einfluß der Luft in der Meßstrecke auf die Flächengewichtsmessung mit Hilfe radioaktiver Strahlung. Z. VDI Bd. 96 (1954) S. 1135 ... 1137. — SAUERWEIN, K.: Die Anwendung von Radio-Isotopen in der Technik. Techn. Mitt. Bd. 49, H. 6 (1954) S. 262 ... 267. Ref. Bull. schweiz. elektrotechn. Ver. Bd. 45, H. 19 (1954) S. 807 ... 808.

[*38*] *Röntgenverfahren.* MÜLLER, E. A. W.: Fehlererkennbarkeit bei der technischen Röntgendurchstrahlung. Arch. techn. Messen V 9114—11 (1939). — NEUERT, H.: Zählrohre und ihre Verwendung in der Meßtechnik. Arch. techn. Messen J 076—1 (1941). — Zählrohre in der Röntgenmeßtechnik. Arch. techn. Messen V 61—2 (1942).

[*39*] *Dehnungsmeßstreifen.* BARTKNECHT, W.: Die Aufnahme des zeitlichen Druckverlaufs von Explosionen mit Hilfe von Dehnungsmeßstreifen. Industrie-Elektronik Bd. 2, H. 6 (1954) S. 3 ... 6. — BETZHOLD, CH.: Festigkeitsuntersuchungen mit Dehnungsmeßstreifen. Industrie-Elektronik Bd. 2, H. 4 (1954) S. 11 ... 15. — BRANDT, W.: Fortschritte in der Vielstellen-Meßtechnik mit Dehnungsmeßstreifen. Industrie-Elektronik Bd. 3, H. 6 (1955) S. 16 ... 20. — BÜHLER, H., u. W. SCHREIBER: Messung von Eigenspannungen in Stangen und Rohren mittels Dehnungsmeßstreifen. Z. VDI Bd. 94 (1952) S. 216 ... 218. — Dehnungsmessungen in engen Bohrungen. Industrie-Elektronik Bd. 2, H. 5 (1954) S. 7 ... 8. — CYBULZ, M.: Die elektrischen Widerstandsthermometer. Schweiz. techn. Z. Bd. 47 (1950) S. 131 ... 136. — DOBIE, W. B., u. C. G. ISAAC: Electrical resistance strain gauges. Engl. Universities Press London 1948. E. u. M. Bd. 66, H. 8 (1949) S. 236. — EBERT, W.: Messungen in Druckmaschinen mit Dehnungsmeßstreifen. Industrie-Elektronik Bd. 3, H. 3 u. 4 (1955) S. 8 ... 14. — FINK, K.: Der Dehnungsmeßstreifen, ein neuer Meßfühler für statische und dynamische Beanspruchungen von festen Körpern. Z. VDI Bd. 92, H. 4 (1950) S. 89 ... 94. — Grundlagen und Anwendungen des Dehnungsmeßstreifens. Düsseldorf: Stahleisen GmbH. 1952. — FINK, K., u. C. ROHRBACH: Praktische Messungen mit Dehnungsmeßstreifen. Z. VDI Bd. 95 (1953) S. 265 ... 273. — KOCH, J. J.: Dehnungsmeßstreifen-Meßtechnik. Philips techn. Bibl. — KÖHLER, W.: Der elektrische Dehnungsmeßstreifen in der Werkstoffprüfung. Feinwerktechnik Bd. 59, H. 9 (1955) S. 313 ... 317. — KRÄGELOH, W.: Gerät zum Messen statischer und wechselnder Dehnung sowie der Werkstoffdämpfung. Z. VDI Bd. 96 (1954) S. 864 ... 866. — *Kraus, Weiß & Co.:* Weitere Dehnungsmeßstreifen. Feinwerktechnik Bd. 59, H. 2 (1955) S. 74. — MENDE, G.: Über Verfahren und Anwendungen der elektronischen Dehnungsmeßtechnik. Elektronik Bd. 4, H. 10 (1955) S. 246 ... 251. — MERZ, L.: Dehnungsmessung mit Widerstandsdrähten. Arch. techn. Messen V 91122—11 (Juli 1950). — MITTELMANN, G.: Messung der Ziehkraft und des Spannweges bei Spannbetonbauwerken. Industrie-Elektronik Bd. 3,

H. 3 u. 4 (1955) S. 27 ... 32. — Messungen von Stahlspannungen in Spannbetonbauwerken mittels Dehnungsmeßstreifen. Industrie-Elektronik Bd. 3, H. 1 (1955) S. 5 ... 8. — NEUWEILER, N. G.: Les janges de constrainte à fil résistant et leurs applications pratiques. Microtechnic Bd. 5, H. 2 (1951) S. 71 ... 85. — NEWIGER, W., u. M. HAASE: Messungen mit Dehnungsmeßstreifen über längere Zeiträume. Industrie-Elektronik Bd. 2, H. 3 (1954) S. 3 ... 9. — *Philips:* Neue Dehnungsmeßstreifen. Industrie-Elektronik Bd. 1, H. 1 (1953) S. 3 ... 5. — Dehnungsmeßstreifen-Meßtechnik. Philips techn. Bibl. — REIBEL, R.: Conducteur à ressort à résistance variable. Électricité Bd. 33, H. 150 (1949) S. 80. — ROHRBACH, CH.: Das Dehnungsmeßstreifenverfahren. Arch. techn. Messen J 135—4 (Juni 1953). — SAGAWE, H.: Der Dehnungsmeßstreifen als Meßelement bei erd- und wasserbaulichen Modellversuchen. Elektronik Bd. 4 (1955) S. 89 ... 91. — SCHUH, W.: Niederdruckindizierung mittels Dehnungsmeßstreifen an schnellaufenden Verbrennungsmotoren. Industrie-Elektronik Bd. 2, H. 2 (1954) S. 3 ... 7. — Derselbe: Das Messen großer mechanischer Verlagerungen mittels Dehnungsmeßstreifen in Anwendung bei Schwingungsversuchen. Industrie-Elektronik Bd. 3, H. 6 (1955) S. 3 ... 7. — SPADERNA, K.: Das Messen mit Dehnungsmeßstreifen. ETZ Bd. 72 (1951) S. 11 ... 13. — WACHTER, J.: Dehnungsmessung an umlaufenden Bauteilen. Z. VDI. Bd. 98 (1956) S. 93 ... 97. — WEINERT, O.: Festigkeitsuntersuchungen mit Dehnungsmeßstreifen im Waggonbau. Industrie-Elektronik Bd. 3, H. 3 u. 4 (1955) S. 25 ... 26. — WEISS, A. v.: Widerstandsdrahtelemente als Dehnungsmesser. E. u. M. Bd. 68, H. 22 (1951) S. 540 ... 542. — WELLS, A. A.: A multi-channel string galvanometer for use with wire-resistance strain gauges. J. sci. Instrum. Bd. 27, H. 3 (1950) S. 59 ... 61.

[*40*] *Kraftmessung.* BROCKDORF, H. v., u. K. KIRSCH: Elektrische Feinstwaage. ETZ Bd. 71, H. 22 (1950) S. 611 ... 612. — EMANUEL, J.: Wägen auf elektronischem Wege. Elektrotechn. u. Masch.-Bau, Bd. 72, H. 24 (1955) S. 577 ... 584. — FAULHABER, F.: Elektrische Druckmessung in der spanlosen Formung. Z. VDI Bd. 88 (1944) S. 347 ... 352. — FINK, K.: Zweckmäßige Auswahl von Dehnungsmeßverfahren. Z. VDI Bd. 94 (1952) S. 1025 ... 1038. — GABLE, I. G.: Magnetische Dehnungsmesser für feststehende Metallteile. Product. Engng. Bd. 20 (1949) S. 119 ... 120. — GAMBA, F.: Elektrisches Dynamometer zur Messung hoher Drucke. Elettrotecnica Bd. 30 (1943) S. 100 ... 103. — GIGLI, A.: Metodi elettrostatici per la misura di spostamenti forze e pressioni. Alta Frequ. Bd. 10 (1941) S. 516 ... 557. — GOHLKE, W.: Messung der Eigenschwingungszahl piezoelektrischer Druckmeßgeräte. Z. VDI Bd. 84 (1940) S. 663 ... 666. — HATHAWAY, C. M., u. K. C. ROCK: Dynamic strain gauges. Electr. Engng. (Aug. 1951) S. 675 ... 678. — JANOVSKY, W.: Über die magnetoelastische Messung von Druck-, Zug- und Torsionskräften. Z. techn. Phys. Bd. 14 (1933) S. 466 ... 472. — Magnetoelastische Messung von Druck-, Zug- und Torsionskräften. Arch. techn. Messen V 132—6/8. — KEINATH, GG.: Druckmessung mit der Kondensator-Meßdose. Arch. techn. Messen V 132—5. — MERZ, L., u. H. SCHARWÄCHTER: Magnetoelastische Druckmessung. Arch. techn. Messen V 132—15. — MÜLLER, O.: Elektrische Druckmessung. Kapazitive Druckmeßdosen. Arch. techn. Messen V 132—16/17 (1939). — OERTEL, F.: Elektrischer Fadenzugschreiber. Arch. techn. Messen V 1826—6 (Jan. 1951). — REIBEL, R.: Instruments Bourdon électriques. Électricité Bd. 33, H. 152 (1949) S. 130. — SCHWAIGERER, S.: Experimentelle Ermittlung der Spannungen in Bauteilen. Z. VDI Bd. 94 (1952) S. 1025 ... 1088. — SENN, H.: Kräftemessungen an mechanischen Seilmodellen. Bull. schweiz. elektrotechn. Ver. Bd. 35 (1944) S. 85 ... 90. — THIEL, R.: Zur Praxis der dynamischen Dehnungsmessung. Arch. techn. Messen J 135—1 (März 1953).

[41] *Magnetoelastizität.* ENGL, W.: Magnetoelastische Kraftmeßdosen. Siemens-Z. Bd. 29, H. 5/6 (1955) S. 219 ... 222. — KERSTEN, M.: Über die Abhängigkeit der magnetischen Eigenschaften des Nickels von den elastischen Spannungen. Z. Phys. Bd. 71 (1931) S. 553 ... 592. — MERZ, L., u. H. SCHARWÄCHTER: Magnetoelastische Druckmessung. Arch. techn. Messen V 132—15.

[42] *Schnittkraftmesser.* GRUND, E.: Kraftmeßanlagen mit elektrischen Meßdosen für Kraftmessungen bei spanabhebenden Vorgängen. Elektrotechn. u. Masch.-Bau Bd. 58 (1940) S. 139 ... 142. — MERZ, L.: Der Siemens-Schnittkraftmesser nach SCHALLBROCH und SCHAUMANN. Siemens-Z. Bd. 20 (1940) S. 5 ... 12. — RÖGNITZ, H.: Schnittkraftmessungen. Arch. techn. Messen V 132—18 (1941). — SCHALLBROCH, H., u. H. SCHAUMANN: Schnittkraftmessung beim Drehen. Masch.-Bau Betrieb Bd. 19 (1940) S. 235 ... 239.

[43] *Druckmessung.* BARTKNECHT, W.: Die Aufnahme des zeitlichen Druckverlaufs von Explosionen mit Hilfe von Dehnungsmeßstreifen. Industrie-Elektronik Bd. 2, H. 6 (1954) S. 3 ... 6. — BIEDENDIECK, C. H.: Elektrische Sondendruckmessung in Erdölbohrungen. Erdöl u. Kohle Bd. 3 (1950) S. 383; ETZ Bd. 72, H. 14 (1951) S. 443. — BRICOUT, P., u. M. BOISVERT: Mesure et amplification de faibles déplacements par modulation de fréquence. Rev. gén. Électr. Bd. 58, H. 10 (1949) S. 402 ... 404. — FAHRENTHOLZ, S., J. KLUGE u. H. E. LINCKH: Über neue Quarz-Druckmeßkammern für das piezoelektrische Meßverfahren. Phys. Z. Bd. 38 (1937) S. 73 ... 78. — FLADER, F.: Geber für Druckanzeige. Electronics Bd. 23, H. 7 (1950) S. 183 ... 184. — GOHLKE, W.: Quarzdruckmeßgeräte hoher Eigenfrequenz. VDI-Forsch.-Heft 407 (1941). — HAGENDOORN, P. J., u. M. F. REYNST: Ein elektrischer Druckindikator für Verbrennungskraftmaschinen. Philips techn. Rdsch. Bd. 5 (1940) S. 356 ... 364. — Aufnahme von Diagrammen mit dem elektrischen Druckanzeiger. Ebd. Bd. 6 (1941) S. 22 ... 29. — HERMANN, P. K.: Piezoelektrische Meßeinrichtungen. AEG-Mitt. 1939 S. 497 ... 502. — JOACHIM, H., u. H. ILLGEN: Gasdruckmessungen mit Piezoindikator. Z. ges. Schieß- u. Sprengstoffw. Bd. 27 (1932) S. 76 ... 79; 121 ... 125. — KAMM, W., u. C. SCHMID: Das Versuchs- und Meßwesen auf dem Gebiete des Kraftfahrzeugs. Elektrische Indikatoren, S. 60. Berlin: Springer 1938. — LICHTENBERGER, F.: Klopfanzeiger nach dem Verfahren der Druckbeschleunigung. Z. VDI Bd. 86 (1942) S. 181 ... 183. — Fernindizierung von Verbrennungsmotoren. ETZ Bd. 63 (1942) S. 134 ... 139. — MEURER, S.: Indikatoren für schnellaufende Verbrennungsmotoren. Z. VDI Bd. 80 (1936) S. 1447 ... 1454. — Beitrag zum Bau piezoelektrischer Indikatoren. Forsch. Ing.-Wes. Bd. 3 (1937) S. 249 ... 260. — Weiterentwicklung des piezoelektrischen Meßverfahrens. Forsch. Ing.-Wes. Bd. 11 (1940) S. 237 ... 245. — Elektrischer Indikator für Verbrennungsmotoren. Z. VDI Bd. 68 (1942) S. 22. — SCHUH, W.: Niederdruckindizierung mittels Dehnungsmeßstreifen an schnellaufenden Verbrennungsmotoren. Industrie-Elektronik Bd. 2 (1954) S. 3 ... 7. — SCHWETZKE, R.: Messung schnell veränderlicher Drucke in Hochspannungsschaltgeräten. ETZ Bd. 75 (1954) S. 84 ... 89. — *Siemens & Halske-AG.:* Druck-Meßwertumformer für kleine Gasdrücke. ETZ Bd. 76, H. 16 (1955) S. 549.

[44] *Induktive Kraftmesser.* FEISTEL, E.: Messung und Registrierung des Walzdruckes mit induktivem Längenmeßgerät. E. u. M. Bd. 69, H. 21 (1952) S. 481 ... 484. — SCHULZ, R.: Induktive dynamische Dehnungsmeßanlage. ETZ Bd. 72 (1951) S. 177 ... 179. — STEYSKAL, F.: Kleinstwegmessung mit induktivem Geber. ETZ Bd. 71 (1950) S. 115 ... 116. — Weg- und Kraftmessungen mit induktiven Gebern. Arch. techn. Messen J 86—2 (April 1951).

[45] *Elektrische Indizierung von Motoren.* KLEIN, P. E.: Photoelektrischer Geber für die Darstellung mechanischer Bewegungen auf dem Leuchtschirm von

Elektronenstrahloszillographen. Elektronik Bd. 4 (1955) S. 123 ... 125. — MEURER: Indikatoren für schnellaufende Verbrennungsmotoren. Z. VDI Bd. 80 (1936) S. 1447 ... 1454.

[46] *Drehmomentmessung.* BAUDER, R.: Verfahren zur Messung des Torsionswinkels an Wellen bei hohen Drehzahlen. Elektrotechn. u. Masch.-Bau Bd. 61 (1943) S. 311 ... 314. — BRANDENBURGER, L.: Meßumformer mit Spannungs-, Strom- und Drehmomentkompensation. Arch. techn. Messen V 3824—2 (Jan. 1955). — GOHLKE, W.: Ein schleifringloser Drehmomentmesser für sehr hohe Drehzahlen. Z. angew. Phys. Bd. 1, H. 4 (1948) S. 161 ... 165. — HASSLER, W.: Die Drehmoment-Meßnabe, Bauart B. B. C.-Heymann. Elektrotechn. u. Masch.-Bau Bd. 58 (1940) S. 209. — HIMMLER, C. R.: Drehmomentmessung von Flugmotoren in Höhenprüfständen und im Fluge. Z. VDI Bd. 84 (1940) S. 445 ... 452. — JOHNSON, D. C.: Variation of sensitivity with speed in an eddy-current torsiometer. J. sci. Instrum. Bd. 27, H. 4 (1950) S. 94 ... 96. — KEINATH, GG.: Ein neuer elektrischer Verdrehungsmesser. Dinglers polytechn. J. Bd. 101 (1920) S. 265 ... 268. — KURZ, E. B.: Oszillographische Lastwinkelmessung an Synchronmaschinen. Gen. Electr. Rev. Bd. 43 (1940) S. 406 ... 409. Ref. ETZ Bd. 62 (1941) S. 613. — *Landis & Gyr:* Torsiometer-Meßeinrichtung. ETZ Bd. 71, H. 17 (1950) S. 471. — LINCKH, H. E.: Messung der mechanischen Leistung. Arch. techn. Messen V 161—1 (1941). — MERZ, L., u. H. SCHARWÄCHTER: Verdrehungsmessung. Arch. techn. Messen V 136—2. — MILLS, C. H. G.: Ein kapazitiver Torsionsmesser. J. sci. Instrum. Bd. 25 (1948) S. 151 ... 156. — MURBACH, E.: Ein neuartiger elektronischer Drehmomentmesser. Bull. schweiz. elektrotechn. Ver. Bd. 46, H. 26 (1955) S. 1241 ... 1243. — VIEWEG, R., u. F. GOTTWALD: Meßverfahren zur Bestimmung kleiner Reibungsmomente. Z. VDI Bd. 85 (1941) S. 417 ... 419. Ref. ETZ Bd. 63 (1942) S. 141.

[47] *Drehzahlmessung.* BAKER, T. T.: Electrical tachometers. Electr. Rev. Bd. 128, H. 3292 (1940) S. 179 ... 180. — BARTLES, S. P.: A recording tachometer for measuring instantaneous angular speed variations. Electr. Engng. Bd. 70, H. 9 (1951) S. 816 ... 819. — BENFIELD, A. E.: A Tachometer. Rev. sci. Intsrum. Bd. 20, H. 9 (1949) S. 663 ... 667. — BROWN, E. B.: Elektrischer Drehzahlmesser mit Zweiphasengenerator. J. Instn. electr. Engrs. Bd. 84 (1939) S. 499 ... 502. — Ein hochempfindliches Tachometer. J. sci. Instrum. Bd. 25 (1948) S. 47 ... 48. — DUJARDIN, HOYAUX, MARY, SYMON: Étude et réalisation d'un tachymètre électronique. Rev. gén. Électr. Bd. 62 (1953) S. 191 ... 197. E. u. M. Bd. 71 (1954) S. 192. — ECKEL, F.: Messung kurzzeitiger Drehzahlschwankungen. Z. VDI Bd. 83 (1939) S. 381 ... 382. Ref. ETZ Bd. 60 (1939) S. 1237. — HARTMANN, C.: Elektrisches Drehzahl-Meßgerät für größten Drehzahlmeßbereich. Luftwissen Bd. 11 (1944) S. 135 ... 137. — JERRARD, H. G., u. W. PURMET: Elektronischer Drehzahlmesser. J. sci. Instrum. Bd. 27 (1950) S. 244 ... 246; ETZ Bd. 72, H. 24 (1951) S. 726. — LAVET, M.: Instruments de mesure et téléindicateurs utilisés à bord des avions. Microtechnic Bd. 4, H. 4 (1950) S. 74 ... 81. — MARTENS, G.: Drehzahlmessung nach dem Zählprinzip. Funktechnik Bd. 13 (1954) S. 353. — Frequenzmessung hoher Genauigkeit nach dem Zählprinzip. Funktechnik H. 9 (1954) S. 237 ... 239. — RICHTER, B.: Drehzahlmeßgeneratoren. Arch. techn. Messen J 162—6 (1950). — Derselbe: Drehzahlmeßgeräte, ihre Bauelemente und die Verwendung in Regelanlagen. Feinwerktechn. Bd. 58 (1954) S. 71 ... 74. — WEIL, W. S.: Phototube charts motor revolutions. Electr. Wld. Bd. 115 (1941) S. 1015.

[48] *Stroboskopische Drehzahlmessung.* HERMANN, P. K.: Stroboskopische Drehzahlmessungen. ETZ Bd. 74, H. 24 (1953) S. 698. — NELTING, H.: Stroboskopie in der Industrie. Industrie-Elektronik Bd. 2, H. 5 (1954) S. 1 ... 8. — PETERS, W. A. E.: Neue Lichtblitz-Stroboskope. AEG-Mitt. Bd. 7, H. 8 (1952). — Neuent-

wicklungen stroboskopischer Lichtblitzgeräte. AEG-Mitt. Bd. 3, H. 4 (1953). — Moderne Lichtblitzstroboskope und ihre Anwendung. Elektropost Bd. 6, H. 20 (1953) S. 492 . . . 498. — STROBL, K.: Stroboskopische Drehzahlmessung. Elin. Z. II/2 (1950) S. 63 . . . 73.

[49] *Strömungsgeschwindigkeitsmessung.* ARNOLD, J. S.: Ein elektromagnetischer Strömungsmesser zur Untersuchung nichtstationärer Strömungen. Rev. sci. Instrum. Bd. 22, H. 1 (1951) S. 43 . . . 47. — EGAL, A.: Thermoelektrische Messung von Schiffsgeschwindigkeiten. Génie civ. Bd. 56 (1935) S. 286. — EUJEN, E.: Das Messen kleiner Strömungsgeschwindigkeiten. Z. VDI Bd. 93, H. 21 (1951) S. 669 . . . 674. — HASTINGS, C. E., u. C. R. WCISLO: A compensated thermal anemometer and flowmeter. Electr. Engng. Bd. 70, H. 7 (1951) S. 597. — MORRIS, A. J., u. J. H. CHADWICK: Induction method for measuring fluid flow. Electr. Engng. Bd. 70, H. 6 (1951) S. 529. — RÉMÉNIÉRAS, G., u. C. HERMANT: Mesure électrique des vitesses dans les liquides. Houille bl. Bd. 9, H. B (1954) S. 732 . . . 746. Ref. Bull. schweiz. elektrotechn. Ver. Bd. 46, H. 20 (1955) S. 945 . . . 947. — SAVASTANO, G., u. R. CARRAVETTA: Elektromagnetisches Gerät zum Messen der Strömungsgeschwindigkeit von Flüssigkeiten. Energia elettr. Bd. 31 (1954) S. 81 . . . 89. — SWENGEL/HESS/WALDORF: Wassermessung mittels Ultraschall. Electr. Engng. Bd. 73, H. 12 (1954) S. 1082 . . . 1084. Ref. Bull. schweiz. elektrotechn. Ver. Bd. 46, H. 23 (1955) S. 1117 . . . 1118.

[50] *Schlupfmessung.* BÖNING, P.: Schlupf- und Belastungsmesser mit stetiger Anzeige. Arch. techn. Messen V 3611—1; ETZ Bd. 60 (1939) S. 491. — OESTERLIN, W., u. H. BOPP: Messung von Drehzahldifferenzen und Schlupf. Arch. techn. Messen V 145—4 (Aug. 1954). — REINHARDT, F.: Stroboskopisches Feinmeßgerät für Schlupf- und Drehzahl. ETZ Bd. 59 (1938) S. 957 . . . 960.

[51] *Geschoßgeschwindigkeitsmessung.* BRADFORD, C. J.: A radiofrequency device for detecting the passage of a bullet. Proc. Inst. Radio Engrs. Bd. 29 (1941) S. 578 . . . 583. — TEICHMANN, H.: Verfahren zur Bestimmung von Geschoßgeschwindigkeiten. ETZ Bd. 58 (1937) S. 627 . . . 628.

[52] *Drehbeschleunigungsmessung.* BÉHAR, M. F.: Speed and acceleration. Instruments Bd. 4 (1931) S. 377 . . . 394, 413 . . . 444f. — KLUGE, J., u. H. E. LINCKH: Messung des Anlaufmomentes von Asynchronmotoren durch ein neues elektrostatisches Meßverfahren. Phys. Z. Bd. 39 (1938) S. 367 . . . 372. — TREUSCH, W.: Über eine Gruppe von elektrischen Drehbeschleunigungsmessern. Techn. Mitt. Krupp 1940 S. 161 . . . 189. — YTTERBERG, A.: Eine neue Methode zur Bestimmung der Leerlaufverluste einer Maschine. ETZ Bd. 23 (1912) S. 1158.

[53] *Beschleunigungsmesser. Anonym:* Nuovi dispositivi per l'esame e la misura delle vibrazioni meccaniche. Radio Televis. Bd. 5 (1941) S. 194 . . . 197. — GÖRNER, J.: Beschleunigungsmessung durch Differentiation der Geschwindigkeit. Luftf.-Forschg. Bd. 16 (1939) S. 54 . . . 58. — HORN, E.: Beschleunigungsmessung durch Differentiation der Geschwindigkeit. Arch. techn. Messen V 146—1 (1952). — KLOTTER, K.: Messung mechanischer Schwingungen, Bd. I, 2. Aufl., Berlin/Göttingen/Heidelberg: Springer 1951; Bd. II Berlin: Springer 1943. — KRETZMANN, R.: Eine Röhre zum Messen von Beschleunigungen. ETZ Bd. 72, H. 14 (1951) S. 443. — LEWIS, R. C.: Konstruktion und Eigenschaften von hochempfindlichen, gleichstrombetriebenen Beschleunigungsmessern. J. acoust. Soc. Amer. Bd. 22 (1950) S. 357 . . . 361. — LOESER, G.: Beschleunigungsmessung auf drahtlosem Weg. Z. Instrumentenkde. Bd. 64 (1944) S. 30 . . . 46. — MARBLE, F. G.: An automatic vibration analyzer. Bell Labor. Rec. Bd. 22, H. 8 (1944); Nature Bd. 154 (1944) S. 113. — MEISTER, F. J.: Untersuchungen zur Schaffung geeigneter Kraftfahrzeug- und Flugzeug-Schwingungsmesser. Akust. Z. Bd. 3 (1938) S. 271 . . . 283. — Schwingungsmessung mittels Trägerstrom. Z. Geophys. Bd. 16 (1940) S. 105

... 119. — Unterfrequenzgeräte der Schwingungsmessung. Arch. techn. Messen V 171—1 (1941). — Überfrequenzgeräte der Schwingungsmessung. Arch. techn. Messen V 172—1 (1941). — PHILIPS, N. F.: Beschleunigungsaufnehmer IM 2—P 9. — PIRAUX, H.: Anwendung des Kathodenoszillographen bei Schwingungs- und Druckmessungen. Électricité Bd. 27 (1943) S. 125 ... 133. — RAMBERG, W.: A vacuum tube for acceleration measurement. Electr. Engng. Bd. 66 (1947) S. 555 ... 556. — SCHILLING, W. G.: Schwingungsmessung mit elektrischen Geräten. Feinmech. u. Präz. Bd. 51 (1943) S. 59 ... 66. — SCOTT, H. H.: Ein Schwingungsmesser für allgemeine Verwendung. J. acoust. Soc. Amer. Bd. 13 (1941) S. 46 ... 50. — SEYMOUR, H.: Study of machinery vibration. Electrician Bd. 129 (1942) S. 691 ... 692. — STAIGER, K.: Unmittelbar anzeigender elektrischer Drehschwingungsschreiber. Luftf.-Forschg. Bd. 18 (1941) S. 356. — WEILER, A.: Der Gütegedanke beim Schwingungsmeßgerät. Meßtechn. Bd. 19 (1943) S. 135 ... 136. — WILDE, H.: Beschleunigungsmesser. Arch. techn. Messen J 163—3 (Okt. 1952).

[54] *Schwingungsmessung. Brush Electronics Co.*, Cleveland: Vibration pickups. Firmendruckschrift. — *Hofmann:* Auswuchtmasch. Firmendruckschrift. — KÖHLER, H.: Neuere Erschütterungsmesser mit elektrischer Anzeige. Elektrotechnik Bd. 3 (1949) S. 301 ... 310. — MEISL, C.: Schwingungsmessungen mit Elektronenstrahl-Oszillographen. Elektronik Bd. 4, H. 7 (1955) S. 153 ... 158. — *Philips:* Auswuchtverfahren. Firmendruckschrift. — Magnetischer Schwingungsaufnehmer. Firmendruckschrift PR 9262. — SCHILLING, W. G.: Schwingungsmessung mit elektrischen Geräten. Feinmech. u. Präz. Bd. 51, H. 5 (1943) S. 59 ... 66. — *Dr. Steeg & Reuter:* Körperschallmikrophone. Firmendruckschrift.

[55] *Beschleunigungsmesser nach dem Widerstandsverfahren. Anonym:* Beschleunigungsmesser. Bahn-Ing. 1941 S. 382 ... 384. — GERLOFF, G.: Über einen neuen Beschleunigungsmesser und Einschwingungsvorgänge bei Schwingungsmessern. Forsch. Bd. 8 (1937) S. 143 ... 152. — MITTELMANN, G.: Erschütterungsmessungen an Gebäuden in der Nähe von Rammarbeiten. Industrie-Elektronik Bd. 3, H. 5 (1955) S. 12 ... 15.

[56] *Induktive und elektrodynamische Beschleunigungsmesser.* FRIEDRICH, H.: Elektrodynamische Beschleunigungsmesser. Arch. Elektrotechn. Bd. 41, H. 6 (1954) S. 312 ... 320. — MARTIN, H.: Empfindlichkeit und Frequenzcharakteristiken eines neuen elektrodynamischen Erschütterungsmessers. Phys. Z. Bd. 40 (1939) S. 577 ... 583. — *Philips:* Vibration measuring and exciting instruments. Firmendruckschrift. — Elektrodynamische Erschütterungsaufnehmer. GM 5526. — Elektrodynamische Schwingungsgeber. PR 9260. — Schwingungs-Gerätekombination. — SCHAD: Elektrodynamische und piezoelektrische Abtaster zur Untersuchung mechanischer Schwingungen. Meßtechn. Bd. 19 (1943) S. 145 ... 147. — SEVERS, J.: Ein elektrodynamischer Abnehmer für die Untersuchung von mechanischen Schwingungen. Philips Techn. Tijdskr. Bd. 5 (1940) S. 241 ... 248. — SIEBER, F.: Ein elektromagnetischer Vibrograph, insbesondere für Turbogeneratoren. BBC-Mitt. Bd. 18 (1931) S. 248 ... 251. — Erschütterungsmessung an Maschinen. Arch. techn. Messen V 171—2.

[57] *Kapazitive Beschleunigungsmesser.* SELL, H.: Eine neue kapazitive Methode zur Umwandlung mechanischer Schwingungen in elektrische und umgekehrt. Z. techn. Phys. Bd. 18 (1937) S. 3 ... 10.

[58] *Piezoelektrische Beschleunigungsmesser. Anonym:* Characteristics of the quartz-crystal accelerometer. Electrician Bd. 129 (1942) S. 172 ... 174. — BAUMZWEIGER, B.: Anwendung der piezoelektrischen Schwingungsmeßdosen zu Messungen von Beschleunigung, Geschwindigkeit und Verschiebung. J. acoust. Soc. Amer. Bd. 11 (1940) S. 303. — HELLMANN, R. K.: Piezoelektrische Meßgeräte. Amerika-

nische Schwingungsmesser mit Seignette-Salz. Arch. techn. Messen J 766—1. — SCHILLING, W.: Schwingungsweiten- und Schwingungsbeschleunigungsmessungen mit Kristallgebern. AEG-Mitt. 1940 S. 86 . . . 87. — THEIS, A.: Schwingungs- und Dehnungsmessungen im Automobilbau. Autom.-techn. Z. H. 2 (1941).

[*59*] *Zeitmessung.* JAHN, S.: Elektrische Zählgeräte für alle Zwecke. München: Albrecht Philler 1953. — MACEK, O.: Die Entwicklung der Quarzuhr. Elektrotechnik Bd. 3 (1949) S. 311 . . . 318. — PETERSEN, J.: Zeitmessen und Zeitdienst von heute. Sonderdruck *Rohde & Schwarz*, München.

[*60*] *Synchronuhren.* ADELSBERGER, U.: Zeit- und Frequenzmessung hoher Genauigkeit. Elektr. Nachr.-Techn. Bd. 12 (1935) S. 83 . . . 91. — HILD, K., u. W. KEIL: Zeitmessung im Sport. Arch. techn. Messen V 142—3. — LINKE, H.: Kinematographische Zeitmessung. Meßtechn. Bd. 15 (1939) S. 159 . . . 161. — ROHDE, L., u. R. LEONHARDT: Quarzuhr und Normalfrequenzgenerator. Elektr. Nachr.-Techn. Bd. 17 (1940) S. 117 . . . 124. — SCHEIBE, A.: Quarzuhren. Arch. techn. Messen J 153—1 . . . 4 (1941/42). — SCHEIBE, A., u. U. ADELSBERGER: Eine Quarzuhr für Zeit- und Frequenzmessung sehr hoher Genauigkeit. Phys. Z. Bd. 33 (1932) S. 835 . . . 841. — Frequenz und Gang der Quarzuhren der PTR. Ann. Phys., Lpz. Bd. 410 (1933) S. 1 . . . 25. — Die technischen Einrichtungen der Quarzuhren der PTR. Hochfrequenztechn. Bd. 43 (1934) S. 37 . . . 47. — TRITSCHLER, E.: Elektrische Kurzzeitmesser hoher Genauigkeit. ETZ Bd. 60 (1939) S. 1133 . . . 1134.

[*61*] *Zeitschreiber.* ARDENNE, M. v.: Die Kathodenstrahlröhre und ihre Anwendung in der Schwachstromtechnik. Berlin: Springer 1933. — KÜBLER, A., u. K. BOESEL: Der neue Siemens-Zeitschreiber. Siemens-Z. Bd. 27 (1953) S. 246 . . . 251. — MARRISON, W. A.: The spark chronograph. Bell Labor. Rec. Bd. 18 (1939) S. 54 . . . 55. — OESINGHAUS, W., u. A. SEEFELD: Aufzeichnung von Schaltvorgängen mit einem Zeitschreiber. AEG-Mitt. 1939 S. 321 . . . 323.

[*62*] *Kurzzeitmesser.* BERRY, T. M.: A photoelectric time-interval meter measures short time intervals in mechanismus without interference with motion of system. Gen. Electr. Rev. Bd. 43 (1940) S. 137 . . . 138. — BÖTZ, K.: Der Lichtblitz-Zeitmesser, ein neues Kurz- und Langzeitmeßgerät. Z. techn. Phys. Bd. 21 (1940) S. 228 . . . 232. — BRYAN, E. A.: The Lagometer, an instrument for measuring short intervals of time. Electr. Engng. Bd. 10 (1940) S. 76 . . . 77. — DRELLO: Kurzzeitmeßgeräte. Firmendruckschrift. — GIERMANN, H.: Neuartiger Kurzzeitmesser für Betriebsmessungen. Elektrizitätswirtsch. Bd. 43 (1944) S. 166 . . . 168. — LONN, E.: Zündverzugsmessungen an flüssigen Kraftstoffen für Ottomotoren. Luftf.-Forschg. Bd. 19 (1942) S. 344 . . . 346. — PÜSCHEL, B.: Elektrische Kurzzeitmessung mittels Kondensator und Thyratron. Arch. techn. Messen V 142—5 (1941). Ref. ETZ Bd. 63 (1942) S. 119. — REICH, J., u. H. TOOMIM: Electronic circuits for the measurement of time and speed. Rev. sci. Instrum. Bd. 8 (1937) S. 502. — A ballistic meter for measuring time and speed. Rev. sci. Instrum. Bd. 12 (1941) S. 96 . . . 98. — SCHAAFFS, W.: Elektrostatische Kurzzeitmessung. Frequenz Bd. 3 (1949) S. 295 . . . 299. — SCHMIDT, R.: Der Flußmesser und seine Anwendung. AEG-Mitt. H. 5 u. 6 (1951). — SCHUCH, E.: Kurzzeitmessung bei periodischen Vorgängen. ETZ Bd. 71, H. 20 (1950) S. 553 . . . 555. — STEENBECK, M., u. R. STRIGEL: Elektrische Kurzzeitmessung. Arch. techn. Messen V 142—2. — Ein Zeittransformator zur automatischen Registrierung kurzer Zeiten. Arch. Elektrotechn. Bd. 26 (1932) S. 831 . . . 840. — STRIGEL, R.: Der Zeittransformator als Meßgerät der Hochspannungstechnik. Z. Instrumentenkde. Bd. 57 (1937) S. 65 . . . 73. — THURLBY, L. T.: A review of various electrical methods for the measurement of short time intervals. Beama J. Bd. 51 (1944) S. 126 . . . 130. — TOMMASI, A.: Particolari tecnici relativi al principio teoretico, al funzionamento, alla costruzione e alle possibili applicazioni del misuratore di tempi brevissimi Tommasi-May. Elet-

trotecnica Bd. 28 (1941) S. 63 . . . 70. — TORZO, G.: Contasecondi di precisione. Alta Frequ. Bd. 12 (1941) S. 763 . . . 767.

[63] *Elektronische Zählgeräte.* HACKS, I., u. M. KLOSE: Elektronische Zähler und ihre Anwendungen. Radiomentor H. 12 (1953), H. 5 u. 9 (1954). — LIFSCHUTZ, H.: A complete Geiger-Müller counting system. Rev. sci. Instrum. Bd. 10 (1939) S. 21 . . . 29. — NENNING, P.: Neue Kurzzeitmesser mit Taktfrequenzen bis 4 MHz. Siemens-Z. Bd. 28 (1954) S. 250 . . . 256. — *Philips:* Ein neues Dekadenzählgerät mit Ziffernvorwahl. Industrie-Elektronik H. 1 (1954). — REICH, H. J.: New vacuum tube counting circuits. Rev. sci. Instrum. Bd. 9 (1938) S. 222 . . . 223. — *Rohde & Schwarz:* Zählender Frequenz- und Zeitmesser. Kleinquarzuhr. Firmendruckschrift. — UFFELMANN, F. L.: A thyratron counter of high counting speed and its development as a recording chronograph. J. sci. Instrum. Bd. 15 (1938) S. 222 . . . 226. — An accurate hard-valve counter chronograph. Proc. phys. Soc., Lond. Bd. 51 (1939) S. 1028 . . . 1033.

[64] *Kathodenoszillographen.* ARDENNE, M. v.: Ein neuer Polarkoordinaten-Elektronenstrahl-Oszillograph mit linearem Zeitmaßstab. Z. techn. Phys. Bd. 17 (1936) S. 660 . . . 666. — Über neue Doppelelektronenstrahlröhren. Arch. techn. Messen J 834—17 (1936). — BADER, W.: Der Koordinatenoszillograph. Arch. Elektrotechn. Bd. 31 (1937) S. 108 . . . 115. — BORRIES, B. v., u. E. RUSKA: Hochleistungsoszillographen mit abgeschmolzener Braunscher Röhre. Arch. Elektrotechn. Bd. 34, H. 2 (1940). — Über die Beurteilung und den objektiven Vergleich der Meßleistung von Kathodenstrahloszillographen. Ebd. Bd. 34 (1940) S. 161 . . . 166. — BRUIN, S. L. DE, u. C. DORSMAN: Ein Kathodenstrahloszillograph für den Maschinenbau. Philips Techn. Tijdskr. Bd. 5 (1940) S. 289 . . . 297. — GANSWINDT, H.: Elektrotechnische Probleme beim Bau von Hochleistungsoszillographen. Arch. Elektrotechn. Bd. 35 (1941) S. 337 . . . 343. — HINTZBERGEN, L.: Der Oszillograph und seine Anwendungen. Philips-Firmendruckschrift. — LENNARTZ, H.: Wirkungsweise und Anwendung des Polarkoordinatenoszillographen. Funk H. 18 (1940) S. 285 . . . 288. — RICHARDSON, L. F.: Time marking on cathoderay oscillograph by harmonics. Proc. phys. Soc., Lond. Bd. 47 (1935) S. 258 . . . 262. — TRÖGER, J.: Fortschritte auf dem Gebiet der Elektronenstrahl-Oszillographen. Siemens-Z. Bd. 28, H. 3 (1954) S. 125 . . . 130.

[65] *Zeitwaagen. American Time Products Inc.*, New York: Watch-Master, watch rate recorder. Firmendruckschrift. — APEL, H.: Die Zeitwaage Tickograph. Neue Uhrmacherztg. Bd. 6, H. 19 (1952) S. 734 . . . 738. — BENNET, A. F.: Amplifying watch sounds. Bell Labor. Rec. Bd. 12 (1933/34) S. 89 . . . 91. Ref. Uhrmacherkunst Bd. 59 (1934) S. 36 . . . 37. — GAERTNER, H.: Die Uhrenfachmesse 1951. Feinwerktechnik Bd. 55, H. 11 (1951) S. 271 . . . 274. — Neue Uhrenprüfgeräte der angloamerikanischen Staaten. Neue Uhrmacherztg. Bd. 4 (1950) S. 365 . . . 366. — HIBBARD, F. H.: A Wach-Rate Recorder. Bell Labor. Rec. 1937 S. 202 . . . 206. — KEINATH, G.: Die Zeitwaage. Arch. techn. Messen J 154—3/5. — MEYDING, L.: Uhrengeräusch und Zeitwaage. Neue Uhrmacherztg. Bd. 7, H. 3 (1953) S. 3 . . . 5.

[66] *Photoelastische Geber.* OROWAN/SCOTT/SMITH: A photoelastic dynamometer for rapidly varying forces. J. sci. Instrum. Bd. 27, H. 5 (1950) S. 118 . . . 122.

Namenverzeichnis

Sachverzeichnis

III 18/97 721/71/55